肉制品加工技术及其质量控制

郭兆斌　马国源　李爱霞　著

吉林科学技术出版社

图书在版编目（CIP）数据

肉制品加工技术及其质量控制 / 郭兆斌，马国源，李爱霞著. -- 长春 : 吉林科学技术出版社，2023.9
ISBN 978-7-5744-0948-4

Ⅰ. ①肉… Ⅱ. ①郭… ②马… ③李… Ⅲ. ①肉制品－食品加工②肉制品－质量控制 Ⅳ. ①TS251

中国国家版本馆CIP数据核字(2023)第201208号

肉制品加工技术及其质量控制

著　郭兆斌　马国源　李爱霞
出 版 人　宛　霞
责任编辑　靳雅帅
封面设计　王　哲
制　　版　北京星月纬图文化传播有限责任公司
幅面尺寸　185mm×260mm
开　　本　16
字　　数　359 千字
印　　张　21.25
印　　数　1–1500 册
版　　次　2023年9月第1版
印　　次　2024年2月第1次印刷

出　　版　吉林科学技术出版社
发　　行　吉林科学技术出版社
地　　址　长春市福祉大路5788号
邮　　编　130118
发行部电话/传真　0431-81629529 81629530 81629531
81629532 81629533 81629534
储运部电话　0431-86059116
编辑部电话　0431-81629518
印　　刷　三河市嵩川印刷有限公司

书　　号　ISBN 978-7-5744-0948-4
定　　价　72.00元

作者简介

郭兆斌，男，汉族，1984 年 9 月出生，中共党员，甘肃岷县人。毕业于甘肃农业大学动物性食品营养与工程专业，博士研究生。现就职于甘肃农业大学食品科学与工程学院，高级实验师，主要从事肉品科学、畜产品加工及贮藏方面的教学和科研工作。主持及参与完成国家级和省部级科研项目 8 项，获省部级科技进步二等奖 4 项、地厅级科技进步二等奖 2 项，第一发明人获得国家实用新型专利 9 项，参编专著 1 部、教材 1 部，在国内外学术刊物上发表论文 20 多篇。

马国源，男，汉族，1992 年 10 月出生，中共党员，甘肃皋兰人。毕业于甘肃农业大学动物性食品营养与工程专业，博士研究生。现就职于甘肃农业大学食品科学与工程学院，讲师，主要从事肉品科学、畜产品加工及贮藏方面的教学和科研工作。参与国家重点研发子课题子任务 1 项、国家自然基金面上项目 1 项，在《*Food Chemistry X*》《*LWT-Food Science and Technology*》等国内外著名学术刊物发表论文 4 篇。

李爱霞，女，汉族，1989 年 3 月出生，中共党员，甘肃武威人。毕业于西北农林科技大学，硕士研究生。现就职于甘肃农业大学食品科学与工程学院，讲师，主要从事肉品科学、畜产品加工及贮藏方面的教学和科研工作。参与完成国家级重点项目 1 项、国家自然科学基金和省部级科研项目 3 项，主持省部级科研项目 1 项，发表学术论文多篇。

前　言

肉制品作为人类饮食中不可或缺的重要组成部分，其加工技术一直是食品工业的重要研究领域。随着人口的增长和消费水平的提高，人们对高品质、安全、营养丰富的肉制品的需求不断增加，这也使得肉制品加工技术成为一个备受关注的焦点。其中，质量控制是确保肉制品加工过程中稳定生产优质产品的重要保障。严格的质量控制体系涵盖了原料检测、生产工艺监控、卫生条件控制、产品检验等方面。只有通过严密的质量控制体系，才能确保产品符合相关食品安全标准，防止可能的污染和细菌滋生，从而保障消费者的身体健康。

基于此，本书以“肉制品加工技术及其质量控制”为选题，以肉的形态结构与化学组成、肉的食用品质及物理性质、肉的腐败与品质评定为切入，探究肉品加工前的准备及常用辅料、干制肉制品加工技术、腌腊肉制品加工技术、熏烤肉制品加工技术、灌制品加工技术、酱卤制品加工技术、其他肉制品加工技术、肉制品质量检测技术实践、肉制品质量安全控制技术。

本书注重章节之间的逻辑性、连贯性等，确保内容的完整性和系统性。每个章节之间都设置合理的逻辑关系，确保知识的连贯性和衔接性。读者可以从整体上了解肉制品加工的全过程，形成一个完整的认知框架。另外，本书所涵盖的内容具备全面性，有助于读者更好地理解与应用。读者通过阅读本书，可以掌握肉制品加工技术和质量控制的核心知识，培养综合运用理论与实践解决问题的能力，为推动食品工业的发展和提高肉制品的品质与安全性做出积极贡献。

作者在本书的写作过程中，得到了许多专家、学者的帮助和指导，在此表示诚挚的谢意。由于作者水平有限，加之时间仓促，书中所涉及的内容难免有疏漏之处，希望各位读者多提宝贵的意见，以便进一步修改，使之更加完善。

目 录

第一章 肉的基础认知……1
第一节 肉的形态结构与化学组成……1
第二节 肉的食用品质及物理性质……10
第三节 肉的腐败与品质评定……16

第二章 肉品加工前的准备及常用辅料……20
第一节 畜禽的屠宰与分割……20
第二节 肉的贮藏与保鲜……40
第三节 肉制品加工的常用辅料……61

第三章 干制肉制品加工技术……82
第一节 干制及肉干的生产……82
第二节 肉松的加工技术与生产工艺……96
第三节 肉脯的加工技术与生产工艺……103

第四章 腌腊肉制品加工技术……113
第一节 腌制剂的作用原理与用量……113
第二节 原料肉的腌制技术……119
第三节 中式腌腊肉制品与西式火腿制品加工……126

第五章 熏烤肉制品加工技术……151
第一节 烤制与烤肉制品的加工……151

第二节　烟熏与熏肉的加工…………………………………………………… 159

第六章　灌制品加工技术……………………………………………………… 176
第一节　肠衣与灌肠的加工技术…………………………………………… 176
第二节　中西式灌肠的加工技术…………………………………………… 190
第三节　火腿与发酵香肠的加工技术……………………………………… 201

第七章　酱卤制品加工技术…………………………………………………… 217
第一节　酱卤制品的分类…………………………………………………… 217
第二节　酱卤制品的关键技术……………………………………………… 219

第八章　其他肉制品加工技术………………………………………………… 230
第一节　肉类罐头加工技术………………………………………………… 230
第二节　发酵肉制品加工技术……………………………………………… 247
第三节　油炸速冻制品加工技术…………………………………………… 253

第九章　肉制品质量检测技术实践研究……………………………………… 269
第一节　肉品科学研究中的拉曼光谱技术………………………………… 269
第二节　红肉质量特性无损检测中的高光谱成像技术…………………… 291
第三节　肉品品质评价中的近红外光谱检测技术………………………… 297

第十章　肉制品质量安全控制技术探究……………………………………… 314
第一节　肉制品生产过程中的质量控制…………………………………… 314
第二节　肉制品质量安全保障体系的构建………………………………… 317
第三节　肉制品质量安全监管体系构建…………………………………… 319

参考文献………………………………………………………………………… 330

第一章　肉的基础认知

第一节　肉的形态结构与化学组成

一、肉的形态结构

肉是指各种动物宰杀后所得可食部分的总称，包括肉尸、头、血、蹄和内脏部分。在肉品工业中，根据其加工利用价值，把肉理解为胴体，即畜禽经屠宰后除去血液、头、蹄、尾、毛（或皮）、内脏后剩下的肉尸，俗称白条肉。胴体包括肌肉组织、脂肪组织、结缔组织、骨组织及神经、血管、腺体、淋巴结等。胴体以外的部分为副产品，如胃、肠、心、肝等。

在肉品工业中，把宰后不久、体温还没有完全散失的肉称为热鲜肉；经过一段时间冷处理，使肉保持低温（0 ~ 4℃）而不冻结的肉称为冷却肉；经低温（−23 ~ −15℃）冻结的肉则称为冷冻肉；按不同部位分割包装的肉称为分割肉；将肉经过进一步的加工处理生产出来的产品称为肉制品。

肉（胴体）主要是由肌肉组织、脂肪组织、结缔组织、骨骼组织四大部分组成。其组成比例依动物种类、年龄、品种、性别、营养状况、肥瘦程度和生长条件等不同而异。并且不同组织的化学组成也不同。因此，肉的形态结构不但决定肉的性质，而且还决定肉的营养价值和质量。一般情况下，肌肉组织含量高的，蛋白质含量相应多一些，肉的营养价值也就高。而脂肪含量多的，肉相应肥一些，产生的热量就大。相对而言，肉中骨骼和结缔组织数量越少，肉的质量就越高。一般来讲，成年家畜的骨骼组织含量比较恒定，约占 20%，脂肪组织变动幅度较大，低至 2% ~ 5%，高者可达 40% ~ 50%，主要取决于育肥程度。肌肉组织占 40% ~ 60%，结缔组织约占 12%。

（一）肌肉组织

肌肉组织是构成肉的主要成分，是肉类食品原料中最重要的一种组织，是决定肉质量的首要因素，是肉制品加工的主要研究对象。肌肉组织在肉中所占比例，取决于畜禽的种类、品种、年龄、肥瘦、性别、经济用途和屠宰管理情况等。肌肉组织包括骨骼肌、平滑肌和心肌。与肉制品加工密切相关的是骨骼肌，具有较高的食用价值和商品价值。

骨骼肌主要附着在骨骼上，又称横纹肌。由于骨骼肌的收缩是受中枢神经控制的，所以又叫随意肌。骨骼肌主要由多量的肌纤维和较少量的结缔组织、脂肪细胞、腱、血管、神经、淋巴等按一定顺序构成的，在生理功能上与躯体的运动有关，并受躯体神经的控制。

肠壁、胃壁等消化道及大血管壁中的肌肉，均称为平滑肌。这部分肌肉因不受动物意志支配，所以又叫非随意肌。在肉制品加工中，部分平滑肌可制作肠衣等产品，作为肉制品的包装材料，亦可加工后直接食用。

心肌即心脏肌肉，因它在通常情况下不受动物意志支配，而在特殊情况下却又受动物意志的支配，所以又叫半随意肌。心肌在肉类中的比例少，数量不多。除将心肌直接食用外，现在有些地方因其含有很高的血红蛋白和肌红蛋白，呈很浓的鲜红色，用心肌作为天然色素添加剂，改善肉制品的色泽。

家畜体上约有 600 块以上形状、大小各异的肌肉，但基本构造相同，均由肌纤维细胞集合而成。肌纤维细胞又叫肌纤维，呈细长的圆筒状，不分支，直径为 10 ~ 100μm（1mm=1000μm），长度从几毫米到十几厘米。每根肌纤维与肌纤维之间有一层结缔组织膜称为肌内膜。每 50 ~ 150 根肌纤维细胞聚集形成初级肌束，外面包以结缔组织膜称为肌束膜。许多初级肌束聚集在一起形成肌肉，肌肉外面包附着较厚的结缔组织膜叫肌外膜。各膜的结缔组织彼此连接，在肌肉的两端形成筋腱。

肌纤维根据所含的色素不同可分为红肌纤维、白肌纤维和中间型肌纤维。有些肌肉全部由红肌纤维或白肌纤维构成，如鸡的大腿部肌肉主要由红肌纤维构成，而胸部肌肉则主要由白肌纤维构成。但大多数肉用家畜的肌肉是由两种或三种肌纤维混合而成。

（二）脂肪组织

脂肪组织是决定肉质量的第二个因素，存在于畜禽身体的各个部分，是由脂肪细胞或单个或成群地借助于疏松的结缔组织连接在一起而形成的。脂肪组织中，脂肪占绝大部分，其次为水分、蛋白质以及少量的酶、色素和维生素等。脂肪细胞是动物体内最大的细胞，其越大，里面的脂肪滴也越多，因而出油率也高。

胴体中脂肪数量变化范围较大，通常占体重的 10% ~ 22%。畜禽的品种和种类不同，胴体中脂肪的分布也不相同。大多蓄积在皮下、肾脏周围和腹腔内部。有时在肌肉中间会形成大理石状花纹，这种肉风味好，嫩而多汁，营养丰富，因而食用价值比较高。

老龄或役用的家畜特别是牛和马，脂肪蓄积在腹腔内和皮下，而肌肉中间脂肪数量很少甚至没有。幼龄和非役用的牲畜，脂肪主要蓄积在肌肉中间，腹腔和皮下蓄积较少，蓄积脂肪较少，去势的公畜则蓄积大量的脂肪。

脂肪的颜色随牲畜的种类、品种及饲料中的色素而有不同。例如，猪和山羊的脂肪为白色，其他畜禽脂肪带有黄色，幼畜脂肪的颜色比老龄畜稍浅。夏季牲畜因吃青草多，脂肪稍显黄色（含有较多的 B 族维生素），冬季则多呈白色。

脂肪的比重、熔点、凝固点及其他理化指标，随牲畜的品种、个体、饲料和脂肪在胴体中的分布而异。如肾周围脂肪比皮下和腹腔脂肪的熔点高。脂肪的熔点与消化性有很大关系，一般低熔点的脂肪较高熔点的脂肪更易消化吸收。

脂肪与肉的风味有很重要的关系，如果肌肉的内肌膜和外肌膜部位有脂肪蓄积时，则结缔组织失去弹性，使肌束等容易分离，而且也容易咀嚼。当肌肉中有大量脂肪交错在其中时，可以防止水分蒸发，使肉质柔软，也增加了肉的风味。

（三）结缔组织

结缔组织是肉的次要成分，除形成肌肉的内外肌束膜外，还是畜禽的毛皮、血管、淋巴、神经、肌腱、韧带的主要成分，起到支持和连接各器官组织的作用，使肉具有一定的硬度和弹性。结缔组织由细胞、纤维和无定形基质组成。结缔组织纤维分为胶原纤维、弹性纤维和网状纤维。

结缔组织的含量取决于畜禽的性别、年龄、营养状况及运动因素。老龄、公畜、消瘦及劳役动物的结缔组织含量高。同一动物不同部位含量也不同，一般讲，前躯较后躯结缔组织含量高，下躯比上躯结缔组织含量高。

结缔组织属于硬性非全价蛋白，缺少人体所必需的氨基酸成分，具有坚硬、难溶、不易消化的特点，所以营养价值低。胶原纤维在 70 ~ 100℃时变成胶，而弹性纤维需在 130℃以上的高温下才能水解，在通常烹调条件下不能溶解，所以也不能被吸收利用。因此，含结缔组织多的肉质量差，价格也低。

（四）骨骼组织

骨骼组织是肉的极次要成分，食用价值和商品价值较低。只有骨腔内所含骨髓及烧煮后的骨胶原可供食用。骨骼是由外部的骨密质和内部的骨松质组成，不同成年动物骨骼占胴体的比例不同。

骨骼组织包括硬骨、软骨和骨髓，是动物体的支柱组织。新鲜的骨骼含有大量的水分，并带有残肉、脂肪和结缔组织等丰富营养成分，一般含有 5% ~ 27% 的脂肪和 10% ~ 32% 的骨胶原，其他成分为矿物质和水。矿物质的成分主要是钙和磷。因骨骼中含有大量的钙盐，可以粉碎后作为矿物质饲料添加剂，还可以熬出骨油和骨胶，制作骨素、骨精和骨髓浸膏，另外还可以做成骨泥添加到肉制品中，是肉制品加工的良好添加剂。

二、肉的化学组成

肉的化学组成主要是指肌肉组织的各种化学物质组成，包括有水分、蛋白质、脂肪、矿物质、维生素和浸出物等。各种成分的含量受动物种类、品种、年龄、肥度等因素的影响而有所差异。

（一）水分

水是肉中含量最多的组成成分，且分布不均匀，其中肌肉中含量为 72% ~ 80%，皮肤中为 60% ~ 70%，骨骼中为 12% ~ 15%。水的含量受很多因素的影响，畜禽脂肪越多，肉中水分含量越少；畜禽年龄越大，肉中水分含量越低。不同部位肉的含水量也不相同。肉中水分含量多少及存在状态影响肉的加工质量及贮藏性。保持适宜比例水分的肉和肉制品鲜嫩可口、多汁味美，但水分多时细菌、霉菌等微生物也容易繁殖，易引起肉的腐败变质。脱水后的肉不仅会失重，而且会影响肉的颜色、风味和组织状态，并会加速脂肪氧化。

水分含量与肉品贮藏性呈函数关系。一般来说水分越多，细菌、霉菌越易繁殖，越易引起肉的腐败变质。但严格地说，微生物的生长并不是取决于食品的水分总含量，而是取决于它的有效水分，即微生物能利用的水分多少，通常用水分活度来衡量。

水分活度是指食品在密闭容器内测得的水蒸气压力与同温下测得纯水蒸气压力之比。由于食品种类和加工方法不同，其溶液中溶解的溶质种类和数量也不同。因此，即使水分含量相同，其水分活度也不一定相等。

水分活度反映了水分与肉品结合的强弱及被微生物利用的有效性，各种食品都有一定的水分活度。新鲜肉为 0.97 ~ 0.99，灌肠制品为 0.96 左右，烘干肠为 0.65 ~ 0.85。各种微生物生长发育最适水分活度值的下限，细菌为 0.94，酵母菌为 0.88，霉菌为 0.8。水分活度下降到 0.7 以下，大多数微生物不能生长发育，但嗜盐菌在 0.7，耐干燥霉菌在 0.65，耐渗透压的酵母菌在 0.61 时仍然能够生长发育。

肉中水分并非像纯水那样以游离状态存在，而是以结合水、亲和水（不易流动水）和自由水三种形式在肉中存在。

1. 结合水

结合水一般占整个含水量的 15% ~ 20%，这部分水存在于蛋白质大分子的周围，借助于分子表面的极性基团与水分子之间的静电引力而存在，结合的非常牢固，不具有溶剂作用，在肉类加工中不易蒸发，更不易冻结，冰点为 −40℃，不能被微生物利用。

2. 亲和水

亲和水亦称不易流动水，指存在于肌原纤维的纤丝之间、肌原纤维与膜之间的水分，占肌肉中水分的 60% ~ 80%，这部分水由于毛细血管的作用，不易流动。这部分水在肉中不受到强烈刺激或加热情况下，基本能够存在于肉组织中，但在肉受到挤压、加热、微生物污染等外部影响下就会从肉中游离出来。所以，肉的保水性能主要取决于肌肉对此类水的保持能力。此种水在 0℃或稍低温度能形成冰结晶，也能溶解无机盐类和其他物质，近于理想的溶液状态。

3. 自由水

自由水是指存在于细胞间隙及组织间隙中，能自由流动的水，一般占整个含水量的 15%。这部分水没有被束缚在肉蛋白质中，因此很容易从肉中游离出来。

（二）蛋白质

肉中蛋白质的含量仅次于水的含量，大部分存在于动物的肌肉组织中。肌肉中的蛋白质含量为18% ～ 20%，占肉中固形物的80%左右。肌肉中的蛋白质依其所存在于肌肉组织上位置的不同，可分为肌原纤维蛋白质、肌浆蛋白质和结缔组织蛋白质（肉基质蛋白）。从营养角度和食用价值来看，肉中的蛋白质提供了人类比较充足的蛋白质来源。肉中的蛋白质在肉制品加工过程中也起到了十分重要的作用。

1. 肌原纤维蛋白质

肌原纤维蛋白质是构成肌原纤维的蛋白质，支撑着肌纤维的形状，又称结构蛋白质或不溶性蛋白质。肌原纤维是肌肉的收缩单位，其主要生理作用是参与肌肉的收缩过程。在肉制品加工中起重要作用的是肌原纤维蛋白，它对乳化、嫩化、保水、适口性有较大的影响。肌原纤维蛋白可用食盐在机械搅拌作用下变成可溶性蛋白而提出，如滚揉，将肌原纤维蛋白暴露于盐水，形成黏性物质，有助于将肉块粘在一起。当加热变性时，蛋白质凝固，形成凝胶，完全将肉块粘在一起。在肉泥、肉糜类灌肠加工中，盐溶性蛋白质构成了“乳化肉液”的基础，所有乳化型灌肠以及午餐肉类产品的质量都取决于乳化液的形成。

肌原纤维蛋白质占肌肉蛋白质总量的40% ～ 60%，它主要包括肌球蛋白、肌动蛋白、肌动球蛋白，还有原肌球蛋白、肌钙蛋白和2 ～ 3种调节性蛋白质等。在肉制品加工中起重要作用的是肌球蛋白、肌动蛋白和肌动球蛋白。

（1）肌球蛋白。肌球蛋白是肌肉中含量最高也是最重要的蛋白质，属球蛋白，约占肌肉总蛋白质的1/3，占肌原纤维蛋白的50% ～ 55%，不溶于水或微溶于水，而溶于稀的中性盐溶液，在离子强度为0.2以上的盐溶液中溶解性良好，在0.2以下则呈不稳定悬浮液。其溶液有极高的黏性，加热后极易形成凝胶，是肌肉持水性、黏结性起决定作用的物质。

肌球蛋白对热不稳定，受热易发生变性，变性后的肌球蛋白会失去三磷酸腺苷（ATP）酶的活性，溶解度也降低。其凝固温度为44 ～ 50℃，等电点为5.4。它在有盐存在时，其开始变性的温度变得很低。所以，用盐溶液萃取肌球蛋白时，温度以3℃最为适宜。

肌球蛋白的溶解性和形成凝胶的能力与其所在的pH、离子强度、离子类型等有密切关系。肌球蛋白形成热诱导凝胶的特性是非常重要的工艺特性，它直接影响到肉制品的质地、保水性和风味等。

（2）肌动蛋白。肌动蛋白也叫肌纤蛋白，约占肌原纤维蛋白的 20%，比较容易形成凝胶，其等电点为 4.7。肌动蛋白能溶于水及稀的中性盐溶液中。肌动球蛋白具有较低的凝固温度（30 ～ 50℃）。

（3）肌动球蛋白。肌动球蛋白又称肌纤凝蛋白。它是由肌动蛋白与肌球蛋白按 1∶2.5 至 1∶4 结合而成的复合物。肌动蛋白与肌球蛋白结合在一起，比单独的肌球蛋白对热更稳定。肌动球蛋白在离子强度为 0.4 以上的盐溶液中处于溶解状态。肌动球蛋白溶液黏度非常高。高浓度的肌动球蛋白易形成凝胶。

2. 肌浆蛋白质

由新鲜的肌肉磨碎后压榨出含有水溶性蛋白质的液体，称为肌浆。肌浆类似血液，能凝固，凝固后剩下的液体部分称为肌清。肌浆中所含的蛋白质就叫肌浆蛋白质。肌浆蛋白质约占肌肉中蛋白质总量的 20% ～ 30%。其种类包括肌红蛋白、肌溶蛋白、肌球蛋白 X 及肌粒中的蛋白质等。其中，对肉制品加工有重要意义的主要是肌红蛋白。这些蛋白质都溶于水或低离子强度的中性盐溶液中，是肉中最容易提取的蛋白质。又因为这些蛋白质提取时黏度很低，因此常被称为肌肉中的可溶性蛋白质，肌浆中蛋白质的主要功能是参与肌肉纤维中的物质代谢。肌浆蛋白质在高温及低 pH 情况下，会发生沉淀变性，不仅失去本身的持水性，而且由于沉淀到肌原纤维上，也影响肌原纤维的持水性。

3. 结缔组织蛋白质

结缔组织蛋白质亦称肉基质蛋白，主要存在于结缔组织中，和肉的硬度有关，属于硬蛋白类。其主要成分是胶原蛋白、弹性蛋白、网状蛋白及黏蛋白等，此类蛋白质含人体必需氨基酸很少，在营养价值上属不完全蛋白质。

（1）胶原蛋白。胶原蛋白占骨骼肌质量的 1% ～ 2%，在白色结缔组织中含量特别多，是构成胶原纤维的主要成分，约占胶原纤维组织中总固形物的 85%。胶原蛋白质地坚韧，性质稳定，具有很强的延伸力，不溶于水及稀盐溶液，在酸和碱溶液中吸水膨胀；不易被一般蛋白酶水解，但可被胶原酶水解。胶原蛋白中含有较多的甘氨酸、脯氨酸和羟脯氨酸。后两种氨基酸是胶原蛋白中特有的氨基酸。但它的色氨酸、酪氨酸以及蛋氨酸等必需氨基酸含量极少。

胶原蛋白在水中加热到 70 ～ 100℃时，有一部分分解成明胶。明胶为含胶原蛋白较多的皮、腱等，经水解后得到的大分子天然多肽高聚物，干燥状态下很稳定，潮湿时易被微生物分解。明胶不溶于冷水，加热后慢慢吸水软化膨胀，溶于热水中，溶液冷却后立即冷凝成胶块。因此，它可以可逆地进行溶胶与凝胶的变化。明胶易被酶水解，也易消化。在肉制品加工中，利用胶原蛋白的这一性质可加工肉冻类产品。明胶的凝胶强度视原料、制造条件而异，亦随 pH、电解质的不同而变化。等电点 pH 为 4.7 时，处于等电点时明胶溶液黏度最小，而且容易硬化。

（2）弹性蛋白。弹性蛋白在骨骼肌中占 0.1% 以下，在很多组织中与胶原蛋白共存，在皮、腱、肌内膜、脂肪等组织中含量很少，在韧带与血管中含量特别多，约占弹性纤维固形物质量的 25%。弹性蛋白有很强的弹性，但强度不如胶原蛋白，其抗断力只为胶原蛋白的 1/10。该蛋白的化学性质稳定，一般不溶于水，在普通加热煮沸时亦不能分解成明胶，只有加热到 130℃以上时才能水解。因此，肌肉含弹性蛋白多时，食之坚硬嚼不烂。

弹性蛋白不易被胰蛋白酶、胰凝乳蛋白酶、胃蛋白酶等所作用，但可被无花果蛋白酶、木瓜蛋白酶、菠萝蛋白酶和胰弹性蛋白酶水解。弹性蛋白的氨基酸组成中，含甘氨基酸多（20% ~ 30%），但羟脯氨酸含量很少，它对弱酸弱碱的抵抗力较强。弹性蛋白还可被弹性蛋白酶水解，这种酶存在于胰液中。和胶原蛋白以及网状蛋白不一样，弹性蛋白不易分解，因而营养价值甚低。

（3）网状蛋白。网状蛋白的氨基酸组成与胶原蛋白相似，它经常同脂类与糖类相结合而存在。用蛋白酶水解，可产生与胶原蛋白同样的肽类。网状蛋白对酸、碱比较稳定。

（三）脂肪

脂肪（中性脂肪）即甘油三酯，是由一分子甘油（丙三醇）与三分子脂肪酸经酯化反应而成的。甘油为三元醇。和甘油结合的脂肪酸有相同也有不同，三个脂肪酸相同为单纯甘油酯，三个脂肪酸不同为混合甘油酯。动物脂肪都是混合甘油酯，混合甘油酯含饱和脂肪酸和不饱和脂肪酸，含饱和脂肪酸多则熔点和凝固点高，含不饱和脂肪酸多则熔点和凝固点低。因此，脂肪酸的性质决定了脂肪的性质。

肉类脂肪有 20 多种脂肪酸，其中饱和脂肪酸以硬脂酸和软脂酸（棕榈酸）居多；不饱和脂肪酸以油酸居多；其次是亚油酸。硬脂酸的熔点为 71.5℃，软脂酸为 63℃，油酸为 14℃，亚油酸为 −5℃。

不同动物脂肪的脂肪酸不同，相对来说，鸡脂肪和猪脂肪含不饱和脂肪酸较多，牛脂肪和羊脂肪含饱和脂肪酸多些。同一动物不同部位脂肪的饱和程度亦不同，如猪的板油（肾外围所蓄积的脂肪）饱和程度高，皮下脂肪的饱和程度低，越靠近体表的饱和程度越低。

脂肪的性质随动物的种类而异，主要受各种脂肪酸含量及性质影响。例如，家畜的脂肪因含有大量高级饱和脂肪酸，在常温下一般呈固体状态，只有某些骨脂呈液态，以山羊脂硬度最高，牛脂次之，绵羊脂、猪脂、马脂依次减低，公牛脂比母牛脂硬，成畜脂比幼畜脂硬。脂肪越硬，其熔点越高。脂肪熔点的变动范围很大，无固定数值。脂肪熔点越接近人的体温，其消化率越高，熔点高于 50℃的脂肪，就不易被消化吸收。一般来说，猪脂的消化率较高，牛脂次之，羊脂较差。

脂肪在高温下（200℃以上）会逐渐发生聚同，黏度增高，一部分分解而出现异味，在接近 350℃时，分解为酮类、醛类等有毒物质，如果有金属离子存在，分解速度加快。因此，在肉制品制作过程中，如需要油炸时，一般规定油温不宜太高。

由于脂肪在改善肉的适口性和味道方面起着重要作用，在肉肠制作工艺上，很重视肉馅中脂肪比例。肉肠生产线在原料肉预混合之后，设有脂肪含量分析工序，用仪器快速测出这批原料中脂肪含量。然后用瘦肉或肥膘来平衡，以达到配方中规定的脂肪含量。

（四）矿物质

矿物质即无机盐类。肉中的矿物质含量一般为 0.8% ~ 1.2%，主要是钾、钠、钙、镁、铁、锌、硫、磷、氯等。除硫、磷与糖蛋白和脂肪结合外，大多以无机盐和电解质形式存在，生物活性较高，易被吸收利用。此外，肉中钙的含量并不高，肉不是钙的主要来源。

（五）维生素

肉中脂溶性维生素含量很少，水溶性维生素除维生素 C 之外，B 族维生素非常丰富，是人们获取此类维生素的主要来源之一，如维生素 B_1、维生素 B_2、维生素 B_6、维生素 B_2 及叶酸等的含量很高。此外，动物器官中含有脂溶性维生素，如肝脏是维生素 A 补品。肉中还有少量的维生素 A、维生素 B、维生素 C、维生素 D、维生素 E、维生素 PP 等。

（六）浸出物

浸出物是指除蛋白质、盐类、维生素外能溶于水的浸出性物质，包括含氮浸出物和无氮浸出物。

含氮浸出物为非蛋白质的含氮物质，如游离氨基酸、磷酸肌酸、核苷酸类（肌苷酸、鸟苷酸等）及肌苷、尿素等。这些物质为肉滋味和肉汤鲜味的主要来源。特别是其中的肌苷酸和鸟苷酸有极强的肉鲜味，其鲜度远远高于味精。通过生物工程方法可获得量大价廉的肌苷酸和鸟苷酸混合产物，可以和味精一起按一定比例添加到肉制品中，使制品的风味更加鲜美可口。

无氮浸出物为不含氮的可浸出有机化合物，包括有糖类化合物和有机酸。无氮浸出物主要有糖原、葡萄糖、麦芽糖、核糖、糊精，有机酸主要是乳酸及少量的甲酸、乙酸、丁酸、延胡索酸等，其中以糖原为主。糖原亦称动物淀粉，为葡萄糖的聚合体，是动物体内糖的主要贮存形式。家畜宰前休息得好，肌肉中糖原含量就多，糖原在畜肉的贮藏过程中，分解成乳酸，使肉的 pH 逐渐下降，肌肉中糖原不足会影响肉的成熟。

第二节　肉的食用品质及物理性质

一、肉的食用品质

肉的食用品质主要是指颜色、风味、嫩度、保水性、pH 等。这些性质在肉的加工贮藏中，直接影响肉制品的质量。

（一）肉的颜色

肉的颜色是商品肉的色、香、味、形几大要素中最直接、最先感受到的印象。肌肉的颜色是最重要的食用品质之一。肉的颜色本身对肉的营养价值和风味并无多大影响，颜色的重要意义在于它是肌肉的生理学、生物化学和微生物学变化的外部表现。因此，消费者可以通过它来判定肉的质量。

动物肌肉呈现不同的红色，色泽的差异因动物的种类、年龄、用途、部位及加工条件而不同。影响肌肉固有色泽的因素有肌红蛋白、血红蛋白、细胞色素、过氧化物酶、黄色素等，但起决定作用的是肌红蛋白。

肌红蛋白是肉色素的基本成分，在动物活体中用来储存氧，是肉本身的色素蛋白，肉色的深浅与其含量多少有关。肉的色泽越深（暗），肌红蛋白越多。

血红蛋白存在于血液中，在动物活体中是用来输送氧的，对肉色的影响要视放血好坏而定，若宰杀放血完全，则它对肉的颜色影响不大。放血良好的肉，肉色鲜亮，反之肉色则深暗。

肌红蛋白对氧的亲和力大于血红蛋白。肌红蛋白为复合蛋白，它是由一条多肽链构成的珠蛋白和一个血红素组成，血红素是由四个吡咯形成的环加上一个铁离子所形成的铁卟啉。肌红蛋白和血红蛋白的主要区别是前者只结合 1 个分子血红素，而血红蛋白结合 4 个血红素基团。

宰后放置时间不久的猪肉颜色呈淡红色，断面呈鲜红色；黄牛肉为棕红色，老龄牛肉为暗红色，断面紫红色；水牛肉、羊肉呈浅红色；马肉为暗红色。同一种动物不同部位的肌肉颜色深浅也不一致，如鸡腿肉为红色，而鸡胸肉则呈白色。

新鲜肉、冷却肉、冻藏肉在储存过程中，肉的颜色都会发生由暗红色（紫红色）—鲜红色—红褐色的变化，这是因为肌红蛋白与氧结合生成氧合肌红蛋白，但长期与氧接触，色素蛋白被强烈氧化，形成褐色的氧化肌红蛋白，一般情况下，氧化型肌红蛋白数量超过 50% 就变成褐色。肉的颜色变化中，褐变是经常发生的。在颜色变化中，一旦出现变绿、变黄、发荧光等现象，往往是微生物引起的腐败。

未加硝（硝酸钠或亚硝酸钠）腌制的肉在加热时，由于肌红蛋白受热发生变性，失掉防止血红素氧化的作用，因而血红素很快被氧化，使肉的颜色由红色变为灰褐色，这是典型的熟肉色泽。如将鲜肉加硝腌制几天，肌红蛋白与硝经过复杂的反应，生成亚硝基肌红蛋白（一氧化氮肌红蛋白，NOMb），具有鲜亮粉红色的色泽。再加热时，由于一氧化氮（NO）与血红素结合牢固，难以解离，故仍维持粉红色。

在加工酱卤类肉制品时，一般都是在汤沸腾时下锅，一方面，可以使肉表面蛋白质迅速凝固，防止内部可溶性蛋白质溶于汤内；另一方面，可以减少肌红蛋白色素溶于汤中，保持肉汤清澈透明。

（二）肉的风味

肉的风味又称肉的味质，包括气味和滋味，指生鲜肉的气味和加热后肉制品的香气和滋味。它是判断肉质量的重要指标之一。肉的风味是肉中固有成分经过复杂的生物化学变化，产生各种有机化合物所致，多数没有营养价值，不稳定，加热易被破坏分解，种类很多，但含量都很少，难以测定。一般情况下，风味的产生是多种成分相互作用的结果。因而，准确地确定风味物质的呈味作用并不容易，只能够通过人的高度灵敏的嗅觉和味觉器官反映出来。

1. 气味

气味是肉中具有挥发性的物质，随气流进入鼻腔刺激嗅觉细胞，通过神经传导到大脑而产生的一种刺激感，令人愉快的刺激为香味，使人厌恶的刺激为异味、臭味。肉的气味成分十分复杂。与肉香味有关的物质主要有醇、醛、酮、酸、酯、醚、呋喃、吡啶、糖类及含氮化合物等。肉的气味全凭主观的嗅觉体验和比较，无明显的标准区分程度和界限，但气味都具有挥发性，分子中有发香的原子基团。

生鲜肉具有的气味，与动物的种类、性别、环境、加工条件有关。生鲜肉都带有不同程度的腥味，鸡肉、猪肉有较轻的腥味；羊肉有膻味；狗肉、鱼肉有较重的腥味；特别是性成熟的公畜肉有特殊的气味，母畜肉略带奶气味（奶腥味），以奶牛肉最为明显。

肉煮熟后会产生各种具有肉香味的化合物。肉香味化合物的产生途径主要有三个：①氨基酸（氨基）与还原糖（羰基）间的美拉德反应；②蛋白质、游离氨基酸、糖类、核苷酸等有机物质的热降解；③脂肪的氧化作用。特别值得一提的是脂肪的氧化作用亦是肉的香味重要来源之一。肉在烹调时的加热脂肪氧化原理与常温脂肪氧化相似，但最终产物却大不相同。前者产生风味物质，而后者则产生具有酸败气味的物质。

2. 滋味

滋味是溶于水的可溶性呈味物质刺激舌面的味蕾细胞，通过神经传导到大脑而反映出的味感。舌面分布的味蕾，可感觉出不同的味道，酸味味蕾位于舌的边缘，苦味位于舌根，甜味位于舌前部，咸味位于舌尖，鲜味为全面感觉。肉的鲜味成分来源于核苷酸、氨基酸、酰胺、肽、有机酸、糖类、脂肪等前体物质。加热后，氨基酸、肽和低分子的碳水化合物之间发生羰氨反应生成具有鲜味的物质，脂肪与其他呈味的前体物质，在水中加热后也会产生肉所具有的风味。不同种类动物肉加热之后产生特有的风味，是因为加热导致肉中的水溶性成分和脂肪的变化所致，在加工酱卤制品时常用老汤就是由于老汤含有较多的风味物质，能赋予熟肉特有的风味。

（三）肉的嫩度

通常人们理解的嫩度系指吃肉时牙齿是否费劲。肉的嫩度是评价肉质的一个重要指标，它决定了肉在食用时口感的老嫩，肉的嫩度包括四个方面的含义：①肉对舌或颊的柔软性，即当舌头或颊接触肉时产生的触觉反应，肉的柔软性变动很大，包括从软糊感觉到木质化的结实程度；②肉对牙齿压力的抵抗性，即牙齿插入肉中所需的力量，有的肉很柔软，几乎对牙齿无抵抗力，有些肉硬得难以咬动；③咬断肌纤维的难易程度，指牙齿切断肌纤维的能力，首先要咬破肌外膜和肌束，因此这与结缔组织的含量和性质密切相关，结缔组织含量多就难以咬断；④嚼碎程度，用咀嚼后肉渣剩余的多少以及咀嚼后到下咽的所需的时间来衡量。

影响肉嫩度的因素很多，主要分为宰前因素和宰后因素，但归根结底是结缔组织的含量与性质及肌原纤维蛋白化学结构变化对肉的嫩度起着决定性作用。

阉畜肉比未阉畜肉嫩；幼龄家畜由于肌纤维细，含水分多，结缔组织少，所以肉质比老龄家畜嫩；畜禽胴体不同部位肉的嫩度也不相同，如含结缔组织多的颈部肌肉就老些，而含结缔组织少的里脊肉就嫩些；营养良好的家畜肌肉中脂肪含量高，大理石纹较丰富，肉的嫩度好，而消瘦动物的肌肉中脂肪含量低，肉质老。

家畜屠宰后尸僵发生时，肉的硬度会增加，嫩度低，解僵进入成熟期时硬度降低，嫩度提高。对肉加热可使肉变硬也可变嫩，当加热到 60 ~ 65℃时，结缔组织会发生短缩而使肉变老，而超过这一温度时，肉中胶原纤维变成明胶会使肉的嫩度得到改善。为了提高肉的嫩度，对肉加热处理时，加热温度为 78℃，当肉中心温度达到 72℃即表示肉已熟了。

肉制品工业为了消费者的需要，提高成品的嫩度，常用的方法有四种：①把宰后的鲜肉悬挂在一定的低温室中，使之冷却成熟，从而提高肉的嫩度；②用机械方法处理以改变肉的纤维结构，提高肉的嫩度，如用嫩化机、滚揉机、切割机、搅拌机、斩拌机都有助于切断肌纤维；③用蛋白酶（木瓜蛋白酶、菠萝蛋白酶、无花果蛋白酶）对肉进行处理，促使蛋白质分解，达到嫩化的目的；④采用电刺激，加速宰后生物化学反应，促进 ATP 迅速分解，pH 很快降低到 6.0，同时肌原纤维断裂，结构松弛，肉的嫩度增加。

（四）肉的保水性

肉的保水性也叫系水力或持水性，是指当肌肉受外力作用时，如加压、加热、冷冻、解冻、切碎、腌制、干燥等加工或储藏条件下保持原有水分和添加水分的能力。它不仅对肉的品质影响很大，而且有着极其重要的经济价值（影响肉制品的出品率），是对肉进行评价的重要指标。保水性的高低直接影响肉的风味、颜色、质地、嫩度和凝结性等。

与保水性关系最大的是肉中的不易流动水，度量肌肉的保水性主要是这种存在形态水的多寡，它与肌原纤维蛋白质的网络结构及蛋白质所带净电荷有关，蛋白质处于膨胀胶体状态时，网络空间大，保水性就高；反之，处于紧缩状态时，网络空间小，保水性就低。

影响肌肉的保水性因素很多，如肌肉蛋白质 pH 接近等电点（pH 为 5.0 ~ 5.4）时，肉的保水性最低，当肌肉蛋白质的 pH 偏离等电点时肉的保水性相应就高一些。肉在僵直期的保水性要比僵直前期及解僵后的保水性低。食盐和磷酸盐也会在相应 pH 时对肉的保水性有相应的影响。加热时肉的保水性明显降低。此外，动物的种类、品种、年龄等因素都会影响肉的保水性。

提高肉的保水性能，在肉制品生产加工中有重要意义，通常采用以下方法：

第一，加盐先行腌渍。未经腌渍肌肉中的蛋白质是处于非溶解状态，吸水力弱。经腌渍后，由于受盐离子的作用，从非溶解状态转变成溶解状态，从而提高肉的保水性。

第二，提高肉的 pH 至接近中性。可采用添加低聚度的碱性复合磷酸盐来提高肉的 pH，使 pH 偏离肉的等电点，以此达到提高肉的保水性目的。

第三，用机械方法提取可溶性蛋白质。肉经过适当腌制后，再经过机械作用，如绞碎、斩剁、搅拌或滚揉等机械方法，把肉中盐溶性蛋白质提取出来。它是一种很好的乳化剂，不仅能提高保水性，而且还改善制品的嫩度，增加黏结度及弹性。

第四，添加大豆蛋白。在肉制品中添加一定量的大豆蛋白（最好为大豆分离蛋白），能取得较好效果。由于大豆蛋白结构松弛，遇水膨润，本身能吸收 3 ~ 5 倍的水，它与其他添加料和提取的蛋白质组成乳浊液时，遇热凝固而起到吸油、保水的作用。

此外，添加卡拉胶也可提高肉的保水性。

（五）肉的 pH

活体动物的肌肉或刚刚屠宰后的肌肉 pH 为 7 ～ 7.2，为中性或弱碱性。经过一定时间，由于肌肉中糖原分解生成乳酸（起主要作用）和 ATP 分解产生的磷酸，而使肌肉 pH 逐渐下降，肌肉变成酸性。pH 下降到 5.4 ～ 5.6 时不再下降，称为最终 pH，也叫极限 pH。随着蛋白质的自溶，pH 又开始上升。pH 的变化对肉质的影响是：pH 降低，由于乳酸的作用可抑制微生物繁殖，可延长肉的贮藏期，pH 降到 5.5 时，接近蛋白质的等电点，肌肉收缩变硬，产生“离浆”现象，许多可溶性蛋白易流失。肉的色泽、风味都不好；pH 升高，肉的保水性增强，但微生物易繁殖，保藏时间短。

二、肉的物理性质

肉的物理性质主要指容重、比热容、热导率和冰点，具体如下：

第一，容重。肉的容重是指每立方米体积的质量（kg/m^3）。容重的大小与动物的种类、肥度有关，脂肪含量多则容重小。如去掉脂肪的牛羊猪容重为 1020 ～ 1070kg/m^3，猪肉为 940 ～ 960kg/m^3，牛肉为 970 ～ 990kg/m^3，猪背部脂肪为 937kg/m^3。在肉制品加工企业，根据容重的大小可判别原料肉的真伪。

第二，比热容。肉的比热容为 1kg 肉升降 1℃所需的热量。它受肉的含水量和脂肪含量的影响，含水量多则比热容大，其冻结或熔化潜热增高，肉中脂肪含量多则相反。根据比热容的大小，可初步确定冻肉解冻的难易程度。一般比热容小的肉解冻时间较短。

第三，热导率。肉的热导率是指肉在一定温度下，每小时每米传导的热量，以千焦（kJ）计。热导率受肉的组织结构、部位及冻结状态等因素影响，很难准确的测定。肉的热导率大小决定肉冷却、冻结及解冻时温度升降的快慢。肉的热导率随温度下降而增大。因冰的热导率比水大四倍，因此冻肉比鲜肉更易导热。

第四，肉的冰点。肉的冰点是指肉中水分开始结冰的温度，也叫冻结点。它取决于肉中盐类的浓度，浓度愈高，冰点愈低。纯水的冰点为 0℃，肉中含水分 60% ～ 70%，并且水中溶解有各种盐类，因此其冰点低于纯水。在冷鲜肉生产运输过程中，将其温度控制在冰点附近并略高于冰点，可适当延长商品的货架期。

第三节　肉的腐败与品质评定

一、肉的腐败

肉类受到外界因素的作用，肉的成分和感官性状发生变化，并产生大量对人体有害的物质，失去食用价值，称为肉的腐败。它包括蛋白质的腐败、脂肪的氧化和酸败、糖的发酵等作用。

（一）肉的腐败的原理

1. 蛋白质的腐败

健康动物的血液和肌肉通常是无菌的，肉类的腐败变质实际上主要是由于在屠宰、加工、运输、流通等过程中受外界微生物的污染所致。肉被污染后，微生物从肉表面沿血管、淋巴结向深层扩散，产生许多对人体有害甚至使人中毒的代谢产物，特别是临近关节、骨骼和血管的地方最容易腐败。肌肉蛋白质是高分子的胶体粒子，微生物不能通过肌膜扩散，大多数微生物都是在蛋白质分解产物上才能迅速发展。

由微生物所引起的蛋白质的腐败是复杂的生物化学反应过程，所进行的变化与微生物的种类、外界条件、蛋白质的构成等因素有关。在外界微生物分泌的酶作用下，蛋白质被分解成多肽。多肽与水形成黏液，附在肉表面，故鲜肉发黏是腐败的开始，煮制时肉汤变的黏稠混浊，常以此鉴定肉的新鲜程度。蛋白质进一步分解产生氨基酸，氨基酸经复杂的生物化学变化生成有机碱、有机酸、醇及其他有机物质，分解最终产物为二氧化碳、水、氨气、硫化氢等。

有机碱是由氨基酸脱羧作用产生的胺而形成，脱羧作用形成大量的脂肪族、芳香族和杂环族有机碱，这些有机碱与氨基酸相对应，使肉呈碱性反应。所以，挥发性盐基氮是判定肉新鲜程度的重要指标（一级鲜度小于15mg/100g，二级鲜度小于或等于 25mg/100g）。

肉在腐败过程中积聚一定的脂肪酸，其中大部分具有挥发性，如醋酸、油酸、丙酸，在分解腐败初期 90% 是醋酸，其次是油酸、丙酸。虽然有机碱使肉呈碱性，但肉在腐败时仍呈酸性，这是因为有机酸形成的速度快。

腐败分解形成的其他有机化合物中，所形成的环状化合物是酪氨酸、苯丙氨酸、色氨酸等的侧链断裂而形成的，如色氨酸形成的甲基吲哚，甘氨酸生成甲胺，鸟氨酸生成腐胺，赖氨酸生成尸胺。这些物质都是严重腐败的后期产物，有非常难闻的臭味，是腐败肉类发出腐烂气味的主要成分。含硫基的氨基酸分解时产生硫化氢和硫醇，也有不愉快的气味。

2. 脂肪的氧化和酸败

构成动物脂肪的脂肪酸有很多是不饱和脂肪酸，在光、热、催化剂等的作用下，这些不饱和脂肪酸被氧化成过氧化物。过氧化物很不稳定，进一步分解为低级脂肪酸、醛、酮、气体等，具有刺鼻的不良气味。过氧化物也能生成羟基酸，在光线、水、空气等催化作用下，可产生酯化和聚合作用，生成醇酸、聚合物和缩合物。牛脂肪在保藏中常常会失去正常的黄色，而呈现绿色，其原因是牛脂中胡萝卜素分子中共轭双键氧化的缘故。

脂肪在保藏和加工中，在水、高温、脂肪酶、酸、碱的作用下水解，能生成甘油和脂肪酸。脂肪水解程度高低用酸价表示，酸价就是中和 1g 油脂所需要的 KOH 毫克数。酸价越高表明水解越严重。水解能产生低分子脂肪酸，如蚁酸、醋酸、辛酸、壬酸等，并有不良的气味。

3. 微生物对糖类的作用

许多微生物均优先利用糖类作为其生长的能源。好气性微生物在肉表面的生长，通常把糖完全氧化成二氧化碳和水。如果氧的供应受阻或其他原因氧化不完全时，则可有一定程度的有机酸积累，肉的酸味即由此而来。

（二）肉的腐败的表征

第一，发黏。微生物在肉表面大量繁殖后，使肉表面有黏液状物质产生，拉出时如丝状，并有较强的臭味，这是微生物繁殖后所形成的菌落，以及微生物分解蛋白质的产物。这主要是由革兰氏阴性细菌、乳酸菌和酵母菌所产生。当肉的表面有发黏、拉丝现象时，其表面含菌数一般为 10^7cfu/cm^2。

第二，变色。肉类腐败时肉的表面常出现各种颜色变化。最常见的是绿色，这是由于蛋白质分解产生的硫化氢与肉中的血红蛋白结合后形成的硫化氢血红蛋白，这种化合物积蓄在肌肉和脂肪表面即显示暗绿色。此外，黏质赛氏杆菌在肉表面能产生红色斑点，深蓝色假单胞杆菌能产生蓝色，黄杆菌能产生黄色，有些酵母菌能产生白色、粉红色、灰色等斑点。

第三，霉斑。肉体表面有霉菌生长时，往往形成霉斑，特别是一些干腌肉制品，更为多见。例如，枝霉和刺枝霉在肉表面产生羽毛状菌丝；白色侧孢霉和白地霉产生白色霉斑；扩展青霉、草酸青霉产生绿色霉斑；蜡叶芽枝霉在冷冻肉上产生黑色斑点。

第四，变味。肉类腐烂时往往伴随一些不正常或难闻的气味，最明显的是肉类蛋白质被微生物分解产生的恶臭味。此外，还有在乳酸菌和酵母菌作用下产生挥发性有机酸的酸味；霉菌生长繁殖产生的霉味等。

（三）肉的腐败的原因

影响肉腐的因素很多，如温度、相对湿度、pH、渗透压、空气中含氧量等。温度是决定微生物生长繁殖的重要因素，温度越高微生物繁殖发育越快。水分是仅次于温度决定肉类食品微生物生长繁殖的因素，一般霉菌和酵母菌比细菌耐受较高的渗透压，pH 对细菌的繁殖极为重要，所以肉的最终 pH 对防止肉的腐败具有十分重要的意义。空气中含氧量增高，肉的氧化速度就加快，就越易腐败变质。

二、肉的品质评定

（一）肉新鲜度技术评定

肉类新鲜程度反映的是某一类动物性食品特有的标准风味、滋味、色泽、质地、口感和微生物合格卫生标准的综合状况。肉品新鲜度可以综合地指向产品营养性、安全性和嗜好性的可靠程度。快速准确的肉类新鲜度检测技术对肉类的运输、仓贮及加工过程有着非常重要的意义。

第一，理化检验。肉品的理化检验指标主要有肉品的颜色、持水性、弹性、嫩度、导电率、黏度、保水量、pH 等物理性的指标以及通过定性定量测定某类能代表肉品品质变化规律的物质的变化来衡量肉品品质，如氨、胺类、TVB−N（挥发性盐基氮）、三甲胺（TMA）、吲哚等。

第二，微生物检验。微生物检验是从肉品中微生物数量的角度说明其污染状况及腐败变质程度，常用的方法有细菌总数和大肠菌群近似数 MPN 的测定。许多国家从细菌菌落总数的角度制定了肉类新鲜度标准，可以较为准确地检测肉类新鲜度。

（二）肉品质的感官评定

感官鉴定对肉制品加工选择原料方面有重要的作用。感官鉴定主要包括：视觉——肉的组织状态、粗嫩、黏滑、干湿、色泽等；嗅觉——气味的有无、强弱、香、臭、腥臭等；味觉——滋味的鲜美、香甜、苦涩、酸臭等；触觉——坚实、松弛、弹性、拉力等；听觉——检查冻肉、罐头的声音的清脆、浑浊及虚实等。

1. 新鲜肉

外观、色泽、气味都正常，肉表面有稍带干燥的“皮膜”，呈浅玫瑰色或淡红色；切面稍带潮湿而无黏性，并具有各种动物肉特有的光泽；肉汁透明肉质紧密，富有弹性；用手指按摸时凹陷处立即复原；无酸臭味而带有鲜肉的自然香味；骨骼内部充满骨髓并有弹性，带黄色，骨髓与骨的折断处相齐；骨的折断处发光；腱紧密而具有弹性，关节表面平坦而发光，其渗出液透明。

2. 陈旧肉

肉的表面有时带有黏液，有时很干燥，表面与切口处都比鲜肉发暗，切口潮湿而有黏性。如在切口处盖一张吸水纸，会留下许多水迹。肉汁混浊无香味，肉质松软，弹性小，用手指按摸，凹陷处不能立即复原，有时肉的表面发生腐败现象，稍有酸霉味，但深层还没有腐败的气味。

密闭煮沸后有异味，肉汤混浊不清，汤的表面油滴细小，有时带腐败味。骨髓比新鲜的软一些，无光泽，带暗白色或灰色，腱柔软，呈灰白色或淡灰色，关节表面为黏液所覆盖，其液混浊。

3. 腐败肉

表面有时干燥，有时非常潮湿而带黏性。通常在肉的表面和切口有霉点，呈灰白色或淡绿色，肉质松软无弹力，用手按摸时，凹陷处不能复原，不仅表面有腐败现象，在肉的深层也有浓厚的酸败味。

密闭煮沸后，有一股难闻的臭味，肉汤呈污秽状，表面有絮片，汤的表面几乎没有油滴。骨髓软弱无弹性，颜色暗黑，腱潮湿呈灰色，为黏液所覆盖。关节表面由黏液深深覆盖，呈血浆状。

第二章　肉品加工前的准备及常用辅料

第一节　畜禽的屠宰与分割

我国的主要肉用家畜包括猪、牛、羊、兔等，主要肉用家禽包括鸡、鸭、鹅、鸽等。

一、畜禽的屠宰

屠宰加工是各种肉类加工的基础。肉用畜禽从刺杀放血到屠宰解体，最后加工成胴体的一系列处理过程，叫作屠宰加工。它是进一步深加工的前处理，因而也叫初步加工。

（一）屠宰厂设计

屠宰厂设计必须符合卫生、适用安全等基本要求。

1. 厂址选择

（1）屠宰与分割车间所在厂址应远离城市水源地和城市给水、取水口，其附近应有城市污水排放管网或经相关部门允许的最终受纳水体。厂区应位于城市居住区夏季风向最大频率的下风侧，并应满足有关卫生防护距离要求。

（2）厂址周围应有良好的环境卫生条件。厂区不应位于受污染河流的下游，并应避开产生有害气体、烟雾、粉尘等污染源的工业企业或其他产生污染源的地区或场所。

（3）屠宰与分割车间所在的厂址必须具备符合要求的水源和电源，其位置应选择在交通运输方便、货源流向合理的地方，根据节约用地和不占农田的原则，结合加工工艺要求因地制宜的确定，并应符合城镇规划的要求。

2. 环境卫生

（1）屠宰与分割车间所在厂区的路面、场地应平整、无积水，主要道路及场地宜采用混凝土或沥青铺设。

（2）厂区内建（构）筑物周围、道路的两侧空地均宜绿化。

（3）污染物排放应满足国家有关标准的要求。

（4）厂内应在远离屠宰与分割车间的非清洁区内设有畜粪、废弃物等的暂时集存场所，其地面、围墙或池壁应便于冲洗消毒。运送废弃物的车辆应密闭，并应配备清洗消毒设施及存放场所。

（5）原料接收区应设有车辆清洗、消毒设施。活猪进厂的入口处应设置与门同宽，长 3m、深 0.1 ~ 0.15m，且能排放消毒液的车轮消毒池。

3. 建筑设施

（1）屠宰与分割车间的建筑面积与建筑设施应与生产规模相适应。车间内各加工区应按生产工艺流程划分明确，人流、物流互不干扰，并符合工艺、卫生及检验要求。

（2）地面应采用不渗水、防滑、易清洗、耐腐蚀的材料，其表面应平整无裂缝、无局部积水。排水坡度：分割车间不应小于 1%，屠宰车间不应小于 2%。

（3）车间内墙面及墙裙应光滑平整，并应采用无毒、不渗水、耐冲洗的材料制作，颜色宜为白色或浅色。墙裙如采用不锈钢或塑料板制作时，所有板缝间及边缘连接处应密闭。墙裙高度：屠宰车间不应低于 3m，分割车间不应低于 2m。

（4）地面、顶棚、墙、柱、窗口等处的阴阳角必须设计成弧形。

（5）顶棚或吊顶表面应采用光滑、无毒、耐冲洗、不易脱落的材料。除必要的防烟设施外应尽量减少阴阳角。

（6）门窗应采用密闭性能好、不变形、不渗水、防锈蚀的材料制作。车间内窗台面应向下倾斜 45°，或采用无窗台构造。

（7）成品或半成品通过的门应有足够宽度，避免与产品接触。通行吊轨的门洞，其宽度不应小于 1.2m；通行手推车的双扇门，应采用双向自由门，其门扇上部应安装由不易破碎材料制作的通视窗。

（8）车间内应设有防蚊蝇、昆虫、鼠类进入的设施。

（二）屠宰前检验

畜禽的宰前检验是保证肉品卫生质量的重要环节之一，也是获得优质肉品的重要措施。

第一，屠宰前检验程序。当屠宰畜禽由产地运到屠宰加工企业以后，在未卸下车（船）之前，兽医检验人员向押运员索阅当地兽医部门签发的检疫证明书，核对牲畜的种类和头数，了解产地有无疫情和途中病死情况。经过初步视检和调查了解，认为基本合格时，允许卸下赶入预检圈休息。

第二，宰前临床检验的方法。鉴于送宰的牲畜数目通常较多，待宰的时间又不能拖长，尤其在屠宰旺季，实行逐头测温检查困难，故生产实践中多采用群体检查和个体检查相结合的办法。其具体做法可归纳为：动、静、食的观察三大环节和看、听、摸、检四大要领。

第三，屠宰前病畜禽的处理。宰前检验发现病畜禽时，根据疾病的性质、病势的轻重以及有无隔离条件等做如下处理：

准宰。凡是健康合格、符合卫生质量和商品规格的畜禽，都准予屠宰。

禁宰。经检查确诊为炭疽、鼻疽、牛瘟、恶性水肿、气肿疽、狂犬病、羊快疫、羊肠毒血症、马流行性淋巴管炎、马传染性贫血等恶性传染病的牲畜，采取不放血法扑杀。肉尸不得食用，只能工业用或销毁。其同群全部牲畜立即进行测温。体温正常者在指定地点急宰，并认真检验；不正常者予以隔离观察，确诊为非恶性传染病的方可屠宰。

急宰。确认为无碍肉食卫生的一般病畜及患一般传染病而有死亡危险的病畜，立即开急宰证明单，送往急宰。凡疑似或确诊为口蹄疫的牲畜立即急宰，其同群牲畜也应全部宰完。患布氏杆菌病、结核病、肠道传染病、乳腺炎和其他传染病及普通病的病畜，均须在指定的地点或急宰间屠宰。

（三）屠宰前管理

1. 待宰畜禽饲养

畜禽运到屠宰场地后，要按产地、批次、强弱等情况进行分群饲养，对肥度良好的畜禽，所喂饲料量，以能恢复由于途中蒙受的损失为原则，对瘦弱畜禽的饲养，应采取直线肥育或强化肥育的饲养方式，以在短期内达到迅速增重、长膘、改善肉质的目的。

2. 屠宰前的休息

宰前要使畜禽很好休息，保持安静。畜禽在运输时，由于环境的改变和受到惊恐等外界因素的刺激，易使畜禽过度紧张和疲劳，破坏或抑制正常的生理功能，使血液循环加速，体温上升，肌肉组织内的毛细血管充血，这样不仅在屠宰时造成放血不完全，而且由于肌肉的运动，肌肉的乳酸量增加，屠宰后会加速肉的腐败过程。一般畜禽运到屠宰场后，必须休息 1d 以上，以消除疲劳，提高产品的质量。

3. 宰前断食供水

屠宰畜禽在宰前 12 ~ 24h 断食。断食时间必须适当。一般牛、羊宰前断食 24h，猪 12h，家禽 18 ~ 24h。断食时，应供给足量的 1% 的食盐水，使畜体进行正常的生理功能活动，调节体温，促进粪便排泄，以便放血完全，获得高质量的屠宰产品。为了防止屠宰畜禽倒挂放血时胃内容物从食道流出污染胴体，宰前 2 ~ 4h 应停止给水。

（1）宰前停食饮水的作用。

第一，充分利用残留饲料，降低肉品污染率。饲料进入胃肠道 24h 后，才开始被动物机体消化吸收，宰前停食可以使畜禽最后吃进的饲料得到充分利用，避免饲料浪费，同时宰后肠胃内容物减少，从而减少粪便污染胴体、内脏的现象。

第二，增进体内血液循环，提高胴体质量。宰前停食，充分饮水，可以稀释血液，增加血流量，宰杀时放血充分，肌肉红润正常，延长贮存时间。否则，因血液浓稠造成放血不良，肉色暗紫，影响外观，并且易于微生物的生长繁殖，缩短肉的贮存期。

第三，加速肉品成熟，提高肉品质量。宰前断食使畜禽处于饥饿状态。肝脏内贮存的糖原大量分解为葡萄糖和乳酸，并通过血液循环运送到机体各部，使肌糖原的消耗得到补充，加速宰后肉的成熟。与此同时，肌体的一部分蛋白质发生分解，增加了肉的滋味和香气，提高了肉的质量。

（2）停食过程中应注意的问题。

第一，停食时间。停食时间要正当，不能过短或过长，若断食时间过短，达不到断食的目的，而且还会因饱食状态下能量蓄积较多，肌糖原多。反之宰前饥饿时间过长，体力消耗大，糖原耗尽，宰后糖酵解程度有限，肌肉中乳酸含量低，同时由于饥饿时间长，降低牲畜的抵抗力，增加待宰期的死亡。

第二，供水要清洁卫生。畜禽在停食期间体能消耗大，易出现明显的掉膘损重，要供给足量的 1% 食盐水，保证正常生理功能活动，调节体温促进粪便排泄，放血安全，提高肉的品质。

第三，停食宜在候宰间内进行。候宰间的场地墙壁等宜用水泥灌砌而成。避免停食畜禽因饥饿而啃食泥砖、瓦砾之类的物质，而影响停食效果。

4. 猪屠宰前淋浴

水温 20℃，喷淋猪体 2 ~ 3min，以洗净体表污物为宜。淋浴使猪有凉爽舒适的感觉，促使外周毛细血管收缩，便于放血充分。

（四）屠宰的工艺

1. 猪的屠宰工艺

（1）淋浴。放血前给猪进行淋浴，主要目的是：清除体表的灰尘和污物，防止其污染空气和环境，减少胴体在加工流水线上的细菌污染；改善操作环境的卫生条件；有利于麻电。其主要方法是将待宰猪赶至淋浴室，室内上下左右均安装有喷头，喷淋猪体 2 ~ 3min，小型的屠宰场可用胶皮管接上喷头进行人工喷洗。

（2）击昏。击昏能使猪暂时失去知觉，减少猪屠宰时受到恐惧和痛苦的刺激；防止引起内脏血管收缩，血液流集于肌肉内，导致放血不全；减轻劳动强度，保证环境安静和人身安全，便于刺杀放血；击昏的方法以操作简便、安全，既符合卫生要求，又保证肉的质量，常用的方法具体如下：

第一，麻电法（又称电击晕法）。麻电法是目前广泛使用的一种猪致昏法，这种方法是使电流通过畜体，麻痹中枢神经而晕倒，肌肉强烈收缩，四肢僵直，心跳加剧，故能收到良好的放血效果。我国用于麻电设备主要有两种：一种是手握式麻电器；另一种是自动麻电器。

手握式麻电器是以木料或绝缘性能好的塑料制成。外形像电话筒，两端各固定有长方形紫铜片为电极板，铜片上附以厚约 4cm 的海绵或纱布等吸水物质。操作时，两手戴好橡皮手套，穿好长筒靴，将麻电器两极浸蘸 5% 的盐水，然后将麻电器的前端按在猪的太阳穴部，后端按在肩颈部，接触 3 ~ 5s。

自动麻电器为猪自动触电而晕倒的一套装置，麻电时，将猪赶至狭窄通道，打开门，一头接一头按次序时间（约 2s）由上滑下，头部触及自动开闭的夹形麻电器，晕倒后滑落在输送带上。

麻电要根据动物的大小和年龄，注意掌握电流、电压和麻电时间，若电压电流过大，时间过长，易引起血压急剧增高造成皮肤肌肉和内脏出血。

第二，二氧化碳麻醉法。将猪赶入麻醉室，室内气体组成为 CO_2，浓度为 65% ~ 75%，空气 25% ~ 35%，猪在室内经历 15 ~ 45s 便可完全失去知觉。这种方法的优点是猪无紧张感，可减少糖原的消耗，最终 pH 低；肌肉处于松弛状态，避免肉出血，且放血良好；麻醉时间长，麻醉效率高，缺点是成本高。

第三，机械击昏法。机械击昏法是一种传统的击昏方法，其可分为锤击法、针刺法、击昏枪射击法等。用这类方法，需要有熟练的技巧，防止伤害人身安全。

（3）放血。保持猪在正常生理状态下，将血液放出体外。使屠畜机体各组织器官因缺血而迅速停止活动，从而使被宰畜禽在短时间内死亡。其目的主要在于获得高质量的胴体。放血方式有悬挂放血和卧式放血两种，屠宰场目前大多采用前者。此方法可得到良好的放血效果，也有利于以后的加工，同时可减轻工人劳动强度。切断颈动脉和颈静脉是目前广泛采用的放血方法。应于猪颈与躯体分界处的中线偏右约 1cm 处刺入，抽刀向外侧偏转切断血管，不可刺伤心脏。为了使放血通畅，并为颌下淋巴结的剖检做好准备，抽刀时应尽可能扩大切口，直到下颌前端。猪的放血时间为 6 ~ 10min。刺杀放血方法有血管刺杀法、心脏刺杀放血法、切断三管刺杀和口腔刺杀法。

（4）烫毛。烫毛及褪毛猪放血后应进行头部检查，剖开颌下淋巴结，检查局限性炭疽和结核病变。然后进行烫毛及褪毛（剥皮）。烫毛所需的水温和烫毛时间依品种、个体大小、年龄和气温等适当调整。一般为 60 ~ 68℃，浸烫 3 ~ 8min。水温过低或浸烫时间短，由于毛孔尚未扩大，褪毛困难。如水温过高或浸烫时间过长，则由于表皮蛋白胶化，毛孔收缩，褪毛困难。在浸烫时头和四肢开始顺利地掉毛，即表示已烫好。

机械褪毛分滚筒式和卧式两种。前者利用上下两组相反旋转的滚筒上突出的钝齿，将烫好的猪体上的毛撞滚掉。后者是猪体腹部向下，通过装有弹簧的刮刀或旋转钝齿刮除猪毛。

手工褪毛时，先掠去耳毛，再顺次将尾毛、脚爪、肚档、背部两侧，最后将剩下的鬃毛和表皮黑垢刮净并撬去脚壳。此法劳动强度大，劳动条件差。

（5）开膛。在褪毛后立即进行，否则会影响脏器和内分泌腺体的使用价值。开膛宜采取倒挂的方式。既可减轻劳动强度，又能减少肉尸被肠胃内容物污染的机会。

第一，剖腹。剖腹取内脏用刀从肛门前至放血口沿正中线切开皮肤和腹肌，从耻骨前破开腹腔，随即插入左手，护住肠胃，再用刀小心切割开腹壁，直至胸骨处，撬开耻骨，割离肛门、直肠，一并割下膀胱、大小肠和脾、胃，送内脏间处理。

第二，去内脏。撬胸骨用刀锋从放血口伸入，由下而上将胸骨撬开，割除心、肝、肺和气管，送内脏间处理，然后用冷水冲洗体腔，除净血迹。

（6）割头蹄和劈半。割头一般从颈部耳根切线下刀，斜向前下方沿下颌骨切开，然后从枕骨髁与第一颈椎之间割断腱膜，用力扭折再割断联系。割蹄时，后蹄从跗关节处、前蹄从腕关节开刀，割开皮肤及关节囊，折断联系，然后从尾椎沿脊椎到颈部垂直切开皮肤和皮下脂肪，便于劈半。劈半有机械劈半和手工劈半两种。采用格式圆盘电锯劈半，工效高，但碎渣较多，损失较大，劈半后应将骨屑冲洗干净。手工劈半时，需注意保持棘突剖面的对称和完整。

（7）胴体修整。这是胴体加工的必要工序。目的是除去胴体上能使微生物繁殖的任何损伤、淤血及污秽，同时使外观整洁，提高商品价值。修整包括干修和冲洗。猪的干修包括割奶头、伤痕、脓疡、斑点、淤血、游离的脂肪块、槽头肉、刮残毛、污垢等。修整后立即用冷水冲洗。应注意不可用布擦拭，以免增加微生物的污染，加速肉的变质。

（8）内脏整理。经检验后的内脏应及时处理，不得积压。割取胃时应将食道和十二指肠留有适当的长度，以免胃内容物流出。分离肠道切忌撕裂。摘除附着在脏器上的脂肪组织和胰脏，除去淋巴结及寄生虫，整理好肠胃，应及时集中，妥善保管，心、肝、肺应各个分开，做好防腐措施。

2. 牛羊屠宰工艺

我国条件较好的正规屠宰场都采用流水作业线，用传送带或移动式吊轨连续屠宰。这样不但减小劳动强度，提高工作效率，且或减少污染机会，保证肉的新鲜和质量。牛、羊的屠宰加工工艺总体说来包括致昏、剥皮（或脱毛）、开膛、劈半、修整、内脏和皮张整理等工序。

（1）致昏。牛、羊常用的致昏方法具体如下：

第一，刺昏法。刺昏法主要用于牛，用匕首迅速准确地刺入枕骨与第一颈椎之间，破坏延脑和脊髓的联系，造成瘫痪。其优点是操作简便；缺点是仅适用于老实的老、弱、残的屠畜，如果刺得过深，易伤及呼吸和血管中枢，使呼吸停止或血压下降，影响放血。

第二，木锤击昏法。木锤击昏法用重的木棰，猛击屠畜前额部，使其昏倒。打击力量要适当，以不打破头骨和致死，仅使屠畜失去知觉为度。此时虽然屠畜的知觉中枢麻痹，但运动中枢依然完整，肌肉仍能收缩，容易放血。其缺点是不安全，当打击不准或力量过轻时，易引起屠畜狂逃，甚至发生伤人毁物事件，劳动强度也较大。

第三，麻电法。麻电法应根据身体大小，掌握好电流和电压。牛采用的麻电器有单接触杆式和双接触杆式麻电器两种，使用前者时电压不超过200V，电流强度为 1 ～ 1.5A，麻电时间为 7 ～ 30s；使用后者时，电压一般为 70V，电流强度为 0.5 ～ 1.4A，2 ～ 3s 即可致昏。羊多在不致昏状态下放血。

（2）放血。在致昏后立即进行。从牛、羊喉部下刀割断食管、气管和血管进行放血，以 9 ～ 12s 为最佳，最好不超过 30s，以免引起肌肉出血。每屠宰一次，刀需在 82℃的热水中消毒一次。屠宰放血只能放出全身总血量的 50% ～ 60%，仍有 40% 左右残留在体内。一般牛的放血量为胴体重的 5%。放血充分与否直接影响肉品质量和贮藏性。放血时间约为 9min。然后，可进入低压电刺激系统接受脉冲电压刺激，电压为 25 ～ 80V，用以放松肌肉，加速牛肉排酸过程，提高牛肉嫩度。

（3）剥皮。剥皮技术的好坏直接关系到皮张质量和胴体卫生。剥皮要在充分放血后及时进行。牛的剥皮方法可分手工剥皮和机械剥皮。

第一，手工剥皮法。手工剥皮多应用于小型屠宰场和家庭屠宰。其方法是先把牛屠体摆成腹面向上，并将事先制备的楔状垫木垫在牛脊背两侧，使牛固定。然后开始剥皮，切开头部及四肢端部的皮肤，沿枕骨后缘将头割下，切断腕关节、跗关节将四蹄割下，接着沿腹部正中线和前后肢内侧中央将皮肤割开，由腹部开始向背部剥离，直至整个皮肤剥脱为止。

第二，机械剥皮法。倒挂机械剥皮是一种现代化的方法，它需要有绞车、架空轨道和拉皮机械等。其特点是在保证肉品质量与卫生、皮革质量的前提下，可减轻劳动强度，提高生产效率。该法在头部、四肢和胸腹部剥皮，以及割头和断蹄方面仍需手工操作，方法同水平手工剥皮相同。上述手工操作完成后，即将屠体的前肢固定于特制的设备上，然后在前肢已剥落的皮肤端部系上特别链条，并将链条的游离端连于剥皮机上，开动剥皮机上的绞车，从屠体前部沿屠体纵轴，向屠体后端顺序将皮张拉下。

羊一般采用手工剥皮，其方法是先沿腹部正中线割开胸腹部皮肤，然后沿四周内侧皮肤中央部从腕、跗关节处向腹部正中线方向切开皮肤，并割下四蹄，再用特别挂钩，钩住两后肢的跟腱部用人工将屠体挂于轨道上或横杆上，从上向下剥掉皮肤。

（4）开膛。牛、羊的开膛有水平和倒挂两种方式，具体如下：

第一，水平开膛。水平开膛是在水平剥皮后屠体保持原位置的状态下进行。沿屠体腹部正中线先割开腹壁肌肉，再用刀劈开耻骨联合，然后用刀切开肛门周围（母畜包括外生殖器），割断与内脏、肠道、膀胱、生殖器和腹壁连接的组织结构，食管和肠道需结扎的部位进行结扎，将整个胃肠拉出腹腔。继之，切开颈部食管和气管周围组织和横膈膜，将心脏、肺脏和肝脏一起拉出体外。在摘取内脏器官时，要注意不要割破，特别是胃肠道，以免血液和胃肠内容物污染肉体。取出的内脏器官必须与胴体统一编号，以备检验。

第二，倒挂开膛。倒挂开膛是在倒挂剥皮后连续进行的。开膛方法基本与水平开膛法相同，不同的是这种方法不仅预先劈开耻骨联合，还要劈开胸骨，然后再割开腹壁，切断固定胃肠的系膜和韧带，自行脱落于固定的内脏收容设备上，并编号待检。

（5）劈半。倒挂的胴体，一般都用吊挂手提式电锯，把倒挂的胴体沿脊柱正中线锯成左右两半。这样有利于检验和修整工作。水平放置的胴体，一般都采用从最后肋骨相连的胸椎处切断脊椎，并由此切断两侧胸壁的肌肉，再沿每段的脊椎中央，纵向切成两半，这样一个胴体被分成四块，称为四分体。羊的胴体较小，一般不进行劈半。

（6）修整和内脏整理。对牛、羊胴体要修整肉尸表面的碎屑、颈部和腹壁的游离部分，割除伤痕、斑点、淤血及胴体表面脏物。冲洗时仅冲洗腹腔，不冲洗肉尸体表面。内脏整理基本上与猪相同。

（7）检验、盖印、称重、出厂。屠宰后要进行宰后兽医检验。合格者，盖“兽医验讫”的印章。然后经过自动吊秤称重、入库冷藏或出厂。

3. 家禽屠宰工艺

家禽屠宰加工的程序包括宰杀击晕、放血、烫毛、净膛、清洗工序。

（1）击晕。击晕电压为 35 ～ 50V，电流为 0.5A 以下，电晕时间鸡为 8s 以下，鸭为 10s 左右。电晕时间要适当，以电晕后马上将禽从挂钩上取下，若在 60s 内能自动苏醒为宜。过大的电压、电流会引起锁骨断裂，心脏停止跳动，放血不良，翅膀血管充血。

（2）放血。

第一，断颈放血法。断颈放血法就是在下颌后的颈部横切一刀，将颈部的血管、气管和食管一并切断，即切断三管法。这种方法操作简便，放血较快，但因切口较大，易被细菌污染，降低商品价值和耐贮性，同时也影响外观。

第二，口腔放血法。用细长尖刀，伸入家禽的口腔，刀刃朝向家禽的上颚，当尖刀达第二颈椎时，斜着切开黏膜和靠近头骨底部的颈总静脉和桥状静脉连接处，切断血管，将刀抽出一半时再经上颚裂口扎入，沿眼耳之间斜刺延脑，促使屠禽死亡，同时有助于松弛毛孔便于脱毛。这种方法的优点是能保证屠禽外表的完整，放血良好，产品质量好，耐贮藏，同时也有利于脱毛。缺点是操作比较复杂，稍有不当，容易造成放血不良，影响产品质量。

第三，动脉放血法。在家禽头部左侧的耳垂后切一小口（鸡的刀口约 1.5mm，水禽约 2.5mm），切断颈动脉的颅面分支放血。此法较口腔放血简便，放血也很充分。

第四，麻电放血法。采用高压瞬间麻电法，然后将头固定，并以转盘刀沿耳垂后切断颈动脉放血，大大提高了劳动效率。交流电以电压 50V，频率 60Hz，放血 60s 最好；直流麻电以 90V，放血 90s 为好；脉冲直流麻电以 100V，频率 480Hz 放血效果最好，三者之中直流麻电放血效果优于其他两种。

放血程度具有很高的卫生意义，放血不全的家禽发紫，商品价值低，不耐贮藏，放血的时间通常为 1 ~ 1.5min，放血占体重的百分比为：小鸡 3.8%，成年鸡 4.1%，鹅 4.5%，鸭和火鸡 3.9%。

（3）烫毛。烫毛及脱毛宰杀放血后的家禽，在体温散失前，即放到烫毛池中进行浸烫。一般要求水温为 60 ~ 63℃以上，浸烫时间以 0.5 ~ 1.5min 为好。以拔掉背毛为度。浸烫时要不断翻动，使其受热均匀，特别是头、爪要烫充分。注意水温不要过高和过低，水温高，浸烫时间长，可引起体表脂肪溶解，肌肉蛋白凝固，皮肤容易撕裂。水温低浸烫时间短则拔不掉毛。烫毛池的水要经常更换。

工厂化生产在烫毛结束时，将家禽放入脱毛机内脱毛。手工拔毛的顺序：先拔掉翅毛、再用手掌推去背毛，回手抓去尾毛，然后翻转禽体，抓去胸腹部毛，拔去颈头毛，最后除去爪壳、冠皮和舌衣。拔毛要求干净，防止破皮。

拔毛后尚残留有若干细毛和毛管。去毛的方法有两种：一种是钳毛，即将禽体浮在水面，用拔毛钳子从颈部开始逆毛倒钳，将绒毛钳净；另一种是松香拔毛，将禽体浸入溶解好的松香液中，然后立即取出放入冷水中使松香凝成胶状，待外表不发黏时，从水中取出松香打碎剥去、绒毛即被松香粘掉。

松香拔毛剂的配方为：11% 的食用油加 89% 的松香，放在锅中加热到 200 ~ 230℃充分搅拌，使其溶成胶状液体，再移入保温锅内，保持温度在 120 ~ 150℃。松香拔毛操作不当，可引起中毒。因此要避免松香流入鼻腔、口腔，并仔细将松香除干净。

（4）净膛。家禽的净膛即清除内脏，其方法随加工用途有所差别，一般小型工厂多采用腹下开膛，从胸骨至肛门的正中线切开体腔，以右手 4 个指头伸入在腹腔内旋转，剥离胃肠道与腹壁的连接膜，然后向前，叩住心脏，将全部内脏（肺、肾除外）拉出，这种方法称全净膛。

也可采用拉肠法，从肛门处只拉出肠和胆囊，其他脏器仍留在体内，称为半净膛。具体操作是先挤出直肠中残留的粪便，将屠禽仰卧于拉肠台上，左手压腹，将内脏挤向腹部，右手食指伸入肛门，戳穿直肠绕于手指上拉出，随后中指伸入再勾小肠，拉出至胆囊处撕下胆囊，从肌胃与十二指肠连接处拉断小肠，将肠全部取出，然后从颈下开约 3cm 切口将其取出。

用于烤鸭的屠鸭是用打气掏膛法，即将食管剥离，并将其塞进颈部皮下结缔组织中，然后将气嘴由刀口塞入充气，使空气充满皮下脂肪和结缔组织之间，充气后在右翅下切开 4 ~ 5cm 的切口，用手将内脏掏出。

净膛后要用清水将腔体内和屠禽表面冲洗干净。

（5）检验、修整、包装。掏出内脏后，经检验、修整、包装入库贮藏。在库温 −24℃条件下，经 12 ~ 24h 使肉温达到 −12℃即可贮藏。

（6）屠宰率的测定。屠宰率的测定是指屠宰体重占活重的比率。屠宰率高的个体，产肉也多。屠体重是指放血脱毛后的重量；活重是指宰前停喂 12h 后的重量。

二、畜禽的分割

肉的分割是按不同国家、不同地区的分割标准将胴体进行分割，以便进一步加工或直接供给消费者。分割肉是指宰后经兽医卫生检验合格的胴体，按分割标准及不同部位肉的组织结构分割成不同规格的肉块，经冷却、包装后的加工肉。

（一）猪肉的分割

依据猪胴体形态结构和肌肉组织分布，猪肉的分割包括颈背肌肉、前腿肌肉、大排肌肉等九部分。颈背肌肉的别名及细分割产品是1号肉、梅肉、梅花肉；前腿肌肉的别名及细分割产品是2号肉（腿弧、腱肉、前展）；大排肌肉的别名及细分割产品是3号肉、通脊（肌）、里脊、眼肉（肌）、大排（带骨）；小里脊的别名及细分割产品是猪柳；后腿肌肉的别名及细分割产品是4号肉（元宝肉、臀尖肉、内腿肉、外腿肉、腿弧、猪腱肉、后展）；腹肋肉的别名及细分割产品是中方肉、五花肉；脊骨的别名及细分割产品是龙骨、腔骨；板叉骨的别名及细分割产品是扇骨、西施骨（脆骨边）；后腿骨的别名及细分割产品是（带肉）后腿骨、棒骨。

第一，肩颈肉。肩颈肉俗称前槽、夹心。前端从第一颈椎，后端从第4～5胸椎或第5～6根肋骨间，与背线成直角切断。下端如做火腿则从肘关节切断，并剔除椎骨、肩胛骨、臂骨、胸骨和肋骨。

第二，背腰肉。背腰肉俗称外脊、大排、硬肋、横排。前面去掉肩颈部，后面去掉臀腿部，余下的中段肉体从脊椎骨下4～6cm处平行切开，上部即为背腰部。

第三，臂腿肉。臂腿肉俗称后腿、后丘。从最后腰椎与荐椎结合部和背线成直线垂直切断，下端则根据不同用途进行分割：做分割肉、鲜肉出售，从膝关节切断，剔除腰椎、荐椎骨、股骨、去尾；做火腿，则保留小腿后蹄。

第四，肋腹肉。肋腹肉俗称软肋、五花。与背腰部分离，切去奶脯即是。

第五，前颈肉。前颈肉俗称脖子、血脖。从第1～2颈椎处或第3～4颈椎处切断。

第六，前臂和小腿肉。前臂和小腿肉俗称肘子、蹄膀。前臂上从肘关节、下从腕关节切断，小腿上从膝关节、下从跗关节切断。

（二）牛肉的分割

我国将牛肉胴体分割成牛柳、西冷、眼肉、上脑、嫩肩肉、胸肉、腱子肉、腰肉、臀肉、膝圆、大米龙、小米龙、腹肉13块不同的肉块。

第一，牛柳。牛柳又称里脊，即腰大肌。分割时先剥去肾脂肪，沿耻骨前下方将里脊剔出，然后由里脊头向里脊尾逐个剥离腰横突，取下完整的里脊。牛里脊为牛肉的最嫩部分、牛肉中肉质最细嫩的部位，大部分都是脂肪含量低的精肉。适合煎、炒、炸。适合人群较广泛，老少皆宜。

第二，西冷。西冷又称外脊，主要是背最长肌。分割时首先沿最后腰椎切下，然后沿眼肌腹壁侧（离眼肌5 ~ 8cm）切下。再在第12 ~ 13胸肋处切断胸椎，逐个剥离胸、腰椎。牛外脊是牛背部的最长肌，肉质为红色，容易有脂肪沉积，呈大理石纹状。适合炒、炸、涮、烤。适合人群为青中年人士。

第三，眼肉。眼肉主要包括背阔肌、肋最长肌、肋间肌等。其一端与外脊相连，另一端在第5 ~ 6胸椎处，分割时先剥离胸椎，抽出筋腱，在眼肌腹侧距离为8 ~ 10cm处切下。眼肉在前腿部上面部位，一端与上脑相连，另一端与外脊相连。外形酷似眼睛，脂肪交杂呈大理石纹状。肉质细嫩，脂肪含量较高，口感香甜多汁。适合涮、烤、煎烤。适合人群较广泛，老少皆宜。

第四，上脑。上脑主要包括背最长肌、斜方肌等。其一端与眼肉相连，另一端在最后颈椎处。分割时剥离胸椎，去除筋腱，在眼肌腹侧距离为6 ~ 8cm处切下。肉质细嫩，容易有大理石纹沉积。上脑脂肪交杂均匀，有明显花纹。适合涮、煎、烤，常见的是涮牛肉火锅。

第五，嫩肩肉。嫩肩肉主要是三角肌。分割时循眼肉横切面的前端继续向前分割，可得一圆锥形的肉块，便是嫩肩肉。由互相交叉的两块肉组成，纤维较细，口感滑嫩。适合炖、烤、焖、咖喱牛肉。

第六，胸肉。胸肉主要包括胸升肌和胸横肌等。在剑状软骨处，随胸肉的自然走向剥离，修去部分脂肪即成一块完整的胸肉。在软骨两侧，主要是胸大肌，纤维稍粗，面纹多，并有一定的脂肪覆盖，煮熟后口感较嫩，肥而不腻。适合炖、煮汤。

第七，腱子肉。腱子分为前、后两部分，主要是前肢肉和后肢肉。前牛腱从尺骨端下刀，剥离骨头，后牛腱从胫骨上端下刀，剥离骨头取下。分前腱和后腱，熟后有胶质感。适合红烧或卤、酱牛肉。

第八，腰肉。腰肉主要包括臀中肌、臀深肌、股阔筋膜张肌。在臀肉、大米龙、小米龙、膝圆取出后，剩下的一块肉便是腰肉。适合以煎、烤牛肉片形式烹炒调制，也常用于蒸牛肉、火锅片、铁板烧等。

第九，臀肉。臀肉主要包括半膜肌、内收肌、股薄肌等。分割时把大米龙、小米龙剥离后便可见到一块肉，沿其边缘分割即可得到臀肉。也可沿着被切的盆骨外缘，再沿本肉块边缘分割。牛臀肉取自后腿近臀部的肉，外形呈圆滑状，肪含量少，口感略涩，属于瘦肉，适合把整块来烘烤、碳烤、熵，肌肉纤维较粗大，脂肪含量低。适合人群较广泛。

第十，膝圆。膝圆主要是臀股四头肌。当大米龙、小米龙、臀肉取下后，能见到一块长圆形肉块，沿此肉块周边（自然走向）分割，很容易得到一块完整的膝圆肉。肉质比较粗且壮实，处置时最好先去筋或以轻轻打形式加以嫩化处置。一般被用来当作炒肉或火锅肉片。

第十一，大米龙。大米龙主要是臀股二头肌。与小米龙紧接相连，故剥离小米龙后大米龙就完全暴露，顺该肉块自然走向剥离，便可得到一块完整的四方形肉块即为大米龙。肉质细嫩，适于熘、炒、炸、烹等，不适合炖。

第十二，小米龙。小米龙主要是半腱肌，位于臀部。当牛后腱子取下后，小米龙肉块处于最明显的位置。分割时可按小米龙肉块的自然走向剥离。肉质细嫩，适于熘、炒、炸、烹等，不适合炖。

第十三，腹肉。腹肉主要包括肋间内肌、肋间外肌等，也即肋排，分无骨肋排和带骨肋排。一般包括 4 ～ 7 根肋骨。牛腩即牛腹部及靠近牛肋处的松软肌肉，是取自肋骨间的去骨条状肉，瘦肉较多，脂肪较少，筋也较少。适合红烧或炖汤。高胆固醇、高脂肪、老年人、儿童、消化力弱的人不宜多吃。

（三）羊肉的分割

我国将分割羊肉分为带骨分割羊肉和去骨分割羊肉，其中带骨分割羊肉 25 种，去骨分割羊肉 13 种。带骨分割羊肉分别为躯干、带臀腿、带臀去腱腿、去臀腿、去臀去腱腿、带骨臀腰肉、去髋带臀腿、去髋去腱带股腿、鞍肉、带骨羊腰脊、羊 T 骨排、腰肉、羊肋脊排、法式羊肋脊排、单骨羊排（法式）、前 1/4 胴体、方切肩肉、肩肉、肩脊排、牡蛎肉、颈肉、前 / 后腱子肉、法式羊前腱 / 后腱、胸腹腩、法式肋排；去骨分割羊肉分别为半胴体肉、躯干肉、剔骨带臀腿、剔骨带臀去腱腿、剔骨去臀去腱腿、臀肉、膝圆、粗米龙、臀腰肉、腰脊肉、去骨羊肩、里脊、通脊。各部位具体分割标准如下：

躯干：主要包括前 1/4 胴体、羊肋脊排及腰肉部分，由半胴体分割而成。分割时经第六腰椎到髂骨尖处直切至腹肋肉的腹侧部，切除带臀腿。

带臀腿：主要包括粗米龙、臀肉、膝圆、臀腰肉、后腱子肉、髂骨、荐椎、尾椎、坐骨、股骨和胫骨等，由半胴体分割而成，分割时从半胴体的第六腰椎经髂骨尖处直切至腹肋肉的腹侧部，除去躯干。

带臀去腱腿：主要包括粗米龙、臀肉、膝圆、臀腰肉、髂骨、荐椎、尾椎、坐骨和股骨等，由带臀腿自膝关节处切除腱子肉及胫骨而得。

去臀腿：主要包括粗米龙、臀肉、膝圆、后腱子肉、坐骨和股骨、胫骨等，由带臀腿在距离髋关节大约 12mm 处成直角切去带骨臀腰肉而得。

去臀去腱腿：主要包括粗米龙、臀肉、膝圆、坐骨和股骨等，由去臀腿于膝关节处切除后腱子肉和胫骨而得。

带骨臀腰肉：主要包括臀腰肉、髂骨、荐椎等，由带臀腿于距髋关节大约 12mm 处以直角切去去臀腿而得。

去髋带臀腿：由带臀腿除去髋骨制作而成。

去髋去腱带股腿：由去髋带臀腿在膝关节处切除腱子肉及胫骨而成。

鞍肉：主要包括部分肋骨、胸椎、腰椎及有关肌肉等，由整个胴体于第四或第五或第六或第七肋骨处背侧切至胸腹侧部，切去前 1/4 胴体，于第六腰椎处经髂骨尖从背侧切至腹脂肪的腹侧部而得。

带骨羊腰脊：主要包括腰椎及腰脊肉，在腰荐结合处背侧切除带臀腿，在第一腰椎和第十三胸椎之间背侧切除胴体前半部分，除去腰腹肉。

羊 T 骨排：由带骨羊腰脊沿腰椎结合处直切而成。

腰肉：主要包括部分肋骨、胸椎、腰椎及有关肌肉等，由半胴体于第四或第五或第六或第七肋骨处切去前 1/4 胴体，于腰荐结合处切至腹肋肉，去后腿而得。

羊肋脊排：主要包括部分肋骨、胸椎及有关肌肉，由腰肉经第四或第五或第六或第七肋骨与第十三肋骨之间切割而成。分割时沿第十三肋骨与第一腰椎之间的背腰最长肌（眼肌），垂直于腰椎方向切割，除去后端的腰脊肉和腰椎。

法式羊肋脊排：主要包括部分肋骨、胸椎及有关肌肉，由羊肋脊排修整而成。分割时保留或去除盖肌，除去棘突和椎骨，在距眼肌大约 10cm 处平行于椎骨缘切开肋骨，或距眼肌 5cm 处（法式）修整肋骨。

单骨羊排 / 法式单骨羊排：主要包括单根肋骨、胸椎及胸最长肌，由羊肋脊排分割而成。分割时沿两根肋骨之间，垂直于胸椎方向切割（单骨羊排），在距眼肌大约 10cm 处修整肋骨（法式）。

前 1/4 胴体：主要包括颈肉、前腿和部分胸椎、肋骨及背最长肌等，由半胴体在分膈前后，即第四或第五或第六肋骨处以垂直于脊椎方向切割得到的带前腿的部分。

方切肩肉：主要包括部分肩胛骨、肋骨、肱骨、颈椎、胸椎及有关肌肉，由前 1/4 胴体切去颈肉、胸肉和前腱子肉而得。分割时沿前 1/4 胴体第三和第四颈椎之间的背侧线切去颈肉，然后自第一肋骨与胸骨结合处切割至第四或第五或第六肋骨处，除去胸肉和前腱子肉。

肩肉：主要包括肩胛骨、肋骨、肱骨、颈椎、胸椎、部分桡尺骨及有关肌肉。由前1/4胴体切去颈肉、部分桡尺骨和部分腱子肉而得。分割时沿前1/4胴体第三和第四颈椎之间的背侧线切去颈肉，腹侧切割线沿第二和第三肋骨与胸骨结合处直切至第三或第四或第五肋骨，保留部分桡尺骨和腱子肉。

肩脊排：主要包括部分肋骨、椎骨及有关肌肉，由方切肩肉（第4～第6肋）除去肩胛肉，保留下面附着的肌肉带制作而成，在距眼肌大约10cm处平行于椎骨缘切开肋骨修整，即得法式脊排。

牡蛎肉：主要包括肩胛骨、肱骨和桡尺骨及有关的肌肉，由前1/4胴体的前臂骨与躯干骨之间的自然缝切开，保留底切（肩胛下肌）附着而得。

颈肉：俗称血脖，位于颈椎周围，主要由颈部肩带肌、颈部脊柱肌和颈腹侧肌所组成，包括第一颈椎与第三颈椎之间的部分。颈肉由胴体经第三和第四颈椎之间切割，将颈部肉与胴体分离而得。

前/后腱子肉：前腱子肉主要包括尺骨、桡骨、腕骨和肱骨的远侧部及有关的肌肉，位于肘关节和腕关节之间。分割时沿胸骨与盖板远端的肮骨切除线自前1/4胴体切下前腱子肉。后腱子肉由胫骨、跗骨和跟骨及有关的肌肉组成，位于膝关节和跗关节之间。分割时自胫骨与股骨之间的膝关节切割，切下后腱子肉。

法式羊前腱/后腱：法式羊前腱/后腱分别由前腱子肉/后腱子肉分割而成，分割时分别沿桡骨/胫骨末端3～5cm处进行修整，露出桡骨/胫骨。

胸腹腩：俗称五花肉，主要包括部分肋骨、胸骨和腹外斜肌、升胸肌等，位于腰肉的下方。分割时自半胴体第一肋骨与胸骨结合处直切至膈在第十一肋骨上的转折处，再经腹肋肉切至腹股沟浅淋巴结。

法式肋排：主要包括肋骨、升胸肌等，由胸腹腩第二肋骨与胸骨结合处直切至第十肋骨，除去腹肋肉并进行修整而成。

半胴体肉：由半胴体剔骨而成，分割时沿肌肉自然缝剔除所有的骨、软骨、筋腱、板筋（项韧带）和淋巴结。

躯干肉：由躯干剔骨而成，分割时沿肌肉自然缝剔除所有的骨、软骨、筋腱、板筋（项韧带）和淋巴结。

剔骨带臀腿：主要包括粗米龙、臀肉、膝圆、臀腰肉、后腱子肉等，由带臀腿除去骨、软骨、腱和淋巴结制作而成，分割时沿肌肉天然缝隙从骨上剥离肌肉或沿骨的轮廓剔掉肌肉。

剔骨带臀去腱腿：主要包括粗米龙、臀肉、膝圆、臀腰肉，由带臀去腱腿剔除骨、软骨、腱和淋巴结制作而成，分割时沿肌肉天然缝隙从骨上剥离肌肉或沿骨的轮廓剔掉肌肉。

剔骨去臀去腱腿：主要包括粗米龙、臀肉、膝圆等，由去臀去腱腿剔除骨、软骨、腱和淋巴结制作而成，分割时沿肌肉天然缝隙从骨上剥离肌肉或沿骨的轮廓剔掉肌肉。

臀肉：又称羊针扒，主要包括半膜肌、内收肌、股薄肌等，由带臀腿沿膝圆与粗米龙之间的自然缝分离而得。分割时，把粗米龙剥离后可见一肉块，沿其边缘分割即可得到臀肉，也可沿被切开的盆骨外缘，再沿本肉块边缘分割。

膝圆：又称羊霖肉，主要是臀股四头肌。当粗米龙、臀肉去下后，能见到一块长圆形肉块，沿此肉块自然缝分割，除去关节囊和肌腱即可得到膝圆。

粗米龙：又称羊烩扒，主要包括臀股二头肌和半腱肌，由去骨腿沿臀肉与膝圆之间的自然缝分割而成。

臀腰肉：主要包括臀中肌、臀深肌、阔筋膜张肌，分割时于距髋关节大约 12mm 处直切，与粗米龙、臀肉、膝圆分离，沿臀中肌与阔筋膜张肌之间的自然缝除去尾。

腰脊肉：主要包括背腰最长肌（眼肌），由腰肉剔骨而成，分割时沿腰荐结合处向前切割至第一腰椎，除去脊排和肋排。

去骨羊肩：主要由方切肩肉剔骨分割而成，分割时剔除骨、软骨、板筋（项韧带），然后卷裹后用网套结而成。

里脊：主要是腰大肌，位于腰椎腹侧面和髂骨外侧，分割时先剥去肾脂肪，然后自半胴体的耻骨前下方剔出，由里脊头向里脊尾，逐个剥离腰椎横突，取下完整的里脊。

通脊：主要由沿颈椎棘突和横突、胸椎和腰椎分布的肌肉组成，包括从第一颈椎至腰荐结合处的肌肉。分割时自半胴体的第一颈椎沿胸椎、腰椎直至腰荐结合处剥离取下背腰最长肌（眼肌）。

（四）禽肉的分割

随着人民生活水平的提高，对食品需求的不断发展，人们已经从过去喜爱购买活禽逐渐发展到购买光禽，进而希望能供应禽类包装产品和禽类的分割小包装产品，禽类的分割小包装在市场上逐渐增多。因此，发展和扩大禽类分割小包装的生产，提高分割小包装的产品和质量，适应和满足消费者的需要，是禽产品加工企业和生产者的重要任务。

分割禽主要是将一只禽按部位分割下来，如果不按照操作要求和工艺要求，就会影响产品的规格、卫生以及产品质量。为了提高产品质量，达到最佳的经济效益，必须熟练掌握家禽分割的各道工序：①下刀部位要准确，刀口要干净利索；②按部位包装，斤两准确；②清洗干净，防止血污、粪污以及其他污染；④原料应是来自安全的非疫区的健康仔鸡、仔鹅（鸭），经兽医卫生检验没有发现传染性疾病的活禽，经宰杀加工，符合国家卫生标准要求的冷却禽。

禽胴体分割的方法主要包括：平台分割、悬挂分割、按片分割。前两种适于鸡，后一种适于鹅、鸭。通常鹅分割为头、颈、爪、胸、腿等 8 件；躯干部分成 4 块（1 号胸肉、2 号胸肉、1 号腿肉和 2 号腿肉）。鸭肉分割为 6 件：躯干部分为 2 块（1 号鸭肉、2 号鸭肉）。肉鸡分割分为腿部、胸部、翅爪及脏器类。

1. 肉鸡的分割

国内外市场上分割鸡品种繁多，主要有鸡翅、鸡全腿、鸡腿肉、鸡胸肉、鸡盹、鸡脚、鸡凤爪、鸡颈皮、鸡尾、肉用鸡串等。肉鸡的分割步骤如下：

（1）腿部分割。将脱毛去肠鸡放于平台上，鸡首位于操作者前方，腹部向上。两手将左右大胆向两侧整理少许，左手持住左腿以稳住鸡体再用刀分割，将左腿和右腿腹股沟的皮肉割开。用两手把左右腿向脊背拽去，然后侧放于平台，使左腿向上，用刀割断股骨与骨盆之间的韧带，再顺序将连接骨盆的肌肉切开。用左手将鸡体调转方向，腹部向上，鸡首向操作者，用刀切开骨盆肌肉接近尾部 3cm 左右，将刀旋转至背中线，划开皮下层至第 7 根肋骨为止。左手持鸡腿，用刀口后部切压闭孔。左手用力将鸡腿向后拉开即完成一腿。调动鸡体，使腹部向右，另一腿向上，用刀切开骨盆肌肉直至闭口，再用刀口后部切压闭孔，左手将鸡腿向后拉开，即完成。

（2）胸部分割。光鸡首位于操作者前方，左侧向上。以颈的前面正中线，从咽颌到最后颈椎切开左边颈皮，再切开左肩胛骨。同样切开右颈皮和右肩胛骨。左手捏住鸡颈骨，右手食指从第 1 胸椎向内插入，然后两手用力向相反方向拉开。

（3）副产品操作。大翅分割，切开肩、肱骨与鸡嗦骨连接处，即成三节鸡翅，一股称为大转弯鸡翅。鸡爪分割是用剪刀或刀切断胫骨与腓骨的连接处，从嗉囊处把肝、心、盹直至肠全部摘落，摘除盹、嗉带。将盹幽门切开，剥去盹的内金皮，不残留黄色。

（4）大腿去骨分割。鸡首位于操作者前方，分左右腿操作。左腿去骨时，以左手握住小腿端部，内侧向上，上腿部少许斜向操作者，右手持刀，用刀口前端从小腿顶端顺股骨和股骨内侧划开皮和肌肉。左手持鸡腿横向，切开两骨相连的韧带为适，切勿切开内侧肉和韧带下皮肉。用刀剔开股骨部肌肉中的股骨，用刀口后部，从胫骨下部肌肉，然后再从斩断股骨胫骨处切断。操作右腿时，调转方向，工序同上。

（5）鸡胸去骨分割。首先完成腿分割，光鸡头位于操作者前方，右侧向上，腹部向左，先处理右胸。在颈的前面正中线，从咽颌到最后颈椎切开右边颈皮，用刀切开鸡喙骨和肱骨的筋骨2cm左右。用刀尖顺肩胛骨内侧划开。再用刀口后部从鸡喙骨和肱骨的筋骨处切开肉至锁骨。左手持翅，拇指插入刀口内部，右手持鸡颈用力拉开。用刀尖轻轻剔开锁骨里脊肉，再用手轻轻撕下，使里脊肉呈树叶状。左胸处理法是调转方向，操作同上。再从咽喉挑断须皮，顺序向下，留下食管和气管，切勿挑破嗉皮。最后左手拇指插入锁骨中间的腹内，右手持颈骨用力拉下前胸骨。

2. 鸭鹅的分割

鸭胴体分割沿脊椎骨左侧从颈至尾将胴体一分为二，右侧半胴体为1号硬边鸭肉，左侧半胴体为2号软边鸭肉。分割鸭还包括头、颈、翅、爪、心、肺、盹、肠等。鹅胴体分割包括1号硬边鹅胸肉、2号软边鹅胸肉、3号硬边鹅腿肉、4号软边鹅腿肉、头、颈、翅、爪、肝、心、盹、肠等。分割时用刀沿脊椎骨左侧从颈至层将胴体一分为二，再由胸骨端至三关节前线连线处将两个半胴体一分为二即可。

鹅、鸭的分割步骤为：第1刀从跗关节取下左爪；第2刀从跗关节取下右爪；第3刀从下颌后颈椎处平直斩下鹅头，带舌；第4刀从第15颈椎（前后可相差一个颈椎）间斩下颈部，去掉皮下的食管、气管及淋巴；第5刀沿胸骨脊左侧由后向前平移开膛，摘下全部内脏，用干净毛巾擦去腹水、血污；第6刀沿脊椎骨的左侧（从颈部直到尾部）将鹅体、鸭分为两半；第7刀从胸骨端剑状软骨至髋关节前线的连线将左右分开，然后分成4块，即1号胸肉、2号胸肉、3号腿肉、4号腿肉。

（五）分割肉包装

目前，分割肉越来越受到消费者的喜爱，因此分割肉的包装也日益引起加工者的重视。肉在常温下的货架期只有半天，冷藏鲜肉 2 ~ 3d，充气包装生鲜肉 14d，真空包装生鲜肉约 30d，真空包装加工肉约 40d，冷冻肉则在 4 个月以上。

1. 分割鲜肉的包装

分割鲜肉的包装材料透明度要高，便于消费者看清生肉的本色。其透氧率较高，以保持氧合肌红蛋白的鲜红颜色；透水率（水蒸气透过率）要低，防止生肉表面的水分散失，造成色素浓缩，肉色发暗，肌肉发干收缩；薄膜的抗湿强度高，柔韧性好，无毒性，并具有足够的耐寒性。但为控制微生物的繁殖，也可用阻隔性高（透氧率低）的包装材料。

为了维护肉色鲜红，薄膜的透氧率至少要大于 5000mL/m^2·24h·atm·23℃。如此高的透氧率，使得鲜肉货架期只有 2 ~ 3d。真空包装材料的透氧率应小于 40mL/m^2·24h·atm·23℃，这虽然可使货架期延长到 30d，但肉的颜色则呈还原状态的暗紫色。一般真空包装复合材料为 EVA/PVDC（聚偏二氯乙烯）/EVA、PP（聚丙烯）/PVDC/PP、尼龙 /LDPE（低密度聚乙烯）、尼龙 /Surlgn（离子型树脂）。

充气包装是以混合气体充入透气率低的包装材料中，以达到维持肉颜色鲜红，控制微生物生长的目的。另一种充气包装是将鲜肉用透气性好但透水率低的 HDPE（高密度聚乙烯）/EVA 包装后，放在密闭的箱子里，再充入混合气体，以达到延长鲜肉货架期、保持鲜肉良好颜色的目的。

2. 冷冻分割肉包装

冷冻分割肉的包装采用可封性复合材料（含有一层以上的铝箔基材）。代表性的复合材料有：PET（聚酯薄膜）/PE（聚乙烯）/AL（铝箔）/PE、MT（玻璃纸）/PE/AL/PE。冷冻的肉类坚硬，包装材料中间夹层使用聚乙烯能够改善复合材料的耐破强度。考虑经济问题，大多采用塑料薄膜。

第二节　肉的贮藏与保鲜

肉类食品主要是由蛋白质、脂肪、碳水化合物、水分及其他一些微量成分，如维生素、色素及风味化合物等组成，因其营养丰富，在加工、运输、贮藏、销售过程中极易受到微生物污染而发生腐败变质，这不仅导致肉类生产的巨大经济损失，而且严重危及人们的健康和生命。为了保证肉品的质量和安全性，就需要采用适当的贮藏保鲜方法，避免肉类及其制品在贮运和销售过程中发生腐败。肉的贮藏保鲜就是通过抑制或杀灭微生物，钝化酶的活性，延缓肉内部物理、化学变化，达到较长时期的贮藏保鲜目的。肉及肉制品的贮藏方法很多，如冷却、冷冻、高温处理、辐射、盐腌、熏烟等，所有这些方法都是通过抑菌来达到目的。

一、肉的低温贮藏与保鲜

食品低温贮藏保鲜是运用人工制冷技术降低温度以保藏食品的科学。其主要研究如何应用低温条件来保藏食品，以使各种食品达到最佳保鲜程度。目前在食品的生产、流通和消费环节之间逐步形成了连续低温处理的冷藏链。食品低温贮藏在人们生活中所占的地位越来越重要。低温贮藏保鲜是现代肉类贮藏的方法之一，它不会引起肉的组织结构和性质发生根本变化，却能抑制微生物的生命活动，延缓由组织酶、氧以及热和光的作用而产生的化学和生物化学的过程，可以较长时间保持肉的品质。

低温贮藏保鲜的原理是：肉是易腐食品，容易引起微生物生长繁殖和自体酶解而使肉腐败变质。微生物的生长繁殖和肉中固有酶的活动常是导致肉类腐败的主要原因。低温可以抑制微生物的生命活动和酶的活性，从而达到贮藏保鲜的目的，由于其方法易行、冷藏量大、安全卫生，并能保持肉的颜色和状态，因而被广泛采用。

（一）低温对微生物的作用

任何微生物都具有正常生长繁殖的温度范围，温度越低，它们的活动能力就越弱。因此，降低温度能减缓微生物生长和繁殖的速度。当温度降到微生物最低生长点时，其生长和繁殖被抑制或出现死亡。低温导致微生物活力减弱和致死的原因主要有两方面：一方面，微生物的新陈代谢受到破坏；另一方面，细胞结构被破坏。两者是相互关联的。正常情况下，微生物细胞内各种生化反应总是相互协调一致的。温度越低，失调程度愈大，从而破坏了微生物细胞内的正常新陈代谢，以致它们的生活功能受到抑制甚至达到完全终止的程度。

温度下降至冻结点以下时，微生物及其周围介质中水分被冻结，使细胞质黏度增大，电解质浓度增高，细胞的 pH 和胶体状态改变，使细胞变性，加之冻结的机械作用细胞膜受损伤，这些内外环境的改变是微生物代谢活动受阻或致死的直接原因。常见的腐败菌和病原菌，在 10℃以下时，其发育就被显著地抑制了；达到 0℃附近，发育就基本停止了；达到冻结状态时，这些细菌就会慢慢地死亡。

然而，对嗜冷菌来说，−5℃或 −10℃才能达到零度温度。真菌和酵母菌的零度温度也较低，真菌的孢子即使在 −8℃下也能出芽，酵母菌在 −2.3℃时，其孢子也能出芽，有的酵母菌在 −9℃也能缓慢地发育。因此，为保证冷冻肉的安全，一般要将温度降至 −10℃以下。不过在低温下它们的死亡速度比在高温下缓慢得多。此外，低温对细菌的致死作用是微小的，特别是一些耐低温的细菌，即使冷至 −25℃也不会死亡。例如，结核分枝杆菌在 −10℃的冻肉中可存活 2 年，沙门菌在 −163℃可存活 3d。因此，决不能用冷冻作为带菌肉的无害化处理。冻肉解冻以后，存活的细菌又可很快繁殖起来，所以解冻的肉应该在较低的温度下尽快加工利用。

（二）低温对酶的作用

酶是有机体组织中的一种特殊蛋白质，负有生物催化剂的作用。酶的活性与温度有密切关系。肉类中大多数酶的适宜活动温度在 37 ~ 40℃之间。温度每下降 10℃，酶活性就会减少 1/3 ~ 1/2。酶对低温的感受性不像高温那样敏感，当温度达到 80 ~ 90℃时，几乎所有酶都失活。极低的温度条件对酶活性的作用也仅是部分抑制，而不是完全停止。例如，脂肪酶在 −35℃尚不失去活性，糖原酶在相同条件下也有活性作用，甚至达 −79℃也不能被破坏。由此可以理解在低温下贮藏的肉类，有一定的贮藏期限。

二、肉的冷却贮藏与保鲜

（一）冷却肉的内涵与特点

刚屠宰的畜禽，肌肉的温度通常在 38 ~ 41℃之间，这种尚未失去生前体温的肉叫热鲜肉。冷却肉是指对严格执行检疫制度屠宰后的胴体迅速进行冷却处理，使胴体温度（以后腿内部为测量点）在 24h 内降为 0 ~ 4℃，并在后续的加工、流通和零售过程中始终保持在 0 ~ 4℃范围内的鲜肉。在此温度下，酶的分解作用，微生物的繁殖、脂肪的氧化作用等均未被充分抑制，因此冷却肉只能做短期贮藏。

冷却肉的特点：与热鲜肉相比，冷却肉始终处于冷却环境下，大多数微生物的生长繁殖被抑制，肉毒梭菌和金黄色葡萄球菌等致病菌已不分泌毒素，在低温条件下，酶的活性被抑制可以防止畜禽肉发生自溶，可以确保肉的安全卫生。而且冷却肉经历了较为充分的解僵成熟过程，质地柔软有弹性，滋味鲜美。冷却可以延缓脂肪和肌红蛋白的氧化。与冷冻肉相比，冷却肉具有汁液流失少、营养价值高的优点。

（二）冷却目的

牲畜刚屠宰的胴体，由于自身热量没有散去，其温度约 37℃，同时由于动物宰后肌肉内部发生一系列复杂的生物化学变化，肉的这种“后熟”作用，在肝糖分解时还要产生一定的热量，使肉体温度处于上升的趋势，这种温度再结合其表面潮湿，最适宜于微生物的生长和繁殖，对于肉的保藏极为不利。

肉类冷却的直接目的在于，迅速排除肉体内部的含热量，降低肉体深层的温度，延缓微生物对肉的渗入和在其表面上的发展。同时肉冷却的过程中还能在其表面上形成一层干燥膜，可以阻止微生物的生长和繁殖，延长肉的保藏期，并且能够减缓肉体内部水分的蒸发。

此外，冷却也是冻结的准备过程，除小块肉及副产品之外，整胴体或半胴体的冻结，一般均先冷却，然后再行冻结。由于肉层厚度较厚，若用一次冻结（即不经过冷却，直接冻结），常是表面迅速冻结，而内层的热量不易散发，从而使肉的深层产生“变黑”等不良现象，影响成品质量。同时一次冻结，因温度差过大，肉体表面水分的蒸发压力相应增大，引起水分的大量蒸发，从而影响肉体的重量和质量变化。此外，在冷却阶段，肉也进行着成熟过程，使得肉质鲜嫩多汁，风味突出。

（三）冷却条件

在肉类的冷却中所用的介质，可以是空气、盐水、水等。一般采用空气作为冷却媒介，即在冷却室内装有各种类型的氨液蒸发管，通过将肉体的热量散发到空气中，再传至蒸发管。肉类冷却过程的速度取决于肉体的厚度和热传导性能，胴体厚的部位的冷却速度较薄的部位慢。因此，在冷却终点时，应以最厚的部位为准，即后腿最厚的部位。

1. 空气温度

牲畜在刚宰完毕时，肉体温度一般约为 37℃，且新陈代谢会使温度进一步增加，此时肉的表面潮湿，温度适宜，对于微生物的繁殖和肉体内酶类的活动都极为有利，因而应尽快降低其温度。肉体热量大量散发，是在冷却的开始阶段，从 40℃起，平均每降低 10℃，微生物和酶的活力即可减弱 1/3 ~ 1/2，因此降低肉体温度是提高保藏肉类质量和延长保藏期最为有效的方法。

肉类在冷却过程中，虽然其冰点为 −1℃左右，但却能冷到 −10 ~ −6℃，使肉体短时间内处于冰点及过冷温度之间的条件下，不致发生冻结。因此冷却间在未进料前，应先降至 −4℃左右，这样等进料结束后，可以使库温维持在 0℃左右，而不会过高，随后的整个冷却过程中，维持在 −1 ~ 0℃间。如温度过低有引起冻结的可能，温度高则会延缓冷却速度。

2. 空气湿度

水分是助长微生物活动的因素之一，因此空气湿度越大，微生物活动能力越强，尤其是真菌。过高的湿度无法使肉体表面形成一层良好的干燥膜。湿度太低，重量损耗太多，所以选择空气相对湿度时应从多方面综合考虑。

冷却间的湿度对微生物的生长繁殖和肉的干耗起着十分重要的作用。在整个冷却过程中，水分不断蒸发，总水分蒸发量的 50% 以上是在冷却初期（最初 1/4 冷却时间内）完成的。因此在冷却初期，空气与胴体之间温差大，冷却速度快，湿度宜在 95% 以上；之后，宜维持在 90% ~ 95% 之间；冷却后期湿度以维持在 90% 左右为宜。这种阶段性地选择相对湿度，不仅可缩短冷却时间，减少水分蒸发，抑制微生物大量繁殖，而且可以使肉表面形成良好的皮膜，不致产生严重干耗，达到冷却目的。

3. 空气流速

由于空气的热容量很小，不及水的1/4，因此对热量的接受能力很弱。同时因其导热系数小，故在空气中冷却速度缓慢。所以在其他参数不变的情况下，只有增加空气流速来达到冷却速度的目的。静止空气放热系数为12.54 ~ 33.44kJ/m^2·h·℃。空气流速为2m/s，则放热系数可增加到52.25。但过强的空气流速，会大大增加肉表面干缩和耗电量，冷却速度却增加不大。因此在冷却过程中以不超过2m/s为合适，一般采用0.5m/s左右，或每h10 ~ 15个冷库容积。

（四）冷却方法

冷却方法主要包括空气冷却法、冷水冷却法、碎冰冷却法等。

第一，空气冷却法。通过冷却室内装有的各种类型的氨液蒸发管，将肉体的热量散发到空气中，再传至蒸发管，使室内温度保持在0 ~ 4℃的方法。冷却的速度取决于肉的厚度和热传导性能，胴体越厚的部位冷却越慢，一般以后腿最厚部位的中心温度为准。

第二，冷水冷却法。用冷水或冷盐水浸泡或喷洒肉类进行冷却。与空气冷却法相比，冷水冷却法冷却速度快，可大大缩短冷却时间，且不会产生干耗，但容易造成肉中的可溶性物质损失。用盐水作冷却介质时，盐水不宜和肉品直接接触，因为微量盐分渗入食品内就会带来咸味和苦味。冷水冷却法的冷却温度一般在0 ~ 4℃，牛肉多冷却至3 ~ 4℃，然后移到0 ~ 1℃冷藏室内，使肉温逐渐下降；加工分割的胴体，先冷却到12 ~ 15℃，再进行分割，然后冷却到1 ~ 4℃。

第三，碎冰冷却法。这种方法对鱼类的冷却很有效。冰块融化时会吸收大量的热量，当冰块和鱼类接触时，冰融化可以直接从鱼体中吸取热量使其迅速冷却。用碎冰法冷却鱼类可使鱼冷却、湿润、有光泽。

（五）冷却工艺

1. 畜肉冷却

畜肉冷却主要采用一次冷却法、二次冷却法和超高速冷却法。

（1）一次冷却法。在冷却过程中空气温度只有一种，即0℃，或略低。整个冷却过程一次完成。进肉前冷却库温度先降到 −3 ~ −1℃，肉进库后开动冷风机，使库温保持在0 ~ 3℃，10h后稳定在0℃左右，开始时相对湿度为95%～98%，随着肉温下降和肉中水分蒸发强度的减弱，相对湿度降至90%～92%，空气流速为0.5～1.5m/s。

（2）二次冷却法。第一阶段，空气的温度相当低，冷却库温度多在−15～−10℃，空气流速为1.5～3m/s，经2～4h后，肉表面温度降至0～−2℃，大腿深部温度在16～20℃。第二阶段，空气的温度升高，库温为−2～0℃，空气流速为0.5m/s，10～16h后，胴体内外温度达到平衡，为2～4℃。两段冷却法的优点是干耗小、周转快、质量好、切割时肉流汁少。缺点是易引起冷缩，影响肉的嫩度，但猪肉脂肪较多，冷缩现象不如牛羊肉严重。

（3）超高速冷却法。库温−30℃、空气流速1m/s，或库温−25～−20℃、空气流速5～8m/s，大约4h即可完成冷却。此法可以缩短冷却时间，减少干耗，缩减吊轨的长度和冷却库的面积。

2. 禽肉冷却

禽肉的冷却方法很多，如用冷水、冰水或空气冷却等。小型家禽屠宰加工厂一般采用冷水池冷却。采用这种方法冷却时，应注意经常换水，保持冷水的清洁卫生，也可加入适量的漂白粉，以减少细菌污染。中型和较大型的家禽屠宰加工厂一般采用空气冷却法。进肉前库温降至−3～−1℃，肉进库后开动冷风机，使库温保持在0～3℃，相对湿度85%～90%，空气流速0.5～1.5m/s，经6～8h肉最厚部中心温度达2～4℃时，冷却即告结束。在冷却过程中，因禽体吊挂在挂钩上而下垂，往往引起变形，冷却后需人工整形，以保持外形丰满美观。

3. 注意事项

进肉之前，冷却间温度降至−4℃左右。进行冷却时，把经过冷凉的胴体沿吊轨推入冷却间，胴体间距保持3～5cm，以利于空气循环和较快散热。

（1）胴体要经过修整，检验和分级。

（2）冷却间符合卫生要求。

（3）吊轨间的胴体按“品”字形排列。

（4）不同等级的肉，要根据其肥度和重量的不同，分别吊挂在不同位置，肥重的胴体应挂在靠近冷源和风口处，薄而轻的胴体挂在距排风口的远处。

（5）进肉速度快，并应一次完成进肉。

（6）冷却过程中尽量减少人员进出冷却间，保持冷却条件稳定，减少微生物污染。

（7）在冷却间按每立方米平均 1W 的功率安装紫外线灯，每昼夜连续或间隔照射 5h。

（8）冷却终温的检查，胴体最厚部位中心温度达到 0 ~ 4℃，即达到冷却终点。

（9）一般冷却条件下，牛半片胴体的冷却时间为 48h，猪半片胴体为 24h 左右，羊胴体约为 18h。

（六）肉在冷藏期间的变化

冷藏条件下的肉，由于水分没有结冰，微生物和酶的活动还在进行，所以易发生干耗，表面发黏、发霉、变色等，甚至产生不愉快的气味。

第一，干耗。干耗处于冷却终点温度的肉（0 ~ 4℃），其物理、化学变化并没有终止，其中以水分蒸发而导致干耗最为突出。肉类在低温贮藏过程中，其内部水分不断从表面蒸发，使肉不断减重俗称“干耗”。干耗的程度受冷藏室温度、相对湿度、空气流速的影响。高温、低湿度、高空气流速会增加肉的干耗。肉在冷藏中，初期干耗量较大。时间延长，单位时间内的干耗量减少。

第二，发黏、发霉。这是肉在冷藏过程中，微生物在肉表面生长繁殖的结果，这与肉表面的污染程度和相对湿度有关。微生物污染越严重，温度越高，肉表面越易发黏、发霉。

第三，颜色变化。肉在冷藏中色泽会不断变化，若贮藏不当，牛、羊、猪肉会出现变褐、变绿、变黄、发荧光等。鱼肉产生绿变，脂肪会黄变。这些变化有的是在微生物和酶的作用下引起的，有的是本身氧化的结果。色泽的变化是品质下降的表现。

第四，串味。肉与有强烈气味的食品存放在一起，会使肉串味。

第五，成熟。冷藏过程中可使肌肉中的化学变化缓慢进行，而达到成熟，目前肉的成熟一般采用低温成熟法即冷藏与成熟同时进行，在 0 ~ 2℃，相对湿度 86% ~ 92%，空气流速为 0.15 ~ 0.5m/s，成熟时间视肉的品种而异，牛肉大约需 3 周。

第六，冷收缩。冷收缩主要是在牛、羊肉上发生，它是屠杀后在短时间进行快速冷却时肌肉产生强烈收缩。这种肉在成熟时不能充分软化。冷收缩多发生在宰杀后 10h、肉温降到 8℃以下时出现。

三、肉的冷冻贮藏与保鲜

冷却肉由于其贮藏温度在肉的冰点以上，对微生物和酶的活动及肉类的各种变化只能在一定程度上有抑制作用，但不能终止其活动，所以肉经冷却后只能作短期贮藏。如果要长期贮藏，则需要进行冷冻，即将肉的温度降低到 −18℃以下，从温度下肉中绝大部分水分形成冰晶，该过程称为肉的冻结。冻藏能有效地延长肉的保质期，防止肉品质量下降。

肉的冻结温度通常为 −20 ~ −18℃，在这样的低温下水分结冰，有效地抑制了微生物的生长发育和肉中各种化学反应，使肉更耐贮藏，其贮藏期为冷却肉的 5 ~ 50 倍。当肉在 0℃以下冷藏时，随着冻藏温度的降低，温度降到 −10℃以下时，冻肉则相当于中等水分食品。大多数细菌在此环境下不能生长繁殖。当温度下降到 −30℃时，真菌和酵母的活动会受到抑制。

（一）冷冻原理

冰点降低与质量摩尔浓度成正比，肉中的水分不是纯水而是含有有机物及无机物的溶液，肉内的液体（包括组织液和肌细胞内液），都呈胶体状态，其初始冰点比纯水的冰点低，因此食品要降到 0℃以下才产生冰晶，此冰晶出现的温度即冰结点。随着温度继续降低，水分的冻结量逐渐增多，要使食品内水分全部冻结，温度要降到 −60℃。这样低的温度工艺上一般不使用，只要绝大部分水冻结，就能达到贮藏的要求。一般是 −30 ~ −18℃之间。一般冷库的贮藏温度为 −25 ~ −18℃，食品的冻结温度也大体降到此温度。

食品内水分的冻结率即冻结率的近似值为“1-（食品的冻结点 / 食品的冻结终温）”。例如，食品冻结点是 −1℃，降到 −5℃时冻结率是 80%。降到 −18℃时冻结率为 94.5%。即全部水分的 94.5% 已冻结。大部分食品，在 −10 ~ −5℃温度范围内几乎 80% 水分结成冰，此温度范围称为最大冰晶形成区。对保证冻肉的品质来说这是最重要的温度区间。

（二）冷冻速度

1. 冷冻速度的表示

冷冻速度对冻肉的质量影响很大。常用冻结时间和单位时间内形成冰层的厚度表示冻结速度。

（1）用冻结时间表示。食品中心温度通过最大冰结晶生成带所需时间在30min之内者，称快速冻结，在30min之外者为缓慢冻结。之所以定为30min，因在这样的冻结速度下冰晶对肉质的影响最小。

（2）用单位时间内形成冰层的厚度表示。因为产品的形状和大小差异很大，如牛胴体和鹌鹑胴体，比较其冻结时间没有实际意义。通常，冻结速度表示为由肉品表面向热中心形成冰的平均速度。实践上，平均冷冻速度可表示为肉块表面各热中心形成的冰层厚度与冻结时间之比。冻结时间是肉品温度从表面达到0℃开始，到中心温度达到 −10℃所需的时间。

冷冻速度为冰层厚度除以冻结时间，冻层厚度和冻结时间单位分别用“cm”和“h”表示。冻结速度为5 ~ 10cm/h以上者，称为超快速冻结，用液氮或液态CO_2，冻结小块物品属于超快速冻结；5 ~ 10cm/h为快速冻结，用平板式冻结机或流化床冻结机可实现快速冻结；1 ~ 5cm/h为中速冻结，常见于大部分鼓风冻结装置；1cm/h以下为慢速冻结，纸箱装肉品在鼓风冻结期间多处在缓慢冻结状态。

2. 冷冻速度的影响

（1）缓慢冷冻。冻结过程越快，所形成的冰晶越小。在肉冻结期间，冰晶首先沿肌纤维之间形成和生长，这是因为肌细胞外液的冰点比肌细胞内液的冰点较高。缓慢冻结时，冰晶在肌细胞之间形成和生长，从而使肌细胞外液浓度增加。由于渗透压的作用，肌细胞会失去水分进而发生脱水收缩，结果在收缩细胞之间形成相对少而大的冰晶。

（2）快速冷冻。快速冻结时，肉的热量散失很快，使得肌细胞来不及脱水便在细胞内形成了冰晶。肉内冰层推进速度大于水蒸气速度。结果在肌细胞内外形成了大量的小冰晶。冰晶在肉中的分布和大小非常重要。缓慢冻结的肉类因为水分不能返回到其原来的位置，在解冻时会失去较多的肉汁，而快速冻结的肉类不会产生这样的问题，所以冻肉的质量高。此外，冰晶的形状有针状、棒状等不规则形状，冰晶大小从100 ~ 800μm不等。如果肉块较厚，冻肉的表层和深层所形成的冰晶不同，表层形成的冰晶体积小、数量多，深层形成的冰晶少而大。

（三）冷冻方法

第一，静止空气冷冻法。空气是传导的媒介，家庭冰箱的冷冻室均以静止空气冻结的方法进行冷冻，肉冻结很慢。静止空气冻结的温度范围为 −30 ~ −10℃。

第二，板式冷冻。该冷冻方法热传导的媒介是空气和金属板。肉品装盘或直接与冷冻室中的金属板架接触。板式冷冻室温度通常为 -30 ～ -10℃，一般适用于薄片的肉品，如肉排、肉片，以及肉饼等的冷冻。冻结速率比静止空气法稍快。

第三，冷风式速冻法。将冷冻后的肉贮藏于一定的温度、湿度的低温库中，在尽量保持肉品质量的前提下贮藏一定的时间，就是冻藏。冻藏条件的好坏直接关系到冷藏肉的质量和贮藏期长短。方法是在冷冻室或隧道装有风扇以供应快速流动的冷空气急速冷冻，热转移的媒介是空气。此法热的转移速率比静止空气要增加很多，且冻结速率也显著。但空气流速增加了冷冻成本以及未包装肉品的冻伤。冷风式速冻条件一般为空气流速在 760m/min，温度 -30℃。

第四，流体浸渍和喷雾。流体浸渍和喷雾是商业上用来冷冻禽肉的普遍方法，一些其他肉类和鱼类也利用此法冷冻。此法热量转移迅速，稍慢于风冷或速冻，供冷冻用的流体必须无毒性、成本低且具有低黏性、低冻结点以及高热传导性特点。一般常用液态氮、食盐溶液、甘油、甘油醇和丙烯醇等。

（四）冷冻工艺

肉品的冻结工艺通常分为一次冻结工艺和二次冻结工艺两种。一次冻结法缩短了加工时间，减少水分的蒸发、降低了干耗，缺点是会使肉体出现低温收缩现象，尤其是对羊、牛肉的影响较大；二次冻结法的保水性好，肉质鲜嫩，但所需时间较长，工艺较复杂。

第一，一次冻结。一次冻结即将屠宰加工后的肉体，经晾肉间滴干体表水后，不经过冷却过程直接送入冻结间，进行冻结的工艺。白条肉在直接冻结时，在低温和较大空气流速作用下，促使肉体深处的热量迅速向表层散热。同时，由于肉体表面迅速冻结，导热系数随着冰层的形成得以增大 2 ～ 3 倍，更加快了肉体深处的散热速度，使肉体温度能在 16 ～ 20h 内达到 -15℃而完成冷冻过程。

第二，二次冻结。鲜肉先行冷却，而后冻结。冻结时，肉应吊挂，使库温保持在 -23℃，如果按照规定容量装肉，24h 内便可能使肉深部的温度降到 -15℃。这种方法能保证肉的冷冻质量，但所需冷库空间较大，结冻时间较长。

（五）冷冻条件

第一，冻藏温度。冻藏温度越低，肉品质量保持得就越好，保存期限也就越长，但成本也随之增大。对肉而言，−18℃是比较经济合理的冻藏温度。冷库中温度的稳定也很重要，温度的波动应控制在 ±2℃范围内，否则会促进小冰晶消失和大冰晶长大，加剧冰晶对肉的机械损伤作用。

第二，空气湿度。在 −18℃低温下，温度对微生物的生长繁殖影响很微小，从减少肉品干耗考虑，空气湿度越大越好，一般控制在 95% ~ 98% 之间。

第三，空气流速。在空气自然对流情况下，流速为 0.05 ~ 0.15m/s，空气流动性差，温、湿度分布不均匀，但肉的干耗少。多用于无包装的肉食品。在强制对流的冷藏库中，空气流速一般控制在 0.2 ~ 0.3m/s，最大不能超过 0.5m/s，其特点是温、湿度分布均匀，肉品干耗大。对于冷藏酮体而言，一般没有包装，冷藏库多用空气自然对流方法，如要用冷风机强制对流，要避免冷风机吹出的空气正对胴体。

第四，冻藏期限。在相同贮藏温度下，不同肉品的贮藏期大体上有如下规律：畜肉的冷冻贮藏期大于水产品；畜肉中牛肉贮藏期最长，羊肉次之，猪肉最短；水产品中，脂肪少的鱼贮藏期大于脂肪多的鱼。虾、蟹则介于二者之间。

（六）肉在冻藏期间的变化

1. 物理变化

（1）容积变化。水变成冰所引起的容积增加是 9%，而冻肉由于冰的形成所造成的体积增加约 6%。肉的含水量越高，冻结率越大，则体积增加越多。

（2）干耗。肉在冻结、冻藏和解冻期间都会发生脱水现象。对于未包装的肉类，在冻结过程中，肉中水分减少 0.5% ~ 2%，快速冻结可减少水分蒸发。在冻藏期间质量也会减少，冻藏期间空气流速小，温度尽量保持不变，有利于减少水分蒸发。

（3）冻结烧。在冻藏期间由于肉表层冰晶升华，形成了较多的微细孔洞，增加了脂肪与空气中氧的接触机会，最终导致冻肉产生酸败味，肉表面发生褐色变化，表层组织结构粗糙，这就是所谓的冻结烧。冻结烧与肉的种类和冻藏温度的高低有密切关系。禽肉和鱼肉脂肪稳定性差，易发生冻结烧。猪肉脂肪在 −8℃下储藏 6 个月，表面有明显的酸败味，且呈黄色。而在 −18℃

下储藏 12 个月也无冻结烧发生。

（4）重结晶。冻藏期间冻肉中冰晶的大小和形状会发生变化，特别是冻藏室内温度高于 −18℃，且温度波动的情况下，微细的冰晶不断减少或消失，形成大冰晶。冰晶的生长是不可避免的。经过几个月的冻藏，由于冰晶生长的原因，肌纤维受到机械损伤，组织结构受到破坏，解冻时引起大量肉汁损失，肉的质量下降。采用快速冻结，并在 −18℃下储藏，尽量减少波动次数和减少波动幅度，可使冰晶生长减慢。

2. 化学变化

速冻所引起的化学变化不大，而肉在冻藏期间会发生一些化学变化，从而引起肉的组织结构、外观、气味和营养价值的变化。

（1）蛋白质变性。蛋白质变性与盐类电解质浓度的提高有关，冻结往往使鱼肉蛋白质尤其是肌球蛋白，发生一定程度的变性，从而导致韧化和脱水。牛肉和禽肉的肌球蛋白比鱼肉肌球蛋白稳定得多。

（2）肌肉颜色。肌肉颜色是指在冻藏期间冻肉表面颜色逐渐变暗。颜色变化也与包装材料的透氧性有关。

（3）风味和营养成分变化。风味和营养成分变化是指大多数食品在冻藏期间会发生风味的变化，尤其是脂肪含量高的食品。多不饱和脂肪酸经过一系列化学反应发生氧化而酸败，产生许多有机化合物，如醛类、酮类和醇类。醛类是使风味异常的主要原因。冻结烧、铁分子、铜分子、血红蛋白也会使酸败加快。添加抗氧化剂或采用真空包装可防止酸败。对于未包装的腌肉来说，由于低温浓缩效应，即使低温腌制，也会发生酸败。

（七）冷冻肉的解冻

冷冻肉的解冻是将冻结肉类恢复到冻前的新鲜状态。解冻过程实质上是冻结肉中形成的冰结晶还原融解成水的过程，所以可视为冻结的逆过程。在实际工作中，解冻的方法应根据具体条件选择，原则是既要缩短时间又要保证质量。肉在解冻时，冻肉处在温度比它高的介质中，冻结表层的冰先解冻成水，随着解冻的进行融解部分逐渐向内延伸。由于水的导热系数为 0.5，冰的导热系数为 2，解冻部分的导热系数比冻的部分小 4 倍，因此解冻速度随着解冻的进行而逐渐下降，即一般解冻所需时间比冻结长。

在解冻过程中，微生物繁殖的程度和肉本身发生生化反应程度随着解冻升温的增加而加剧，而汁液流失的原因则与肉的新鲜度、切分状况、冻结和解冻方式等有关。如果在冻结与冷藏中对细胞组织和蛋白质的破坏很小，那么在合理的解冻方式下，融化的水会缓慢地重新渗入到细胞内，在蛋白质颗粒周围重新形成水化层，使汁液流失减少。因此，为使解冻过程中的质量变化与损失减少到最低程度，应当选择恰当的解冻方法。

在各种解冻方法中解冻速度是影响产品质量的重要参数之一。就冻结肉类而言，已包装的肉品（冻结前经过热处理，厚度较小）多采用高温快速解冻法，而对于较厚的畜胴体多采用低温慢速解冻。冷冻肉的解冻方法主要包括以下方面：

第一，空气解冻法。将冻肉移放在解冻间，靠空气介质与冻肉进行热交换来实现解冻的方法。一般在 0 ~ 5℃空气中解冻称缓慢解冻，在 15 ~ 20℃空气中解冻叫快速解冻。肉装入解冻间后温度先控制在 0℃，以保持肉解冻的一致性，装满后再升温到 15 ~ 20℃，相对湿度为 70% ~ 80%，经 20 ~ 30h 即解冻。

第二，水解冻法。把冻肉浸在水中解冻，由于水比空气传热性能好，解冻时间可缩短，并且由于肉类表面有水分浸润，可使重量增加。但肉中的某些可溶性物质在解冻过程中将部分失去，同时容易受到微生物的污染，故对半胴体的肉类不太适用，主要用于带包装冻结肉类的解冻。水解冻的方式可分静水解冻和流水解冻或喷淋解冻。一般采用较低温度的流水缓慢解冻为宜，在水温高的情况下，可采用加碎冰的方法进行低温缓慢解冻。

第三，蒸汽解冻法。将冻肉悬挂在解冻间，向室内通入水蒸气，当蒸汽凝结于肉表面时，则将解冻室的温度由 4.5℃降低至 1℃，并停止通入水蒸气。此方法可保持肉表面干燥，控制肉汁流失使其较好地渗入组织中，一般约经 16h，即可使半胴体的冻肉完全解冻。

四、肉的其他贮藏与保鲜

（一）肉的辐射贮藏与保鲜

食品的辐射是利用原子能射线的辐射能量来进行杀菌，也是一种冷加工处理方法。食品内部不会升温，不会引起食品的色、香、味方面的变化，所以能最大限度地减少食品的品质和风味的损失，防止食品的腐败变质，而达到延长保存期的目的。由于是物理方法，没有化学药物的残留污染问题，而且比较节省能源，因此利用这种方法，无论于消费者还是肉类加工业来说，都是一种具有优越性的杀菌方法。

辐射保鲜是利用放射物发出的电磁波辐照物体，损伤冷鲜肉中微生物细胞中的遗传物质，影响微生物的正常生长和代谢，从而杀死或抑制肉品表面和内部的微生物。辐射后的食品中不会留下任何残留物，但辐照处理会加速冷鲜肉的脂肪氧化，辐照剂量越高，脂肪氧化越严重，在辐照前添加抗氧化剂可显著减缓冷鲜肉的脂肪氧化。

肉制品辐射保鲜技术又称辐照杀菌保鲜，是利用γ射线的辐射能来进行杀菌的，能有效杀灭其中的病原微生物及其他腐败细菌，抑制肉品中某些生物活性物质和生理过程，从而达到延长肉制品的货架期，达到防腐的目的。低温肉制品所含有杂菌一般对辐照较敏感，易于被杀灭。由于辐射保藏是在温度不升高的情况下进行杀菌，所以有利于保持肉制品的新鲜程度，而且免除冻结和解冻过程。

1. 辐射贮藏与保鲜的主要优势

食品辐射贮藏与保鲜利用原子能射线的辐射能量对新鲜肉类及其制品、水产品及其制品、蛋及蛋制品、粮食、水果、蔬菜以及其他加工产品进行杀虫、抑制发芽、延迟后熟等处理，从而可以最大限度地减少食品的损失，使它在一定期限内不腐败变质，不发生食品的品质和风味的变化，以增加食品的供应量，延长食品的保藏期。食品辐射贮藏与保鲜具有以下优点：

（1）食品温度变化不大。射线处理无须提高食品温度，照射过程中食品温度的升高微乎其微。因此，处理适当的食品在感官性状、质地和色香味方面的变化甚微。

（2）射线的穿透力强。射线的穿透力强，可杀灭深藏于谷物、果肉或冻肉中的害虫、寄生虫和微生物，起到化学药品和其他处理方法所不能的作用。

（3）应用范围广。应用范围广，能处理各种不同类型的食物品种，从大块的肉类（牛肉、羊肉、猪肉）、火腿和火鸡到用肉、鱼和鸡肉做成的三明治都适用。食品可在照射前进行包装和烹调，照射后的制作更加简化和方便，为消费者降低成本，节省了时间。

（4）无残留。照射处理食品不会留下任何残留物，这同农药熏蒸（如谷物杀虫）和化学处理相比是有突出的优点，可减少环境中化学药剂残留浓度日益增长而造成的严重公害。

（5）加工效率高。辐射装置加工效率高，整个工序可连续作用，易于自动化。

2. 辐射贮藏与保鲜的杀菌机制

辐射能使微生物等生物体的分子发生一系列的变化，导致一些主要的生物学效应。其杀菌的基本原理包括以下方面：

（1）使细胞分子产生诱发辐射，干扰微生物代谢，特别是脱氧核糖核酸（DNA）生长正常状态上的微生物、昆虫等，其组织中水、蛋白质、核酸、脂肪、碳水化合物等分子，只要受到辐射，就可能导致生物酶的失活，生理生化反应延缓或停止、新陈代谢中断、生长发育停顿甚至死亡，其中DNA的损伤可能是造成细胞死亡的重要原因。

（2）破坏细胞内膜，引起酶系统紊乱致死。经辐射后，原生蛋白质变性，酶功能紊乱和破坏，使生物活修复机构受损。

（3）水分经辐射后离子化，即产生辐射的间接效应，再作用于微生物，也将促进微生物的死亡。水分子是细胞中各种生物化学活性物质的溶剂，在放射线的作用下，水分子经辐射作用产生水合电子，经过电子俘获，水合分解形成 H^- 和 OH^+ 自由基。在水的间接作用下，生物活性物质钝化，细胞随之受损，当损伤扩大至一定程度时，就使细胞生活机能完全丧失。

3. 辐射贮藏与保鲜的杀菌类型

辐射杀菌根据其目的及剂量，可分为辐射消毒杀菌和辐射完全杀菌两种。

（1）辐射消毒杀菌。辐射消毒杀菌的作用是抑制或部分杀灭腐败性微生物及致病性微生物。辐射消毒杀菌又分为选择性辐射杀菌及针对性辐射杀菌，前者又称辐射耐贮杀菌，后者称为辐射巴氏杀菌。

（2）辐射完全杀菌。辐射完全杀菌是一种高剂量辐射杀菌法。它可杀灭肉类其制品上的所有微生物，以达到“商业灭菌”的目的。

4. 辐射对肉类制品质量的影响

（1）颜色。肉类制品在真空条件下经辐射后，瘦肉的红色更艳，脂肪也会出现淡红色，这种增色在室温贮藏时，由于光和空气中氧的作用而慢慢褪去。

（2）嫩化作用。粗牛肉经过辐射后变得细嫩，可能是射线打断了肉的肌纤维所致。

（3）辐射味。肉类经过辐射会产生异味，称作辐射味。这与动物品种、肉品温度和辐射剂量有关。经综合平衡，最初辐射的肉品最佳温度为 −40℃，辐射结束时，肉品的温度应低于 −8℃，同时加入柠檬酸、香料、碳酸氢钠、维生素C等也能抑制辐射味。

5. 辐射在肉及肉制品中的应用

（1）控制旋毛虫。旋毛虫在猪肉的肌肉中，防治比较困难。其幼虫对射线比较敏感，用0.1kGy（千戈瑞）的γ射线辐射，就能使其丧失生殖能力。因而将猪肉在加工过程中通过射线源的辐照场，使其接受0.1kGy的γ射线的辐照，就能达到消灭旋毛虫的目的。在肉制品加工过程中，也可以用辐照方法来杀灭调味品和香料中的害虫，以保证产品免受其害。

（2）延长货架期。猪肉经^{60}Co的γ射线8kGy照射，细菌总数从2万个/g下降到100个/g，在20℃恒温下可保存20d，夏季30℃高温下，在室内也能保存7d，对其色、香、味和组织状态均无影响。新鲜猪肉去骨分割，用隔水、隔氧性好的食品包装材料真空封装，用^{60}Co的γ射线5kGy辐照，细菌总数由54200个/g下降至53个/g，可在室温下存放5～10d不腐败变质。

（3）灭菌保藏。新鲜猪肉经真空封装，用^{60}Co的γ射线15kGy进行灭菌处理，可以全部杀死大肠菌、沙门菌和志贺菌，仅个别芽孢杆菌残存下来，这样的猪肉在常温下可保存两个月。用26kGy的剂量辐照，则灭菌较彻底，能够使鲜猪肉保存一年以上。香肠经^{60}Co的γ射线8kGy辐照，杀灭其中大量细菌，能够在室温下保存贮藏一年。由于辐照香肠采用了真空封装，在贮藏过程中也就防止了香肠的氧化褪色和脂肪的氧化腐败。

6. 肉的辐射贮藏与保鲜工艺

肉的辐射贮藏与保鲜工艺流程为：前处理—包装—辐照及质量控制—检验—运输—保存。以下阐述其中的主要工艺：

（1）前处理。辐照前对肉制品进行挑选和品质检查。要求质量合格，原始含菌量、含虫量低。为了减少辐照过程中某些养分的微量损失，有的需要增加微量添加剂，如添加抗氧化剂，可减少维生素C的损失。

（2）包装。包装是肉制品辐射保鲜是否成功的一个重要环节。由于辐照灭菌是一次性的，因而要求包装能够防止辐照食品的二次污染。同时还要求隔绝外界空气与肉制品接触，以防止贮运、销售过程中脂肪氧化酸败，肌红蛋白氧化变暗灰色等缺点。包装材料一般选用高分子塑料，如聚乙烯、尼龙复合薄膜。包装常用真空包装、真空充气包装、真空去氧包装等。

（3）常用辐射源。常用辐射源有60钴、137铯和电子加速器三种，但60钴辐照源释放的γ射线穿透力强，设备也较简单，因而多用于肉食品辐照。

辐照箱的设计，根据肉食品的种类、密度、包装大小、辐照剂量均匀度以及贮运销售条件来决定。一般采用铝质材料，长方体结构，长、宽、高的比例可为 2 ∶ 15 ∶ 5。辐照条件是根据辐照肉食品的要求而决定的，如为了进一步减少辐照过程中某些营养成分的微量损失，可采用高温辐照。为了提高辐照效果，经常使用复合处理的方法，如与红外线、微波等物理方法相结合。

（4）辐照质量控制。这是确保辐照加工工艺完成的不可缺少的措施。

第一，根据肉食品保鲜目的、D10 计量、原始含菌量等确定最佳灭菌保鲜的剂量。

第二，选用准确性高的剂量仪，测定辐照箱各点的剂量，从而计算其辐照均匀度，要求均匀度越小越好，但也要保证有一定的辐照产品数量。

第三，为了提高辐照效率，而又不增大均匀度，在设计辐照箱传动装置时要考虑 180° 转向、上下换位以及辐照在辐照场传动过程中尽可能地靠近辐照源；制订严格的辐射操作程序，以保证每一个肉食品包装都能受到一定的辐照剂量。

（二）化学保鲜剂贮藏技术

保鲜剂保鲜技术就是利用保鲜剂杀死或抑制冷鲜肉中微生物、减缓肉中脂质氧化，从而延长肉的货架期。肉制品中与保鲜有关的食品添加剂分为防腐剂、抗氧化剂、发色剂和品质改良剂。

1. 有机酸及盐

鲜肉保鲜中使用的有机酸主要包括乙酸、甲酸、柠檬酸、抗坏血酸、山梨酸及其钾盐、酒石酸、磷酸盐等。这些酸单独使用或几种配合使用，对鲜肉保存期均有一定影响。其中，使用较多的是乙酸、山梨酸钾、磷酸盐和抗坏血酸。

（1）乙酸。乙酸溶液从 1.5% 起就有明显的效果，5 ～ 6d 后，重新达到初始污染，当浓度增至 4% 时，在 13d 时才再次出现初始污染。在 4% 范围内，乙酸不会影响肉的颜色。当浓度超过 4% 时，对肉色有不良作用，这是酸本身对颜色的作用。乙酸具有很强的酸味，甚至在低浓度时也能闻到，但在较低的温度下，气味在贮藏期逐渐消失。

（2）山梨酸钾。山梨酸钾是在肉及肉制品中使用较多的一种防腐剂。山梨酸钾的抑菌作用主要是由于它能与微生物酶系统中的巯基结合，从而破坏了许多重要酶系，达到抑制微生物增殖和防腐的目的。山梨酸钾对沙门菌、腐败链球菌均有抑制作用，在白条鸡、鱼类产品和午餐肉中使用山梨酸钾，可以延长产品的货架期。山梨酸钾对真菌也有很好的抑制作用。山梨酸钾对鲜肉保鲜作用，可以单独使用，也可以和磷酸盐、乙酸等结合使用。

（3）混合磷酸盐。磷酸盐对鲜肉也有一定的保鲜作用，使用磷酸盐、山梨酸钾、NaCl 和乙酸钠处理牛肉，各种物质的配比为 5% 混合磷酸盐 +10% 山梨酸钾 +5%NaCl+10% 乙酸钠，然后真空包装，能显著抑制嗜温菌、嗜冷菌、总需氧菌和乳酸菌的生长，但对颜色有不利作用，可添加混合磷酸盐改进颜色。用磷酸盐可延长生肉保鲜期，添加磷酸盐分别为：1% 或 0.5% 焦磷酸盐、1% 或 0.5% 正磷酸盐，1% 焦磷酸盐能显著影响嗜温菌和嗜冷菌的生长。

（4）乙醇。将鲜肉在乙醇浓度 30% 以上、糖分 1% 以下的发酵调味剂内浸渍 20 ~ 60s 的食用保鲜法。以乙醇为主要成分的发酵调味剂指诸如将酶制剂、酵母等加在各类原料中，加食盐发酵后榨汁，以汁液为基料，添加变性乙醇等混合而成的调味料，含乙醇 30% 以上，糖 1% 以下，以及氨基酸、有机酸和香气成分，还含高级醇、酯、羰基化合物等。用发酵调味剂处理鲜肉可以在鲜肉表面涂布，最简单、最有效的方法，是常温下将鲜肉在发酵调味剂中浸渍 20 ~ 60s 后立即捞出沥干。经这样处理的鲜肉可直接包装，陈列销售，或冻结后运向市场，可获得保持香味不变、鲜味提高的效果。

2. 天然保鲜剂

天然保鲜剂主要来自动植物体及微生物的代谢产物，目前天然保鲜剂研究较多的主要有壳聚糖、香辛料及中药提取物和微生物代谢物乳酸链球菌素、溶菌酶等。乳酸菌在代谢过程中会分泌一种具有很强活性的多肽物质，该物质是一种高效、无毒副作用的天然生物防腐剂，称为乳酸菌素，它对革兰阳性细菌有抑制作用。

在天然保鲜剂的筛选中，生物保鲜剂越来越受到人们的青睐，它已成为肉制品保鲜剂发展的趋势。使用较广的生物保鲜剂是溶菌酶，它能使细胞壁破裂而使细菌溶解，起到杀死细菌的目的。

3. 涂膜保鲜剂

涂膜保鲜剂是香辛料及中药的提取物溶于溶剂制成的涂膜液，将肉在涂膜液中浸渍或在肉的表面涂覆涂膜液，在肉表面形成一层膜，从而抑制微生物的生长和减缓表面水分蒸发，以达到保鲜的目的。用涂膜保鲜剂延长肉的保存期取得了一定效果，应用较多主要有酪蛋白、大豆蛋白、海藻酸盐、羧甲基纤维素、淀粉和蜂胶等制成的混合涂膜保鲜剂。将可食性涂膜应用于肉制品的保鲜，也取得了一定效果，应用较多的是酪蛋白、大豆分离蛋白、麦谷蛋白、海藻酸盐等。

（三）气调贮藏与保鲜技术

气调贮藏与保鲜是指在密封性能好的材料中装进食品，然后注入特殊的气体或气体混合物，再包装密封，使其与外界隔绝，从而抑制微生物生长和酶促腐败，达到延长货架期的目的。气调包装可减少产品受压和血水渗出，并能使产品保持良好色泽。气调保鲜贮藏所用气体主要为 O_2、N_2、CO_2。O_2 的性质活泼，容易与其他物质发生氧化作用，N_2 则惰性很高，性质稳定，CO_2 对于嗜低温菌有抑制作用。所谓包装内部气体成分的控制，是指调整鲜肉周围的气体成分，使与正常的空气组成成分不同，以达到延长产品保存期的目的。

（1）氧气。为保持肉的鲜红色，包装袋内必须有氧气。自然空气中含 O_2，约 20.9%，因此新切肉表面暴露于空气中则呈浅红色。鲜红色的氧合肌红蛋白的形成还与肉表面潮湿与否有关，表面潮湿，则溶氧量多，易于形成鲜红色。氧气虽然可以维持良好的色泽，但由于氧气的存在，在低温条件下（0 ~ 4℃）也易造成好气性假单孢菌生长，因而使保存期要低于真空包装。此外，氧气还易造成不饱和脂肪酸氧化酸败，致使肌肉褐变。

（2）二氧化碳。CO_2 在充气包装中的使用，主要是由于它的抑菌作用。CO_2 是一种稳定的化合物，无色、无味，在空气中约占 0.03%，提高 CO_2 浓度，使大气中原有的氧化浓度降低，使好气性细菌生长速率减缓，另外也使某些酵母菌和厌气性菌的生长受到抑制。

CO_2 的抑菌作用，一方面，通过降低 pH，CO_2 溶于水中，形成碳酸，使 pH 降低，这会对微生物有一定的抑制；另一方面，通过细胞的渗透作用，在同温同压下，CO_2 在水中的溶解是 O_2 的 6 倍，渗入细胞的速率是 O_2 的 30 倍，由于 CO_2 的大量渗入，会影响细胞膜的结构，增加膜对离子的渗透力，改善膜内外代谢作用的平衡，而干扰细胞正常代谢，使细菌生长受到抑制。CO_2 渗入还会刺激线粒体 ATP 酶的活性，使氧化磷酸化作用加快，使 ATP 减少，即使机体代谢生长所需能量减少。

但高浓度的 CO_2，也会减少氧合肌红蛋白的形成。此外，一氧化碳（CO）对肉呈鲜红色比 CO_2 效果更快，也有很好的抑菌作用，但因危险性较大，因此，尚无应用。

在充气包装中，CO_2 具有良好的抑菌作用，O_2 为保持肉制品鲜红色所必需，而 N_2 则主要作为调节及缓冲用，使各种气体比例适合，使肉制品保藏期长，且各方面均能达到良好状态。

（四）肉制品真空包装技术

肉制品的真空包装是指将肉分割成块装入气密性包装中，再抽去包装内部的气体后密封，使密封后的包装内达到一定真空度的一种保鲜方法。真空包装技术广泛应用于肉制品保藏中，我国用真空包装的肉类产品日益增多。真空包装是防止肉制品腐败和保持肉制品质量的最有效方法之一。除了可以保护被包装肉制产品之外，真空包装还有另一个重要功能，即把肉制品用卫生而美观的方式展现出来，使产品更有吸引力，现代化的肉制品生产、贮存和销售系统在很大程度上是以真空包装为基础的。

真空包装可造成包装容器内部缺氧环境，其内部存在的微生物生长被抑制或被杀死，而且肉制品表面水分蒸发和脂肪的氧化被削弱，从而达到延长肉制品食品货架期的目的。若将真空包装的冷却肉制品储存在 0 ～ 4℃条件下，贮存期可达 21 ～ 28 天，肉制品将真空包装与保鲜剂复合使用保鲜效果会更好。

其他常用的防腐方法也可和真空包装结合使用，如脱水、加入香料、加入盐和糖、巴氏消毒、灭菌、化学防腐、冷冻。

1. 真空包装的主要作用

（1）抽真空使许多微生物不能繁殖，抑制微生物生长。

（2）真空包装后外面的微生物再也无法接触产品，防止二次污染。

（3）减缓肉中脂肪氧化速度，对酶的活力也有一定的抑制作用。

（4）使肉制品整洁，提高竞争力。

2. 真空包装的原料要求

（1）肉制品的生产加工设施必须保持卫生。

（2）屠宰和包装作业之间的间隔时间和距离不能太长。

（3）确保只有优质、新鲜而且微生物计数少的产品才加以包装。包装不能改变劣质产品的质量，劣质产品即使采用真空包装，也会迅速腐败；pH 大于 5.8 的肉不得包装，DFD 肉和 PSE 肉不得包装。

（4）真空包装不能代替冷藏，容易腐败的肉制品从屠宰厂加工厂直至送到用户手中都要连续冷藏才可保持质量。

（5）肉制品即使适当加工、包装和贮存（冷藏但没有冷冻）也只能保存几天，这些产品必须在足够高的温度下加热方可食用。

3. 肉制品包装材料的要求

（1）阻气性。阻气性主要目的是防止大气中的氧重新进入已抽真空的包装袋内，以避免生存需氧气的微生物（好氧菌）迅速增殖；氧化作用所需的保存期越长，包装材料的阻气性必须越高。如果简单材料组合的阻气性不能满足要求，则须采用高阻气性的材料。

（2）水蒸气阻隔性能。水蒸气阻隔性能很重要，因为它决定了包装防止产品干燥的效果，包装材料的水蒸气阻隔性在一定程度上也有助于消除冻伤。对于干燥产品，能阻止水分从外部进入包装内。

（3）气味阻隔性能。气味阻隔性能包括保持包装产品本身的香味以及防止外部的气味渗入。气味阻隔性能的有效性主要取决于芳香物质和所使用包装材料的性质。聚酰胺 / 聚乙烯（PA/PE）复合材料一般可满足鲜肉和肉制品的要求，不必采取额外措施。

（4）遮光性。光线会加速生化反应过程，如果产品不是直接暴露于阳光下，采用没有遮光性的透明薄膜即可。

（5）机械性能。机械性能是抗撕裂和抗封口破损的能力。在大多数情况下，标准的聚酰胺 / 聚乙烯复合薄膜都具有有效的防护性能。要求更严格时，可采用瑟林薄膜或共挤多层薄膜。

（五）肉制品高压保鲜技术

高压杀菌是将食品放入液体介质中，以静高压作用一段时间进行灭菌的过程，其杀菌作用主要是通过破坏微生物细胞膜和细胞壁，使蛋白质变性、抑制酶活等实现。超高压肉制品加工技术是指利用 100MPa 以上压力、在常温或较低的温度下使食品中的酶、蛋白质、核糖核酸和淀粉等生物大分子改变活性、变性或糊化，同时杀死微生物以达到灭菌保鲜，食品天然味道、风味和营养价值不受或很少受影响、低能耗、高效率、无毒素产生的一种加工方法。高压对食品的加工和贮藏不会产生不良的影响，非加热条件下的高压处理可加速肉的成熟和嫩化，同时还能杀灭微生物，钝化酶的活性，达到延长冷鲜肉货架期的目的。经高压保鲜的肉色泽、营养价值、鲜度和风味等品质指标基本不变。一般压强越高效果越好，贮藏期越长。

（六）肉制品微波杀菌保鲜

微波是指波长 1mm ~ 1m 的电磁波，微波杀菌是利用分子产生的摩擦热进行杀菌，具有穿透力强、节能、高效、适用范围广等特点。微波杀虫灭菌是使肉制品中的虫菌等微生物，同时受到微波热效应与非热效应的共同作用，使其体内蛋白质和生理活动物质发生变异，而导致微生物体生长发育延缓和死亡，达到肉制品杀虫、灭菌、保鲜的目的。微波杀菌可分为包装后杀菌和包装前杀菌，包装前杀菌可节省能耗适用于液体物料。为避免细菌的二次污染，酱卤肉制品等固体食品的杀菌一般宜先包装再杀菌。

在一定强度微波场的作用下，肉制品中的虫类和菌体也会因分子极化，同时吸收微波能升温。由于它们是凝聚态介质，分子间的强作用力加剧了微波能向热能的能态转化。从而使体内蛋白质同时受到无极性热运动和极性转动两方面的作用，使其空间结构变化或破坏而使其蛋白质变性。蛋白质变性后，其溶解度、黏度、膨胀性、渗透性、稳定性都会发生明显变化，而失去生物活性。

微波能的非热效应在灭菌中起到常规物理灭菌所没有的特殊作用，也是细菌死亡原因之一。微波杀菌保鲜使食品经微波能处理后使食品中的菌体、虫菌等微生物丧失活力或死亡，保证食品在一定保存期内含菌量仍不超过食品卫生法所规定的允许范围，从而延长其货架期。

微波杀菌保鲜技术具有快速、节能，并且对食品品质影响很小的特点。微波加热温度达到 50 ~ 60℃可杀肉制品中的大部分腐败菌，有效地延长了货架期。在各环节进行质量控制可更好地保证微波杀菌效果。

第三节　肉制品加工的常用辅料

肉制品加工常用辅料是指能够改善肉制品质量，提高风味，改善加工工艺条件，延长肉制品保存期而加入的辅助性物料。正确使用辅料，对提高肉制品的质量和产量，增加肉制品的花色品种，提高其商品价值和营养价值，保证消费者的身体健康，具有十分重要的意义。

一、调味料

调味料是指为了改善食品的风味，赋予食品特殊味感（如咸、甜、酸、苦、鲜、麻、辣等），使食品鲜美可口、增进食欲而加入食品中的天然或人工合成的物质。

（一）咸味料

1. 食盐

食盐的主要成分是氯化钠，氯化钠为白色结晶体，无可见的外来杂质，无苦味、涩味及其他异味，具有吸湿性。通过食盐腌制，可以提高肉制品的保水性和黏结性，并可以提高产品的风味，抑制细菌繁殖。食盐的使用量应根据消费者的习惯和肉制品品种要求适当掌握，通常生制品食盐用量为 4% 左右，熟制品的食盐用量为 2% ~ 3%。食盐的衡量标准如下：

（1）色泽。纯度高的食盐，色泽洁白，呈透明或半透明状。如果色泽晦暗，呈黄褐色，证明含硫酸钙、碳化氢等水溶性杂质和泥沙较多，品质低劣。

（2）晶粒。品质纯净的食盐，晶粒很齐，表面光滑而坚硬，晶粒间缝隙较少（复制盐应洁白干燥，呈细粉末状）。如果食盐晶粒疏松、乱杂，粒间缝隙较多，会促进卤水过多地藏于缝隙，带入较多的水溶性杂质，造成品质不好。

（3）咸味。纯净的食盐应具有正常的咸味，如果咸味中带有苦涩味，或者牙砂的感觉，即说明食盐中钙、镁等水溶性杂质和泥沙含量过大，品质不良，不宜直接食用，可用于腌制食品。

（4）水分。质量好的食盐，颗粒坚硬，干燥，但在雨天或湿度过大时，容易发生“返卤”现象。食盐含有硫酸镁、氯化镁、氯化钾等水溶性杂质，水溶性杂质越多，越容易吸潮。

2. 酱油

酱油分为有色酱油和无色酱油。酱油主要含有蛋白质、氨基酸等。品质高的酱油具有正常的色泽、气味和滋味，不混浊，无沉淀，无霉花、浮膜，浓度不应低于 22° B é[①] 食盐含量不超过 18%。肉品加工中宜选用酿造酱油，

① 波美度（° Bé）是表示溶液浓度的一种方法。把波美比重计浸入所测溶液中，得到的度数叫波美度。

浓度不应低于 22° B é ，食盐含量不超过 18%。酱油的作用主要是增鲜增色，使制品呈美观的酱红色，是酱卤制品的主要调味料；在香肠制品加工中，酱油有促进成熟发酵的良好作用；在中式肉制品中使用，具有增鲜增色，改良风味的作用。

3. 酱

按酱的原料可将其分为黄酱、甜面酱和虾酱等，其中黄酱又根据水分及磨碎程度分为干黄酱、稀黄酱、豆瓣酱。

黄酱又称面酱、麦酱等，是用大豆、面粉、食盐等为原料，经发酵制成的调味品。味咸香色黄褐，有光泽的泥糊状，其中含氯化钠 12% 以上，氨基酸态氮 0.6% 以上，还有糖类、脂肪、酶、维生素 B_1、维生素 B_2 和钙、磷、铁等矿物质。黄酱在肉品加工中不仅是常用的咸味调料，而且还有良好的提香生鲜、除腥清异的效果。黄酱性寒，又可药用，有除热解烦、清除蛇毒等功能，对热烫火伤、手指肿疼、蛇虫蜂毒等有一定的疗效。黄酱广泛用于肉制品和烹饪加工中，使用标准不受限制，以调味效果而定。

肉品加工应选择具有正常酿造酱的色泽、气味、滋味，无酸苦糊味，大肠菌群不超过 30 个 /100g，无肠道致病菌的酱作调料。

（二）甜味料

甜味是以蔗糖为代表的味道，呈甜味的物质除了糖类之外，还有许多种类，但糖类是甜味剂的代表。常用的甜味料有砂糖、蜂蜜、葡萄糖、麦芽糖等，这些属天然甜味料。糖精、环烷酸钠等则属合成甜味料，一般烹调上很少使用。

第一，白糖。白糖，又称白砂糖，是肉制品加工经常采用的甜味料。以蔗糖为主要成分，色泽白亮，含蔗糖量高（99% 以上），甜度较高且味纯正，易溶于水。在肉制品加工中添加白糖能保色，缓冲咸味、改善产品的滋味，并能促进胶原蛋白的膨胀和松弛，使肉质松软。白糖用在腌制时间久的肉制品中，添加量 0.5% ～ 1%；中式肉制品中一般用量为 0.7% ～ 3%；烧烤类肉制品用糖较多，一般为 5%。

第二，红糖。红糖，又名黄糖，以色浅黄红而鲜明、味甜浓厚者为佳。红糖除含蔗糖（约 84%）外，还含较多的游离的果糖、葡萄糖，故甜度较高；但因未脱色精炼，水分（2% ～ 7%）、色素、杂质较多，容易结块、吸潮，甜味不如白糖纯厚。

第三，冰糖。冰糖是以白砂糖为原料，经过水溶解除杂、清汁、蒸发、浓缩后，冷却结晶而制成，以白色透明者质量最好，纯净，杂质少，口味清甜，半透明者次之。自然生成的冰糖有白色、微黄、淡灰等色。冰糖可作药用，也可作糖果食用。

第四，蜂蜜。蜂蜜是蜜蜂从开花植物的花中采得的花蜜在蜂巢中酿制的蜜，以色白或黄，透明、半透明，无杂质，味纯甜无酸味者为佳。蜂蜜营养价值很高，含葡萄糖、果糖、维生素、有机酸、矿物质及酶等物质。与普通白糖不同的是，蜂蜜中的葡萄糖和果糖不需要经人体消化，能够直接被人体肠壁细胞吸收利用。食用蜂蜜还可增加血红蛋白，提高人体抵抗力新鲜蜂蜜可直接服用，也可配成水溶液服用，但绝不可用开水冲或高温蒸煮，因为高温后有效成分如酶等活性物质会被破坏，最好使用40℃以下温开水或凉开水稀释后服用。

第五，葡萄糖。葡萄糖为白色晶体或粉末，甜度稍低于蔗糖。在肉品加工中，葡萄糖除作为甜味料使用外，还可形成乳酸，有助于胶原蛋白的膨胀和疏松，从而使制品柔软。此外，葡萄糖的保色作用较好，而蔗糖的保色作用不太稳定。不加糖的制品，切碎后会适当褪色。在肉制品加工中葡萄糖的使用量一般为0.3%～0.5%，除作为调味外，还有调节pH和氧化还原的作用。在发酵肉制品中葡萄糖一般作为微生物的主要碳源。

第六，饴糖。饴糖，以颜色鲜明、汁稠味浓、洁净不酸为佳品。主要由麦芽糖（50%）、葡萄糖（20%）和糊精（30%）组成。味甜柔和，有一定吸湿性和黏性。肉制品加工中常为烧烤、酱卤和油炸制品的增味剂和甜味助剂。

（三）酸味料

酸味是一种基本味，含有酸味成分的物质很多，多为植物性原料。当呈酸味物质的稀溶液与口腔舌头黏膜接触时，溶液中氢离子刺激舌黏膜，便产生酸味，其中食用酸味的主要成分是有机酸的醋酸、乳酸等。这些酸类除能给食品带来酸味之外，还可降低食品的pH，推迟食品腐败。在肉制品加工中，酸味是不能独立存在的味道，必须与其他味道合用才能作用，酸味是构成多种复合味的主要味别。酸味料品种很多，在肉制品加工中常用的有食醋、柠檬酸、番茄酱等，使用中应根据工艺特点及要求加以选择。

食醋是以粮食、麦麸、糖类为原料，经醋酸菌发酵酿制而成，是我国传统的调味料。食醋宜选具有正常酿造食醋的色泽、气味和滋味，不涩，无其他不良气味和异味，不混浊，无霉花、浮沫、沉淀，醋中酸度在3.5%以上，细菌总数不超过10000个/mL，大肠菌群小于3个/100mL，无肠道致病菌者为好。优质醋不仅具有柔和的酸味，而且还有一定程度的香甜味和鲜味。我国生产的名醋很多，有山西老陈醋、四川麸醋、镇江香醋、江浙玫瑰米醋、福建红曲老醋、台湾菠萝醋和香蕉醋。国外名醋有酒精醋、葡萄酒醋、苹果醋等。

食醋的重要作用是去腥和调香，此外还具有增咸作用。任何浓度的醋中加入少量的食盐后，酸味感更强，但加入的食盐过量，则会使醋的酸味感下降。同样地，在具有咸味的食盐溶液中加入少量的醋，也可增强咸味感，一旦食醋过量，则咸味感会有所减弱。在肉制品加工中，添加适量的醋，不仅能给人以爽口的酸味感，增进食欲，促进消化，还具有防腐杀菌和去腥除膻的重要功效，有助于溶解纤维素及钙、磷等，从而促进人体对这些物质的吸收利用。另外，醋还有软化肉中结缔组织和骨骼、保护维生素 C 少受损失、促进蛋白质迅速凝固等作用。

醋对人体有益无害，所以在制品加工中，可以不受限制地使用，以制品风味需要为度。在实际应用中，醋常与糖配合使用，能形成更加宜人的酸甜味；醋也常与酒混用，可生成具有水果香味的乙酸乙酯，使制品风味更佳。但醋的有效成分是醋酸，其受热易挥发，所以应在制品即将出锅时加醋，否则，部分醋酸将挥发掉而影响酸味。

此外，常用的酸味剂有柠檬酸、乳酸、酒石酸、苹果酸、醋酸等，这些酸均能参加体内正常代谢，在一般使用剂量下对人体无害，但应注意其纯度。

（四）鲜味料

鲜味是一种独立的基本味，也是体现肉制品味道的一种重要的味别。鲜味料可提高肉制品的鲜美味，鲜味物质广泛，存在于各种动植物原料之中。其主要成分包括各种酰胺、氨基酸、有机盐、弱酸等，利用含有这些呈鲜成分的各种原料，就可制成各种鲜味料，如味精、复合味精等。

味精的化学名称为谷氨酸钠，是通过发酵合成法生产出来的一种无色至白色棱柱状结晶或结晶性粉末，无臭，具有独特的鲜味，是人们常用的增鲜调味料。味精呈微酸性，易溶于水，在 70 ~ 90℃时助鲜作用最大。分为晶体和粉末两种，根据晶体长度，又分为细晶和精晶两种。细晶长度为 2 ~ 4mm，精晶长度则在 4mm 以上。

在肉制品加工中，应根据原料的多少、食盐的用量和其他调味料的用量，确定味精的用量，一般为 0.25% ~ 0.5%。使用时，还要注意味精与盐的量要平衡使用。浓度为 0.8% ~ 1% 的食盐溶液是人们感到咸味最适口的，在这种前提下，味精的添加量也有一定的标准，如在 0.8% 的食盐溶液中添加 0.38% 的味精，或在 1% 的食盐溶液中添加 0.31% 的味精，只有这样才能达到鲜味和咸味的最佳统一。

鉴别味精真伪的方法：取少许味精放在舌头上，如舌头感到冰凉，且味道鲜美，有鱼腥味，则是合格味精；若感到苦咸，无鱼腥味，则表明掺了食盐；若有冷滑、黏糊之感，且难以溶化，则表明掺了木薯粉或石膏。

味精易溶于水，进入胃肠后，易被人体吸收和利用，然而如果使用不当，不仅不能起到应有的作用，反而有损于身体健康，因此使用时必须注意以下方面：

（1）要有选择性地使用。一般在加工猪肉、牛肉时可加入少量味精，目的是增强其鲜味。而在加工鱼肉及禽肉时，不需加入味精。

（2）不要使用过量。要充分发挥味精调味和补充营养的作用，在加工制品时就必须用量适当。每人每天的味精摄入量不得超过每千克体重 120mg，食用过多，不仅不能发挥鲜味作用，而且制作出的产品还会产生一种似咸非咸、似涩非涩的怪味道，更有甚者还会引起人的头、胸、背、肩疼痛等一些病状。用量一定要恰当，不能压抑制品的主味，而且味浓厚或本味鲜的制品应该少用或不用味精。灌肠类、香肠类、火腿类等肉制品用量一般为 100kg 原料肉用味精 200 ~ 300g。

（3）不要长时间高温加热。根据试验，味精在 120℃的情况下加热时，会失去结晶水而变成无水的谷氨酸钠，然后有一部分谷氨酸钠（无水的）会发生分子内脱水，生成焦谷氨酸钠，这是一种无鲜味的物质。因此，在肉制品加工中，提倡在肉品成熟时或出锅前加入味精，以便鲜味突出。

（4）不要用于酸、碱性制品。如在制作糖醋汁和番茄汁的肉制品中，无须加入味精，因味精所含谷氨酸是一种两性分子，在它的分子中既含有碱性的氨基，又含有酸性的羧基，它可以像酸一样解离，又能像碱一样解离。所以当制品处于偏酸性或偏碱性时，不宜使用味精。

（5）不要用于婴儿食品。婴儿食品中使用味精，其中的谷氨酸会与血液中所含的锌发生特异性结合，生成不能被婴儿吸收的谷氨酸锌，并被排出体外，因而导致婴儿缺锌性智力减退及生长发育迟缓等不良后果。因此，3 个月以内的婴儿应禁止食用味精，1 周岁以内的幼儿，以不食带有味精的食品为宜，哺乳期的妇女，亦不宜食用味精，以免影响儿童的健康。

此外，肌苷酸钠是白色或无色的结晶或结晶粉末，性质比谷氨酸钠稳定。与L-谷氨酸钠合用对鲜味有相乘效应。肌苷酸钠有特殊、强烈的鲜味，其鲜味比谷氨酸钠强10～20倍。一般均与谷氨酸钠、鸟苷酸钠等合用，配制混合味精，以提高增鲜效果。

（五）调味肉类香精

调味肉类香精包括猪、牛、鸡、羊肉、火腿等各种肉味香精，采用纯天然的肉类为原料，经过蛋白酶适当降解成小肽和氨基酸，加还原糖在适当的温度条件下发生美拉德反应，生成风味物质，经超临界萃取和微胶囊包埋或乳化调和等技术生产的粉状、水状、油状系列调味香精，如猪肉香精、牛肉香精等。调味肉类香精可按需要添加或混合到肉类原料中，使用方便，是目前肉类工业常用的增香剂，尤其适用于高温肉制品和风味不足的西式低温肉制品。

（六）料酒

酒类调味料是肉制品加工中常用的调味料之一。通常使用的有黄酒、白酒、啤酒和果酒等，其中应用最多的是黄酒，也称料酒，是我国人民酿造饮用最早的一种低度酒，也是世界上最古老的酒精饮料之一，酒精度一般为10°～20°，在国际上享有很高的声誉。黄酒的酒性醇和，适宜长期储存，具有“越陈越香”的特点。黄酒一般呈黄色或琥珀色，黄中略带有红色，香气浓郁，适口性好，是中式肉制品加工中必不可少的调味料。

料酒的主要成分是乙醇，还有糖、有机酸、氨基酸、酯类等物质，所以在加工肉制品时有着较强的去腥、除膻、增香作用，并具有一定的杀菌和固色作用。由于料酒是香味浓烈、味道醇和、营养较高、功能优良的调味料，从肉制品辅料角度看是有益无害的。因此，在肉制品加工中，可以不受限制地添加，根据生产需要而定。

料酒应注意密封储存，避免高温和光照。开启后应尽快用完，不宜久存，否则很容易变酸，这是由于空气中的醋酸菌进入料酒中后，将料酒中的酒精转变成醋酸，从而使料酒味道变酸。

二、香辛料

香辛料的来源是某些植物的果实、花、皮、蕾、叶、茎、根，它们具有芳香和辛辣性风味成分，是香味料和辛味料的总称。香辛料在肉制品加工中，可赋予产品特有的风味，抑制或矫正不良气味，增进食欲，促进消化。

香辛料的种类很多，按照来源不同可分为天然香辛料、配制香辛料两大类。根据香辛料利用部位的不同，可分为：根或根茎类，如姜、葱、蒜、洋葱等；花或花蕾类，如丁香等；果实类，如辣椒、胡椒、八角茴香、茴香、花椒等；叶类，如鼠尾草、麝香草、月桂叶等；皮类，如桂皮等。

（一）天然香辛料

天然香辛料是指利用植物的根、茎、叶、花、果实等部分，直接使用或简单加工后使用的香辛料。

1. 葱

葱为百合科多年生草本植物，具有强烈的葱辣味和刺激味。作香辛料使用，可压腥去膻，广泛用于酱制、红烧等肉制品。

（1）洋葱。洋葱又名葱头、圆葱，为百合科葱属，原产于印度西北部，现在我国南北各地都有大面积栽培。其外皮呈白色、黄色或紫红色。其收获期一般为 5 ~ 6 月，不同品种略有差异。洋葱以鳞片肥厚、抱合紧密、没糖心、不抽芽、不变色、不冻者为佳。食用部分达到 79% ~ 85%，营养价值比大葱、大蒜高 50% 左右。洋葱与肉一起加工能除生肉的腥味、膻味，使肉制品香辣味美，所以在西式肉制品加工中经常作为调味、增香的香辛料来使用。此外，洋葱还具有一定药用价值。

（2）大葱。大葱味辛，性温，能发表和里、通阳活血，对感冒风寒、头痛、阴寒腹痛等有较好的治疗作用。葱在肉制品加工中形态的处理大致分为三类：①段类，如葱白段、葱叶段、葱丝等；②沫类，如葱花、葱茸、葱粒等；③整葱类，如葱结。这些形态各异的葱料，对肉制品有去除腥味、增加香味的重要作用。

2. 蒜

大蒜又名胡蒜，是百合科多年生宿根植物大蒜的鳞茎。原产于欧洲南部和中亚，最早在埃及等地中海沿岸国家栽培。我国是世界上大蒜栽培面积和产量最多的国家之一。大蒜从鳞茎上分为多瓣蒜和独头蒜两种；从皮色上分为白皮蒜和紫皮蒜两种，以独头紫皮者为佳品。大蒜的营养价值丰富。生食大蒜香辣可口，开胃提神。在肉制品加工中，常将大蒜捣成蒜泥后使用，对制品起到增香、提鲜、解除腥膻、解油腻的作用，同时还具有杀菌、抑菌作用，可适当延长肉制品储存期。

此外，大蒜具有药用价值。蒜头含挥发油约 2%，油中主要成分为大蒜辣素（二烯丙基二硫化物），这是一种强力广谱的植物杀菌素，其杀菌力相当于酚的 15 倍。0.05% 的大蒜水溶液可在 5min 内杀死各种杆菌。大蒜在口腔内咀嚼 3 ~ 5min 后，口腔内细菌全部杀灭。因此，在日常生活中，每天吃几克大蒜，对呼吸道和消化系统疾病有一定的预防和治疗作用。

3. 姜

姜又称生姜，为姜科多年生草本植物姜的新鲜根茎，须根不发达，根状茎肉质肥厚，呈不规则块状，具有芳香及辛辣味，原产于东南亚，我国各地均有种植。姜可分为嫩姜和老姜，嫩姜皮薄肉嫩，纤维脆弱，辣味成分含量少，食用时辣味较为淡薄；老姜皮厚肉粗，质地较老，水分少，辣味成分含量多，辣味强烈。

在肉制品加工中，姜可以鲜用也可以干制成粉末使用，对制品起到去腥除膻、增香、调和滋味、保鲜、杀菌防腐的作用。食用生姜时应注意，腐烂后的姜会产生一种毒性很强的有机化合物——黄樟素，这种有毒化合物能诱发肝细胞变性，会诱发肝癌和食道癌，虽然肉制品加工中常把姜作为一种调味料，用量不多，但是烂姜中黄樟素对肝细胞产生的毒害作用不可低估。

4. 辣椒

辣椒又名番椒、辣茄。辣椒富含维生素 C、胡萝卜素、维生素 E 及钙、铁、磷等营养成分。性辛、热、辣，能调胃，温中散寒，促进胃液分泌，提神，帮助消化，增强肌体抗病能力。中式辣味肉制品加工常使用辣椒粉（面）。应选用干燥无霉变、无虫蛀、辣味浓的干品辣椒制作辣椒粉（面）。

5. 大茴香

大茴香俗称大料、八角，因其果实有八个角，所以俗称八角茴香。由于大茴香所含芳香油的主要成分是茴香脑，因而有茴香的芳香味。大茴香味微甜而稍带辣味，是一种味辛平的中药，具有促进消化、暖胃、止痛等功效。因大茴香芳香味浓烈，在肉制品加工中被广泛使用，特别是酱卤类制品加工，使用大茴香可增加肉的香味，增进食欲。

使用大茴香时应注意，有一种外形与大茴香极相似的果实，即莽草果，其果实有 9 ~ 12 个角，有剧毒，应严加区别。

6. 小茴香

小茴香俗称谷茴、席香，系伞形科小茴香属越年生草本植物的成熟果实，主要产于我国甘肃、内蒙古、四川、山西等地。小茴香长 4 ～ 8mm，分果瓣呈长椭圆形，背面有 5 条纵棱，接合面平坦且较宽，略弯曲，呈黄绿色，似干了的稻谷，含挥发油 3% ～ 8%，其主要成分为茴香醚，可挥发出特异的茴香气，其枝叶可防虫驱蝇。小茴香既可单独使用，也可与其他香料配合使用，常用于酱卤肉制品中，往往与花椒配合使用，起到增加香味、去除异味和防腐的作用。

7. 肉桂

肉桂俗称桂皮，是樟科植物肉桂树的干燥树皮。皮外表呈赭黑色，有细纹及小裂纹，内皮呈红棕色，芳香而味甜辛，呈卷筒状，取皮薄、香气浓厚者为佳品，是一种重要的调味香料。肉桂主要产于我国广西、广东、福建、浙江等地。好的肉桂是由三四十年的老树树皮加工而成，以不破碎、外皮细、肉厚、断面紫红色、油性大、香气浓厚、味甜辣者为上品。

在肉制品加工中，肉桂是一种重要的调味香料，尤其是在酱卤肉制品和干肉制品加工中经常使用肉桂，主要起提味、增香、去除腥膻味的作用

8. 花椒

花椒又名秦椒、川椒，为芸香科花椒树的果实，一般在秋季果实成熟后采收。主要产于我国四川、陕西、河北、河南、云南等地，以皮色呈大红或淡红、黑色、黄白，椒果裂口，麻味足，香味大，身干无硬梗，无腐败者为上品。花椒果皮中含有挥发油，油中含有异茴香醚及香茅醇等物质，所以具有特殊的强烈芳香。味辛麻持久，是很好的香麻味调料。花椒子能榨油（出油率 25% ～ 30%），有轻微的辛辣味，也可调味。

在肉制品加工中，花椒可独立使用，也可与其他香料配合使用，整粒多供腌腊制品及酱卤汁使用，粉末多用于香肠及肉糜制品中。

9. 肉豆蔻

肉豆蔻亦称豆蔻、肉蔻、玉果，属肉豆蔻科高大乔木肉豆树的成熟干燥种仁。肉豆蔻为椭圆形，呈红褐色或深棕色，外表有浅色不规则沟纹，质地坚硬，断面呈大理石样花纹，个大、体重、坚实、表面光、油性足、破碎后香气强烈者为上品。肉豆蔻主要产于印尼、巴西、印度、马来西亚等地。每年 7 ～ 8 月和 10 ～ 12 月是肉豆蔻的采收期，含精油 5% ～ 15%，其主要成分

为萜烯（占 80%）、肉豆蔻醚、丁香粉等。

在肉制品加工中使用肉豆蔻，可起到增香去腥作用，它是酱卤制品必不可少的香料，也常用于高档灌肠制品中。

10. 丁香

丁香系桃金娘科常绿乔木的干燥花蕾及果实。花蕾叫公丁香，果实叫母丁香，以完整、朵大、油性足、颜色深红、香气浓郁、入水下沉者为佳品。因含有丁香酚和丁香素等挥发性成分，故具有浓烈的香气。丁香主要产于桑给巴尔、印度尼西亚，在我国广东、广西也有栽培。当花蕾鲜红时采集，去除花梗后晒干即为丁香。

在肉制品加工中使用，主要起调味、增香、提高风味的作用，去腥膻、脱臭为其次。因丁香香味浓郁，所以用量不能大，否则易压住其他调料和原料本味。另外，丁香对亚硝酸盐有消色的作用，所以在使用时应注意。

11. 胡椒

胡椒又名古月，有黑胡椒、白胡椒两种。果实开始变红时摘下，经充分晒干或烘干即为黑胡椒，全部变红时以水浸去皮再晒干即为白胡椒。原产于印度、泰国、越南等国家，目前在我国海南、广东、云南、台湾等地均有生产。胡椒含有 8% ~ 9% 胡椒碱和 1% ~ 2% 的芳香油，这是形成胡椒特殊辛辣味和香气的主要成分。因挥发性成分在外皮含量较多，因而黑胡椒的风味要好于白胡椒，但白胡椒的外观色泽较好。

由于胡椒味辛辣芳香，是肉制品广泛使用的调味佳品。一般荤菜肴、腌卤制品都可加入少许胡椒或胡椒粉，使食物的味道更加鲜香可口。尤其是西式灌肠制品，大多使用胡椒作为主要调味香料而使产品具有香辣鲜美的风味特色。

12. 砂仁

砂仁又名小豆蔻、阳春砂仁，系姜科多年生草本植物的干燥果实。主要产于我国广东、广西、云南、福建等地。外表呈灰色，个大、坚实、仁饱满、气味浓者为佳品。含约 3% 的挥发油，油的主要成分为龙脑、右旋樟脑，所以气味芳香、浓烈。

砂仁药性辛温，具有健胃、化湿、止呕、健脾消胀、行气止痛等功效，是肉制品加工中一种重要的调味香料。常用于酱卤制品、干制品、灌肠制品加工，主要起解腥除异、增香、调香的作用，使肉制品清香爽口、风味别致并有清凉口感。

13. 白芷

白芷又称香白芷、杭白芷、川白芷、禹白芷和祁白芷，系伞形科多年生草本植物的干燥根部。根呈圆锥形，外表黄白色，秋季叶黄时挖出后，除去须根，洗净晒干或趁鲜切片晒干，切面含粉质，有黄圈，以根粗壮、体重、粉性足、香气浓者为佳品。

因白芷含有白芷素、白芷醚等香豆精化合物，故气味久香，具有除腥、祛风、止痛及解毒功效，是酱卤制品及中式肉制品中常用的香料，有调味、增香、除腥去膻的功能。

14. 山柰

山柰又称沙姜、山辣，是由姜料植物山柰地下块状根茎切片干制而成。外皮红黄，断面色白，粉性足，光滑细腻，中央略突起，质坚且脆，味辛辣，有樟脑香气，含挥发油 3% ~ 4%。山柰产于我国广东、广西、云南、台湾等地。在肉制品加工中是酱卤类制品增香的辛香料，也是西式调味料的原料之一。

15. 甘草

甘草系豆科多年生草本植物的根。外皮红棕色，内部黄色，味道很甜，所以叫甜甘草。以外皮细紧、有皱沟、红棕色、质坚实、粉性足、断面黄白色、味甜者为佳。含 6% ~ 14% 甘草甜素、甘草甙、甘露醇及葡萄糖、蔗糖、淀粉等。药性甘平，具有补气、解毒、润肺、祛痰、利尿等功效。甘草主要产于我国东北、华北、陕西、甘肃、青海、新疆等地。常用于酱卤制品，以改善制品风味。

16. 陈皮

陈皮又称橘皮，为芸香科常绿植物橘树成熟果实的干燥果皮。含有挥发油成分，主要为右旋柠檬烯、橙皮甙、川陈皮素等，故气味芳香。各地均有出产，但以广东新会县出产的较好。冬季采收，用水洗净，色泽为朱红色或橙红色，内表面白色，果皮粗糙，气味芳香，微苦。陈皮有行气、健胃、化痰、促进胃肠消化等功效，常于酱卤制品加工中使用，可增加制品的复合香味。

17. 草果

草果又称草果仁，系姜科多年生植物草果的干燥种子，含有精油、苯酮等。草果为椭圆形，呈红褐色，性温味辣。主要产于云南、广西、贵州等地，饱满、表面红棕色为好。可用整粒或粉末作为烹饪香料，主要用于酱卤制品，特别是烧炖牛、羊肉放入少许，可去膻压腥味，提高风味，但不能代替肉豆蔻在灌肠制品中使用。

18. 芫荽

芫荽又名胡荽，俗称香菜，系伞形科一年生或二年生草本植物。芳香成分主要有沉香醇、蒎烯等，其中沉香醇占 60% ~ 70%，有特殊香味。芫荽是肉制品特别是猪肉香肠和灌肠中常用的香辛料。

19. 月桂叶

月桂叶又称香叶、天竺桂，由樟科常绿乔木月桂树的叶子干制而成。产于地中海沿岸及南欧各国，我国广东、福建、浙江、四川等地栽培的月桂称天竺桂，其叶也可使用，但香气较淡。天竺桂为常绿乔木，生于山谷丛林中，高达 7 ~ 10m，叶互生或对生，有肉桂香气，树叶随时可采，阴干即成。

月桂叶含精油 1% ~ 3%，具有清香气味，可去除生肉的异味，常用于西式大火腿制品及肉类罐头中作矫味剂，在汤、鱼等制品加工中也常使用。

20. 麝香草

麝香草系紫花科麝香草的干燥树叶制成。精油成分有麝香草脑、香芹酚、沉香醇、龙脑等。在酱卤肉制品加工中放入少许，可去除生肉腥臭，并有提高产品保存性的作用。

21. 鼠尾草

鼠尾草系唇形科一年生草本植物。含挥发油 1.3% ~ 2.5%，主要成分为侧柏酮、鼠尾草烯。在西式肉制品中常用其干燥的叶子或粉末。鼠尾草与月桂叶一起使用可去除羊肉的膻味。

（二）配制香辛料

1. 五香粉

五香粉是以花椒、八角、小茴香、桂皮、丁香等香辛料为主要原料配制而成的复合香料。五香粉因使用方便，深受消费者的欢迎。各地使用配方略有差异。

2. 咖喱粉

咖喱粉呈鲜艳黄色，味香辣，是肉品加工和中西菜肴重要的调味品。其有效成分多为挥发性物质，在使用时为了减少挥发损失，宜在制品临出锅前加入。咖喱粉常由胡椒粉、姜黄粉、茴香粉、豆蔻粉、芫荽粉等多种香辛料混合配制而成。

三、添加剂

为了增强或改善食品的感官性状，延长保存时间，满足食品加工工艺过程的需要或某种特殊营养需要，常在食品中加入天然的或人工合成的无机或有机化合物，这种添加的有机或无机物统称为添加剂。添加这些物质有助于提高食品的质量，改善食品色、香、味、形，保持食品的新鲜度，增强营养价值等。食品添加剂必须达到五点要求：①添加剂无毒性、无公害、不污染环境；②添加剂必须无异味、无臭、无刺激性；③添加量不能影响食品的色、香、味及营养价值；④食品添加剂与其他助剂复配，不应产生不良后果，要求具有良好的配伍性；⑤添加剂使用方便，价格低廉。肉制品加工中经常使用的添加剂包括以下种类：

（一）发色剂

发色剂本身一般为无色的，但与食品中的色素相结合能固定食品中的色素，或促进食品发色。在肉制品中常用的发色剂为硝酸盐和亚硝酸盐。

1. 硝酸盐

硝酸盐发色剂包括硝酸钠及硝酸钾，为无色或白色的结晶性粉末，无臭，稍有咸味，易溶于水。将硝酸盐添加到肉中后，被肉中的细菌或还原物质还原生成亚硝酸，最终生成 NO，NO 与肌红蛋白结合生成稳定的亚硝基肌红蛋白络合物，使肉呈鲜红色。

2. 亚硝酸盐

亚硝酸钠（$NaNO_2$）为白色或淡黄色的结晶性粉末，吸湿性强，长期保存在密封容器中。亚硝酸盐的作用比硝酸盐强 10 倍，使猪肉发红，在盐水中含有 0.06% 的亚硝酸钠就已足够，为使牛肉、羊肉发色，盐水中需含有 0.1% 的亚硝酸钠。但是仅用亚硝酸盐的肉制品，在贮藏期间褪色快，对生产过程长或需要长期存放的制品，最好使用硝酸盐腌制。许多国家广泛采用混合盐，其组成是：食盐 98%，硝酸盐 0.83%，亚硝酸盐 0.17%。

亚硝酸盐对细菌有抑制效果，其中对肉毒梭状杆菌的抑制效果受到重视。在肉制品加工中添加亚硝酸盐，还可增加制品的弹性和抗氧化性，但过量使用会产生一定的毒副作用，用量要严格控制。

（二）发色助剂

肉制品中最常用的发色助剂是抗坏血酸及其钠盐、烟酰胺、葡萄糖、葡萄糖醛内脂等，其助色机理与硝酸盐或亚硝酸盐的发色过程紧密相连。发色助剂具有较强的还原性，其助色作用通过促进 NO 生成，防止 NO 及亚铁离子的氧化。生产上使用较多的是抗坏血酸，即维生素 C，具有很强的还原作用，但对热和重金属极不稳定，因此一般使用稳定性较高的钠盐，其最大使用量为 0.1%，一般为 0.02% ~ 0.05%。在腌制或斩拌时添加，也可以把原料肉浸渍在该物质的 0.02% ~ 0.1% 的水溶液中。腌制剂中加谷氨酸会增加抗坏血酸的稳定性。

（三）着色剂

着色剂亦称食用色素，是指为使食品具有鲜艳而美丽的色泽，改善感官性状以增进食欲而加入的物质。食用色素按其来源和性质分为食用天然色素和食用合成色素两大类。用于肉制品加工中的天然色素以红曲米和红曲色素最为普遍。

第一，红曲米。红曲米是由红曲霉菌接种于蒸熟的米粒上，经培养繁殖后所产生的红曲霉红素。使用时，可将红曲米研磨成极细的粉末直接加入。我国国家标准规定，红曲米使用量不受限制，但在使用中应注意不能使用太多，否则将使制品的口味略有苦酸味，并且颜色太重而发暗。

第二，红曲色素。红曲色素是由红曲霉菌菌丝体分泌的次级代谢物，具有对酸碱稳定，耐光耐热化学性强，不受金属离子影响，对蛋白质着色性好以及色泽稳定、安全无害等优点。红曲色素是一种安全性比较高、化学性质稳定的色素。在肉制品加工中，红曲色素常用于酱卤制品类、灌肠制品类、火腿制品类、干制品和油炸制品类等。

此外，使用红曲米和红曲色素时添加适量的食糖，用以调和酸味，减轻苦味，使肉制品的滋味达到和谐。

（四）防腐剂

导致肉制品腐败变质的主要原因是各种细菌对肉制品的污染。防腐剂具有杀死微生物或抑制其生长繁殖的作用，不同于一般的消毒剂。作为防腐剂的物质应具备三个必要条件：①在肉制品加工过程中原有结构能被分解而形成无害的物质；②不影响肉制品的色、香、味、形，不破坏肉制品的营养成分；③对人体健康无害。在肉制品加工中普遍使用苯甲酸及其钠盐、山梨酸及其钾盐、乳酸钠等作为防腐剂。

1. 苯甲酸及苯甲酸钠

苯甲酸亦称安息香酸，白色晶体，无臭，难溶于水，苯甲酸钠则易溶于水。苯甲酸及苯甲酸钠在酸性条件下，对细菌和酵母有较强的抑制作用，但对霉菌较差，可延缓霉菌生长。其抑菌作用受 pH 的影响。pH 为 5 以下，其防腐抑菌能力随 pH 降低而增加；最适 pH 为 2.5 ～ 4.5；pH 为 5 以上时对很多霉菌和酵母几乎无抑菌效果。人体每日允许苯甲酸摄入量（ADI）为（0 ～ 5）$\times 10^{-6}$，我国规定最大使用量为（0.5 ～ 1.0）$\times 10^{-3}$。苯甲酸和苯甲酸钠同时使用时，以苯甲酸计，不得超过最大使用量。

2. 山梨酸与山梨酸钾

山梨酸是一种不饱和六碳脂肪酸，白色结晶，可溶于多种有机溶剂，微溶于水。山梨酸钾极易溶解于水。由于山梨酸可在体内代谢产生二氧化碳和水，故对人体无害，其使用量不超过 1g/kg。

山梨酸及山梨酸钾属酸性防腐剂，对霉菌、酵母和好气性细菌有较强的抑菌作用，但对厌气菌与嗜酸乳杆菌几乎无效。其防腐效果随 pH 的升高而降低，适宜在 pH 为 5 ～ 6 以下的范围使用。

山梨酸的人体每日允许摄入量（ADI）为（0 ～ 25）$\times 10^{-6}$。我国规定用于鱼干制品，豆、乳饮料以及人造奶油、酱油、醋、果酱类等食品时，最大使用量为 1.0×10^{-3}；用于面酱类、蜜饯类与罐头等为 0.5×10^{-3}。

（五）抗氧化剂

肉制品在存放过程中常常发生氧化酸败，因而可加入抗氧化剂，以延长制品的保藏期。抗氧化剂品种很多，我国允许使用的抗氧化剂有丁基羟基茴香醚（BHA）、二丁基羟基甲基（BHT）和没食子酸丙酯（PG）。在肉制品中使用 BHT 的效果较好。在实际生产中，常将这三种抗氧化剂混合使用，同时加入抗氧化增效剂，如柠檬酸、抗坏血酸等具有良好的抗氧化效果。

（六）品质改良剂

在肉制品生产中，为了使制品形态完整、色泽好、肉质嫩、切面有光泽，需加入一些品质改良剂，对增加肉的保水性、提高黏结性、改善制品的鲜嫩口感、增强制品的弹性、提高出品率等具有一定的作用。

1. 磷酸盐

为了改善肉制品的保水性能，提高肉的结着力、弹性和赋形性，通常往肉中添加磷酸盐。可用于肉制品使用的磷酸盐有焦磷酸钠、三聚磷酸钠和六偏磷酸钠。

（1）焦磷酸钠。焦磷酸钠系无色或白色结晶性粉末，溶于水，不溶于乙醇，能与金属离子络合。对稳定制品起很大作用，可增加与水的结着力和产品的弹性，并有改善食品口味和抗氧化作用，常用于灌肠和西式火腿等肉制品中，用量不超过 1g/kg，多与三聚磷酸钠混合使用。

（2）三聚磷酸钠。三聚磷酸钠系无色或白色玻璃状块或片，或白色粉末，有潮解性，水溶液呈碱性，对脂肪有很强的乳化性。三聚磷酸钠还有防止变色、变质、分散作用，增加黏着力的作用也很强。其最大用量应控制在 2g/kg 以内。

（3）六偏磷酸钠。六偏磷酸钠系无色粉末或白色纤维状结晶或玻璃块状，潮解性强。对金属离子螯合力、缓冲作用、分散作用均很强，能促进蛋白质凝固。可与其他磷酸盐混合成复合磷酸盐使用，也可单独使用。最大使用量为 1g/kg。

磷酸盐溶解性较差，因此在配制腌制液时要先将磷酸盐溶解后再加入其他腌制料。各种磷酸盐混合使用比单独使用好，混合的比例不同，效果也不一样。在肉制品加工中，使用量一般为肉重的 0.1% ~ 0.4%。

2. 大豆分离蛋白

为了提高肉制品的感官质量和营养价值，在制品中添加大豆分离蛋白作为改良品质的乳化剂。大豆分离蛋白的蛋白质含量高达 40%，是瘦肉蛋白质含量的 2.5 倍，同时具有优良的乳化、保水、吸水和黏合的作用。

粉末状大豆分离蛋白有良好的保水性。当浓度为 12% 时，加热温度超过 60℃，黏度就急剧上升，加热到 80 ~ 90℃时静置、冷却，就会形成光滑的沙状胶质。这种特性使大豆分离蛋白加入肉组织时，能改善肉的质地。其在肉制品加工中的使用量因制品不同而有差异，一般为 2% ~ 7.5%。

3. 卡拉胶

卡拉胶是从海洋中红藻科的多种红色海藻中提炼出的一种可溶于水的白色细腻粉状、含有多糖不含蛋白质的胶凝剂。卡拉胶具有深入肉组织的特点，在肉中结合适量的水，能与蛋白质结合形成综合的黏胶“网状”结构，可保持制品中的大量水分，减少肉汁的流失，并且具有良好的弹性、韧性。在肉制品加工中添加 0.6% 的卡拉胶，即可使肉馅保水率从 80% 提高到 88% 以上，并可降低蒸煮损失。卡拉胶还具有很好的乳化效果，能稳定脂肪，提高制品的出品率，防止盐溶性蛋白及肌动蛋白的损失，抑制鲜味成分的溶出。

4. 酪蛋白酸钠

酪蛋白酸钠又名酪朊酸钠，亦称奶蛋白、乳蛋白质，是牛乳中的主要蛋白质酪蛋白的钠盐，是一种安全无害的增稠剂和乳化剂，呈白色或淡黄色的微粒或粉末，无臭，无味，可溶于水。因为酪蛋白酸钠含有人体所需的各种氨基酸，营养价值很高，因而也作为营养强化剂使用。酪蛋白酸钠具有很强的乳化、增稠作用，所以在肉制品生产中添加，可增进脂肪和水的保持力，防止脱水收缩，并有助于肉制品中各成分的均匀分布，从而进一步改善制品的质地和口感，一般用量为 1.5% ~ 2%。

5. 淀粉

在肉制品生产中，普遍使用淀粉作为增稠剂，加入淀粉后，对于制品的持水性、组织形态均有良好的效果。这是由于在加热过程中，淀粉颗粒吸水、膨胀、糊化。当淀粉糊化时，肌肉蛋白的变性作用已经基本完成，并形成网状结构，网眼中尚存在一部分不够紧密的水分，被淀粉粒吸取固定；同时淀粉粒变得柔软而富有弹性，起到黏着和保水的双重作用。

淀粉存在于谷类、根茎（如薯类、玉米、藕等）和某些植物种子（豌豆、蚕豆、绿豆等）中，一般可经过原料处理、浸泡、破碎、过筛、分离、洗涤、干燥和成品整理等工艺过程而制得。淀粉的种类很多，价格较便宜。常用的有绿豆淀粉、小豆淀粉、马铃薯淀粉、白薯淀粉、玉米淀粉。

在肉糜类的香肠制品生产中，一般都要加入一定量的淀粉，对于改善制品的保水性、组织状态均有明显的效果。在中式肉制品中，淀粉能增强制品的感官性能，保持制品的鲜嫩，提高制品的滋味，对制品的色、香、味、形等方面均有很大的影响。

在常见的油炸制品中，原料肉如不经挂糊、上浆，在旺火热油中，水分会很快蒸发，鲜味也随水分跑掉，因而质地变老。原料肉经挂糊、上浆后，糊浆受热立即凝成一层薄膜而形成保护，不仅能保持原料原有鲜嫩状态，而且表面糊浆色泽光润，形态饱满，能增加制品的美观度。

在低档肉品中，淀粉的主要作用是保持水分，膨胀体积，降低成本，增加经济效益。在中高档肉品中则可增加黏着性，使产品结构紧密、富有弹性、切面光滑、鲜嫩可口。淀粉使用得当，不但不会影响质量，经济效果也显著。

制作灌肠时使用马铃薯淀粉或玉米淀粉，加工肉糜罐头时用玉米淀粉，制作肉丸等肉糜制品时用小麦淀粉。肉糜制品的淀粉用量视品种而不同，可在 5% ~ 50% 的范围内。高档肉制品则用量很少，并且使用玉米淀粉。

淀粉的回生也称老化和凝沉，淀粉稀溶液或淀粉糊在低温下静置一定时间，浑浊度增加，溶解度减小，在稀溶液中会有沉淀析出，如果冷却速度快，特别是高浓度的淀粉糊，就会变成凝胶体（凝胶长时间保持时，即出现回生），好像冷凝的果胶或动物胶溶液，这种现象称为淀粉的回生或老化。淀粉回生的一般规律如下：

（1）含水量为 30% ~ 60% 时易回生，含水量小于 10% 或大于 65% 时不易回生。

（2）回生的适宜温度为 2 ~ 4℃，高于 60℃或低于 −20℃不会发生回生现象。

（3）偏酸（pH 为 4 以下）或偏碱的条件下，也易发生回生现象。

6. 变性淀粉

变性淀粉是将原淀粉整理、经化学处理或酶处理后，改变原淀粉的理化性质，从而使其无论加入冷水或热水，都能在短时间内膨胀、溶解于水，具有增黏、保形、速溶等优点，是肉制品加工中一种理想的增稠剂、稳定剂、乳化剂和赋形剂。变性淀粉的种类主要有环状糊精、有机酸裂解淀粉、氧化淀粉与交联淀粉。变性淀粉的性能主要表现在其耐热性、耐酸性、黏着性、成糊稳定性、成膜性、吸水性、凝胶性以及淀粉糊的透明度等方面的变化。可以明显改善肉制品、灌肠制品的组织结构、切片性、口感和多汁性，提高产品的质量和出品率。

在肉制品加工中使用天然淀粉作增稠剂，能够改善肉制品的组织结构，作赋形剂和填充剂来改善产品的外观和成品率。但在某些产品加工中，天然淀粉却不能满足某些工艺的要求。因此，用变性淀粉代替原淀粉，在灌肠制品及西式火腿制品加工中应用，能达到满意的效果。

7. 肠衣

制作和出售火腿、香肠等肉制品时必须进行包装。包装可分成外包装和内包装，外包装的主要目的是使产品与外部隔绝，保持卫生，让消费者了解产品的名称、成分、重量、制造厂家、生产日期等。内包装的主要目的是防止在制造过程中产品形状被破坏，保持产品规格化。把内包装所用的材料通常称作肠衣。

（1）天然肠衣。天然肠衣是用猪、牛、羊的小肠，牛的大肠、盲肠、膀胱等作原料，经过刮制加工除去肠内外的各种不需要的组织，加工整理而成的一层或几层坚韧、柔软、滑润、富有弹性、透明或半透明的薄膜。天然肠衣具有良好的韧性、弹性、坚实性、可食性、安全性、水汽透过性、烟熏渗入性、热收缩性和对肉馅的黏着性，是一种非常好的天然包装材料。但规格和形状不一，且数量有限，这是天然肠衣的不足。

根据肠衣来源的动物品种不同，将肠衣分成三类，即猪肠衣、羊肠衣和牛肠衣。根据加工方法的不同，肠衣可分为盐渍肠衣和干制肠衣两类。干制肠衣需先用冷水浸泡变软后，再行灌制；盐渍肠衣需要用清水反复冲洗，以除去粘在肠衣上的盐分和污物。肉制品中常用的天然肠衣有盐渍猪肠衣、盐渍羊小肠衣、干制牛肠衣及干制猪膀胱等品种。

（2）人造肠衣。人造肠衣是指用化学合成的方法制成的包装材料。人造肠衣外形美观、使用方便、安全卫生、填充量固定、易印刷、价格便宜、损耗少、规格统一（便于标准化操作），目前在肉制品生产中应用广泛。

第一，纤维素系列肠衣。纤维素系列肠衣是利用自然纤维素，如棉线、木屑、亚麻或其他植物纤维制成的人造肠衣，特点是有透气性。此类肠衣在加工中能承受高温、快速加工，充填方便，抗裂性强，在湿润情况下也能进行熏烤。但是，纤维素肠衣不能食用、不能随肉馅收缩，在制成成品后必须剥离。

第二，纤维状肠衣。纤维状肠衣是由特殊浸泡的原纸和纤维素涂层而制成，肠衣粗糙，只适用于熏制品和干肠类制品生产。纤维状肠衣直径为5 ~ 20cm，颜色有红、棕、黄等，分为剥离型、密着型和切割型三种纤维状肠衣的特点是稳定性好，强度大，可烟熏，肉的结着性好，可随内容物收缩而收缩。

第三，胶原肠衣。胶原肠衣是以动物的皮等作为原料，其性质和天然肠衣相近，分可食与不可食两种。可食用胶原肠衣本身可以吸收少量的水分，因此比较柔嫩，其规格一致，使用方便，适合制作灌肠制品。

第四，塑料肠衣。塑料肠衣是用聚偏二氯乙烯和聚乙烯薄膜制成。根据形状不同又可分为片状肠衣和筒状肠衣。这类肠衣品种规格较多，各类灌制品都可以使用，只能蒸煮，不能熏制。塑料肠衣具有柔韧坚实、强度高、可印刷、使用方便、色泽多样、光洁美观等优点。缺点是伸缩性差、不耐火、不能打孔排气。肠衣口径一般为 4 ～ 12cm，适合于蒸煮类产品。

第五，玻璃纸肠衣。玻璃纸肠衣是一种纤维素薄膜，其质地柔软，伸缩性好，吸水性大，潮湿时吸湿产生皱纹，干燥时脱湿张紧。玻璃纸肠衣在干燥时透气性极小，不透过油脂，强度高，印刷性好。同天然肠衣相比较，其性能优，成本低，是一种良好的包装材料。

第三章　干制肉制品加工技术

第一节　干制及肉干的生产

新鲜的肉类食品不仅含有丰富的营养物质，而且水分含量通常在60%以上，如保管贮藏不当极易引起腐败变质。肉类食品的脱水干制是一种有效的加工和贮藏肉制品的手段，经过脱水干制后，肉干制品的水分含量可降低到20%以下，大大延长了贮藏期。

一、干制生产的原理及方法

（一）干制的基本原理

1. 干制对微生物的影响

水是微生物的生命活动中不可缺少的物质，微生物的正常代谢需要相当数量的水来维持。如果细胞内没有适当的水分，微生物则不能吸收必需的营养物质以进行新陈代谢，从而停止生长。但是，对微生物生命活动起决定作用的是自由水，而不是食品的总含水量，因为只有自由水才能被微生物、酶和化学反应所利用，可用水分活度（A_w）进行估量。水分活度是指溶液的水蒸气分压 p 和同温度纯水的饱和蒸汽压 p_0 之比，即：

$$A_w = \frac{p}{p_0} \times 100\% \tag{3-1}$$

水分活度表示食品中水分被束缚的程度，反映了食品材料中能影响微生物、酶及化学反应的那部分水。食品中结合水的含量越高，水分活度就越低。因而，两个水分含量相同的食品会因水与食品中其他成分结合的程度不同而具有不同的水分活度。

微生物的生长发育在不同的水分活度下存在明显差异。细菌生长发育的最低水分活度为 0.90，酵母菌和真菌分别为 0.88 和 0.80。

在干制过程中，肉类食品随着水分的丧失，水分活度降低，可被微生物利用的水分减少，抑制了微生物的生长和新陈代谢，因而可以达到长期贮藏的目的。降低水分活度可以有效地抑制微生物的生长，但也会使微生物的耐热性增大。因此，肉干制品的加工虽然是加热过程，但并不能代替杀菌过程，即干制并不能达到绝对无菌的状态，它只能抑制微生物的活动，这是受微生物的生物特性、食品的性质、干制程度和干制后贮藏条件等因素所影响的。环境条件一旦适宜，微生物又会重新恢复活力，如遇温暖潮湿气候就易腐败变质。

2. 干制对酶活力的影响

肉类组织中含有多种酶类，如蛋白酶和脂肪酶等，它们对肉的品质影响较大。酶的活力与肉中的水分含量关系密切。由于鲜肉的水分含量较高，在室温下放置时，容易受到酶的作用而发生分解，使肉的品质发生变化。在脱水干制肉类过程中，由于水分含量逐渐减少，部分酶会变性失活或活力降低；当干制品的水分含量降低到一定程度时，酶的活力被完全抑制，酶对肉类品质的影响则完全消失。

3. 肉类干制过程的特性

肉类干制过程的特性可以用干燥曲线、干燥速率曲线和食品温度曲线来进行分析和描述。干燥曲线是说明食品含水量随干燥时间变化的关系曲线；干燥速率曲线是表示干燥过程中的干燥速率随时间变化的关系曲线；食品温度曲线则表示干燥过程中肉块温度随时间变化的关系曲线；在整个干燥过程中，干燥速率、肉块含水量及肉块温度都呈现出规律性的变化，可以将整个干制过程分为 3 个阶段。

（1）升速干燥阶段。此阶段为肉块干制的开始阶段。肉类表面温度由初温逐步提高，由于此时肉块表面的蒸汽压达到饱和，所以肉块温度很快达到湿球温度；肉块水分开始蒸发，含水量稍有下降；干燥速率由零增到最高值。这段曲线的持续时间和速率取决于肉类的厚度与受热情况。

（2）恒速干燥阶段。肉块的含水量呈直线下降趋势，干燥速率稳定不变，因此称为恒速干燥阶段。在这一阶段，向肉块提供的热量全部用于水分蒸发，因此肉块表面温度基本不变。若肉块较薄，其内部水分将以液体状态扩散转移，肉块的温度和液体蒸发温度相等（即湿球温度）；若肉块较厚，部分水分也会在肉块内部蒸发，则此时肉块表面温度等于湿球温度，而它的中心温度低于湿球温度。

因此，在恒速干燥阶段，肉块内部也会存在温度梯度。在干燥过程中，肉块内部的水分扩散速度大于表面水分的蒸发速度或外部水分扩散速度，则恒速干燥阶段可以延长。若内部水分的扩散速度小于表面水分的扩散速度，那么恒速干燥阶段会很短，甚至不存在恒速干燥阶段。

（3）降速干燥阶段。当肉块内部的水分扩散满足不了表面水分保持饱和状态时，干燥速率就会逐渐下降。此时，肉块的温度超过湿球温度并逐渐升高，水分含量进一步降低，但下降的速度逐渐放缓。当肉块表面的蒸汽压逐渐与热空气中的水汽压力相等时，肉块不再失水，达到平衡水分，干燥速率降为零。肉块的温度上升至空气的干球温度，干燥过程结束。

4. 干制工艺的条件选择

肉类干制品的质量在很大程度上取决于所用的干制工艺条件。因此，如何选择干制工艺条件也就成了肉类干制的最重要问题之一。干制工艺条件因干制方法而异，如用空气干燥时主要取决于空气温度、相对湿度、空气流速和肉块的温度等；用真空干燥时则主要取决于干燥温度和真空度等；用冷冻干燥时需要考虑冷冻温度、真空度和蒸发温度等因素对干制效果的影响。

不论使用哪种干燥方法，其工艺条件的选择都应尽可能满足这样的要求：干制时间最短、能量消耗最少、工艺条件最容易控制以及干制品的质量最好。选择干燥工艺条件时，应遵循以下原则：

（1）所选择的工艺条件，应尽可能使食品表面的水分蒸发速度与其内部的水分扩散速度相等，同时避免在食品内部形成与湿度梯度方向相反的温度梯度，以免降低干燥速度，出现表面硬化现象。特别是当肉块的导热性较差和体积较大时，尤其需要注意。此时，应适当降低空气温度和流速，提高空气的相对湿度，这样就能控制肉块表面的水分蒸发速度，降低肉块内部的温度梯度，提高肉块表面的导湿性。

（2）在恒速干燥阶段，由于肉块吸收的热量全部用于水分蒸发，因此肉块内部不会建立起温度梯度。在此阶段，在保证肉块表面水分的蒸发速度不超过内部水分的扩散速度的前提下，应尽可能提高空气温度，以加快干燥过程。由于此时肉块的温度不会超过湿球温度，因而也不会对干制品的质量造成不良影响。在肉干加工过程中，采用各种措施提高肉块的内扩散速度，使恒速干燥阶段得以延长，有着重要的意义。

（3）在降速干燥阶段，由于肉块表面的水分蒸发速度大于内部的水分扩散速度，因此肉块的表面温度将逐渐升高，并达到干球温度。此时，应降低空气温度和流速，以控制食品表面的水分蒸发速度，使肉块的水分含量逐步下降，避免因肉块表面过热，导致品质下降。

（4）在干燥后期，应根据干制品预期的含水量对空气的相对湿度进行调整。如果干制品预期的含水量低于平衡含水量时，就应设法降低空气的相对湿度，否则将达不到预期的干制要求。

（二）干制的常用方法

干制的方法可分为自然干制和人工干制两大类。

自然干制是利用自然条件干制食品，如晒干、风干和阴干等。这类方法不需要特殊的加工设备，不受场地限制，操作简单，成本低廉，但干制的时间和程度受环境条件限制，无法对干制过程进行严格控制，很难用于大规模的生产，只是作为某些产品的辅助工序，如风干香肠的干制。

人工干制是利用特殊的装置调节干制的工艺条件去除食品中水分的方法。人工干制的方法有很多种，不同的方法都有其各自的特性和适应性。在选择干制方法时，应根据待干食品的种类、状态、干制品品质的要求及干制成本综合考虑。

下面介绍常用的人工干制方法：

1. 烘炒干制

烘炒干制属于热传导干制，物料不与载热体直接接触，借助于容器间壁的导热将热量传递给与壁面接触的物料，使物料中的水分蒸发，达到干制的目的。热源可以是蒸汽、热水、燃料、电热等；物料可以在常压下干燥，也可在真空下进行。肉松的干制就采用这种方法。

2. 烘房干制

烘房干制是以热空气作为干燥介质，通过对流方式与物料进行热量与水分的交换，使食品得到干燥。该法一般在常压条件下进行，热空气既是热载体又是湿载体，且干燥室的气温容易控制，物料不会出现过热现象。但是，当热空气离开干燥室时，带有相当多的热量，因此该法热能利用率较低。

（1）箱式干燥法。箱式干燥器是一种外壁绝热、外形像箱子的干燥器，也称为盘式干燥器、烘房，是最古老的干燥器之一。箱式干燥器一般用盘架盛放物料，大多为间歇操作，具有制造和维修方便，使用灵活性大，物料损失小，易装卸，设备投资少的优点。平行箱式干燥器和穿流箱式干燥器是最常见的两种箱式干燥设备，它们的工作过程是：把肉块放在托盘中，再放置于多层框架上，空气加热后在风机的作用下流过肉块，将热量传给肉块的同时带走肉块产生的水蒸气，从而使肉块得到干燥。该法的缺点是物料得不到分散，干燥不均匀，生产效率低，不适合大规模生产。

（2）带式干燥法。带式干燥装置是将待干燥的肉块放在输送带上进行干燥，调节输送带速率进行输送。热空气自下而上或平行吹过肉块，进行湿热交换而使物料干燥。输送带可以是一根环带，也可以布置成上下多层。输送带多采用钢丝网带，也可以是帆布带、橡胶带和钢带，以便干燥介质顺利流通。带式干燥法的优点是生产效率高，干燥速率快，能实现连续生产，特别适合块片状物料的干燥。

（3）隧道式干燥法。隧道式干燥装置是将箱式干燥设备的箱体扩展为长方形通道，其他结构基本不变。其长度可达 10 ~ 15m，可容纳 5 ~ 15 辆装料车，大大增加了物料处理量，降低了生产成本，可连续或半连续生产。隧道式干燥设备容量较大，适应于较大规模的生产，可通过料车在隧道内的停留时间控制干燥处理时间，干燥比较均匀，适应范围较广。

装料车与热空气的相对流动方向决定了隧道式干燥法的干燥特性与干燥效果。按照气流运动与物料的方向，可将隧道式干燥装置分为顺流、逆流和横流干燥三种：①顺流干燥，指料车与热空气的流动方向一致，特点是前期干燥强烈，后期干燥缓慢，制品的最终水分含量较高；②逆流干燥，指料车与热空气的流动方向恰好相反，前期干燥缓慢，后期干燥强烈，制品的最终水分含量较低；③横流干燥，指热空气的流动方向与料车的运动方向垂直，即热空气往复横向穿过料车，也叫错流干燥，其特点是热空气与物料进行热湿交换后，及时加热以保证空气温度，干燥速度快，但设备较为复杂。也可将顺流干燥和逆流干燥两者组合构成混流干燥，一般是先用顺流干燥去除大部分水分，之后采用逆流干燥缓慢干燥至终点。混流干燥兼顾了顺流干燥和逆流干燥的优点，干燥过程均匀一致，传热传质速率稳定，生产效率高，产品质量高。

3. 真空干燥

真空干燥是将肉块放置于低气压条件下进行干燥的方法。由于环境气压降低，水的沸点也随之下降。因此，能在较低的温度下完成干燥，有利于减少热对肉块成分的破坏和物理化学反应的发生，产品品质优良，但成本较高。

在真空干燥过程中，肉块的温度和干燥温度取决于真空度、物料状态及受热程度等。根据真空干燥的连续性分为间歇式真空干燥和连续式真空干燥。干燥肉块主要是间歇式真空干燥。间歇式真空干燥一般采用箱式真空干燥设备。将盛装有肉块的料盘放入密闭的干燥箱中，降低压力（抽真空），真空度一般为 533 ~ 6666Pa，然后加热干燥。真空干燥的品温通常在常温至 70℃以下。真空干燥虽然能够使水分在低温下蒸发干燥，但也会因蒸发造成部分芳香成分的损失以及轻微的热变性现象。

4. 辐射干燥

辐射干燥是以电磁波作为热源使肉块干制脱水的方法。根据电磁波的频率不同，辐射干燥法可分为红外线干燥法和微波干燥两种方法。

（1）红外线干燥法。红外线干燥法是利用物料吸收有一定穿透性的远红外线使自身发热、湿度升高导致水分蒸发而获得干燥的方法。红外线的波长范围介于可见光与微波之间。红外线干燥法的主要特点是干燥速率快，干燥时间仅为热风干燥的 10% ~ 20%；由于食品的表层和内部同时吸收红外线而发热，因此干燥较均匀，干制品的质量较好；设备结构简单，体积小，成本较低；远红外线一般只产生热而不会造成物质的变化，可减少对肉块的破坏作用，应用更为广泛。待干燥的肉块依次通过预热装置、第一干燥室和第二干燥室，不断地吸收红外线而获得干燥。

（2）微波干燥法。用蒸汽、电热、红外线等干制肉制品时，耗能较大，易造成外焦里湿的现象。利用新型的微波技术可以有效地解决以上问题。

第一，微波干燥的原理。微波是一种频率在 300 ~ 3000MHz 的电磁波，目前工业上只有 915MHz 和 2450MHz 两个频率被广泛应用。微波发生器产生电磁波，从而形成电场。肉品中含有大量的带正负电荷的分子（如水、盐、糖等），在电场的作用下，带负电荷的分子向电场的正极方向运动，带正电荷的分子向电场的负极方向运动。由于微波形成的电场呈波浪形变化，使分子随着电场方向的变化而产生不同方向的运动。分子间经常发生阻碍、摩擦而产生热量，使肉块得以干燥，而且这种效应会在肉块的内外同时产生，无需热传导、辐射或对流，使肉块在短时间内即可达到干燥的目的。

第二，微波干燥的特点。微波干燥的优点是干燥速度快，食品加热均匀，产品品质高；具有自动的热平衡特性；热效率高，容易调节和控制，自动化程度高。缺点是耗电量大，干燥成本较高，生产上一般采用热风干燥和微波干燥相结合的方式降低生产成本。

5. 冷冻干燥

冷冻干燥是指将肉品冻结后，在真空状态下使肉块中的水分升华而进行干燥的方法。这种干燥方法对肉品的色泽、风味、香气和形状等几乎无任何不良影响，是现代最理想的干燥方法。

具体方法：将肉块迅速冷冻至 −40 ~ −30℃，然后放置于真空度为 13 ~ 133Pa 的干燥室中，冰发生升华而干燥。冰的升华速率，受干燥室的真空度及升华所需要的热量影响。另外，肉块的大小、薄厚也会影响干燥速率。

6. 油炸干燥

油炸作为食品熟制和干制的一种加工方法由来已久，是最古老的烹调方法之一。油炸可以杀灭食品中的细菌，延长食品保存期，改善食品风味，增强食品中营养成分的消化吸收性。

（1）油炸干燥的原理。将肉块置于热油中，食品表面温度迅速升高，水分汽化，当肉块表层出现硬化干燥层后，水分汽化层便向内部迁移。传热的速率取决于油温与肉块内部间的温度差以及肉块的导热系数。水分的迁出通过油膜界面，油膜界面层的厚度与油的黏度和流动速度有关，它控制着传热和传质的进行。与热空气干燥相似，脱水的推动力是肉块内部水分的蒸汽压差。

（2）油炸干燥的方法。油炸的方法主要有浅层油炸和深层油炸，也有纯油油炸和水油混合式油炸。浅层油炸适合于表面积大的肉制品，如肉片等。深层油炸是常见的油炸方式，它适合于不同形状的食品的加工。

（三）干制的影响因素

1. 肉块的比表面积

肉块的比表面积是指单位质量肉块所具有的总表面积，单位可用 m^2/kg 表示。肉块的比表面积对肉块的干制速度有一定的影响。肉块水分的蒸发量与肉块的比表面积成正比。肉块的比表面积越大，其传热与传湿的速度也随之增加。因此，在工艺条件允许的情况下，为提高干制效率，肉块一般被分割成薄片或小块后再进行脱水干制。肉块分割成薄片或小块后，缩短了热量向肉块中心传递和水分从肉块中心外移的距离，增加了肉块与加热介质的接触面积，从而加速了水分蒸发和肉块的脱水干制速度。肉块的比表面积越大，干制速度越快，干制效果越好。

2. 肉块的组成与结构

肉块的结构、化学组成、溶质浓度、肉块中的水分存在状态等都会影响物料在干制过程中的湿热传递，影响干制速率和产品质量。

（1）肥膘位置及其含量。肉块中肥膘的位置及其含量，对热量的传递及水分的扩散和蒸发会产生很大的影响。例如，肥瘦组成不同的肉块在同样的干制条件下具有不同的干制速率，特别是水分的迁移需要通过脂肪层时，对速率的影响更大。因此，干制肉块时，肉层与热源应相对平行，避免水分透过脂肪层，就可获得较快的干制速率。

（2）溶质浓度。肉块中溶质如蛋白质、碳水化合物、盐、糖等与水相互作用，结合力大，水分活度低，抑制水分子迁移，干燥慢；尤其在高浓度溶质（低水分含量）时还会增加食品的黏度；溶质的存在提高了水的沸点，影响了水的汽化。因此，肉块溶质浓度越高，维持水分的能力就越强，相同条件下干燥速率下降。

（3）水分存在状态。不同结合形式的水分具有不同的结合力度，去除的难易程度也不一样。与肉块结合力较低的自由水最易去除，以不易流动水吸附在肉块固形物中的水分相对较难去除，最难去除的是由化学键形成结合水。

3. 空气相对湿度

在一定的总压下，湿空气中水蒸气分压与同温度下纯水的饱和蒸汽压之比，称为相对湿度。空气的相对湿度也是影响湿热传递的因素。在干制肉块时，如果用空气作为干制介质，空气的相对湿度越低，则肉块的干制速度也越快。近于饱和的湿空气进一步吸收蒸发水分的能力远比干制空气差。

4. 空气温度

在肉品干制过程中，从湿物料中除去水分通常采用热空气作为干燥介质。供给的热空气都是干空气（即绝对干空气）与水蒸气的混合物，常称为湿空气。湿空气的温度可用干球温度和湿球温度表示。用普通温度计测得的湿空气的实际温度即为干球温度。在普通温度计的感温部位包以湿纱布，湿纱布的一部分浸入水中，使它保持湿润状态，就构成了湿球温度计，将湿球温度计置于一定温度和湿度的湿空气流中，达到平衡或稳定时的温度称为该空气的湿球温度。

热空气与物料间的温差越大，热量向食品传递的速度也就越快，物料中水分外逸的速率因而增加。同时，空气温度越高，它在饱和前能容纳的蒸汽量也越多，即携湿能力强，有利于干燥。值得注意的是，空气温度的变化将使空气的相对湿度也随之改变，从而改变其相应的平衡湿度和平衡水分，因而影响肉块最终的水分含量，这在干燥工艺的控制中十分重要。

5. 空气流速

加快空气流速，能及时带走聚集在肉块表面的饱和湿空气，提高水分蒸发速度。同时，由于与肉块表面接触的热空气量增加，有利于传热，也可以加快肉块内部水分的蒸发速度。因此，空气流速越快，肉块的干制时间越短。

6. 大气压力和真空度

在 1.01×10^5Pa（1atm）条件下，水的沸点为100℃。如果大气压降低，水的沸点也随之下降。因此，在相同的加热条件下，大气压越低，水分的蒸发速度越快，这就是真空干燥的主要依据。在一定的真空度下，肉品可以在较低的温度下干燥，从而保持肉品的更多营养价值。

二、肉干的加工与生产工艺

肉干是指用猪肉、牛肉等肉类为原料，经修割、预煮、切丁（片、条）、调味、复煮、收汤、烘烤而成的肉制品。肉干制品水分含量低，保质期长；体积小、质量轻，便于运输和携带；与等质量的鲜肉相比，肉干具有更高的营养价值。此外，传统的肉干制品卤汁紧裹、入口鲜香、肉香浓郁、瘦不塞牙，是深受大众喜爱的休闲方便食品，在全国各地均有生产。

肉干的加工方法虽然大致相同，但由于采用的原、辅料不同，干制工艺等差别、各有不同的风味。在实际生产中，通常根据原料、风味特点、产品形状和产地等将肉干进行分类。根据原料不同，分为牛肉干、猪肉干、羊肉干、鸡肉干、鱼肉干等；根据风味特点不同，分为五香肉干、麻辣肉干、咖喱肉干、果汁肉干、蚝油肉干等；根据产地不同，有靖江牛肉干、上海猪肉干、四川麻辣牛肉干、武汉猪肉干、天津五香猪肉干、哈尔滨五香牛肉干等。

（一）肉干的传统加工技术

1. 产品配方

（1）麻辣肉干配方（四川麻辣猪肉干）。鲜肉 100kg、菜籽油 5kg、酱油 4kg、精盐 3.5kg、白糖 2kg、海椒粉 1.5kg、花椒粉 0.8kg、老姜 0.5kg、白酒 0.5kg、胡椒粉 0.2kg、味精 0.1kg。

（2）五香肉干配方（新疆马肉干）。鲜肉 100kg、酱油 4.75kg、白糖 4.5kg、食盐 2.85kg、黄酒 0.75kg、陈皮 0.75kg、姜 0.5kg、桂皮 0.3kg、八角 0.2kg、花椒 0.15kg、甘草 0.1kg、丁香 0.05kg。

（3）咖喱肉干配方（上海咖喱牛肉干）。鲜牛肉 100kg、白糖 12kg、酱油 3.1kg、精盐 3kg、白酒 2kg、咖喱粉 0.5kg。

2. 工艺流程

原料肉选择→预处理→预煮→切坯→复煮、收汁→干制→冷却、包装→成品。

3. 操作要点

（1）原料肉选择。传统肉干大多选用新鲜、经检疫合格的健康猪肉或牛肉为原料，一般以前、后腿瘦肉为最佳。现代肉干加工的原料还有鱼肉、羊肉、兔肉、鸡肉等。无论以哪种原料肉进行加工都必须符合相应的食品卫生标准。

（2）预处理。将原料肉剔骨，去皮、筋腱、脂肪、血管等不宜加工的部分。然后顺着肌纤维方向将肉切成 500g 左右的肉块，用清水浸泡 0.5 ~ 1h 以除去肉中的血水和污物，再用清水漂洗干净，沥干备用。

（3）预煮。预煮也称清煮，就是用清水煮制肉块，目的是通过煮制进一步挤出肉中的血水，使肉块变硬以便切坯。预煮时以水浸过肉面为原则，一般不加任何辅料，但对于质量稍次或有特殊气味的原料（如羊肉有膻味），可加原料肉质量 1% ~ 2% 的鲜姜或其他香辛料以除去异味。煮肉的方法有两种：一是将肉放入蒸煮锅后，加清水以淹没全部肉块为度，烧煮至沸腾；二是将清水煮沸后再投入肉块，原料肉入沸水锅，能使产品表面的蛋白质立即凝固，形成保护层，减少营养成分的损失。

预煮时间与肉的嫩度及肉块大小有关，以肉块切面呈粉红色、无血水为宜，一般为 1h 左右。切不可煮制时间过长，否则会使肉块失水过多，收缩紧密，造成后续汤料不易被肉块吸收而影响入味，降低出品率。在预煮过程中，应及时撇去肉汤中的污物和油沫。肉煮好后及时捞出冷凉，汤汁过滤待用。

（4）切坯。肉块冷凉后，根据需要人工或在切坯机中切成片状、条状或丁状。一般肉片、肉条以长 3 ~ 5cm、厚 0.3 ~ 0.5cm 为宜，肉丁大小控制在 $1cm^3$ 左右。无论什么形状，都要求规格尽可能均匀，厚薄一致，这对于保证干制的一致性至关重要。

（5）复煮、收汁。复煮的目的是使肉品进一步熟化和入味。具体操作是：取肉坯质量 20% ~ 40% 的过滤预煮肉汤入锅，按照配方称好配料，将复煮汤料配方中白糖、食盐、酱油等可溶性辅料直接加入，不溶解的辅料（如香辛料）经适度破碎后，装入纱布袋加入锅内大火熬煮，待汤汁变稠后，将肉坯倒人锅内，大火煮制 30min 左右，再用小火煨 1 ~ 2h，并轻轻翻动，防止黏锅，待汤汁完全干后出锅。

（6）干制。肉干干制的方法主要有三种：烘干法、炒干法和油炸法。

第一，烘干法。将复煮沥干后的肉坯平铺在竹筛或不锈钢筛网上，放入烘箱或烘房烘烤。烘烤温度控制在 50 ~ 60℃，烘烤 4 ~ 8h。烘烤开始 1 ~ 2h 内，每 20 ~ 30min 翻动一次肉坯，之后每隔 1 ~ 2h 调换一次网盘的位置，并翻动一次肉坯。烘至肉坯发硬变干，含水量在 18% 左右即可结束烘干。烘干法的关键要素在于控制适宜的温度，温度过低使干制时间延长，降低生产效率；温度过高则易导致肉坯表面焦化，内部水分难以去除，降低产品质量。此外，勤翻肉坯也是保证干制均匀的重要因素。

第二，炒干法。肉坯收汁结束后，在原锅中文火加温，用锅铲不停地贴锅翻炒，炒到肉坯表面微微出现绒毛蓬飞时，即可出锅，冷却后即为成品。炒干法劳动强度大、生产效率低，容易造成肉坯破碎，产生过多碎屑，不适合大规模的工业化生产。

第三，油炸法。用此法干制肉品时，其处理步骤与烘干法和炒干法有很大差异。其加工过程是：先将肉切坯，用 2/3 的辅料（其中料酒、白糖、味精后放）与肉坯拌匀，腌渍 10 ~ 20min 后，投入已加热到 135 ~ 150℃的植物油（如菜籽油）中炸制，至肉坯表面成微黄色时捞出，滤净余油，再将料酒、白糖、味精和剩余的 1/3 的辅料加入，拌匀即可。油炸过程同时完成了肉坯的熟化和脱水干制。产品具有独特的色泽和油炸风味，在某些特定的肉干产品（如一种四川麻辣牛肉干）的制作中使用广泛。油炸的关键要素是掌握好油炸温度和时间。在某些肉干产品加工中，也有先烘干再用油炸的，此时油炸的主要目的是使肉干酥化，所以炸制时间往往很短。我国内蒙古地区在制作一些肉干时常采用此方法。

（7）冷却、包装。肉干干制后应及时冷却。冷却宜在清洁室内摊晾、以自然冷却较为常用，必要时可采用机械排风。肉干冷却至室温后进行包装，然后贮存在常温或 0 ~ 5℃冷库中。要求成品库清洁、卫生、通风、干燥，不得兼贮有毒、有害、有气味的其他物品，并防止阳光直接照射。可采用袋装、真空包装、拉伸包装、糖果包装等形式。

（二）肉干的新型加工技术

1. 新型腌制工艺

随着人民生活水平的提高和肉类加工产业的发展，消费者要求肉干制品向着组织较软、颜色淡、低甜度方向发展。因此，需要对传统的中式肉干加工工艺进行改进，生产出质轻、方便和富于地方风味的传统干制品，是传统加工工艺的重大突破。

（1）产品配方。原料肉 100kg、五香浸出液 9kg、食盐 3kg、蔗糖 2kg、酱油 2kg、黄酒 1.5kg、姜汁 1kg、味精 0.2kg、异抗坏血酸钠 0.05kg、亚硝酸钠 0.01kg。

（2）工艺流程。原料肉修整→切块→腌制→熟化→切条→脱水→包装。

（3）操作要点。选用新鲜、健康的检疫合格的牛肉、猪肉、羊肉或其他畜禽肉，剔除脂肪和结缔组织后，切成 $4cm^3$ 左右的小块，按配方要求加入辅料，在 4 ~ 8℃条件下腌制 48 ~ 56h，然后在 100℃蒸汽条件下加热 40 ~ 60min，至中心温度达到 80 ~ 85℃，冷却至室温后切成厚度约为 3cm 的肉条，然后将其置于 85 ~ 95℃烘箱中脱水至肉表面成褐色，含水量低于 30%，成品的 A_w 低于 0.79（通常为 0.74 ~ 0.76）。最后进行真空包装，即为成品。

2. 肉糜干加工技术

肉糜干采用猪肉、牛肉等经绞碎，添加淀粉等辅料后干制而成。由于肉糜干产品中含有淀粉等辅料，吃上去肉感较差，质量不如肉干好，价格相对肉干便宜。产品配料中如含有淀粉或是面粉，则产品为肉糜干，也可从产品的外观形态上判断，肉干产品表面有明显的肌肉纹路，肉糜干表面较光滑。

（1）工艺流程。原料肉修整→切块→斩拌→腌制→烘烤→包装。

（2）操作要点。原料可用牛、猪、禽等，原料肉经过剔骨、去净肥膘、皮、粗大的结缔组织，再切成小方块。将小肉块倒入斩拌机内进行斩碎、乳化，使肌肉细胞被破坏释放出最多的蛋白质，达到最好的黏结性，同时与加入的辅料混合，斩拌成非常黏的糊状为止。在斩拌过程中，需要加入适量的冰水：一方面，可以降低肉馅的黏度，增加肉馅的黏着性；另一方面，可以降低肉馅的温度，防止肉馅由于高温而发生变质。

斩拌结束后，将肉糜倒入烘烤盘内，要求厚度为1 ~ 2cm，送入烘房烘烤。烘烤分两个阶段：第一次烘烤时，烘房温度为65℃，时间为5 ~ 6h，取出自然冷却；第二次烘烤温度为200 ~ 250℃，时间约为30min，至肉块收缩出油，呈棕红色为止。将肉块切成1cm × 1cm的方块。最后进行真空包装或糖果包装，即为成品。

（三）著名肉干的生产工艺

1. 四川麻辣牛肉干

麻辣牛肉干是四川省驰名中外的特产。产品麻辣香脆，绵软适口，清香四溢，深受消费者的喜爱，是居家旅游的佳品。

（1）工艺流程。原料选择与处理→预煮→切坯→复煮→干制→包装→成品。

（2）产品配方。牛肉100kg、菜籽油8kg、精盐3kg、豆油2kg、辣椒粉2kg、白糖2kg、曲酒1kg、麻油1kg、芝麻0.5kg、大葱0.5kg、生姜0.3kg、花椒粉0.3kg、胡椒0.1kg、味精0.1kg、五香粉0.1kg、硝酸钠0.05kg、八角0.03kg、小茴香0.03kg。

（3）操作要点。

第一，原料选择与处理。选择新鲜的符合国家卫生标准的牛前、后腿瘦肉，以黄牛肉为最佳。剔去牛肉的骨、皮、筋膜、脂肪等非肌肉部分，切成0.5kg的条块，然后放入清水中浸泡1h，去除血水和污物，漂洗干净后沥干待用。

第二，预煮。将肉块放入锅内，加清水使肉块完全浸没在水中，大火煮制20 ~ 40min至肉块变红、发硬，捞起沥水，原汤待用。煮制过程中要随时撇去肉汤表面的油沫。

第三，切坯。待肉块冷凉后，按片、条、块、丁等规格切成牛肉坯，大小尽量均匀一致。

第四，复煮。取适量的预煮汤加入锅中，加入葱、姜等调味料，香辛料经适当破碎装入纱布袋放于锅内，大火熬煮至汤稍稠，投入切好的牛肉坯，大火煮沸后改用小火煨煮。待汤汁快干时用文火收汤，直到汁干液净。煮制期间要不停地翻动肉坯，特别是汤汁快干时，翻动要勤，以防止黏锅或焦化。

第五，干制。根据实际情况选择合适的干制方法。常见的干制方法有三种：①原锅炒干，在煮肉锅中用锅铲不停地贴锅翻铲肉坯，待肉坯表面微微出现绒毛蓬飞时，炒制完成，冷透后即为成品；②烘箱干制，待锅内汤汁收尽后，将肉条捞起摊入烘盘，放入 60 ~ 80℃干燥箱烘干 6 ~ 8h，烘干时要求翻盘 2 ~ 3 次，待肉坯干爽质硬时即可出炉；③油炸干制，将整理好的原料肉切条后加入 2/3 的辅料（白酒、白糖、味精后放），拌匀腌制 10 ~ 20min，然后放入油温为 135 ~ 150℃的植物油中炸制。如果油温高，火力猛，应倒入较多湿坯；反之倒入少量湿坯。否则，油温过高易造成肉干有焦糊味，过低则脱水不彻底，影响产品色泽。此外，应掌握好肉条油炸脱水的时间。待肉条炸至颜色变黄时捞起，滤去残油，加入白糖、酒、味精和剩余的 1/3 辅料，拌和均匀即为成品。油炸脱水的产品外酥内韧，油香浓郁，但肉色较暗，质地坚硬。

第六，包装。肉干制品的包装多采用塑料袋和马口铁罐包装。要求包装材料具有良好的阻隔性能，能防止氧气和水蒸气的进入，同时具有优良的化学稳定性和加工适应性。肉干的贮藏条件以凉爽干燥、清洁卫生为宜。

（4）肉干的出品率。肉干的出品率是指单位重量的动物性原料（如禽、畜的肉等，不包括淀粉、蛋白粉、香辛料、冰水等辅料），制成的最终成品的质量与原料质量的比值。肉干的出品率因脱水方法不同而分别进行控制。一般采用烘烤脱水的肉干，出品率为 30% ~ 35%；原锅脱水的约为 32%；油炸脱水的为 38% ~ 40%。

2. 大豆蛋白牛肉干

大豆蛋白是优质的植物蛋白，其营养构成符合当代人们的饮食消费需求。大豆蛋白具有良好的乳化性、凝胶性和保水性等特点，添加到肉干产品中能改善产品的组织结构，赋予产品良好的成型效果，具有独特的风味特点。

（1）工艺流程。大豆→浸泡、磨浆→混合（牛肉→绞碎）→加料、腌制→成型、切坯→干燥→包装→成品。

（2）操作要点。

第一，原料预处理。选择新鲜的牛前、后腿精肉作为原料，剔除骨、皮、脂肪、筋膜等，将牛肉切成小块，用清水浸泡 30min 后，去除血污并洗净，然后用绞肉机绞成肉馅。大豆洗净后浸泡 3h 左右，浸泡时间以使大豆最终的含水量在 50% 而定。将泡好的大豆用磨浆机磨成豆糊，然后在常压 100℃的条件下将豆糊蒸煮 1 ~ 2min，蒸煮的目的是除去豆腥味。

第二，混合及腌制。产品配方（按 100kg 牛肉计）：大豆糊 40kg、白砂糖 6kg、精盐 3.5kg、牛肉精粉 0.3 ~ 0.5kg、酱油 2kg、黄酒 1kg、五香粉 0.5kg、咖喱粉 0.5kg、味精 0.4kg、洋葱粉 0.25kg、姜粉 0.2kg、辣椒粉 0.2kg、白胡椒粉 0.1kg、蛋清粉 0.1kg。将牛肉馅、豆糊、各种调味料和香辛料产品按配方准确称量，添加到搅拌机中充分搅拌均匀，倒入腌制缸腌制 2h 左右，使混合料充分入味。产品配方中添加蛋清粉的目的是使制品具有良好的黏结性，如果没有蛋清粉，也可用其他黏结剂替代蛋清粉。

第三，成型、切坯。将腌制好的牛肉馅注入方形模具中，挤压严密，以防肉馅中间出现较大的空隙。接着将牛肉馅送入冷库，冷冻至 −10 ~ −5℃成型。成型完成后取出脱模，再切成 $1cm^3$ 左右的肉粒。

第四，干燥。大豆蛋白牛肉干的干燥采用二步干燥法。即将肉粒放入烘盘中，先用 35 ~ 45℃烘烤 3h，然后再升温至 60 ~ 80℃，继续烘烤 3 ~ 4h。干燥初期由于肉粒较为湿软，不宜翻动，利用低温使肉粒中的水分逐渐排除，形状固定且发生较为均匀的收缩，保持肉粒的外形不受损。待肉粒稍硬后，翻动肉粒 3 ~ 4 次，以便干燥均匀，产品的最终水分含量控制在 10% ~ 15% 即可。

第五，包装。烘干后的产品应及时冷却，再按要求包装即为成品。

第二节　肉松的加工技术与生产工艺

“肉松是一种用搓丝工艺，将肉禽肌肉纤维脱水制成的一种熟食干制品，是大众喜爱的一类加工食品。”[①] 肉松以精瘦肉为原料，经煮制、撇油、调味、收汤、炒松、干燥等工艺或加入植物油或谷物粉炒制而成的肌肉纤维蓬松成絮状或团粒状的干熟肉制品。

① 李龄佳，郑雪君．新型肉松加工工艺的研究 [J]. 科学与财富，2016，8（2）：529.

一、肉松的分类及加工技术

（一）肉松的类型划分

依据分类标准不同，肉松可以分为不同的种类，具体如下：

第一，根据原料不同分类，有猪肉松、牛肉松、鸡肉松和羊肉松等。

第二，根据成品形态不同分类，可分为肉绒和油松两类。肉松习惯上称为肉绒，肉绒呈金黄色或淡黄色，细软蓬松如棉絮；油松色泽红润，呈团粒状。

第三，根据产地不同分类。我国著名的传统肉松产品有太仓肉松和福建肉松等。

第四，根据加工工艺不同分类。我国肉松按照其加工工艺及产品形态的差异可分为肉松、油酥肉松和肉粉松三类：①肉松，指以禽、畜瘦肉为主要原料，经过煮制、切块、撇油、配料、收汤、炒松、搓松制成的肌肉纤维蓬松成絮状的肉制品；②油酥肉松，指以禽、畜瘦肉为主要原料，经煮制、切丁、撇油、压松、配料、收汤、炒松再加入食用油脂炒制成颗粒状或短纤维的肉制品；③肉粉松，指以禽、畜瘦肉为主要原料，经煮制、切丁、撇油、压松、配料、收汤、炒松再加入食用油脂和适量豆粉炒制成的絮状或颗粒状的肉制品。

（二）肉松的加工技术

1. 传统肉松

（1）产品配方。根据原料肉的种类和产地不同，配料的成分和比例也有所差异。现举例如下：

第一，猪肉松配方。猪瘦肉 100kg、酱油 22kg、黄酒 4kg、糖 3kg、姜 1kg、八角 0.12kg。

第二，牛肉松配方。牛肉 100kg、食盐 2.5kg、白糖 2.5kg、葱末 2kg、八角 1kg、黄酒 1kg、味精 0.2kg、姜末 0.12kg、丁香 0.1kg。

第三，鸡肉松配方。带骨鸡 100kg、酱油 8.5kg、白砂糖 3kg、精盐 1.5kg、50° 高粱酒 0.5kg、生姜 0.25kg、味精 0.15kg。

（2）工艺流程。原料的选择与整理→配料→煮制→炒压→炒松→搓松→跳松→拣松→包装→成品。

（3）操作要点。

第一，原料的选择与整理。传统的肉松是由猪瘦肉加工而成的。首先去除原料肉中的皮、筋膜、脂肪、损伤肉和血斑等，只留下肌肉组织。一定要彻底剔除结缔组织，否则在加热过程中胶原蛋白水解后，会导致成品黏结成团块，不能呈现良好的蓬松状。然后将修整好的原料肉切成 1 ～ 1.5kg 的肉块。切块时尽可能避免切断肌纤维，以免造成成品中短绒过多。

第二，煮制。用纱布包好香辛料后和肉一起入夹层锅，加与肉等量的水，用常压蒸汽加热煮制，煮沸后撇去上层油沫。煮制结束后起锅前务必将残渣和浮油撇净，这对保证产品的质量至关重要。若不除净浮油，肉松不易炒干，炒松时易焦锅，成品颜色发黑。煮制时间和加水量应根据肉质的老嫩决定。肉不能煮得过烂，否则成品的绒丝短碎。以筷子稍用力夹肉块时，肌肉纤维能分散为宜。煮肉时间一般为 2 ～ 3h。

第三，炒压。炒压又称打坯。肉块煮烂后，改用中火煨炖，加入酱油和酒，一边炒一边压碎肉块。然后加入白糖和味精，减小火力以收干肉汤，并用小火炒压肉丝直到肌纤维松散时即可进行炒松。

第四，炒松。由于肉松中的糖分较多，容易塌底起焦，要注意掌握炒松时的火力。炒松的方法有人工炒松和机械炒松两种。在实际生产中，可以采用人工炒松和机械炒松相结合的方式。当汤汁全部收干后，用小火炒至肉略干，再转入炒松机内继续炒至水分含量低于 20%，颜色由灰棕色变为金黄色，具有特殊的香味时即可结束炒松。在炒松过程中，如有塌底起焦的现象应及时起锅，清洗锅巴后方可继续炒松。

第五，搓松。为了使炒好的肉松更加蓬松，可利用滚筒式搓松机搓松，使肌纤维成绒丝松软状。在传统加工中，则使用人工搓松的方法。

第六，跳松。利用机器跳动可使肉松从跳松机上跳出，而肉粒则从下面落出，使肉松与肉粒分开。

第七，拣松。跳松后送入包装车间的木架上晾松，待肉松凉透后便可拣松。将肉松中的焦块、肉块和粉粒等拣出，提高成品质量。

第八，包装。传统肉松在包装前需要经过大约两天的晾松时间。在晾松过程中，易增加二次污染的机会，且肉松的含水量会提高 3% 左右。肉松的吸水性很强，不宜散装。短期贮藏可选用复合膜包装，贮藏时间为 3 个月左右；长期贮藏则多选用玻璃瓶或马口铁罐，可贮藏 6 个月左右。

2. 油酥肉松

（1）工艺流程。原料选择与预处理→煮制→炒松→油酥→包装与贮藏→成品。

（2）操作要点。

第一，原料选择与预处理。与肉松相同，传统的油酥肉松原料要求新鲜，以猪后腿瘦肉为宜。肉块清洗、修割后，切成 0.5 ～ 1kg 的肉块。

第二，煮制。按照配方称取调味料，香辛料适当破碎后用纱布包裹。锅内加入与肉等量的水，投入香料包，将水烧开后放入肉块，保持沸腾将肉煮烂，撇尽浮油。最后加入食盐、酱油、白糖、料酒等混匀。

第三，炒松。待汤汁剩余不多时，边加热边用铁勺压散肉块翻炒，炒至汤汁快干时，改用小火炒成半成品。

第四，油酥。用小火将半成品炒至 80% 的肉纤维成酥脆粉状时，用筛除去小颗粒，按比例加入熔化猪油，用铁铲翻拌使其结成球形颗粒，即为成品。猪油的添加量随季节而异，通常为肉松质量的40% ~ 60%，冬季稍多，夏季酌减。成品率一般为 32% ～ 35%。

第五，包装与贮藏。油酥肉松用塑料袋包装可贮存 3 ～ 6 个月，普通罐装可贮存半年，真空铁罐装可贮存 1 年。贮藏时间过长，产品易发生变质，产生哈喇味。

3. 肉粉松

肉粉松的加工工艺与油酥肉松基本相同，二者的主要区别是肉粉松中添加了较多的谷物粉（不超过成品质量的 20%）。在肉粉松的加工过程中，通常先将谷物粉用一定量的食用动物油或植物油炒好后再与炒好的肉松半成品混合炒制而成。有时也将煮熟的肉绞碎后，再与炒制好的谷物粉混合炒制而成。

二、著名肉松的生产工艺

（一）太仓肉松

太仓肉松创始于江苏省太仓县，距今已有一百多年的历史，是江苏省的著名产品。太仓肉松 1915 年在巴拿马展览会上获奖，1984 年又获得我国部级优质产品称号。太仓也被认为是中国肉松的发源地。

1. 产品配方

配料煮制太仓肉松的配方种类很多，现列举以下三种：

（1）猪瘦肉100kg、酱油3.5kg、食盐3kg、黄酒2kg、白糖2kg、鲜姜1kg、八角0.5kg、味精0.2 ~ 0.4kg。

（2）猪瘦肉100kg、白糖11.1kg、酱油7kg、食盐1.67kg、50° 白酒1kg、八角0.38kg、生姜0.28kg、味精0.17kg。

（3）猪瘦肉100kg、有色酱油2.5kg、白糖或冰糖2.5kg、黄酒1.5kg、生姜1.5kg、小茴香0.12kg。

2. 工艺流程

原料肉选择和预处理→配料煮制→炒松→搓松→包装→成品。

3. 操作要点

（1）原料肉选择和预处理。选用检验合格的新鲜猪后腿瘦肉为原料，先剔去皮、骨、脂肪、筋膜和结缔组织等，再顺着肌肉纹络切成0.5kg左右的肉块。用冷水浸泡30 ~ 60min后，洗去淤血和污物，清洗后沥干水分。

按配方称取配料，将切好的瘦肉块和生姜、香料（用纱布包扎成香料包）放入锅中，加入与肉等质量的水（水浸过肉面），大火煮制，汤汁减少需要及时加水补充。煮制期间要不断翻动，使肉受热均匀，并撇去上浮的油沫。油沫的主要成分是肉中渗出的油脂，必须撇除干净，否则肉松不易炒干，容易焦锅，成品颜色发黑。煮制2h左右时，放入料酒，继续煮到肉块自行散开时，加入白糖，并用锅铲轻轻搅拌。煮制30min后，加入酱油和味精，继续煮到汤料快干时，改用中等火力，用锅铲一边压散肉块，一边翻炒，防止焦块。经过几次翻动后，肌肉纤维完全松散，即可炒松。煮制时间共需4h左右。

（2）炒松。取出香辛料包，采用中火，勤炒勤翻。炒压操作的关键是轻且均匀，注意掌握时间。因为过早的炒压难以将肉块炒散；炒压过迟则因肉太烂而容易造成黏锅、焦糊等问题。当肉块全部炒至松散时，改用小火翻炒。直至炒干时，肉松具有特殊香味，颜色由灰棕色变为金黄色时可结束炒松。肉松产品的含水量为20%左右。

（3）搓松。为使肉松更加蓬松，可用滚筒式搓松机将肌纤维搓开，再用振动筛将长短不齐的纤维分开，使产品规格一致。

（4）包装。肉松含水量低，吸水性很强，短期贮藏可用塑料袋真空包装，长期贮藏可用玻璃瓶或马口铁罐装，贮藏于阴凉干燥处。

（二）福建肉松

福建肉松是福建省的著名产品，创始者是福州人。福建肉松历史悠久，据传在清朝已有生产。福建肉松特色鲜明，是我国传统肉松的典型代表之一，其加工工艺与太仓肉松基本相同，只是在配料上有所区别。另外，加工工艺上增加了油炒工序，将肉松制成颗粒状，属于油酥肉松，产品因含油量高，容易氧化而不耐贮藏。

1. 产品配方

猪瘦肉 100kg、猪油 15kg、白糖 10kg、面粉 8kg、白酱油 6kg、黄酒 2kg、生姜 1kg、大葱 1kg、桂皮 0.2kg、味精 0.15kg、红曲米适量。

2. 工艺流程

原料肉选择与预处理→配料煮制→炒松→油酥→包装→成品。

3. 操作要点

（1）原料肉选择与预处理。挑选新鲜的经检疫合格的猪前、后腿精瘦肉为原料，剔除皮、骨、肥膘、淋巴和结缔组织等，用水清洗干净，顺着肌纤维方向切成 0.1kg 左右的肉块，再用清水洗净，沥干备用。

（2）配料煮制。将洗净的肉块投入锅内，放入桂皮、生姜、大葱等香料，加入清水大火煮制（水浸过肉面），不断翻动，随时舀出肉汤表面的浮油和泡沫。当煮至用铁铲稍压即可使肉块纤维散开时，加入白糖、白酱油和红曲米等调料。根据肉块的大小和肉质情况调整煮制时间，一般需要煮 4 ~ 6h。待锅内肉汤收干后出锅，肉块用其他容器盛装晾透。

（3）炒松。晾透的肉块放在锅内小火慢炒，不停翻动，让水分慢慢蒸发，防止焦糊。炒到肉纤维不成团时，再改用小火烘烤，进一步去除肉块中的水分，即成肉松坯。

（4）油酥。肉松坯中加入黄酒、味精和面粉等辅料，搅拌均匀后，放到小锅中用小火烘焙，不断翻动，待大部分肉松坯都成为酥脆的粒状时，过筛将小颗粒筛出，将剩下的大颗粒肉松坯倒入 200℃左右的猪油中，不断搅拌，使肉松坯与猪油均匀结成球形圆粒，即为成品。熟猪油的加入量一般为肉松坯质量的 40% ~ 60%，夏季少些，冬季可多些。

（5）包装。福建肉松脂肪含量高，贮藏期间容易因脂肪氧化而变质，因而保质期较短。采用真空包装或充气（氮气）包装能有效延长肉松的保质期。

（三）牛肉松

1. 产品配方

牛肉 100kg、食盐 2.5kg、白糖 2.5kg、葱末 2kg、黄酒 1kg、八角 1kg、味精 0.2kg、姜末 0.12kg、丁香 0.1kg。

2. 工艺流程

原料肉的选择和修整→配料煮制→炒制→烘制→预冷→包装→成品。

3. 操作要点

（1）原料肉的选择和修整。选用新鲜、检验合格的牛后腿肉为原料。若为冷冻牛肉，在水中解冻后应具有光泽，呈现出均匀的红色或深红色，肉质结实、紧密，无异味或臭味。剔去原料肉中的皮、骨和肥膘等不可用部分，然后依据肉的纹理将肉块切成 0.5kg 左右的小块，保证块型一致，即同一锅内煮制的肉块大小应保证基本一致。

（2）配料煮制。将切好的肉块和香料袋（生姜、八角等）加入锅中，加水使肉块全部浸没，大火加热，使水沸腾。煮制过程中要经常翻动肉块，除去表面浮油。煮制 2h 左右时加入黄酒，煮至肉块成熟，中心无血水，肉内部纤维松散开来为止。煮制时间一般需要 3 ～ 4h。

（3）炒制。将煮制好的肉块放到锅中翻炒，翻炒时依次加入白糖、酱油和味精等调味料。炒制的目的一是使料液完全溶解，肉丝充分吸收料液，不结团、无结块、无焦板、无焦味、无汤汁流出；二是减少肉中的水分，使肉坯变色。炒制 45min 后，半成品肉松中的水分减少，捏在手掌里没有汤汁流下来，就可以起锅。

（4）烘制。半成品肉松纤维较嫩，为了不使其破坏，第一次要用文火烘制，烘松机内的肉松中心温度以 55℃为宜，烘制 4min 左右。然后将肉松倒出，清除机内锅巴后，再将肉松倒回烘松机进行第二次烘制，烘制 15min 即可。分次烘制的目的是减少成品中的锅巴和焦味，提高成品品质。烘制过程应确保产品无结块、无结团、无异物，且每锅产品的含水量应基本一致。经过烘制后的半成品肉松干燥、蓬松而轻柔，产品的水分含量不超过 10%。

（5）预冷。将烘制好的肉松倒在不锈钢匾上，每隔 10min 翻动肉松散热一次，并拣出异物。预冷间的温度控制在 5 ～ 10℃，空气相对湿度为 50% 以下。

（6）包装。冷却后的肉松应在30min内及时包装，以保证其松脆，防止产品吸水回潮。及时包装即。

第三节　肉脯的加工技术与生产工艺

我国加工肉脯已经有多年的历史。肉脯是指瘦肉经切片（或绞碎）、调味、摊筛、烘干、烤制等工艺制作而成的干熟薄片型的肉制品。肉脯是一种制作考究，美味可口，贮藏期长，便于运输携带的休闲熟肉制品。肉脯与肉干的加工方法类似，主要不同点在于肉脯不经清煮和复煮调味，而是采用调味料腌制后直接烘干而成。

肉脯产品分为肉脯和肉糜脯两大类：肉脯是指瘦肉经切片（或绞碎）、调味、腌制、摊筛、烘干、烤制等工艺制成的干熟薄片型的肉制品；肉糜脯是用猪肉、牛肉为原料，经绞碎、调味、摊筛、烘干、烤制等工艺制成的干熟薄片型的肉制品。

根据肉脯的风味特点，还可以将其分为五香肉脯、麻辣肉脯和怪味肉脯等；根据原料不同，可分为猪肉脯、牛肉脯、羊肉脯和鸡肉脯等；根据产地不同，可分为靖江肉脯、上海肉脯、四川肉脯等。

一、肉脯的加工技术

（一）肉脯的传统加工技术

1. 产品配方

（1）猪肉脯（以100kg原料猪肉计）食盐2.5kg、高粱酒2.5kg、白酱油1kg、白糖1kg、味精0.3kg、硝酸钠0.05kg、小苏打0.01kg。

（2）牛肉脯（以100kg原料牛肉计）白砂糖12kg、酱油4kg、食盐2kg、味精2kg、五香粉0.3kg、山梨酸钾0.02kg、抗坏血酸0.02kg。

2. 工艺流程

原料选择与预处理→冷冻→切片→腌制→摊筛→烘烤→高温烘烤→压平成型→包装→成品。

3. 操作要点

（1）原料选择与预处理。传统肉脯一般由猪肉、牛肉加工而成，现在也有选用其他畜禽肉及水产品为原料进行加工。选用新鲜的猪、牛后腿肉，去掉骨骼、脂肪、结缔组织等非肌肉成分，顺着肌纤维切成 1kg 大小的肉块。要求肉块形状规则，边缘整齐，无碎肉，淤血及其他污物。

（2）冷冻。由于新鲜肉的肉质柔软，难以切成整齐划一的薄片，因此需要将肉进行冻结硬化，以便成型切片。具体操作是：将修割整齐的肉块放入 −20 ~ −10℃的冷库中速冻，冷冻时间以肉块深层温度达 −5 ~ −3℃为宜。冻结温度不宜过低，否则肉块过硬，难以下刀；温度过高肉质硬度不够，无法达到切片的要求。

（3）切片。将冻结好的肉块放入切片机切片或手工切片。切片时注意顺着肌肉纤维切片，以保证成品不破碎。切片厚度一般控制在 1 ~ 3mm。目前，国外的肉脯产品向着超薄型的趋势发展，肉脯厚度一般在 0.2mm 左右，最薄的只有 0.05 ~ 0.08mm。超薄型肉脯的透明度、柔软性和贮藏性都很好，但加工技术难度较大，对原料肉和加工设备要求较高。

（4）腌制。将各种辅料混匀后，与切好的肉片拌匀，在 10℃以下的冷库中腌制 2h 左右。腌制的目的一是入味，二是使肉中盐溶性蛋白尽量溶出，便于摊筛时肉片之间发生粘连。腌制一定要在低温下进行，否则容易造成微生物的繁殖，使产品微生物含量超标，甚至引起肉块腐败。不同地方的肉脯配料不尽相同，因而形成了不同风味、口感的产品。

（5）摊筛。在竹筛或不锈钢筛网上均匀涂刷食用植物油，将腌好的肉片整齐地平铺在竹筛或筛网上，肉片之间依靠溶出的蛋白粘连成片。

（6）烘烤。烘烤的目的是促进发色和脱水熟化。将摊放在竹筛上的肉片晾干水分后，送入烘箱或烘房中脱水、熟化。烘烤温度控制在 55 ~ 75℃，前期温度可稍高。肉片厚度为 2 ~ 3mm 时，烘烤 2 ~ 3h 即可。适当的温度和烘烤时间是保证肉脯产品质量的关键，需要结合肉片的厚度及原料肉的特性加以控制。

（7）高温烘烤。高温烘烤是将肉脯半成品放在高温下进一步熟化并使其质地柔软，产生良好的烧烤味和油润的光泽。高温烘烤时，把半成品放在远红外空心烘炉的转动铁网上，以 200℃左右温度烧烤 1 ~ 2min 至表面油润、色泽深红为止。成品含水量低于 20%，一般以 13% ~ 16% 为宜。

（8）压平成型。烘烤结束后，由于肉片在高温下发生了不均匀收缩，致使肉片出现变形、卷边和翘角等变化，因此需要用压平机压平。然后按规格要求切成一定的形状。

（9）包装。成型后的肉脯冷却后应及时包装。通常采用塑料袋或复合袋真空包装，如采用马口铁听装，加盖后需要锡焊封口。

（二）肉脯的新型加工技术

传统的肉脯加工工艺存在着切片和摊筛困难，难以利用小块肉、碎肉等问题，产品品种单一，无法进行机械化生产。近年来，我国逐渐研制出一些肉脯加工新工艺，并在生产实践中广泛推广应用。肉脯的新型加工工艺是原料肉经绞碎斩拌，成型和干制而成的，其产品也称肉糜脯或重组肉脯。肉糜脯的原料来源十分广泛，可充分利用个体较小的动物肉及边角碎肉进行加工，也能充分发挥将各种原料肉或其他原料（如水果、蔬菜等）组合的优势，生产出的产品品种多，营养丰富，风味独特，品质优良，生产成本低。肉脯的新型加工工艺实现了连续化生产，是现代肉脯生产的发展趋势。

1. 产品配方

以鸡肉脯为例（按 100kg 鸡肉计）：糖 10kg、白酱油 5kg、食盐 2kg、白酒 1kg、姜粉 0.3kg、白胡椒粉 0.3kg、味精 0.2kg、硝酸钠 0.05kg、抗坏血酸 0.05kg。

2. 工艺流程

原料肉修整→斩拌→腌制→抹片→烘干→压平→高温烤制→包装→成品。

3. 操作要点

（1）原料肉修整。原料肉经去骨、皮、脂肪、筋膜、血污等处理后，切成小块。

（2）斩拌。原料肉与辅料拌和后送入斩拌机中斩成肉糜。斩拌的程度对肉脯的质地和口感影响很大。肉糜斩得越细，腌制剂渗透的越充分，盐溶性蛋白质的溶出量越多；肌纤维蛋白质也越容易充分延伸为纤维状，形成高黏度网状结构，有利于其他成分充填其中而使成品具有良好的韧性和弹性。因此，在一定程度上，肉糜越细，肉脯的质地和口感越好。

（3）腌制。将斩拌好的肉糜在 10℃以下腌制，常用的设备有盐水注射机、拌和机、滚揉机、真空滚揉机和腌制室（池）等。真空滚揉机特别适用于肉块状原料的处理，它在真空条件下，将经盐水注射后的原料进行均匀滚动、按摩，使盐水、辅料与肉中的蛋白质相互浸透，以达到肉块嫩化的效果。肉糜的腌制时间对产品质地和口感影响很大。腌制时间不足或机械搅拌不充分，肌动球蛋白转变不完全，加热后不能形成网状凝聚体，导致产品口感粗糙，缺乏弹性和韧性。因此，一般腌制时间以 1.5 ～ 2h 为宜。

（4）抹片。将腌制好的肉糜均匀摊涂在事先涂刷植物油的竹筛上，涂抹厚度不宜过大，否则会降低肉脯的柔性和弹性，质脆易碎，厚度以 1.5 ～ 2mm 为宜。

（5）烘干。传统的烘烤方法是用烘烤房及烘架，以木材或煤炭作为热源，直接对肉品进行烘烤，现代多选用烘烤箱。烘干温度过低，不仅费时耗能，且肉脯色浅、香味不足、质地松软；温度过高，则肉脯易卷曲，边缘焦糊，质脆易碎，且颜色开始变褐。因此，烘干温度以 70 ～ 75℃为宜，时间一般为 2h。

（6）压平。压平的目的是使肉脯表面平整，增加光泽，减少风味损失和延长货架期。具体操作是在高温烤制前用 50% 的全蛋液涂抹肉脯表面，再用压平机压平。由于烤制前肉脯的水分含量高于烤制后的，因此压平宜在烤制之前进行，容易压平。

（7）高温烤制。将压平后的肉脯再于 120 ～ 150℃条件下烤制 2 ～ 5min。烤制温度不得超过在高于 120℃温度下烤制肉脯，可使肉脯具有特殊的烤肉风味，并能改善肉脯的质地和口感。但是，高于 150℃，则会造成肉脯表面起泡现象加剧，边缘焦糊、质地干脆。

（8）包装。肉脯晾凉后及时包装。通常采用塑料袋或复合袋真空包装，如采用马口铁听装，加盖后需要锡焊封口。

二、著名肉脯的生产工艺

（一）靖江猪肉脯

江苏靖江素有肉脯之乡的美称，靖江猪肉脯加工历史悠久，品质上乘。猪肉脯源于新加坡，1928 年传入我国广东，1936 年传到江苏靖江。当时靖江猪源丰富，产品主要销往上海。经过近一个世纪的不断发展壮大，靖江猪肉脯的国内市场占有率达 60%，远销俄罗斯、日本、东南亚等国家和地区。

1. 产品配方

猪瘦肉 100kg、白糖 13.4kg、特级酱油 8.4kg、鸡蛋 3kg、味精 0.5kg、胡椒 0.1kg。

2. 工艺流程

原料肉的选择与整理→配料腌制→摊筛→烘干→烘烤→压片→包装→成品。

3. 操作要点

（1）原料肉的选择与整理。选用新鲜，经检疫合格的猪后腿瘦肉为原料，剔去皮、骨头、肥膘、筋膜等不适合加工的部分。取肌肉切成小块，洗去油腻，装入成型方模，压紧后送入冷库速冻，冻至中心温度为 -2℃时取出，用切片机将肉切成长 12cm，宽 8cm，厚 1cm 的薄片。

（2）配料腌制。将调味料充分混匀溶解后，拌入肉片，腌制 30min，使调味料吸收到肉片中。

（3）摊筛。将肉片平铺在事先刷有植物油的筛网上，以防止肉片粘连。肉片排列要求方向一致，肉片之间要稍有间距。

（4）烘干。将铺有肉片的筛网放入烘房，温度 65℃烘烤 5 ~ 6h。干肉坯经自然冷却后出筛即成半成品。目前，烘干肉脯多采用电热烘箱，温度更易控制，便于管理。烘干期间要翻动肉片 2 ~ 3 次，有利于肉脯彻底脱水。

（5）烘烤。将半成品肉脯再次铺在筛网上，放入 150℃的高温烘炉内烤至出油，呈酱红色或棕红色时即可出箱。也可将温度控制在 200 ~ 250℃，烘烤 1min 左右至肉片出油，呈棕红色时出炉。

（6）压片。肉脯烘熟后用压平机压平，再按规格切成长为 12cm，宽为 8cm 的长方块即为成品。

（7）包装。出口的猪肉脯一般用马口铁罐装，每罐净重 3.5kg，4 罐装一箱，计重 14kg，箱外用塑料带紧固。内销的猪肉脯有箱装和袋装等规格。若为塑料袋装，需要进行真空包装，对延长产品保质期更为有利。

（二）上海猪肉脯

上海猪肉脯引用西式火腿加工技术和烘烤技术，弥补了传统肉脯生产周期长、难以大规模生产、产品品质低的缺点，有效地提高了肉脯嫩度，改善了产品色泽，且肉脯厚度一般在 0.5mm 左右，实现了工业化生产。

1. 工艺流程

原料肉的选择与处理→盐水注射→滚揉腌制→速冻成型→切片→挂浆→烘烤→熟化→修整→包装→成品。

2. 操作要点

（1）原料肉的选择与处理。选择经检疫合格的猪前后腿瘦肉为原料。为了提高产品档次，以猪通脊为最佳。剔除骨、皮、筋膜及脂肪等，修整后切成便于切片的条状。

（2）盐水注射。传统猪肉脯都以干腌法进行腌制，腌制时间较长。本工艺采用盐水注射机，将配制好的腌制液注射到肌肉中，可以加速腌制液的扩散速度，缩短腌制时间，改善产品的嫩度。腌制液的配方（以占原料肉的质量比例计）：盐 4%、腌制剂（主要是磷酸盐和硝酸盐）2%、酱油 2%、大豆蛋白 1%、抗坏血酸 0.5%、单硬脂酸甘油酯 0.5%、卡拉胶 0.2%、味精 0.2%。

（3）滚揉腌制。将注射后的肉条送入滚揉机中滚揉，以加速腌制液在肉中的扩散速度，使蛋白质溶出，形成乳化作用，利于肉条黏结成型，有利于提高肉的保水性和嫩度，使产品质地均匀而有弹性。滚揉后再于 4℃条件下腌制 5h。

（4）速冻成型。将腌制好的肉条放入事先准备好的方形模具中，模具一般用木板或不锈钢制作，规格尺寸根据需要设计，也可直接使用西式火腿成型模具，加工更为便利。装模时应使肌肉方向保持一致，从而确保干制品的良好形态。肉条装满后，在模具表面加盖加压，再送入低温速冻间（温度在 −18℃以下）进行速冻处理，尽快使肉中心温度降低到 −18℃以下。

（5）切片。切片前先将肉置于 −4℃条件下解冻 3 ～ 4h。待肉的内外温度一致后，用切片机顺着肉丝的方向把肉切成厚度为 0.6mm 的肉片。

（6）挂浆。浆液的组成是（以 100kg 猪肉计）：色拉油 10kg、蜂蜜 8kg、酱油 6kg、马铃薯淀粉 4kg、玉米淀粉 3kg、水 20kg。按照配方称量各种辅料，马铃薯淀粉和玉米淀粉分别用适量水拌和均匀后再加入其他辅料和剩余的水，搅匀成浆。将切好的肉片快速均匀地蘸上浆液，然后平铺在刷有植物油的不锈钢烤盘中，片与片之间要留一定间隙，防止相互黏结。

（7）烘烤。“烘干温的度和时间会影响猪肉肉脯的品质。”[①] 将烤盘送

① 胡胜杰，程佳佳，康壮丽，等 . 烘干温度和时间对猪肉肉脯品质的影响 [J]. 肉类工业，2018（6）：36.

入远红外干燥箱，在温度55℃条件下烘烤干制。烘烤期间注意调换烘盘在烤箱中的位置，并翻片2～3次。待肉片形成了较干的坯后从烘房中取出。烘烤时间大约为1h。

（8）熟化。将半成品肉脯送入烤箱，在温度110℃条件下烘烤熟化，维持25min左右，当肉脯颜色呈现红棕色时结束。

（9）修整。将熟化后的肉脯冷凉，拣除破碎、变形和焦糊的肉片，修整外形使产品外观整齐一致，规格基本统一。

（10）包装。修整后的肉脯可以用玻璃瓶、金属罐或复合塑料袋包装，如果用塑料袋最好采用抽真空包装以延长保质期。

（三）安庆五香牛肉脯

安庆五香牛肉脯是安徽安庆的著名特产，产品色泽鲜艳，光亮油润，肉质细嫩，微咸适口，五香味浓，酥爽不腻，是深受消费者喜爱的休闲美食佳品。

1. 产品配方

牛肉100kg、盐6kg、酱油5kg、姜0.3kg、味精0.2kg、八角0.2kg、五香粉0.2kg、亚硝酸钠适量。

2. 工艺流程

原料肉选择与预处理→腌制→煮制→切片→干制→包装→成品。

3. 操作要点

（1）原料肉选择与预处理。选用检验合格的新鲜牛肉，以黄牛肉最好。水牛肉因肌肉纤维粗而松弛，肉不易煮烂，肉质不如黄牛肉，所以很少采用。牛肉经剔骨、皮、筋膜、脂肪等部分后，用清水浸泡30min左右，以除去血水和污物。牛肉浸泡后漂洗干净，切成质量为300～400g的长方块，沥干水分。

（2）腌制。首先，准备好腌肉缸，清洗干净备用。将精盐均匀地擦涂在肉块表面，放入腌肉缸中腌制。冬、秋季节腌制24h，春、夏季节腌制12h即可。春、夏季节由于气温较高，容易造成肉在腌制过程中腐败变质。除了要保持腌制过程中的卫生条件外，腌制间最好设置在地下室等阴凉的地方，可在一定程度上控制腌制过程在低温下进行。如有条件，可在冷却间腌制。在腌制过程中，要将肉块上下翻动2～3次，以便肉块腌制均匀而彻底。

（3）煮制。将腌好的牛肉块和酱油、鲜姜、八角，亚硝酸钠等辅料放入锅中，加清水浸没牛肉，旺火烧沸后改用文火煨焖。煮制3h左右，待牛肉块熟透即可出锅，沥去水分。

（4）切片。煮好的牛肉沥干水分后，顺着肌纤维方向将牛肉块切成厚度为 0.5mm 的薄片。

（5）干制。将切好的牛肉片平铺在事先刷好植物油的烤盘上，送入 55 ~ 60℃干燥箱烘烤 3 ~ 4h 出箱。

（6）包装。冷却后的牛肉脯应及时包装。可以用玻璃瓶、金属罐或复合塑料袋包装，如果用塑料袋最好采用抽真空包装以延长保质期。

（四）灯影牛肉

灯影牛肉是四川省著名的传统美食，主要产地是四川达州市和重庆，距今已有 100 多年的历史。灯影牛肉的选料和做工非常讲究，一头牛被宰杀后，只能取其腿腱肉和里脊肉，总共只有十几千克。灯影牛肉的肉片薄如纸，颜色红亮，味道麻辣鲜脆，细细咀嚼，回味无穷。因为肉片可以透过灯影，有民间皮影戏的效果而得名。有专家称，灯影牛肉既是一种别有风味的美食，又堪称是一种奇妙的工艺品。

1. 产品配方

各地有关灯影牛肉的配方略有不同。

配方一（按 100kg 牛肉计）： 生姜水 20kg（老姜 4kg、水 16kg）、麻油 2kg（烤熟以后用）、食盐 2 ~ 3kg、白糖 1kg、白酒 1kg、胡椒粉 0.3kg、花椒粉 0.3kg、混合香料 0.2kg[山柰（桂皮）25%、丁香 35%、荜拨 8%、八角 14%、甘草 2%、桂子 10%、山柰 6%，磨成粉状]。

配方二（按 100kg 牛肉计）：熟菜油 50kg（约耗油 20kg）、黄酒 10kg、鲜姜 4kg、食盐 1kg、白糖 1kg、香油 1kg、辣椒粉 1kg、花椒粉 0.6kg、五香粉 0.4kg、味精 0.2kg。以上配方中的固体香料均预先碾成粉末待用。

2. 工艺流程

原料选择及整理→排酸→切片→配料→腌制→干制→冷却、包装→成品。

3. 操作要点

（1）原料选择及整理。选取牛的里脊肉和腿心肉，约占整头牛总质量的 20%。腿心肉以后腿肉质最佳，以肉色深红、有光泽，脂肪、筋膜较少，纤维较长，有弹性，外表微干而不黏手的牛肉为原料。选好的牛肉经过剔除筋膜和脂肪，洗净血水沥干后，切成质量约为 250g 的肉块。原料肉的质量直接影响到最终产品的质量，因此选择时必须严格。由于有内筋的肉不能开片，过肥或过瘦的牛肉也不适合加工。过肥的肉出油多，原料肉损耗大；过瘦的肉则会黏刀，烘烤时体积缩小严重。

（2）发酵排酸。发酵排酸俗称“发汗”，常用的发酵容器是：冬天气温低时用缸，夏天气温高时用盆。不论选择哪种容器都必须清洗干净。首先将肉块按照从大到小、纤维从粗到细的顺序，从容器底部堆码到容器上部。码放完成后用纱布盖好，等肉“发汗”时开始切片。“发汗”是指容器上面一层肉块略有酸味，用手触摸有黏手的感觉。发酵时间根据不同略有不同，一般春季 12 ~ 14h，夏季 6 ~ 7h，秋季 16 ~ 18h，冬季 22 ~ 26h。如果冬季气温过低，可用人工升温，促进发酵过程。发酵排酸的最佳温度为 10 ~ 12℃。

（3）切片。发酵后的肉质很软，弹性好，没有血腥味，便于切片。切片的注意事项有：先用清水把案板和肉块稍稍湿润，避免切肉时肉块在案板上滑动影响操作；切片要均匀，肉片厚度不超过 2cm，不能有破洞，也不要留脂肪和筋膜。如果肉片切得太薄，不便于后续烘烤，肉片容易从管箕上滑落；肉片太厚则烘烤时生熟不一，浸料也不均匀，影响产品质量。

（4）腌制。把除菜油以外的其他辅料与肉片拌匀，每次拌肉时以肉片 5kg 为宜，以免香料拌和不匀或肉片被拌烂。拌匀后腌制 10 ~ 20min。

（5）干制。灯影牛肉的传统烘烤是把肉片平铺在管箕上，入烘房烘烤。管箕是当地的一种用毛竹篾编制的家用器具。具体操作：先在管箕上刷一层菜油，以便湿肉片烤干后脱落；然后按照肉的纹路把肉片横着铺在管箕上，注意不要叠交太多，每片肉要贴紧。烘房内的铁架子分成上下两层，铺好肉的管箕先放在下一层（温度较高）进行烘烤，一般以 60 ~ 70℃为宜。火力过猛容易造成肉片焦糊，火力过小则烘烤温度过低，肉片难以变色。将肉片烘烤到水汽散尽，肉片由白色变成黑色，又变成棕黄色时，将管箕转到上层烘烤，整个烘烤过程一般需要 3 ~ 4h。在烘烤过程中，如果发现肉片颜色和味道异常，应及时对备料过程进行检查。

现在的灯影牛肉普遍采用烘箱烘烤：将腌制好的肉片平铺在钢丝网或竹筛上，钢丝网或竹筛上要先抹一层熟菜油。应顺着肌纤维方向铺肉片，肉片与肉片之间相互连接，但不要重叠太多。根据肉片的厚薄施以不同的压力，以使烤出的肉片厚薄均匀。然后送入烤箱内，在 60 ~ 70℃条件下烘烤 3 ~ 4h 即可。

（6）冷却、包装。肉片冷却 2 ~ 3min 后，淋上麻油，即可从管箕或钢丝网上取下。灯影牛肉传统的保藏方法是将成品贮于小口缸内，内衬防潮纸，缸口密封。现在多采用马口铁罐或塑料袋内封口包装。

第四章　腌腊肉制品加工技术

第一节　腌制剂的作用原理与用量

常用的腌制剂包含硝酸盐（亚硝酸盐）、食盐、复合磷酸盐、糖、发色助剂等，腌制时根据其不同特性，按次序添加。味精虽然起不到腌制的作用，但一同添加使用方便，因此也常常包含在腌制剂中。

一、食盐的作用与用量

对于腌腊肉制品来说食盐是其中的主要配料，也是唯一不可缺少的腌制材料，其主要作用如下：

第一，产生咸味除安全因素外，食品加工中保持良好的滋味也相当重要。在肉制品中食盐的用量（按成品计算）一般为 1.8% ~ 2.5% 即可。

第二，产生鲜味肉制品中含有大量的蛋白质、脂肪等成分，但其鲜味要在一定浓度的咸味下才能表现出来。同时，食盐是味精的助鲜剂，食盐中添加少量味精就有明显的鲜味，一般1g食盐加入0.1 ~ 0.15g味精，鲜味效果最佳。

第三，溶解盐溶蛋白肌肉组织中含量最多的肌球蛋白是盐溶性的，在 4.5% ~ 5.0% 的盐浓度下溶解性最佳。肌球蛋白的溶出，对肉制品的结构、保水性、保油性及嫩度、口感都具有十分重要的意义。

第四，防腐作用主要表现，具体包括：①脱水作用，食盐溶液有较高的渗透压，能引起微生物细胞质膜分离，导致微生物细胞的脱水、变形，同时破坏水的代谢；②影响细菌的酶活力，食盐与膜蛋白质的肽键结合，导致细菌酶活力下降或丧失；③对微生物细胞的毒性作用：Cl^- 和 Na^+ 均对微生物有毒害作用，食盐不能灭菌，但钠离子的迁移率小，钠离子与微生物细胞中的阴离子结合破坏微生物细胞的正常代谢，氯离子比其他阴离子（如溴离子）

更具有抑制微生物活动的作用；④离子水化作用，食盐溶解于水后即发生解离，减少了游离水分，破坏水的代谢，导致微生物难以生长；⑤缺氧的影响，食盐的防腐作用还在于氧气不容易溶于食盐溶液中，溶液中缺氧，可以防止好氧菌的繁殖。食盐不能灭菌，但一定浓度的食盐（10% ~ 15%）能抑制许多腐败微生物的繁殖，因而对腌腊制品具有防腐作用。

另外，食盐可促使硝酸盐、亚硝酸盐、糖向肌肉深层渗透。单独使用食盐会使腌制的肉色泽发暗，质地发硬，仅有咸味，影响产品的可接受性，因此常用复合的腌制剂进行腌制。

食盐溶解的盐溶蛋白，拥有较强凝胶特性，影响肉制品的流变学特性，对肉制品质有重要影响，与风味及其产品率也密切相关。研究表明盐溶蛋白凝胶特性受离子强度、磷酸盐种类、二价金属离子、pH、加热方法与温度等因素影响。盐溶性蛋白质凝胶的形成可以认为是由于变性分子通过作用力聚集的过程，但吸引力与排斥力平衡时，所形成一种有序的蛋白质三维空间网络结构。蛋白质的胶凝作用在食品生产中具有非常重要的功能，它不仅可以用来形成固态、弹性的凝胶，而且可以用来提高保水力、增稠性、黏着性、乳化性和泡沫稳定性。

腌制时，食盐的用量以占产品质量 1.8% ~ 2.5% 为宜，因在这些作用中，首先要考虑的是产品的滋味。实际上，在加工肠类制品时，由于出品率的关系，这个用量与提取盐溶蛋白的最佳比例基本一致。

二、硝酸盐和亚硝酸盐的作用与用量

在腌制时使用硝酸盐已经有几千年的历史，硝酸盐是通过还原性细菌或还原性物质生成亚硝酸盐而起作用的。

（一）硝酸盐和亚硝酸盐的主要作用

1. 防腐作用

硝酸盐和亚硝酸盐在 pH 为 4.5 ~ 6.0 范围内可以抑制肉毒梭状芽孢杆菌的生长，也可以抑制金黄色葡萄球菌等其他类型腐败菌的生长。硝酸盐浓度为 0.1% 和亚硝酸盐浓度为 0.01% 左右时最为明显，其主要作用机理在于 NO_2^- 与蛋白质生成一种复合物，从而阻止丙酮降解生成 ATP，抑制了细菌的生长繁殖；而且硝酸盐及亚硝酸盐在肉制品中形成 HNO_2 后，分解产生

NO_2，再继续分解成 NO^- 和 O_2，氧可抑制深层肉中严格厌氧的肉毒梭菌的繁殖，从而防止肉毒梭菌产生肉毒毒素而引起的食物中毒，起到了抑菌防腐的作用。

亚硝酸盐的防腐作用受 pH 的影响很大，腌肉的 pH 越低，食盐含量越高，硝酸盐和亚硝酸盐对肉毒梭菌的抑制作用就越大。在 pH 为 6 时，对细菌有明显的抑制作用，当 pH 为 6.5 时，抑菌能力有所降低，在 pH 为 7 时，则不起作用但其机理尚不清楚。

2. 发色作用

肉在腌制时食盐会加速血红蛋白（Hb）和肌红蛋白（Mb）氧化，形成高铁血红蛋白（MHb）和高铁肌红蛋白（MMb），使肌肉丧失天然色泽，变成淡灰色。为避免颜色变化，在腌制时常使用发色剂即硝酸盐和亚硝酸盐，使肌肉中色素蛋白质和亚硝酸钠发生化学反应形成鲜艳的 NOMb，这种化合物在烧煮时变成稳定粉红色，使肉呈现鲜艳的色泽。

作用机理：硝酸盐在肉中脱氮菌（或还原物质）的作用下，还原成亚硝酸盐；与肉中的乳酸产生复分解作用而形成亚硝酸；亚硝酸再分解产生一氧化氮；一氧化氮与肌肉纤维细胞中的肌红蛋白（或血红蛋白）结合而产生鲜红色的 NOMb（或亚硝基血红蛋白），使肉具有鲜艳的玫瑰红色。

亚硝酸很不稳定，即使在常温下也可分解产生亚硝基。

分解产生的亚硝基会很快地与肌红蛋白反应生成鲜艳的、亮红色的 NOMb。

亚硝基肌红蛋白遇热后，释放出巯基（—SH）变成具有鲜红色的亚硝基血色原。

肌红蛋白呈球状，由一个球蛋白和一个血红素辅基组成。血红素的中心部位是一个铁原子，铁原子的氧化状态决定肉的颜色。

亚硝酸是提供 NO 的最主要来源。实际上获得色素的程度，与亚硝酸盐参与反应的量有关。亚硝酸盐能使肉发色迅速，但呈色作用不稳定，适用于生产过程短而不需要长期贮藏的制品，对那些生产周期长和需长期保藏的制品，最好使用硝酸盐。

3. 改善风味作用

使用亚硝酸盐腌制的肉制品可以明显改善产品的风味。不加亚硝酸盐的西式腌制火腿，其风味和盐咸肉没有太大区别。亚硝酸盐能够改善风味的作用机理可能与其具有抗氧化作用有关。

（二）亚硝酸盐的毒害作用与用量

硝酸盐和亚硝酸盐对人体具有毒性作用，人类亚硝酸盐的中毒量为 0.3 ~ 0.5g，致死量 3g。当人体大量摄取亚硝酸盐（一次性摄入 0.3g 以上）进入血液后，可使正常的血红蛋白 Fe^{2+} 变成高铁血红蛋白（Fe^{3+}），致使血红蛋白失去携氧的功能，导致组织缺氧，在 0.5 ~ 1h 内，产生头晕、呕吐、全身乏力、心悸、皮肤发紫、严重时呼吸困难、血压下降甚至昏迷、抽搐而衰竭死亡。硝酸盐或者亚硝酸盐的代谢产物在肉中可以与二甲胺类物质作用产生亚硝胺，具有致癌作用。由于其对保持腌制肉制品的色、香、味有特殊作用，迄今未发现理想的替代物质。更重要的原因是亚硝酸盐对肉毒梭状芽孢杆菌的抑制作用至今无可替代，但对其使用量和残留量有严格要求。

经过腌制作用后残留的硝酸盐和亚硝酸盐大约不到 10%，大部分都发生了变化，转变成其他物质。所以只要正常使用，不必过分担心其毒性问题。肉类罐头及制品的硝酸钠和亚硝酸钠最大使用量分别为 0.50g/kg 和 0.15g/kg。最大残留量（以亚硝酸钠计），肉类罐头≤ 0.05g/kg，肉制品（肉类罐头和盐水火腿以外的肉制品）≤ 0.03g/kg，精肉制盐水火腿≤ 0.07g/kg。

三、糖的作用与用量

在腌制肉时要添加一定量的糖，主要有葡萄糖、蔗糖和乳糖。糖的主要作用如下：

第一，增加风味可一定程度地缓和腌肉的咸味；在加热肉制品时，糖和含硫氨基酸之间发生美拉德反应，产生醛类等羰基化合物以及硫化合物，增加肉的风味。

第二，促进发色还原糖（葡萄糖）能吸收氧防止肉脱色；糖为硝酸盐还原菌提供碳源，使硝酸盐转变为亚硝酸盐，加速 NO 的形成，使发色效果更佳。在短期腌制时建议使用具有还原性的葡萄糖，长时间腌制时可加蔗糖，它可以在微生物和酶的作用下转化为葡萄糖和果糖。

第三，增加持水性、增加嫩度、提高出品率糖类的羟基位于环状结构的外围，具有亲水性，提高肉的保水性和出品率；极易氧化成酸，利于胶原膨润和松软，增加肉的嫩度。

第四，促进发酵糖可以降低介质的水分或提高肉的渗透压，所以可在一定程度上抑制微生物的生长，但一般的使用量达不到抑菌作用，还能给微生物提供营养。在发酵肉制品中添加糖，可促进发酵。

一般在肉类腌制时，按原料肉计算，可添加 1% 左右的糖。

四、磷酸盐的作用与用量

磷酸盐在肉制品加工中的作用，主要是提高肉的保水性，增加黏着力。常用的是焦磷酸盐、三聚磷酸盐和六偏磷酸盐，一般是它们的钠盐。

（一）磷酸盐的作用

第一，提高 pH 磷酸盐呈碱性反应，加入肉中可以提高肉的 pH，从而能增加肉的持水性。

第二，增加离子强度多聚磷酸盐是多价阴离子化合物，即使在较低的浓度下也具有较高的离子强度，使处于凝胶状态的球状蛋白的溶解度显著增加（盐溶现象）而达到溶胶状态，提高了肉的持水性。

第三，与金属离子发生螯合作用多聚磷酸盐与多价金属离子结合的性质。使其能结合肌肉蛋白质中的 Ca^{2+}、Mg^{2+}，使蛋白质的—COOH 解离出来，同性电荷的相斥作用减弱，使蛋白质结构松弛，可提高肉的持水性。

第四，解离肌动球蛋白焦磷酸盐和三聚磷酸盐有解离肌动球蛋白的功能，可将肌动球蛋白离解成肌球蛋白和肌动蛋白。肌球蛋白的增加也可使肉的持水性提高。

第五，抑制肌球蛋白的热变性肌球蛋白对热不稳定，焦磷酸盐对肌球蛋白的变性有一定的抑制作用，可以使肌肉蛋白质的持水能力更稳定。

（二）磷酸盐的用量

由于各种磷酸盐的性质和作用不同，生产中常使用几种磷酸盐的混合物（复合磷酸盐），复合磷酸盐的添加量（按原料）一般在 0.1% ~ 0.3% 范围，最多不超过 5g/kg，过量会影响肉的色泽，并且有损风味（口感发涩）。

磷酸盐在冷水中溶解性较差，因此在腌制特别是注射配制腌制液时，要先将磷酸盐在温水中充分溶解后再加入冰水降温，然后加入原料肉中，但如果在斩拌乳化时使用，可直接添加。

五、发色助剂的作用与用量

由发色原理可知，NO 的量越多，则呈红色的物质越多，肉色则越红。

从亚硝酸分解的过程看，亚硝酸经自身氧化反应，只有一部分转化成 NO，而另一部分则转化成了硝酸。硝酸具有很强氧化性，使红色素中的还原型铁离子（Fe^{2+}）被氧化成氧化型铁离子（Fe^{3+}），而使肉的色泽变褐。同时，生成的 NO 可以被空气中的氧气氧化成亚硝基（NO_2），进而与水生成硝酸和亚硝酸。反应结果不仅减少了 NO 的量，而且又生成了氧化性很强的硝酸。

少量的硝酸，不仅可使亚硝基氧化，抑制了亚硝基肌红蛋白的生成，同时由于硝酸具有很强的氧化作用，即使肉类中含有类似于巯基（—SH）的还原件物质。也无法阻止部分肌红蛋白被氧化成高铁肌红蛋白。因而在使用硝酸盐与亚硝酸盐类的同时常使用 L- 抗坏血酸、L- 抗坏血酸钠、异抗坏血酸等还原性物质来防止肌红蛋白的氧化，同时它们还可以把氧化性的褐色高铁肌红蛋白还原为红色的还原型肌红蛋白，进而再与亚硝基结合以助发色，并能使亚硝酸生成 NO 的速度加快，这就是助色剂或护色剂。

腌制液中复合磷酸盐会改变盐水的 pH，会影响抗坏血酸的助色效果，因此往往加抗坏血酸的同时加入助色剂烟酰胺。烟酰胺也能形成稳定的烟酰胺肌红蛋白，使肉呈红色，且烟酰胺对 pH 的变化不敏感。据研究，同时使用抗坏血酸和烟酰胺助色效果好，且成品的颜色对光的稳定性要好得多。

由于抗坏血酸不易保存，所以常用异抗坏血酸钠，其使用量（按原料）为 0.1% 即可。

六、味精的作用与用量

谷氨酸钠即味精是含有一个结晶水分子的 L- 谷氨酸钠盐，是最常用的增鲜剂，阈值 0.03%，烹饪或食品中的常用添加量为 0.2% ～ 0.5%。也可以配合 I+G 使用。

七、腌制的作用

通过腌制，能起到如下作用：

第一，发色作用生成稳定的、玫瑰红色的 NOMb。

第二，防腐作用抑制肉毒梭状芽孢杆菌及其他腐败微生物的生长。

第三，赋予肉制品一定的香味产生风味物质，抑制蒸煮味产生。

第四，改善产品组织结构，提高保油性和保水性，提高出品率，使产品具有良好的弹性、脆性、切片性。

第二节　原料肉的腌制技术

一、原料肉的静态腌制技术

肉的腌制方法很多，大致可分为干腌法、湿腌法、混合腌制法、滚揉腌制法等。不同原料、不同产品对腌制方法有不同的要求，有的产品采用一种腌制法即可，有的产品则需要采用两种甚至两种以上的腌制法。

（一）静态腌制的方法

1. 干腌法

用食盐或盐 - 硝混合物涂擦肉块，然后层层堆叠在腌制容器里，各层之间再均匀地撒上盐，压实，通过肉中的水分将其溶解、渗透而进行腌制的方法，整个腌制期间没有加水，故称干腌法。在食盐的渗透压和吸湿性的作用下，肉的内部渗出部分水分、可溶性蛋白质、矿物质等，形成了盐溶液，使盐分向肉内渗透至浓度平衡为至。在腌制过程中，需要定期将上、下层肉品翻转，以保证腌制均匀，这个过程也称“翻缸”。翻缸的同时，还要加盐复腌，复腌的次数视产品的种类而定，一般 2 ~ 4 次。在腌制时由于渗透扩散作用，肉内分泌出一部分水分和可溶性蛋白质与矿物质等形成盐水，逐渐完成其腌制过程。

干腌法生产的产品有独特的风味和质地，适合于大块原料肉的腌制。我国传统的金华火腿、咸肉、风干肉等都采用这种方法。一般腌制温度 3 ~ 5℃，食盐用量一般是 10% 以上。国外采用干腌法生产的比例很少，主要是一些带骨火腿。干腌的优点是操作简便，制品较干，营养成分流失少，风味较好。其缺点是盐分向肉品内部渗透较慢，腌制时间长，肉品易变质；腌制不均匀，失重大，色泽较差。干腌时产品总是失水的，失去水分的程度取决于腌制的时间和用盐量。腌制周期越长，用盐量越高，原料肉越瘦，腌制温度越高，产品失水越严重。由于操作和设备简单，在小规模肉制品厂和农村多采用此法。

2. 湿腌法

湿腌法即盐水腌制法，就是将盐及其他配料配成一定浓度的盐水卤，盐溶液一般是 15.3 ～ 17.7°B é，硝石不低于 1%，也有用饱和溶液的，然后将肉浸泡在盐水中，通过扩散和水分转移，让腌制剂渗入肉品内部，以获得比较均匀的分布，直至它的浓度最后和盐液浓度相同的腌制方法。腌制液可以重复利用，再次使用时需煮沸并添加一定量的食盐。湿腌法腌制肉类时，需腌制 3 ～ 5d，常用于腌制分割肉、肋部肉等。

肉类在腌制时，腌制品内的盐分取决于腌制的盐液的浓度。首先是食盐向肉内渗入而水分则向外扩散，扩散速度决定于盐液的温度和浓度。盐水的浓度是根据产品的种类、肉的肥度、温度、产品保藏的条件和腌制时间而定的。高浓度热盐液的扩散率大于低浓度冷盐液。硝酸盐也向肉内扩散，但速度比食盐要慢。瘦肉中可溶性物质则逐渐向盐液中扩散，这些物质包括可溶性蛋白质和各种无机盐类。为减少营养物质及风味的损失，一般采用老卤腌制。即老卤水中添混食盐和硝酸盐，调整好浓度后再用于腌制新鲜肉，每次腌制肉时总有蛋白质和其他物质扩散出来，最后老卤水内的浓度增加，因此再次重复应用时，腌制肉的蛋白质和其他物质损耗量要比用新盐液时的损耗少得多。卤水愈来愈陈，会出现各种变化，并有微生物生长，糖液和水给酵母的生长提供了适宜的环境，可导致卤水变稠并使产品产生异味。

湿腌法的优点：渗透速度快，腌制均匀，盐水可重复使用，肉质较为柔软，湿腌法的时间基本上和干腌法相近，它主要决定于盐液浓度和腌制温度。不足之处是色泽和风味不及干腌制品，腌制时间长，所需劳动力比干腌法大，蛋白质流失 0.8% ～ 0.9%，因含水分多不易保藏。

目前，生产灌肠制品所使用的肉糜，它的腌制方法也属于湿腌法。将解冻好的瘦肉用绞肉机绞碎后（或者加入绞碎的肥膘），先将肉放入搅拌机，边搅拌边依次加入用冷水溶解的亚硝酸盐、糖盐味精、热水溶化后加冷水冷却的复合磷酸盐，然后加 20kg/100kg 原料的冰水，最后加入异维生素 C−Na，充分搅拌均匀后，放入标准肉车，上盖塑料薄膜，在 0 ～ 4℃的腌制间腌制 24h 即可。

3. 混合腌制法

采用干腌法和湿腌法相结合的一种方法。可先进行干腌放入容器中后，再放入盐水中腌制或在注射盐水后，用干的硝盐混合物涂擦在肉制品上，放在容器内腌制。干腌和湿腌相结合可增加制品贮藏时的稳定性，防止产品过度脱水，免于营养物质过度损失。不足之处是操作较复杂。而干腌和湿腌相结合可以避免湿腌法因食品水分外渗而降低腌制液浓度；同时腌制时不像干腌那样促进食品表面发生脱水现象；内部发酵或腐败也能被有效阻止。

无论是何种腌制方法在某种程度上都需要一定的时间，要求有干净卫生的环境，需保持低温（0 ~ 4℃）。盐腌时，一般采用不锈钢容器。肉腌制时，肉块重量要大致相同，在干腌法中较大块的放最低层并脂肪面朝下，第二层的瘦肉面朝下，第三层又将脂肪面朝下，依此类推，但最上面一层要求脂肪面朝上，形成脂肪与脂肪、瘦肉与瘦肉相接触的腌渍形式。腌制液的量要没过肉表面，通常为肉量的 50% ~ 60%。腌制过程中，每隔一段时间要将所腌肉块的位置上下交换，以使腌渍均匀其要领是先将肉块移至空槽内，然后倒入腌制液，腌制液损耗后要及时补充。

水浸是一道腌制的后处理过程，一般用于干腌或较高浓度的湿腌工序之后，为防止盐分过量附着以及污物附着，需将大块的原料肉再放入水中浸泡，通过浸泡，不仅除掉过量的盐分，还可起到调节肉内吸收的盐分。浸泡时应使用卫生、低温的水，一般浸泡在约等于肉块十倍量的静水或流动水中，所需时间及水温因盐分的浸透程度、肉块大小及浸泡方法而异。

以上腌制方法，原料肉基本保持静止不动，相对于滚揉腌制来说，是一种静态腌制的方法。

（二）腌制效果的控制

肉类腌制的目的，主要是防止其腐败变质，同时也改善了组织结构、增加了风味。为了达到腌制的目的，就应该对腌制过程进行合理的控制，以保证腌制质量。

1. 食盐纯度

食盐中除含 NaCl 外，还含有 $CaCl_2$、$MgCl_2$、Na_2SO_4 等杂质，这些杂质在腌制过程中会影响食盐向食品内部渗透的速度，如果过量，还可能产生苦涩的味道。食盐中不应有微量的铜、铁、铬存在，它们对腌肉制品中脂肪氧化酸败会产生严重影响。为此，腌制时要使用精制盐，要求 NaCl 含量在 98% 以上。

2. 食盐用量

食盐的用量是根据腌制目的、环境条件、腌制品种类和消费者口味而添加的。扩散渗透理论也表明，扩散渗透速度随盐分浓度而异。干腌时用盐量越多或湿腌时盐水浓度越大，则渗透速度越快，食品中食盐的内渗透量越大。为达到完全防腐，要求肉中盐分浓度在 7% 以上，这就要求盐水浓度在 25% 以上；腌制时温度低，用盐量可降低。提取盐溶性蛋白的最佳食盐浓度是 5% 左右，但消费者能接受的最佳食盐浓度为 1.8% ~ 2.5%，这也是用盐量参考的标准。

3. 温度

温度越高，扩散渗透速度越迅速，反应的速度也越快，但微生物生长活动也就越迅速，易引起腐败菌大量生长造成原料变质。为防止在食盐渗入肉内之前就出现腐败变质现象，腌制应在低温环境条件下（0 ~ 4℃）进行。目前，肉制品加工企业基本都具有这样温度的腌制间。

4. 氧化

肉类腌制时，保持缺氧环境有利于稳定色泽，避免肉制品褪色。有时制品在避光的条件下贮藏也会褪色，这是由于 NO－肌红蛋白单纯氧化所造成。当肉内缺少还原性物质时，肉中的色素氧合肌红蛋白和肌红蛋白就会被氧化成氧化肌红蛋白，从而导致暴露于空气中的肉表面的色素氧化，并出现褪色现象，从而影响产品的质量。所以滚揉腌制时，常采用真空滚揉机；肉糜静态腌制时，在腌制料上覆盖一层塑料薄膜，既能防止灰尘，又能使原料肉表面与空气隔断。

5. 腌制方法

腌制过程要考虑盐水的渗透速度和分布的均匀性，对于现代肉制品加工企业来说，灌肠类的肉糜由于比表面积大，常采用静止的湿腌法；对于盐水火腿的肉块状原料，常采用滚揉腌制的动态腌制法。

6. 腌制时间

在 0 ~ 4℃条件下，充足的时间才能保证盐水渗透与生化反应的充分进行，因此必须有一定的时间才能原料肉被腌透。不同的原料其腌制时间的长短都不一样，传统酱牛肉采取湿腌法，一般 5 ~ 7d 可以腌透；灌肠用的肉糜一般 24h 即可；盐水火腿滚揉腌制需要滚揉桶的周长运行 12000m 即可。

二、原料肉的滚揉腌制技术

肉糜类采用静态的腌制，由于比表面积大，盐水容易渗透，容易达到腌制效果，但火腿类的肉块原料，如果采取静态腌制，必然造成渗透速度和腌制剂分布梯度问题，即腌制速度与效果问题。动态的滚揉腌制能加快腌制速度，而腌制前的盐水注射技术则解决了渗透速度和分布不均的问题。

（一）盐水注射技术

盐水注射就是将一定浓度的盐水（广泛含义的盐水，包括腌制剂、调味料、黏着剂、填充剂、色素等）通过特制的针头直接注入原料内，使盐水能够快速、均匀地分布在肉块中，提高腌制效率和出品率。再经过滚揉，使肌肉组织松软，大量盐溶性蛋白渗出，提高了产品的嫩度，增加了保水性，颜色、层次、纹理（填充剂与肉结合地更好）等产品结构得到了极大的改善。注射腌制肌肉要比一般盐腌缩短时间 1/3 以上的时间。

盐水注射常用盐水注射机。注射时，先把腌制剂及其他辅料按设计的配方，添加一定的冰水在制浆机中制成冰水，过滤后转移到注射机的盐水槽中，原料肉经修整后放入注射机的传动带上，传送带步进，将肉块传送到注射针板下停止，随即注射针板下降，注射针刺入肉中，在盐水泵的作用下将盐水注入肉块后，针板抬起，传送带前行，将注射好的肉块移出，未注射的到达针板下方注射，循环进行。盐水注射时，要注意以下工艺要求：

1. 腌制液（盐水）的配制

腌制液（盐水）在配制时，应注意以下内容：

（1）根据肉制品加工的原则和国标规定的食品添加剂，在最终产品中的最大允许量及产品的种类进行合理的认真计算并称重。

（2）确保各种添加剂的充分溶解：配制盐水时先将香辛料熬煮后过滤，冷却到 4℃以下，加入亚硝酸盐后，再加入难溶的磷酸盐、糖、味精，最后再溶入其他的添加剂。注意维生素 C 类的添加须在盐水制备将结束时，才允许加入，否则它先和盐水中的亚硝酸盐反应，减少 NO^- 在盐水中的浓度，造成产品发色不好。

2. 盐水和原料肉的温度控制

配制盐水时一般加入冰屑，使盐水温度控制在 −1 ~ 1℃，最高不能超过 5℃。原料肉的温度控制在 6℃以下。

3. 注射压力和注射量的调整

注射压力的调整是根据产品的种类、肉块大小、出品率的高低来决定，在欧洲火腿类和培根类产品的注射一般采用小于 0.3MPa 的低注射量的低压注射，因为注射压力过高会造成肉块组织结构的破坏，影响产品的质量。

在我国因没有一定的产品标准，加工企业各自执行自己的企业标准，因此注射量也各不相同。出品率高时，就要注射压力大，有时甚至注射两遍。

4. 合理的嫩化处理工艺

利用嫩化机尖锐的齿片刀、针、锥或带有尖刺的拼辊，对注射盐水后的大块肉，进行穿刺、切割、挤压，对肌肉组织进行一定程度的破坏，打开肌肉束腱，以破坏结缔组织的完整性；增加肉块表面积，从而加速盐水的扩散和渗透，也有利于产品的结构。

（二）滚揉腌制技术

20 世纪 80 年代以后，我国开始引进并消化吸收外国的滚揉腌制技术，它主要是通过真空滚揉机来实现的。

滚揉机的外形是一个卧式的滚筒，滚筒内部有螺旋状桨叶。经注射后的肉块在滚筒内随着滚筒的转动，桨叶把肉块带到上端，随即一部分肉块在重力的作用下摔下，与低处的肉互相撞击。同时，一部分沿着桨叶向位置低的一端滑去。就这样，肉块在滚揉机内与腌制液一起相互摩擦、挤压、摔打（立式按摩机只是在搅拌桨叶的作用下，肉块相互摩擦、挤压、按摩），将纤维结缔组织打开。加速了盐水的渗透速度，提高了腌制效果。

通过滚揉腌制，可加速肉中腌制液渗透和吸收，缩短腌制时间；使肌肉松弛、膨胀，提高了原料的保水性能和出品率；促进了液体介质（盐水）的分布，改善了肉的嫩度，改善结构，确保切片美观。

操作时，将注射好的肉块用真空吸料管吸入滚揉桶，或者通过提升机用肉车把原料直接倒入桶内，盖好盖子，启动真空泵，使桶内真空度达到 0.08MPa 即可，设定好滚揉程序开始滚揉。可以连续滚揉，也可以正转、停止、反转、停止、正转，循环进行（俗称间歇滚揉），有的设备还可以在转动时保持真空状态，在静止时释放真空保持常压或者冲入 N_2 加压（呼吸式滚揉）。呼吸式滚揉的效果要好于间歇滚揉，连续滚揉效果最差。一般 0.5kg 大小的肉块在 0 ～ 4℃下滚揉 8 ～ 10h 即可。滚揉结束，释放真空，打开盖子，放出原料。

（三）滚揉效果的影响因素

1. 装载量

如果装载太多，肉块的下落和运动受到限制，肉块在滚揉桶内将形成“游泳状态”，起不到挤压、摔打的作用。如果装载太少，则肉块下落过多会被撕裂，导致滚揉过度，导致肉块太软和蛋白质变性，从而影响成品的质量。一般按容量计装载 70% 即可。

2. 滚揉时间

滚揉时间短，肉块还没完全松弛，盐水未完全吸收，蛋白质的萃取少，会出现色泽不均匀，结构不一致，黏合力和保水性都差，出品率也可能降低。滚揉时间过长，则可能导致萃出的可溶性蛋白质过多，肉块过于软化，并可能出现渗水现象，不利于后续加工。但不同的滚揉机，外径和转动速率不同，因此用小时来衡量滚揉时间是不科学的。滚揉时间一般控制在周长转动 12000m 为宜。

3. 转速

转速越大，蛋白质溶解和抽提速度越快，但对肌肉的破坏程度也越大。滚揉速率可以控制肉块在滚揉机内的下落能力，一般设备出厂时，已设置为 8 ～ 12r/min。

4. 滚揉方式

静置目的是使滚揉作用抽提的蛋白质充分吸收水分，若静置时间不充分，抽提的蛋白质还没来得及吸收水分就被挤回肌纤维内部，甚至阻止肌纤维内部的蛋白质向外渗出。因此，间歇滚揉（运转 30min，停止 10min）效果要好于连续滚揉，呼吸式滚揉好于间歇滚揉。

5. 真空度

目前的滚揉机基本都是真空滚揉，通过对滚揉桶抽真空，能够排出肉品原料及其渗出物间的空气，有助于改善腌肉制品的外观颜色，在以后的热加工中也不致产生热膨现象破坏产品的结构；真空可以加速盐水向肉块中渗透的速率，加速腌制速率，提高腌制效果；真空还能使肉块膨胀从而提高了嫩度；真空还能抑制需氧微生物的生长和繁殖。所以，使用真空滚揉机的效果要好于常压滚揉。

6. 温度

滚揉产生的机械作用可使肉温升高，促进了微生物的繁殖，同时肌纤维蛋白的最佳溶解和抽提温度 2 ~ 4℃，也要求温度不能过高。一般滚揉间温度控制在 0 ~ 4℃，滚揉后原料温度 6 ~ 8℃。

第三节　中式腌腊肉制品与西式火腿制品加工

一、中式腌腊肉制品

（一）金华火腿

中式火腿是选用整条带皮、带骨、带爪的鲜猪肉后腿为原料经修割、腌制、洗晒（或晾挂风干）、发酵、整修等工序加工而成的。

金华火腿产于浙江省金华地区，最早在金华、东阳、义乌、兰溪、浦江、永康、武义、汤溪等地加工，这 8 个县属当时金华府管辖，故而得名。金华火腿又称南腿、贡腿，素以造型美观，做工精细，肉质细嫩，味淡清香而著称于世。金华火腿历史悠久，驰名中外。

产品特点：脂香浓郁，皮色黄亮，肉色似火，红艳夺目，咸度适中，组织致密，鲜香扑鼻。以色、香、味、形“四绝”为消费者称誉。它的优良品质是与浙江金华地区的自然条件、经济特点、猪的品种以及腌制技术分不开的。

1. 配方与流程

（1）材料与配方。鲜猪后腿 100kg，食盐 9 ~ 10kg，硝酸钠 50g。

（2）工艺流程。原料选择→修割腿坯→腌制→浸腿→洗腿→晒腿→整形→发酵→修整→落架堆叠→成品。

2. 操作要点

（1）原料选择。金华火腿所选用的猪种为金华猪，尤以“两头乌”为代表。它是我国最名贵的猪种之一，这种猪生长快、头小、脚细、皮薄肉嫩、瘦肉多脂肪沉积少，适于腌制选择金华“两头乌”猪的鲜后腿。腿坯重 5 ~ 7.5kg，6.25kg 左右的鲜腿最为适宜。过大不易腌透或腌制不均匀；过小肉质太嫩，腌制时失水量大，不易发酵，肉质咸硬，滋味欠佳。

（2）修割腿坯。修整前，先用刮毛刀刮去皮面上的残毛和污物，使皮面光滑整洁。然后用削骨刀削平耻骨，修整坐骨，除去尾椎，斩去脊骨，使肌肉外露，再把过多的脂肪和附在肌肉上的浮油割去，将腿边修成弧形，腿面平整。再用手挤出大动脉内的淤血，最后使猪腿成为整齐的竹叶形。

（3）腌制。腌制是加工火腿的主要工艺环节，也是决定火腿质量的重要过程。根据不同气温，恰当地控制时间、加盐数量、翻倒次数，是加工火腿的技术关键。金华火腌制系采用干腌堆叠法，用食盐和硝石进行腌制，腌制时需擦盐和倒堆 6 ～ 7 次，根据不同气温，适当控制加盐次数、腌制时间、翻码次数是加工金华火腿的技术关键。腌制火腿的最佳温度在 0 ～ 10℃之间。

下面以 5kg 鲜腿为例，说明其具体加工步骤。根据金华地区的气候，在 11 月至次年 2 月间是加工火腿的最适宜的季节。温度通常在 3 ～ 8℃，腌制的肉温在 4 ～ 5℃。上盐主要是前三次，其余四次是根据火腿大小、气温差异和不同部位而控制盐量。在上盐的同时进行翻倒。每次上盐的数量与间隔时间视当时气温而定。总用盐量为腿重的 9% ～ 10%，需腌制 30 ～ 40d。

每次用盐的数量：第一次用盐量占总用盐量的 15% ～ 20%；第二次用盐量占总用盐量的 50% ～ 60%；第三次用盐量变动较大，根据第二次加盐量和温度灵活掌握，一般在 15% 左右。

第一次上盐（上小盐，俗称出血水盐）：目的是使肉中的水分、淤血排出。将鲜腿肉面上敷一薄层盐，并在敷盐之际在腰椎骨节、耻骨节以及肌肉厚处敷少许硝酸钠。然后以肉面朝上重复依次堆叠，并在每层之间隔以竹条。在一般气温下可堆叠 12 ～ 14 层，气温高时少堆叠几层或经 12h 再敷盐一次。这次用盐以少而均匀为准，因为这时腿肉含水分较多，盐撒多了，难停留，会被水分冲流而落盐，起不到深入渗透的作用。

第二次用盐（上大盐）：在上小盐的 24h 后进行第二次翻腿上盐，此次加盐的数量最多。在上盐前用手压出血管中的淤血，并在三签头上略放些硝酸钾。把盐从腿头撒至腿心，在腿的下部凹陷处用手指沾盐轻抹，用盐后仍按顺序整齐堆叠。

第三次用盐（复三盐）：在第二次上盐后 3d 进行第三次上盐，根据鲜腿大小及三签处余盐情况控制用盐量。火腿较大、脂肪层较厚、三签处余盐少者适当增加盐量；火腿较小时只需稍加补盐。上盐后重新倒堆，上、下层互相调换。

第四次用盐（复四盐）：第三次上盐后7d左右进行第四次用盐。目的是经上下翻堆后，借此检查腿质、温度及三签头盐溶化程度，如大部分已溶化需再补盐，并抹去黏附在腿皮上的盐，以防腿的皮色不光亮。

第五次用盐（复五盐）：又经过7d左右，检查三签头上是否有盐，如无盐再补一些，通常6kg以下的腿可不再补盐。目的主要是检查火腿盐水是否用得适当，盐分是否全部渗透。大型腿（6kg以上）如三签头上无盐时，应适当补加，小型腿则不必再补。

第六次用盐（复六盐）：与复五盐完全相同，主要是检查腿上盐分是否适当，盐分是否全部渗透。

经过第六次上盐后，腌制时间已近30d，小只鲜腿已可进行下一步的浸腿工序，大只鲜腿继续进行第七次腌制。

从腌制的方法上看，金华火腿的腌制口诀可总结为：头盐上滚盐，大盐雪花盐，三盐靠骨头，四盐守签头，五盐六盐保签头。

在整个腌制过程中应注意：①鲜腿腌制应根据先后顺序，依次按顺序堆叠，标明日期、只数。每批次按大、中、小三等，分别排列、堆叠，便于在翻堆用盐时不致错乱、遗漏，严防乱堆乱放；② 4kg以下的小火腿应当单独腌制堆叠，从开始腌制到成熟期，须另行堆叠，避免和大、中火腿混杂，以便控制盐量，保证质量；③腿上擦盐时要有力而均匀，腿皮上切忌擦盐，避免火腿制成后皮上无光彩；④每次翻堆，注意轻拿轻放，堆叠应上下整齐，不可随意挪动，避免脱盐；⑤上述翻堆用盐次数和间隔天数，指在0 ~ 10℃气温下，如温度过高、过低等情况，则应及时调整翻堆和用盐的次数。

（4）浸腿和洗腿。将腌好的火腿放入清水中浸泡一定的时间，其目的是减少肉表面过多的盐分和污物，使火腿的食盐量适宜。浸泡的时间视火腿的大小和咸淡而异。如气温在10℃左右，约10h。浸泡时肉面向下，全部浸没，不得露出水面。浸泡后进行洗刷。洗刷按一定顺序进行，先洗脚爪，然后依次为皮面、肉面。将盐污和油污洗净，使肌肉表面露出红色。经过初次洗刷的腿，可在水中再进行第二次浸泡，时间3h左右，然后再进行第二次洗刷。

（5）晒腿和整形。浸泡洗刷完毕后，把火腿用绳吊起送往晒场进行晾晒。将腿挂在晒架上，用刀刮去剩余细毛和污物，约经4h，待肉面无水微干后打印商标，再经3 ~ 4h，腿皮微干时肉面尚软开始整形。整形是在晾晒过程中将火腿逐渐校成一定的形状。将小腿骨校直，脚不弯曲，皮面压平，腿心丰满，使火腿外形美观，而且使肌肉经排压后更加紧缩，有利于贮藏发酵。整形后继续晾晒，晒腿时间长短根据气候决定，一般冬季晒 5 ～ 6d，春季晒 4 ～ 5d，以晒至皮紧而红亮，并开始出油为度。

（6）发酵。火腿经腌制、洗晒和整形等工序后，在外形、质地、气味和颜色等方面还没有达到应有的要求，特别是没有产生火腿特有的风味。因此，必须经过发酵过程：一方面，使水分继续蒸发；另一方面，使肌肉中蛋白质、脂肪等发酵分解，使肉的色、香、味更好。将晾晒好的火腿分层吊挂在库房中，彼此相隔 5 ～ 7cm，高度离地 2m，一般发酵期为 2 ～ 3 个月，到肉面上逐渐长出绿、白、黑、黄色霉菌时即完成发酵。发酵过程中，这些霉菌分泌的酶，使腿中蛋白质、脂肪发生分解作用，从而使火腿产生香气和鲜味。金华火腿产区的气候和地理条件十分适合火腿的发酵，这些也是其他地区难以具备的天然条件。

（7）修整、落架堆叠。发酵完成后，腿部肌肉干燥而收缩，腿骨外露。为使腿形美观，要进一步修整。修整工序包括修平耻骨、修正股骨、修平坐骨，并从腿脚向上割去腿皮，达到腿正直，两旁均匀，腿身呈竹叶形。经发酵修整后的火腿，根据干燥程度，分批落架，再按腿的大小分别堆叠。堆高不超过 15 只，采用肉面向上，皮面向下逐层堆放的方法，并根据气温不同每隔 10d 左右翻倒一次。

我国传统的火腿加工要经过 6 ～ 7 道工序，历时 7 ～ 10 个月。鲜腿堆叠在“腿床”上腌制 1 个月的时间才能成熟，腌制后要在太阳下晾晒 5 ～ 6d，再经过 120d 左右的时间进行发酵，腌制后的腿其质量是鲜腿的九折，晒好的腿又是腌腿质量的九折，发酵后的腿是晒好的腿重的八折，这样成品率约占鲜腿质量的 64%。

3. 产品质量

火腿的颜色可以鉴别加工季节：冬腿皮呈黄色，肉面酱红色、骨髓呈红色，脂肪黏性小；春腿呈淡黄色，骨髓呈黄色，脂肪黏性大。气味是鉴别火腿品质的主要指标，火腿的气味和咸味可用插签法鉴别。火腿的质量主要从色泽、气味、咸度、组织状态、质量、外形等方面来衡量。

中式火腿属于传统腌腊制品，加工季节性较强，冬季腌制、自然发酵是中式火腿的传统生产模式。采用传统加工技术，火腿生产就很难实现规模化、工业化、常态化。在传统技术的基础上，开展科技创新是改变中式火腿传统生产模式的必由之路，将腌制、发酵新技术、新工艺作为中式火腿技术创新的主要方向。

（二）咸肉

咸肉是以鲜猪肉或冻猪肉为原料，用食盐和其他调料腌制不加烘烤脱水工序而成的生肉制品。食用时需加热。咸肉的特点是用盐量多，它既是一种简单的贮藏保鲜方法，又是一种传统的大众化肉制品，在我国各地都有生产，其品种繁多，式样各异，著名的咸肉如浙江咸肉（也称家乡南肉）、江苏如皋咸肉（又称北肉）、四川咸肉、上海咸肉等。咸肉可分为带骨和不带骨两大类。

1. 配方与流程

（1）材料与配方。猪肋条肉 100kg，精盐 15 ~ 18kg，花椒微量，硝酸钠 50 ~ 75g。

（2）工艺流程。原料选择→修整→开刀门→腌制→成品。

2. 操作要点

（1）原料选择。鲜猪肉或冻猪肉都可以作为原料，肋条肉、五花肉、腿肉均可，但需肉色好，放血充分，且必须经过卫生检验部门检疫合格，若为新鲜肉，必须摊开凉透；若是冻肉，必须解冻微软后再行分割处理。带骨加工的腌肉，按原料肉的部位不同，分别以连片、小块、蹄腿取料。连片指去头、尾和腿后的片体；小块指每块 2.5kg 左右的长方形肉块（腿脚指带爪的猪腿）。

（2）修整。先削去血脖部位污血，再割除血管、淋巴、碎油及横膈膜等。

（3）开刀门。为了加速腌制，可在肉上割出刀口，俗称开刀门。肉块上每隔 2 ~ 6cm 划一刀，浓度一般为肉质的 1/3。刀口大小、深浅、多少，根据气温和肌肉厚薄而定，如气温在 15℃以上，刀口要开大些、多些，以加快腌制速率；15℃以下则可小些，少些。

（4）腌制。在 3 ~ 4℃条件下腌制。干腌时，用盐量为肉重的 14% ~ 20%，硝石 0.05% ~ 0.75%，以盐、硝混合涂抹于肉表面，肉厚处多擦些，擦好盐的肉块堆垛腌制。第一层皮面朝下，每层间再撒一层盐，依次压实，最上一层皮面向上，于表面多撒些盐，每隔 5 ~ 6d，上下互相调换一次，同时补撒食盐，经 25 ~ 30d 即成。若用湿腌法腌制时，用开水配成 22% ~ 35% 的食盐液，再加 0.7% ~ 1.2% 的硝石，2% ~ 7% 食糖（也可不加）。将肉成排地堆放在缸或木桶内，加入配好冷却的澄清盐液，以浸没肉块为度。盐液重约为肉重的 30% ~ 40%，肉面压以木板或石块。每隔 4 ~ 5d 上下层翻转一次，15 ~ 20d 即成。

（5）腌肉清洗。用清水漂洗腌肉并不能达到退盐的目的，如果用盐水来漂洗（只是所用盐水浓度要低于腌肉中所含盐分的浓度），漂洗几次，则腌肉中所含的盐分就会逐渐溶解在盐水中，最后用淡盐水清洗即可。

（三）腊肉

腊肉是我国古老的腌腊肉制品之一，是以鲜肉为原料，经腌制、烘烤而成的肉制品。我国生产腊肉有着悠久的历史，品种繁多，风味各异。选用鲜肉的不同部位都可以制成各种不同品种的腊肉，即使同一品种也因产地不同，其风味、形状等各具特点。

以产地可分为广式腊肉（广东）、川味腊肉（四川）和三湘腊肉（湖南）等：广式腊肉，以色、香、味、形俱佳而享誉中外，其特点是选料严格，制作精细、色泽美观、香味浓郁、肉质细嫩、芬芳醇厚、甘甜爽口；四川腊肉的特点是色泽鲜明，皮肉红黄，肥膘透明或乳白，腊香带咸、咸度适中；湖南腊肉，肉质透明，皮呈酱紫色、肥肉亮黄、瘦肉棕红、味香浓郁食而不腻、风味独特。

腊肉的品种不同，但生产过程大同小异，原理基本相同。

1. 配方与流程

（1）材料与配方。猪肋条肉 100kg、白糖 3.7kg、亚硝酸钠 5 ~ 15g、精盐 1.9g、60° 大曲酒 1.6kg、酱油 6.3kg、香油 1.5kg。

（2）工艺流程。选料修整→配制调料→腌制→风干、烘烤或熏烤→成品→包装。

2. 操作要点

（1）选料修整。最好采用皮薄肉嫩、肥膘在 1.5cm 以上的新鲜猪肋条肉为原料，也可选用冰冻肉或其他部位的肉。根据品种不同和腌制时间长短，猪肉修割大小也不同，广式腊肉切成长 38 ~ 50cm，每条重 180 ~ 200g 的薄肉条；四川腊肉则切成每块长 27 ~ 36cm，宽 33 ~ 50cm 的腊肉块。家庭制作的腊肉肉条，大都超过上述标准，而且多是带骨的，肉条切好后，用尖刀在肉条上端 3 ~ 4cm 处穿一小孔，便于腌制后穿绳吊挂。

（2）配制调料。不同品种所用的配料不同，同一种品种在不同季节生产配料也有所不同。消费者可根据自行喜好的口味进行配料选择。

（3）腌制。一般采用干腌法、湿腌法和混合腌制法。

第一，干腌。取肉条和混合均匀的配料在案上擦抹，或将肉条放在盛配料的盆内搓揉均可，搓擦要求均匀擦遍，对肉条皮面适当多擦，擦好后按皮面向下，肉面向上的顺序，一层层放叠在腌制缸内，最上一层肉面向下，皮面向上。剩余的配料可撒布在肉条的上层，掩制中期应翻缸一次，即把缸内的肉条从上到下，依次转到另一个缸内，翻缸后再继续进行腌制。

第二，湿腌。腌制去骨腊肉常用的方法，取切好的肉条逐条放入配制好的腌制液中，湿腌时应使肉条完全浸泡在腌制液中，腌制时间为 15 ~ 18h，中间翻缸两次。

第三，混合腌制。将干腌后的肉条，再浸泡腌制液中进行湿腌，使腌制时间缩短，肉条腌制更加均匀。混合腌制时食盐用量不得超过 6%，使用陈的腌制液时，应先清除杂质，并在 80℃温度下煮 30min，过滤后冷却备用。

腌制时间视腌制方法、肉条大小、室温等因素而有所不同，腌制时间最短腌 3 ~ 4h 即可，腌制周期长的也可达 7d 左右，以腌好腌透为标准。

腌制腊肉无论采用哪种方法，都应充分搓擦，仔细翻缸，腌制室温度保持在 0 ~ 10℃。

有的腊肉品种，像带骨腊肉，腌制完成后还要洗肉坯。目的是使肉皮内外盐度尽量均匀，防止在制品表面产生白斑（盐霜）和一些有碍美观的色泽。洗肉坯时用铁钩把肉皮吊起，或穿上线绳后，在清洁的冷水中摆荡漂洗。

肉坯经过洗涤后，表层附有水滴，在烘烤、熏烤前需把水晾干，可将漂洗干净的肉坯连钩或绳挂在晾肉间的晾架上，没有专设晾肉间的可挂在空气流通而清洁的地方晾干。晾干的时间应视温度和空气流通情况适当掌握，温度高、空气流通，晾干时间可短一些，反之则长一些。有的地方制作的腊肉不进行漂洗，它的晾干时间根据用盐量来决定，一般为带骨腊肉不超过 0.5d，去骨腊肉在 1d 以上。

（4）风干、烘烤或熏烤。在冬季家庭自制的腊肉常放在通风阴凉处自然风干。

工业化生产腊肉常年均可进行，就需进行烘烤，使肉坯水分快速脱去而又不能使腊肉变质发酸。腊肉因肥膘肉较多，烘烤时温度一般控制在 45 ~ 55℃，烘烤时间因肉条大小而异，一般 24 ~ 72h 不等。烘烤过程中温度不能过高以免烤焦、肥膘变黄；也不能太低，以免水分蒸发不足，使腊肉发酸。烤房内的温度要求恒定，不能忽高忽低，影响产品质量。经过一定时间烘烤，表面干燥并有出油现象，即可出烤房。烘烤后的肉条，送入干燥通风的晾挂室中晾挂冷却，等肉温降到室温即可。如果遇雨天应关闭门窗，以免受潮。

熏烤是腊肉加工的最后一道工序，有的品种不经过熏烤。烘烤的同时可以进行熏烤，也可以先烘干完成烘烤工序后再进行熏制，采用哪一种方式可根据生产厂家的实际情况而定。

（5）成品。烘烤后的肉坯悬挂在空气流通处，散尽热气后即为成品。成品率为 70% 左右。

（6）包装。现多采用真空包装，250g 和 500g 规格的包装较多，腊肉烘烤或熏烤后待肉温降至室温即可包装。真空包装腊肉保质期可达 6 个月以上。

（四）板鸭

板鸭是我国传统禽肉腌腊制品，始创于明末清初，至今有三百多年的历史，著名的产品有南京板鸭和南安板鸭，前者始创于江苏南京，后者始创于江西大余县（古时称南安）。两者加工过程各有特点，下面分别介绍两种板鸭的加工工艺：

1. 南京板鸭

南京板鸭又称“贡鸭”，可分为腊板鸭和春板鸭两类。腊板鸭是从小雪到立春，即农历十月到十二月底加工的板鸭，这种板鸭品质最好，肉质细嫩，可以保存三个月时间；而春板鸭是用从立春到清明，即由农历一月至二月底加工的板鸭，这种板鸭保存时间较短，一般一个月左右。

南京板鸭的特点：外观体肥、皮白、肉红骨绿（板鸭的骨并不是绿色的，只是一种形容的习惯语）；食用时，具有香、酥、板（板的意义是指鸭肉细嫩紧密，南京俗称发板）、嫩的特色，余味回甜。

（1）材料与配方。

主料：150kg 新鲜光鸭（约 70 ～ 80 只）。

干腌辅料：食盐 9.375kg（光鸭的 1/16）、八角 46.875g（食盐的 0.5%）。

炒盐制备：按干腌辅料配方将食盐放入锅内，加入八角，用火炒熟，并磨细即制成炒盐。

湿腌辅料：洗鸭血水 150kg、食盐 50kg、生姜 100g、八角 50g、葱 150g。

盐卤的配制：按湿腌辅料配方将洗鸭血水中加入食盐，放锅中煮沸，使食盐溶解成为饱和溶液，撇去血污，澄清，用纱布滤去杂质，再加入打扁大片生姜，整形的八角，整根的葱，冷却后即成新卤。新卤经过腌鸭后多次使用和长期贮藏即成老卤，通常每 200kg 老卤可腌制板鸭 70 ~ 80 只。盐卤腌鸭 4 ~ 5 次后，必须煮沸一次，撇去上浮血污，并澄清。可适当补充食盐，使卤水保持一定咸度。

（2）工艺流程。原料选择→宰杀→浸烫褪毛→开膛取出内脏→清洗→腌制→成品。

（3）操作要点。

第一，原料选择。选择健康、无损伤的肉用性活鸭，以两翅下有“核桃肉”，尾部四方肥为佳，活重在 1.5kg 以上。活鸭在宰杀前要用稻谷（或糠）饲养一个时期（15 ~ 20d）催肥，使膘肥、肉嫩、皮肤洁白，这种鸭脂肪熔点高，在温度高的情况下也不容易滴油，变哈喇；若以糠麸、玉米为饲料则体皮肤淡黄，肉质虽嫩但较松软，制成板鸭后易收缩和滴油变味，影响气味。所以，以稻谷（或糠）催肥的鸭品质最好。

第二，宰杀。

第三，腌制。腌制前的准备工作：食盐必须炒熟、磨细，炒盐时每 100kg 食盐加 200 ~ 300g 茴香。干腌：滤干水分，将鸭体人字骨压扁，使鸭体呈扁长方形。擦盐要遍及体内外。一般用盐量为鸭重的 1/15。擦腌后叠放在缸中进行腌制。

制备盐卤：盐卤出食盐水和调料配制而成。因使用次数多少和时间长短的不同而有新卤和老卤之分：①新卤的配制，采用浸泡鸭体的血水，加盐配制，每 100kg 血水，加食盐 75kg，放大锅内煮成饱和溶液，撇去血污与泥污，用纱布滤去杂质，再加辅料，每 200kg 卤水放入大片生姜 100 ~ 150g，八角 50g，葱 150g，使卤具有香味，冷却后成新卤；②老卤，新卤经过腌鸭后多次使用和长期贮藏即成老卤，盐卤越陈旧腌制出的板鸭风味更佳，这是因为腌鸭后一部分营养物质渗进卤水，每烧煮一次，卤水中营养成分浓厚一些，越是老卤，其中营养成分越浓厚，而鸭在卤中互相渗透、吸收，使鸭味道更佳。盐卤腌制 4 ~ 5 次后需要重新煮沸，煮沸时可适当补充食盐，使卤水保持咸度，通常为 22 ~ 25° B é 。

第四，抠卤。擦腌后的鸭体逐只叠入缸中，经过 12h 后，把体腔内盐水排出，这一工序称抠卤。抠卤后再叠大缸内，经过 8h，进行第二次抠卤，目的是腌透并浸出血水，使皮肤肌肉洁白美观。

第五，复卤。抠卤后进行湿腌，从开口处灌入老卤，再浸没老卤缸内，使鸭体全部腌入老卤中即为复卤，经 24h 出缸，从泄殖腔处排出卤水，挂起滴净卤水。

第六，叠坯。鸭体出缸后，倒尽卤水，放在案板上用手掌压成扁型，再叠入缸内 2 ~ 4d，这一工序称“叠坯”，存放时，必须头向缸中心，再把四肢排开盘入缸中，以免刀口渗出血水污染鸭体。

第七，排坯晾挂。排坯的目的是使鸭肥大好看，同时也使鸭子内部通气。将鸭取出，用清水净体，挂在木档钉上，用手将颈拉开，胸部拍平，挑起腹肌，以达到外形美观，置于通风处风干，至鸭子皮干水净后，再收后复排，在胸部加盖印章，转到仓库晾挂通风保存，2 周后即成板鸭。排坯后的鸭体不要挤压，防止变形。晾挂时若遇阴雨天，则时间要适当延长。

第八，成品。成品板鸭体表光洁，黄白色或乳白色，肌肉切面平而紧密，呈玫瑰色，周身干燥，皮面光滑无皱纹，胸部凸起，颈椎露出，颈部发硬，具有板鸭固有的气味。保存中不要受潮或污染，在气候干燥时，可将腌制 3 周左右的鸭坯在缸内木板上盘叠堆起。

2. 南安板鸭

在明代南安府（今江西省赣州市大余县）南安镇方屋塘一带，就有板鸭生产。为了提高加工质量和出口价值，后对“泡腌”在色、香、味、形上不断摸索，总结经验，重视对毛鸭的育肥，改革生产工艺，并用辅板造型使鸭身成为桃圆形，平整干爽，因而得名“板鸭”。

南安板鸭加工季节是从每年秋分至大寒，其中立冬至大寒是制作板鸭的最好时期。可分早期板鸭（9 月中旬至 10 月下旬）、中期板鸭（11 月上旬至 12 月上旬）、晚期板鸭（12 月中旬至翌年元月中旬），以晚期板鸭质量最佳。

南安板鸭的特点：鸭体扁平、外形桃圆、肋骨八方形、尾部半圆形。尾油丰满不外露，肥瘦肉分明，具有狮子口、双龙珠、双挂勾、关刀形，视槽能容一指、白边一指宽、皮色乳白、瘦肉酱色。

食味特点：皮酥、骨脆、肉嫩、咸淡适中、肥肉不腻。其背部盖有长圆形“南安板鸭”珠红印章四枚，与翅骨及腿骨平行，呈倒八字形。

（1）工艺流程。鸭的选择→宰杀→脱毛→割外五件→开膛→去内脏→修整→烤制→造型晾晒→成品。

（2）操作要点。

第一，鸭的选择。制作南安板鸭选用麻鸭，该品种肉质细嫩、皮薄、毛孔小，是制作南安板鸭的最好原料。或者选用一般麻鸭。原料鸭饲养期为90 ~ 100d，体重1.25 ~ 1.75kg，然后以稻谷进行育肥28 ~ 30d，以鸭子头部全部换新毛为标准。

第二，宰杀、脱毛。

第三，割外五件。外五件指两翅、两脚和一带舌的下颌。割外五件时，将鸭体仰卧，左手抓住下颌骨。右手持刀从口腔内割破两嘴角，右手用刀压住上颌，左手将舌及下颌骨撕掉；用左手抓住左翅前臂骨，右手持刀对准肘关节，割断内外韧带，前臂骨即可割下；再用左手抓住脚掌，用同样方法割去右翅和右脚。

第四，开膛、去内脏。

第五，修整。先割去睾丸或卵巢及残留内脏，将鸭皮肤朝下，尾朝前，放在操作台上，右手持刀放在右侧肋骨上，刀刃前部紧贴胸椎，刀刃后部偏开胸椎1cm左右，左手拍刀背，将肋骨斩断，同时，将与皮肤相连的肌肉割断，并推向两边肋骨下，使皮肤上部黏有瘦肉。用同样的方法斩断另一侧肋骨。两侧肋骨斩断，刀口呈八字形，俗称劈八字。劈八字时母鸭留最后两根肋骨，公鸭全部斩断，最后割去直肠断端、生殖器及肛门，割肛门时只割去三分之一，使肛门在造型时呈半圆形。

第六，腌制。将盐放入铁锅内用大火炒，炒至无水气，凉后使用。早水鸭（立冬前的板鸭）每只用盐150 ~ 200g，晚水鸭（立冬后的板鸭）每只用盐125g左右。

擦盐：将待腌鸭子放在擦盐板上，将鸭颈椎拉出3 ~ 4cm，撒上盐再放回揉搓5 ~ 10次，再向头部刀口撒些盐，将头颈弯向胸腹腔，平放在盐上，将鸭皮肤朝上，两手抓盐在背部来回擦，擦至手有点发黏。

装缸腌制：擦好盐后，将头颈弯向胸腹，皮肤朝下，放在缸内，一只压住另一只的三分之二，呈螺旋式上升，使鸭体有一定的倾斜度，盐水集中尾部，便于尾部等肌肉厚的部位腌透。腌制时间8 ~ 12h。

第七，造型晾晒。将腌制好的鸭子从缸中取出，先在40℃左右的温水中冲洗一下，以除去未溶解的结晶盐，然后将鸭放在40 ~ 50℃的温水中浸泡冲洗3次，浸泡时要不断翻动鸭子，同时将残留内脏去掉，洗净污物，挤出尾脂腺，当僵硬的鸭体变软时即可造型。

造型：将鸭子放在长 2m、宽 0.63m 吸水性强的木板上，先从倒数第四、第五颈椎处拧脱臼（旱水鸭不用），然后将鸭皮肤朝上尾部向前放在木板上，将鸭子左右两腿的股关节拧脱臼，并将股四头肌前推，便鸭体显得肌肉丰满，外形美观，最后将鸭子在板上铺开，四周皮肤拉平，头向右弯，使整个鸭子呈桃圆形。

晾晒：造型晾晒 4 ~ 6h 后，板鸭形状已固定，在板鸭的大边上用细绳穿上，然后用竹竿挂起，放在晒架上日晒夜露，一般经过 5 ~ 7d 的露晒，小边肌肉呈玫瑰红色，明显可见 5 ~ 7 个较硬的颈椎骨，说明板鸭已干，可贮藏包装。若遇天气不好，应及时送入烘房烘干。板鸭烘烤时应先将烘房温度调整至 30℃，再将板鸭挂进烘房，烘房温度维持在 50℃左右，烘 2h 左右将板鸭从烘房中取出冷却待皮肤出现乳白色时，再放入烘房内烘干直至符合要求取出。

第八，成品包装。传统包装采用木桶和纸箱的大包装。现在结合各种保存技术进行单个真空包装。

二、西式火腿制品加工

（一）圆火腿

圆火腿是目前市场上流行的熏煮火腿类产品之一，外观呈圆柱形，具有浓郁的烟熏风味，其特点是组织紧密，富有弹性，切片性良好，肉嫩爽口，咸淡适中，滋味鲜美，营养丰富，蛋白质含量高。

1. 产品配方

圆火腿的产品配方，见表 4-1①。

表 4-1　圆火腿配方

名称	比例（%）	名称	比例（%）
猪Ⅱ、Ⅳ号肉	66.7	三聚磷酸钠	0.4
冰水	23.3	肉味香精	0.25

① 本节图表均引自张学全．肉制品加工技术 [M]．北京：中国科学技术出版社，2013：127-141.

续表

名称	比例（%）	名称	比例（%）
变性淀粉	2.6	味精	0.188
乳酸钠	2.17	D-异抗坏血酸钠	0.1
食盐	1.6	五香液	0.07
白糖	1.17	红曲红色素	0.012
大豆分离蛋白	1.0	亚硝酸钠	0.01
卡拉胶	0.43	合计	100

2. 工艺流程

原料选择→解冻→修割→绞制→真空滚揉（盐水配制）→灌装→热加工→冷却→真空包装→二次杀菌。

3. 操作要点

（1）原料选择。主要选用经兽医卫生检验、检疫合格的鲜（冻）猪Ⅱ号、Ⅳ号肉为原料。

（2）解冻。鲜肉可直接使用，若使用冷冻的原料肉必须进行解冻，常采用循环空气的方式进行解冻。解冻时，原料肉除去外包装，保留塑料膜放在解冻架上，不得堆叠放置，解冻后原料肉的中心温度控制在 0 ~ 4℃，要求无硬心，并控干解冻水分。

（3）修割。解冻后的猪Ⅱ号、Ⅳ号肉应修去原料肉表面的筋腱、脂肪、淋巴、碎骨、淤血、变质及其他异常部位等。

（4）绞制。将修割好的原料肉在绞肉机中绞制成 20mm 大小的颗粒，绞制好的肉温控制在 10℃以下。

（5）盐水配制。盐水配制应按照顺序依次进行添加：冰水→磷酸盐→亚硝、色素→调味料、香辛料、分离蛋白→D-异抗坏血酸钠。

最终盐水应成均匀状态，无沉淀和结块现象，配制好的盐水温度应控制在 0 ~ 5℃。D-异抗坏血酸钠在注射前 30min 内加入。

（6）真空滚揉。将绞制后的猪Ⅱ号、Ⅳ号肉和盐水一同放入滚揉机进行滚揉，具体工艺参数：顺时针转动 10min、休息 40min、逆时针转动 10min，总时间为 12h。整个过程中室温控制在 0 ~ 4℃。

（7）灌装。将制作好的肉馅倒入真空灌装机的料斗内，调整合适的真空度、灌装速度和半成品重量，灌入玻璃纸套管或折径[①]为70mm的纤维素肠衣中，半成品的重量控制在（280±5）g，用线绳扎好口并绑紧或打卡，每杆10根穿起，挂在挂肠车上。然后用水将肠体表面黏附的肉馅、污物等冲洗干净。

（8）热加工。将灌装好的半成品推入熏蒸炉内。具体热加工参数：干燥，70℃，30min；蒸煮85℃，90min；烟熏，80℃，35min。

（9）冷却。产品出炉后应迅速推到冷却间进行冷却降温，使产品中心温度降至10℃以下。

（10）真空包装。将冷却后的半成品按工艺规定的要求称重后装入真空包装袋进行真空包装，热封时间30s，抽气时间20s。要求封口平整、牢固，无褶皱，无烫伤，无漏气等现象。

（11）二次杀菌。将真空包装好的产品放入90℃的热水中杀菌10min。

4. 注意事项

（1）制作圆火腿时选用的猪Ⅱ号、Ⅳ号肉必须按工艺要求，严格控制选修质量及修割率。

（2）添加剂必须符合食品添加剂食品卫生标准GB2760—2014的要求。

（3）要严格控制冷却、真空包装及二次杀菌等环节的间隔时间，以减少产品被细菌污染的程度，确保产品质量。

（4）要控制好冷却间的温度、相对湿度及空气流速。

5. 感官质量要求

表4-2　圆火腿感官质量要求

项目	要求
外观	外形良好，肠体外部呈金黄色，无污垢、无破损
色泽	肠体外部呈金黄色，切面色泽为粉红色，颜色均匀一致，有光泽

① 通过吹塑法成型的薄膜，将其管坯的周长为单位进行折叠，折叠后的宽度就是折径。也可以简单的理解为灌装前的宽度。折径=πd/2，d为薄膜成型口模的直径。

续表

项目	要求
质地	组织紧密，有弹性，切片完整，切面无密集气孔且没有直径大于 3mm 的气孔无汁液渗出，无异物
风味	有浓郁的烟熏风味，咸淡适中，滋味鲜美，无异味

（二）通脊火腿

通脊火腿是精选猪背腰肉（Ⅲ号肉），采用西式火腿的注射、滚揉工艺，并辅以熏制、低温杀菌等工艺加工而成，具有块形完整，色泽金黄，口感细嫩，滋味鲜美，营养丰富等特点，适合热炒、冷拼，携带方便，是居家或野炊的理想选择。

1. 产品配方

表 4-3　通脊火腿配方

名称	比例（%）	名称	比例（%）
猪Ⅲ号肉	71.4	三聚磷酸钠	0.28
冰水	20.6	肉味香精	0.32
乳酸钠	1.79	卡拉胶	0.22
分离蛋白	1.6	味精	0.155
食盐	1.35	香辛料	0.11
白糖	0.98	异 V_c 钠	0.04
变性淀粉	0.8	亚硝酸钠	0.01
葡萄糖	0.4	合计	100

2. 工艺流程

原料选择→解冻→选修→注射（盐水配置）→滚揉→整形→穿线、挂杆→热加工→（冷却→真空包装→二次杀菌）。

3. 操作要点

（1）原料选择。主要选用经兽医卫生检验、检疫合格的鲜（冻）猪Ⅲ号肉为原料。

（2）解冻。采用空气自然解冻，环境温度不超过 15℃，解冻至肉的中心温度为 0 ~ 4℃。

（3）选修。按照肉的自然纹路修去淤血、碎肉等，仔细检出猪毛及异物，剔除 PSE 肉[①]。修整完的肉立即送 0 ~ 4℃冷藏间，备用。

（4）盐水配制。

第一，辅料称量要求：亚硝酸钠、磷酸盐、D- 异抗坏血酸钠、分离蛋白、变性淀粉分别单独配放，其他辅料可混配在一起。要求配料准确。

第二，盐水配制要求：盐水配制应按照顺序依次进行添加：冰水→磷酸盐→亚硝、色素→调味料、香辛料、分离蛋白→ D- 异抗坏血酸钠。

（5）注射。把盐水倒进注射机的储料罐内，待储料罐内的盐水满足注射泵启动量时，可启动注射机，往托料板上均匀摆上肉块，开始注射。调节合适的注液压力、步进速度等来控制注射率，注射率约为 40%。

（6）滚揉。将注射过的肉加入滚揉机中，加盖上紧，密封完好（注意检查密封圈是否有漏气现象）。滚揉 20min，间歇 10min，总时间 10h。真空度 -0.08MPa，转速 8r/min。出馅温度约 9℃。环境温度 0 ~ 4℃。

（7）整形。将达到滚揉要求的肉块取出，置于在案板上，顺着肌肉纹理的方向进行分切，分切后每个肉块的重量控制在 300 ~ 310g，要求分切后的肉块形状、大小基本一致。

（8）穿线、挂杆。将分切好的肉块用专用工具在肉块的一端穿一小孔，用长约 15cm 的线绳穿起，打结，后将半成品按 6 ~ 7 块 / 杆的数量挂在挂肠车上，要求间距均匀一致。杆与杆之间也要保持一定的间隙。

（9）热加工。预先设定好熏蒸炉的热加工参数，入熏蒸炉进行热加工，具体参数为：干燥，68℃，30min；蒸煮，80℃，60min；烟熏，75℃，60min。

（10）冷却。进冷却间风冷。待肠体中心的温度小于 10℃，检验入 0 ~ 4℃

---

① 随着多元杂交瘦肉型猪的推广，追求高的饲料报酬、采用封闭式饲养、喂饲高蛋白高能量的全价饲料，这对促进猪的生长、提高瘦肉率和经济效益是有利的。但是由于瘦肉型猪应激性很强，在宰前处理过程中，会引起这类猪的应激反应。宰后会出现 PSE 肉（Pale Soft Exudative Meat，简称 PSE 肉），俗称水猪肉。

贮存库。

需定量包装的，定量、真空包装，二次灭菌：水温 85℃时间 20min，冷却、检验、入库。

4. 注意事项

（1）制作通脊火腿可选用鲜肉或冻肉，必须符合卫生、质量要求，不得使用变质肉、过期肉、PSE 肉或 DFD 肉[①]等异常肉作为加工通脊火腿的原料。

（2）要严格控制各环节的温度及卫生清洁、消毒以确保产品质量的稳定。

（3）二次杀菌时温度应控制在 80 ~ 95℃，时间应以产品投入水中待温度达到规定的要求后开始进行计时，以确保杀菌的效果。

5. 感官质量要求

表 4-4 通脊火腿感官质量要求

项目	要求
外观	外形良好，无污垢
色泽	外部呈金黄色，颜色均匀一致，有光泽
质地	组织紧密，有弹性，切片性良好，无汁液分离现象
风味	有浓郁的烟熏风味，咸淡适中，滋味鲜美

（三）啤酒火腿

啤酒火腿选用优质牛肉和猪肉为主料，采用先进的西式火腿加工工艺制作而成，成品花色品种繁多，具有口感滑嫩、香味浓郁、风味独特等特点。冷食、热炒均可，辅以啤酒佐餐效果更佳。

① DFD（dark，firm and dry）肉是宰后肌肉 pH 高达 6.5 以上，形成暗红色、质地坚硬、表面干燥的干硬肉，由于 DFD 肉 pH 较高，易引起微生物的生长繁殖，加快了肉的腐败变质，大大缩短了货架期，并且会产生轻微的异味。

1. 产品配方

表 4-5　啤酒火腿配方

名称	比例（%）	名称	比例（%）
猪肉	22	磷酸盐	0.35
牛肉	19	卡拉胶	0.35
猪背膘	13.5	香辛料	0.255
冰水	29	味精	0.1
变性淀粉	8.2	山梨酸钾	0.066
乳酸钠	1.9	D- 异抗坏血酸钠	0.05
分离蛋白	1.65	乳酸链球菌素	0.022
食盐	1.6	柠檬酸	0.015
白糖	1.0	亚硝酸钠	0.008
芥末粉	0.5	红曲红	0.007
蒜粉	0.44	合计	100

2. 工艺流程

原料解冻→选修→绞制 / 切丁→腌制→盐水配制→滚揉→充填、挂杆→热加工→冷却→包装→二次杀菌。

3. 操作要点

（1）原料解冻。选用经兽医卫生检验、检疫合格的鲜（冻）猪肉、牛肉。冻肉需采用空气自然解冻，环境温度为 15℃以下，时间为 10 ～ 20h。

（2）选修。按照猪肉、牛肉的自然纹路修去筋膜、血管、淤血、碎骨和其他污物、杂质等，剔除猪肉中的 PSE 肉和 DFD 肉，修去表层厚脂肪（厚 1mm 左右的少部分可不修）。牛肉上面的脂肪务必去除干净。修整完的肉放 0 ～ 4℃冷藏间备用。

（3）绞制 / 切丁。将选修好的猪肉和牛肉分别放入绞肉机中，绞制成 20mm 大小的肉粒，猪背膘经预冷后用切丁机或人工切成 $0.5cm^3$ 大小的颗粒。

（4）腌制。采用干腌法进行腌制。按绞制或切丁后原料的重量准确称取 2%

的食盐和 0.15g/kg 亚硝酸钠（亚硝酸钠事先用 20 倍的水溶解后和食盐搅拌均匀），按上述配料将牛肉、猪肉和猪背膘分别和腌制料在搅拌机中搅拌均匀，取出后置于洁净的容器内，上面覆一层塑料膜，盖严压实，置于 0 ～ 4℃的环境中腌制 24 ～ 48h，要求腌制好的瘦肉呈玫瑰红色，肥膘断面呈青白色。

（5）盐水配制。将称量好的冰水加入盐水配制器，启动搅拌器，缓慢倒入磷酸盐，搅拌至溶解；再倒入分离蛋白搅拌至溶解；加其他腌制料搅拌至溶解；最后加 D- 异抗坏血酸钠搅拌至溶解。盐水温度控制在 5℃以下。

（6）滚揉。将腌制好的瘦肉和配制好的盐水一同加入滚揉机进行真空滚揉。滚揉时间参数：正转 20min，反转 20min，休息 20min，总时间 12h。在滚揉结束的前 1h 加入淀粉和腌制好猪背膘再滚揉 1h。真空度 -0.08MPa，转速 8r/min。环境温度控制在 0 ～ 4℃。

（7）充填、挂杆。灌装啤酒火腿用的肠衣主要是经检验卫生合格的盐渍的猪膀胱，也可以采用玻璃纸或纤维素肠衣。在真空定量灌肠机上设定半成品的重量为 350g，要求灌装后的半成品饱满度适宜，用线绳将肠体扎起，按每杆 6 ～ 7 个整齐均匀地悬挂在挂肠车上。

（8）热加工。预先设定好熏蒸炉的热加工参数，将悬挂有半成品的挂肠车推入熏蒸炉进行热加工，具体参数为干燥，炉温 70℃，40min；烟熏，炉温 75℃，30min；蒸煮，炉温 80℃，90min。蒸煮时产品中心温度达到 78℃，然后保温 20min 即可。

（9）冷却、真空包装、二次杀菌。具体操作要点同圆火腿的制作。

4. 注意事项

（1）原料配比中加入一定比例的牛肉，对产品的色泽、口感、风味都有很大的改善，但必须选用优质的原料方可达到上述的效果。

（2）采用滚揉工艺，与传统的搅拌工艺相比，对产品的结构、弹性、切片性等有了很大的改善，但必须严格控制滚揉时的温度、时间等参数，以确保产品的质量。

（3）若采用鲜肚皮进行灌装，必须进行漂洗去污、修整后方可使用，以免对产品的风味带来不好的影响。

5. 感官质量要求

表 4-6　啤酒火腿感官质量要求

项目	要求
形态	呈圆柱形或球形，外形饱满，大小一致
色泽	外表呈棕褐色，光亮滑润，光洁无污
质地	坚实有弹性，切片性良好，无气孔
风味	咸淡适中，香味浓郁

（四）猎人火腿

猎人火腿主要选用鸡胸肉和鸡腿肉为原料，并辅以科学合理的配料，采用低温杀菌工艺制作而成，具有鸡肉香味浓郁、口感脆嫩、营养丰富，便于携带和储藏等特点。

1. 产品配方

表 4-7　猎人火腿配方

名称	比例（%）	名称	比例（%）
鸡腿肉	30	卡拉胶	0.4
鸡胸肉	28	肉味香精	0.26
冰水	23.5	香辛料	0.18
变性淀粉	8.5	味精	0.1
乳酸钠	2.4	D- 异抗坏血酸钠	0.1
葡萄糖	2.1	山梨酸钾	0.06
食盐	1.54	乳酸链球菌素	0.02
乳糖	0.9	柠檬酸	0.015
洋葱油	0.9	红曲红	0.013
白糖	0.6	亚硝酸钠	0.008
磷酸盐	0.4	合计	100

2. 工艺流程

原料选择→解冻→选修→绞制→盐水配制→滚揉→灌装→蒸煮→冷却→包装。

3. 操作要点

（1）原料选择。制作猎人火腿用的原料必须是经兽医检验、检疫合格的鲜（冻）鸡胸肉和去骨鸡腿肉。

（2）解冻、选修、绞制、盐水配制。具体操作要点同圆火腿的制作。

（3）滚揉。将绞制好的鸡胸肉、鸡腿肉和配制好的盐水一同加入滚揉机进行滚揉，滚揉时间参数为正转 20min，反转 20min，休息 20min，总时间 8h。在滚揉结束的前 1h 加入淀粉再滚揉 1h。环境温度控制在 0 ~ 4℃。真空度为 −0.08MPa，转速：10r/min。

（4）灌装。选用折径 45mm 的金色尼龙肠衣（使用时应提前用 25℃左右的温水浸泡），采用真空定量灌肠机进行灌装、自动打卡。半成品重量和长度分别设定为 200g、14.5cm，要求灌装后的肠体饱满，松紧度适宜，打卡牢固。

（5）蒸煮。灌装好的半成品应及时进行蒸煮。具体参数为温度 85℃，蒸煮 80min。

（6）冷却。蒸煮结束后的产品应迅速用 0 ~ 4℃的冰水降温，使产品的中心温度降到 10℃以下，然后入冷却间使产品的中心温度降至 0 ~ 4℃即可。

4. 注意事项

（1）绞制后的鸡胸肉、鸡腿肉可用 2% 的食盐、0.15% 的亚硝酸钠腌制后再进行滚揉，可改善产品结构和口感。

（2）绞制肉粒的大小应根据产品规格、肠衣折径大小而定。

（3）产品的蒸煮温度和时间应根据原辅料的情况、产品规格的大小进行适当调整，一般以产品的中心温度达到 72℃以上，再保温 15min 即可。

（4）产品经蒸煮结束后经迅速冷却至中心温度 10℃以下，且应注意保持冷却用水及冷却槽的卫生状况，达到工艺规定的要求后应迅速取出。

5. 感官质量要求

表 4-8　猎人火腿感官质量要求

项目	要求
外观	肠体饱满，表面光洁无污物
切面色泽	切面呈粉红色，色泽均匀一致
风味	肉香味清淡、风味纯正、独特
质地	组织致密，切片性良好，无肉眼可见的气孔

（五）庄园火腿

庄园火腿是选用优质、新鲜的猪Ⅳ号肉为原料精制而成，具有色泽金黄，肉香味浓郁并带有淡淡的烟熏风味，脆嫩爽口，耐咀嚼而不塞牙，营养丰富等特点，完全符合人们的健康、营养、味美的饮食消费需求，有良好的市场发展前景。

1. 产品配方

表 4-9　庄园火腿配方

名称	比例（%）	名称	比例（%）
猪Ⅳ号肉	69	卡拉胶	0.41
冰水	21.7	白糖	0.31
乳酸钠	2.5	味精	0.09
变性淀粉	1.8	山梨酸钾	0.1
分离蛋白	1.5	D- 异抗坏血酸钠	0.05
食盐	1.25	五香液	0.01
葡萄糖	0.9	亚硝酸钠	0.008
三聚磷酸钠	0.42	合计	100

2. 工艺流程

原料选择→解冻→选修→注射（盐水配制）→滚揉→整形→穿线、挂杆→热加工→冷却→真空包装→二次杀菌。

3. 操作要点

具体操作要点可参考“通脊火腿”的制作。

4. 感官质量要求

表 4-10　庄园火腿感官质量要求

项目	要求
外观	外形良好，无污垢
色泽	外部呈金黄色，颜色均匀一致，有光泽
质地	组织紧密，有弹性，切片性良好，无汁液分离现象
风味	烟熏风味浓郁，咸淡适中，滋味鲜美

（六）三文治火腿

三文治火腿在欧美国家被称为蒸煮式或水煮式火腿，在我国也被称为方火腿，是一种冷热即食，经先进西式火腿加工工艺精制而成的西式肉制品。具有营养丰富、脆嫩清香、鲜美可口等特点，可开袋即食、切片拼盘、配菜热炒或涮火锅，是家庭生活、休闲旅游、餐饮配菜的理想选择，深受广大消费者的青睐。

1. 产品配方

表 4-11　三文治火腿配方

名称	比例（%）	名称	比例（%）
猪肉	50	猪肉香精	0.3
冰水	33.1	香辛料	0.25
分离蛋白	4.0	味精	0.16

续表

名称	比例（%）	名称	比例（%）
木薯淀粉	6.0	烟熏液	0.06
乳酸钠	2.0	D- 异抗坏血酸钠	0.06
食盐	1.8	山梨酸钾	0.06
葡萄糖	0.8	亚硝酸钠	0.007
白糖	0.6	红曲红色素	0.006
三聚磷酸钠	0.4	诱惑红色素	0.001
卡拉胶	0.4	合计	100

2. 工艺流程

三文治火腿的工艺流程，具体包括：原料解冻→选修→绞制→滚揉、腌制（盐水配制）→充填、成型→蒸煮→冷却→脱模。

3. 操作要点

（1）原料选择。选用经兽医卫生检验、检疫合格的鲜（冻）猪肉，采用空气自然解冻，环境温度为15℃以下，时间为10 ～ 24h。

（2）选修。按照肌肉的自然纹路修去筋膜、血管、淤血、碎骨和其他污物等，剔除PSE肉和DFD肉，修去表层厚脂肪（厚1mm左右的少部分可不修）。修整完的肉放0 ～ 4℃冷藏间备用。

（3）绞制。将选修后的肉块在绞肉机上绞制成20mm大小的肉粒，绞制后的肉温控制在8℃以下。

（4）盐水配制。①将配方中的香料按比例熬制成香料水，过滤后冷却备用；②将预冷至0 ～ 4℃的香料水取出，将配方中的各种辅料按一定顺序依次加入冷却后的香料水中，最终制得均匀稳定的盐水。盐水温度0 ～ 5℃。

（5）滚揉、腌制。按配方的比例要求将原料肉和盐水称重后加入滚揉机中，采用正转20min、休息20min、反转20min的方式滚揉10h，滚揉结束后将肉馅取出，在0 ～ 4℃的环境中腌制10 ～ 12h。

（6）充填、成型。滚揉、腌制好的原料应及时装模，按0.5kg或1kg模具规格定量装模打卡，装入模具压紧。充填间温度控制在20℃以下。

（7）蒸煮。模具放入熏蒸炉或蒸煮槽中，蒸煮时炉温或水温控制在

80 ~ 85℃，使中心温度达到 72℃时，再保温 15min 即可。

（8）冷却。用 0 ~ 4℃的水使产品的中心温度迅速降至 10℃以下，然后取出置于 0 ~ 4℃的冷却间继续降温至产品的中心温度至 0 ~ 4℃。

（9）脱模。当产品中心温度达到 0 ~ 4℃后方可进行脱模。

4. 注意事项

（1）原料肉上筋腱、脂肪必须选修干净，否则会影响滚揉过程中盐溶性蛋白的提取，导致产品的保水性、切片性等品质下降。

（2）配制好的盐水应马上使用，如不能及时使用，应加盖储存在 0 ~ 4℃的冷藏间内，时间不得超过 24h。

（3）滚揉装载量最好是滚揉机容积的一半，最多不能超过容积的 2/3，要保证足够的滚揉时间、合适的转速及适宜的真空度。滚揉、腌制好的肉馅应及时进行灌装。

（4）滚揉后的原料也可以取出其中 1/3 在斩拌机中斩拌成肉糜，和剩余的 2/3 肉馅混合均匀后进行灌装，以增加产品的组织切片性，但肉糜馅的数量不宜过多，否则会影响产品的口感。

5. 感官质量要求

表 4-12　三文治火腿感官质量要求

项目	要求
外观	呈长方形，表面光洁
色泽	肉呈粉红色，色泽均匀一致
风味	咸中略带甜，有清淡的肉香味，无异味
质地	切面组织致密，有弹性，部分产品呈大理石花纹，无汁液渗出

第五章　熏烤肉制品加工技术

第一节　烤制与烤肉制品的加工

一、烤制原理

烤制是利用高热空气对制品进行高温火烤加热的热加工过程。烧烤的目的是赋予肉制品特殊的香味和表皮的酥脆性，提高口感；并具有脱水干燥、杀菌消毒、防止变质、使制品有耐藏性的作用；使产品红润鲜艳，外观良好。

肉类经过烧烤所产生的香味，是由于肉类中的蛋白质、糖、脂肪、盐和金属等物质，在加热过程中，经过降解、氧化、脱水、脱氨等一系列变化，生成醛类、醚类、内酯、低脂肪酸等化合物，尤其是糖、氨基酸之间的美拉德反应即羰氨反应，它不仅生成棕色物质，同时伴随生成多种香味物质，从而赋予肉制品香味。蛋白质分解产生谷氨酸，与盐结合生成谷氨酸钠，使肉制品带有鲜味。

此外，在加工过程中，烤制时加入的辅料也有增进香味的作用。例如，五香粉含有醛、酮、醚、酚等成分，葱、蒜含有硫化物。在烤猪、烤鸭、烤鹅时，浇淋糖水用麦芽糖或其他糖，烧烤时这些糖与蛋白质分解生成的氨基酸发生美拉德反应，不仅起着美化外观的作用，而且产生香味物质。烧烤前浇淋热水，使皮层蛋白凝固，皮层变厚、干燥，烤制时，在热空气及热辐射作用下，蛋白质变性而酥脆。

二、烤制设备

（一）明火道式烘烤炉

明火道式烘烤炉主要由煤气灶、铸铁锅、炉内V形火道、10mm厚火道、铁板盖板、烟道、烘房、温度计、排风扇、吹风机等组成。明火道式烘烤炉是用来烘烤不同规格肉制品的加工设备。把肉制品挂在架子车上，推入烤炉内，将原料肉直接放在明火上烤制，利用明火道散发的热量，对肉制品进行烘干和脱水处理。其目的是使肉制品烘干、脱水、杀菌、防腐、保色及延长贮藏期，并产生烤制特有的色香味形。

明火道式烘烤炉的注意事项主要包括：①将挂好的肉制品的架子车推入炉内，并把炉门关闭好；②点燃炭火或木柴，提高炉内烘烤温度，进行烘烤；③操作时要随时检查温度表的显示情况，同时通过观察孔监视温度情况，以便随时排潮；④炉内的烘烤温度不得超出制品的温度要求，否则会使肉制品在烘烤过程中出油而影响质量；⑤如果烘烤后设备表面发黑，应检查烟道等部位是否有漏烟现象，应及时处理好；⑥生产结束后，将火压灭，不得有余火存在。产品出炉后，必须搞好炉内外卫生。

（二）蒸汽式烘烤炉

蒸汽式烘烤炉主要靠蒸汽加热器加热空气，由引风机将热空气吹入炉体内烘烤肉制品。蒸汽式烘烤炉主要由引风机、蒸汽压力表、离心风机、排风扇、温度计、炉体、加热器等组成。炉体为水泥结构，六面隔热，水泥或水磨石地面。

烘烤炉主要靠蒸汽加热器加热空气后，通过引风机将热空气引入，并进行搅拌和循环，来达到烘烤肉制品的目的。操作时先打开加热器进汽阀门，使蒸汽加热器开始加热。并打开新风口风门，开动风机热风吹入炉体内。炉内充满热风后关闭新风口风板，留少量缝隙，热风在风机的推动下直穿过肉制品之间的间隙。当热风撞到墙壁时向四周回旋形成湍流，经上面空隙被风机吸回回风口形成热风循环多次利用。

肉制品经热风烘烤开始脱水，此时炉内空间热空气湿度增大，需根据湿度表和观察孔察看，决定是否排潮。需要排潮时应关闭引风机，打开新风口，同时启动排风扇，使湿度较大的空气排出，由新风口补充新的热空气进入炉膛。烘烤过程中如果炉内温度过高，应适当降低蒸汽压力，在排潮时，炉内温度偏低，应适当提高蒸汽压力，使炉温升高。肉制品在烘烤过程中无特殊情况下不得随意打开炉门，以免热量大量流失，增加动力消耗。

肉制品经烘烤后需要出炉时，先关闭鼓风机及蒸汽阀门，并打开排风扇和新风进口门，使新鲜空气与炉内热空气混合降低温度，炉温在 36 ~ 40℃时即可打开炉门出炉。

蒸汽式烘烤炉的注意事项主要包括：①启动引风机和排风扇，检查设备是否运转正常；②打开进气阀门，检查蒸汽压力表是否达到工作压力，同时检查热交换器各排气管有无漏气现象，否则必须处理好漏气问题；③检查无误后方可将挂好肉制品的架子车推入炉内，关好炉门，准备烘烤；④在烘烤过程中，如炉内温度、湿度不符合要求，应立即处理；⑤当进入热交换器的蒸汽压力达 392kPa 以上时，方可打开进新风风板，并启动引风机，将热风吹进炉内；⑥烘烤中要随时通过观察孔来检查肉制品在烘烤过程中的变化，并通过产品烘烤质量判断设备运转是否正常。

三、烤制方法

烤肉制品属于较高档次的肉制品，主要是少数大企业生产，市场需求不大。随着全程冷链的发展，烤肉制品产量递增，品种也逐渐丰富，主要品种有烤通脊、烤里脊、澳式烤牛肉、烤翅根、烤腿排等。烤制的方法分为明烤和暗烤两种。

第一，明烤。把制品放在明火或明炉上烤制称明烤。明烤分为三种类型：①将原料肉叉在铁叉上，在火炉上反复炙烤，烤匀烤透，烤乳猪采用的就是这种方法；②将原料肉切成薄片，经过腌渍处理，最后用铁钎穿上，架在火槽上，边烤边翻动，炙烤成熟，烤羊肉串就是用这种方法；③在盆上架一排铁条，先将铁条烧热，再把经过调好配料的薄肉片倒在铁条上，用木筷翻动搅拌，成熟后取下食用，这是北京著名风味烤肉的做法。明烤设备简单，火候均匀，温度易于控制，操作方便，着色均匀，成品质量好。但烤制时间较长，需劳力较多，一般适用于烤制少量制品或较小的制品。

第二，暗烤。把制品放在封闭的烤炉中，利用炉内高温（辐射热能）将其烤熟，称为暗烤。又由于要用铁钩钩住原料，挂在炉内烤制，又称挂烤。北京烤鸭、叉烧肉都是采用这种烤法。

四、烤肉制品的加工技术

（一）烤鸡的加工技术

“烤肉制品是一种新产品，它不同于一般肉制品而特有的色、香、味受到广大消费者的喜爱，在我国的肉品消费中呈现快速增长趋势。”[①] 烤鸡全国各地都有生产，是我国分布最广、产量最大的禽类烧烤制品之一。产品皮面色泽鲜艳，油润光亮，呈均一的金黄色，体形完整丰满，香气浓郁，口感鲜美，外脆肉嫩，咸淡适中，风味独特。

1. 烤鸡的参考配方

鸡 100 只（100 ~ 125kg），开水 100kg，食盐 12kg，黄酒 1kg，白砂糖 500g，味精 300g，生姜 50g，大茴香 100g，花椒 100g，桂皮 100g，白芷 5g，陈皮 50g，豆蔻 20g，砂仁 20g，荜拨 15g，丁香 10g，亚硝酸盐 15g。

2. 烤鸡的工艺流程

烤鸡的工艺流程包括：①选料和屠宰；②整形和浸泡；③腌制；④填料；④涮烫挂色；⑤烤制；⑥出炉涂油；⑦成品。

3. 烤鸡的操作要点

（1）选料和屠宰。选用饲养期在 8 周龄左右、体重为 1.5 ~ 2kg 的健壮仔鸡。在收购和运输时不得挤压和捆绑。待宰活鸡应喂水停食 16 ~ 24h，采用颈部宰杀法，一刀切断三管（血管、气管和食管），要求部位正确，刀口要小，放血要尽。待呼吸停止而鸡身尚热时，投入 58℃左右的热水中浸烫 1 ~ 2min，煺净鸡毛。然后在腹后部两腿内侧横切一月牙形刀口，掏净内脏，再伸入两指从胸腔前口拉出嗉囊和三管（也可在脖根部切一小口，取出嗉囊和三管），用清水洗净体腔和鸡身。

（2）整形和浸泡。在附关节处下刀斩去脚爪，右翅膀从宰杀刀口穿出口腔，牵拉头颈挽于胸背，左翅膀反别在鸡背后，随后放入水缸或水池中用流水浸泡 2 ~ 4h，以拔出体内残血，使鸡肉洁白。

（3）腌制。把按配方用量正确称取的各种香辛料置入锅中，加适量清水，

① 张恬静，李洪军．烤肉加工与香气分析研究进展 [J]．食品工业科技，2009，30（4）：330.

盖上锅盖，加热煮沸2h以上，至香辛料中的有效成分全部溶出，再用纱布过滤后倒入备用的腌制缸，按量加足开水，然后放入食盐、白砂糖、黄酒等调味料，最后加入亚硝酸盐，充分搅拌均匀，冷却待用。

经整形和拔血的白条鸡取出沥干后应即入缸腌制。要求卤液浸没全部鸡身，根据气温高低和鸡只大小，在常温下腌制2～3h，或在2～4℃的冷库中腌制8～12h。

（4）填料。

第一，填料制备。按每只鸡生姜10g、葱15g、木耳和香菇各10g的用量标准备足填料。木耳和香菇须用温水浸软洗净，并加适量黄酒、细盐和味精拌和待用。

第二，填料方法。把填料按量从腹后部刀口处放入体腔，并用细钢针缝合刀口，以防填料掉落和汁液流出。

（5）涮烫挂色。涮烫挂色的主要目的包括：①蘸上糖液，烤制后使成品表皮具有鲜艳瑰丽的色泽；②促进皮肤收缩，绷紧鸡身，使体形显得结实丰满；③使鸡身表层蛋白质凝固，减少烤制时脂肪的流失，并且增强烤制后表皮的酥脆性。按10：1（水与糖或蜂蜜质量之比）标准配制的饴糖或蜂蜜水溶液倒入锅中加热至沸，将填好料的鸡只浸没其中涮烫，约经1min后，至表皮微黄紧绷时捞出沥干，挂起待烤。

（6）烤制。一般采用悬挂式远红外电烤炉烤制，其关键是掌握好烤制的温度和时间。先将炉温升至240℃，再把鸡坯逐只挂入烤炉，恒温220℃，烤12min，然后降温至190℃，烤18min。

（7）出炉。涂油烤制完毕的鸡只出炉后，取下挂钩和钢针，在烤鸡皮面涂抹一层香油，会使皮更加红艳发亮，即为成品。

（二）烤鹅的加工技术

烤鹅是一种传统产品，生产历史悠久，深受消费者的喜爱。

1. 烤鹅的原料配方

以100只鹅坯为准：食盐1.5g，饴糖100g，辣椒粉50g，砂仁20g，豆蔻20g，丁香20g，草果40g，肉桂150g，良姜150g，陈皮50g，八角50g，姜200g，葱100g。

2. 烤鹅的工艺流程

烤鹅的工艺流程包括：①原料选择；②宰前处理；③宰杀放血；④腌制；⑤填料；⑥烫皮；⑦上色；⑧烤制；⑨分级；⑩包装；⑪成品。

3. 烤鹅的操作要点

（1）原料的选择与宰前处理。选择健康、肥瘦适中、体重 2.5 ～ 4kg 的鹅。宰前断食 1d，用清水洗净鹅的体表。宰前 2h 断水，使放血彻底，肉色美观漂亮，肉质优良。

（2）宰杀放血。采用颈部 3 管刺杀法。注意不能弄破胆囊，不可把切口扯大。

（3）腌制。鹅开腹后鹅坯入清水中浸漂，时间为 20min 左右，浸出鹅坯残存血液，使鹅体洁白美观。若用流水浸漂效果更好。浸漂后用特制铁钩挂起鹅坯，在自然通风条件下，15 ～ 20min 可沥干水分。

腌液配制：向浸泡鹅坯后的血水中加盐 14% ～ 19%（质量分数）煮沸，撇去血沫并沉淀澄清。除姜、葱外，将香辛料用纱布包好，入血水中同时熬煮。血水煮沸后冷却，可取其中适量血水与香料一起再煮沸 10min 左右，使香辛物质充分溶出，再一起晾凉待用。

采用浸腌法的目的是增加制品咸度，改善风味。当制得的腌液冷却到室温时，即可把沥干水的鹅坯逐只放入盆中，倒入腌液，上压适当重物，使鹅坯完全浸没。一般腌液量与鹅坯质量比为 1.5 : 1，浸腌时间为 45 ～ 50min。在此期间翻动鹅坯 2 ～ 3 次，使之腌制均匀。腌制结束后控出鹅坯体腔内的腌液，清洗体表，降低表层含盐量。腌液经煮沸过滤除去泡沫和沉渣，用波美度计测出波美度或相对密度，按其与盐浓度的关系加入适量的盐及香辛料，可重复使用。腌制过多次，鹅坯的腌液是老卤，越老越好。

（4）填料。以每只鹅坯计，填料为五香粉 2g，盐 2g，辣椒粉 10g，姜 15g，葱 20g，大蒜 20g，再加芝麻酱 5g，酱油 5mL。填入鹅腹，拌匀，涂抹在鹅体腔内壁上。填料后缝口。削 10cm 长的竹签，绞缝腹部切口。注意不要绞入太多的皮肤，以免鹅的腹部下凹，鹅体不饱满，影响美观。再用特制铁钩钩住鹅的两翅下，鹅头颈垂于其背部。

（5）烫皮。用 100℃沸水淋烫鹅体 1 ～ 2 次，使其皮肤紧缩丰满。要求烫皮均匀，重点是翅下和肩部。烫皮后沥干上色。

（6）上色。上色液的配制是将饴糖与水以质量比 1 : 5 的比例混溶。水最好是 60℃以上的温水，同时加入 0.1%的硫酸亚铁。或者用 1∶7 的比例，加入 0.1%的硫酸亚铁和 0.1%的天然黄色素（如姜黄素）。

上色方法采用刷涂法，用毛刷蘸取上色液遍刷鹅体。自上而下均匀涂刷，刷 2 ~ 3 次。第一次干后，再刷第二次，进烤炉前刷最后一次。

（7）烤制。烤前先清理烤炉内部，使其洁净，油路畅通。然后加入木炭生火。待木炭已燃、不再生烟、炉温达 230℃时，用铁钩挂于烤炉内上方的铁环上，盖上炉盖，关门，插上温度计，调节火门，使炉温维持在 200 ~ 220℃。先烤鹅腹部，15 ~ 20min 后，开门转动鹅体，烤其背部，再过 10 ~ 20min 后，开门观察鹅体，待鹅烤至呈现均匀一致的金黄色或枣红色时出炉。在烤熟的鹅体上涂抹一些花生油或芝麻油，即为成品。

（8）包装。如产品只需放置 1d，可用普通塑料袋包装，并封口。如产品需要远销，运输时间需 1 周左右，在腌制时腌液中须添加防腐剂尼泊金乙酯和抗氧化剂 2，6- 二叔丁基对甲酚（BHT）；包装材料用聚酯（PER）或聚偏二氯乙烯（PVDC），也可用聚对苯二甲酸乙二醇酯 / 聚乙烯（PET/PE），玻璃纸 / 铝筒 / 聚乙烯（PT/AI/PE）复合材料，进行真空包装、封口，运输前需要短暂冷藏时，要放在低温下冷藏。礼品包装的内层用塑料袋，外层用硬纸板盒，设计成手提式透明包装盒。

（三）广东脆皮乳猪的加工技术

广东脆皮乳猪又称烤乳猪，是广东最著名的烧烤制品，为佐膳佳肴，深受人们喜爱。产品外形完整，色泽金黄，油润发亮，稍带烤焦小块，精肉呈枣红色，皮脆肉嫩，入口松化。

1. 广东脆皮乳猪的参考配方

乳猪 1 头（5 ~ 6kg），食盐 50g，白糖 100g，白酒 5g，芝麻酱 25g，干酱 25g，麦芽糖适量。

2. 广东脆皮乳猪的工艺流程

广东脆皮乳猪的工艺流程包括：①原料选择；②屠宰与整理；③腌制；④烫皮、挂糖色；⑤烤制；⑥成品。

3. 广东脆皮乳猪的操作要点

（1）原料选择。选用 5 ~ 6kg 重的健康有膘乳猪，要求皮薄肉嫩，全身无伤痕。

（2）屠宰与整理。放血后，用65℃左右的热水浸烫，注意翻动，取出迅速刮净毛，用清水冲洗干净。沿腹中线用刀剖开胸腹腔和颈肉，取出全部内脏器官，将头骨和脊骨劈开，切莫劈开皮肤，取出脊髓和猪脑，剔出第2、3条胸部肋骨和肩胛骨，用刀划开肉层较厚的部位，便于配料渗入。

（3）腌制。除麦芽糖之外，将所有辅料混合后，均匀地涂擦在体腔内，腌制时间夏天约30min，冬天可延长到1 ~ 2h。

（4）烫皮、挂糖。色腌好的猪坯，用特制的长铁叉从后腿穿过前腿到嘴角，把其吊起沥干水。然后用80℃的热水浇淋在猪皮上，直到皮肤收缩。待晾干水分后，将麦芽糖水（1份麦芽糖加5份水）均匀刷在皮面上，最后挂在通风处待烤。

（5）烤制。烤制有两种方法：一种是用明炉烤制，另一种是用挂炉烤制。

第一，明炉烤制。铁制长方形烤炉，用木炭把炉膛烧红，将叉好的乳猪置于炉上，先烤体腔肉面，约烤20min后，然后反转烤皮面，烤30 ~ 40min后，当皮面色泽开始转黄和变硬时取出，用针板扎孔，再刷上一层植物油（最好是生茶油），而后再放入炉中烘烤30 ~ 50min，当烤到皮脆，皮色变成金黄色或枣红色即为成品。整个烤制过程不宜用大火。

第二，挂炉烤制。将烫皮和已涂麦芽糖晾干后的猪坯挂入加温的烤炉内，约烤40min，猪皮开始转色时，将猪坯移出炉外扎针、刷油，再挂入炉内烤40 ~ 60min，至皮呈红黄色而且脆时即可出炉。烤制时炉温需控制在160 ~ 200℃。挂炉烤制火候不是十分均匀，成品质量不如明炉。

（四）广式叉烧肉的加工技术

广式叉烧肉又称广东蜜汁叉烧，是广东著名的烧烤肉制品之一，也是我国南方人喜食的一种食品。按原料不同有枚叉、上叉、花叉、斗叉等品种。制品长条形，外表呈桃红色，色泽鲜明，油润光滑。肉质外焦里嫩，切片整齐不散，食之咸甜可口。

1. 广式叉烧肉的参考配方

原料肉100kg，白糖6.6kg，特级酱油4kg，精盐2kg，50％白酒2kg，珠油1.4kg（珠油为广东一种酱油，浓度高，色泽深），麦芽糖。

2. 广式叉烧肉的工艺流程

广式叉烧肉的工艺流程包括：①选料与整理；②腌制；③烧烤；④成品。

3. 广式叉烧肉的操作要点

（1）选料与整理。枚叉选用全瘦猪肉，上叉选用去皮的前后腿肉，花叉选用去皮的五花肉，斗叉选用去皮的颈部肉。将选好的原料肉切成条，每条长约 40cm，宽 4cm，厚 1.5cm，重约 350g。

（2）腌制。将切好的肉条放入盆内，按配方比例加入酱油、白糖、精盐等，用手翻动肉条，使配料与肉条混合均匀，浸腌 1h。在此过程中，每隔 20min 翻肉 1 次，使肉条均匀、充分吸收配料。然后加入珠油和白酒，再翻动混合。最后把肉条穿进铁制的排环上准备入炉。

（3）烧烤。将炉温升至 100℃，然后把用铁排环穿好的肉条挂入炉内，关上炉门，炉温升至 200℃左右时进行烤制，烤 25 ~ 30min。烤制过程中要注意调换方向，转动肉坯，使其受热均匀。肉坯顶部若有发焦，可用湿纸盖上。肉坯烤好出炉后稍稍冷却，然后放进麦芽糖溶液内，或用热麦芽糖溶液浇在肉坯上。注意麦芽糖水不能过稀，要求呈糖胶状，使之能够均匀附着在肉条上。然后再放到炉内，升温到 230℃，烤 2 ~ 3min 取出，即为成品。

第二节 烟熏与熏肉的加工

一、烟熏材料的选择技术

烟熏肉制品是通过熏烟附着在肉制品表面来产生作用的，而熏烟是通过燃烧可燃性材料来获取的。烟熏肉制品可采用多种材料来发烟，但最好选择树脂含量少、烟味好，而且防腐物质含量多的材料，一般多为硬木和竹类，而软木、松叶类因树脂含量多，燃烧时产生大量黑烟，使肉制品表面发黑，且熏烟气味不好，所以不宜采用。常用的熏材主要有白杨、白桦、山毛榉、核桃树、山核桃木、樱、赤杨、悬铃木、楸树等，个别国家也采用玉米芯，白糖、稻糠也可以发烟。

熏材的形态一般为木屑，也可使用薪材（木柴）、木片或干燥的小木粒等。熏制以干燥为主要目的时，往往直接使用较大块的木柴。熏材无论是刨花还是木薪材都应该干燥贮存，且不含木材防腐剂。潮湿的材料会带有霉菌，熏烟容易将其带到肉制品上。木材防腐剂可能会产生有害烟雾，影响熏制品的食用安全。熏材的干湿程度，一般水分含量以 20% ~ 30% 者为佳。新鲜的锯屑含水量较高，一般需经晒干或风干后才能使用。但在使用时要添加水分，以有利于发烟及烟雾有效成分的附着。

二、烟熏方式的选择技术

（一）按制品的加工过程分类

1. 熟熏

熟熏是一种非常特殊的烟熏方法，是指熏制温度为 90 ~ 120℃，甚至 140℃的烟熏方法。显然，在这种温度下的熏制品已完全熟化，无需再熟化加工。熟熏制品多为我国的传统熏制品，大多是在煮熟之后进行烟熏，如熏肘子、熏猪头、熏鸡、熏鸭及鸡鸭的分割制品等。经过熏制加工后使产品呈金黄色的外观，表面干燥，形成烟熏的特有气味，可增加耐贮藏性。熟熏制品的加工技术一般包括原料选择、整理、预处理（脂制或蒸煮）、造型、卤制和熏制。

2. 生熏

生熏是常见的熏制方法，是指熏制温度为 30 ~ 60℃的烟熏方法。这种方法制得的产品，需进行蒸煮或炒制才能食用。生熏制品的种类很多，其中主要是熏腿和熏鸡，还有熏猪排、熏猪舌等。主要以猪的方肉、排骨等为原料，经过腌制、烟熏而成，具有较浓的烟熏气味。

（二）按熏烟的生成方式分类

1. 直接烟熏

直接烟熏是一种原始的烟熏方法，在烟熏室内直接不完全燃烧熏材进行熏制，烟熏室下部燃烧木材、上部垂挂产品。根据在烟熏时所保持的温度范围不同，可分为冷熏、温熏、热熏、焙熏等方法。

2. 间接烟熏

用发烟装置（熏烟发生器）将燃烧好的一定温度和湿度的熏烟送入熏烟室与产品接触后进行熏制，熏烟发生器和熏烟室是两个独立结构。这种方法不仅可以克服直接烟熏时熏烟的密度和温、湿度不均的问题，而且可以通过调节熏材燃烧的温度和湿度以及接触氧气的量，来控制烟气的成分，减少有害物质的产生，因而得到广泛的应用。就烟的发生方法和烟熏室内温度条件可分为湿热法、摩擦生烟法、燃烧法、炭化法、二步法等方法。

（三）按熏制过程中的温度范围分类

1. 冷熏法

冷熏法是指在 15 ～ 30℃，进行较长时间（4 ～ 7d）的烟熏。熏前原料需经过较长时间的腌渍。此法一般只用于火腿、培根、干燥香肠，特别是发酵香肠等的烟熏，制造不进行加热工序的制品。这种方法在冬季进行比较容易，而在夏季时由于气温高，温度很难控制，特别是发烟少的情况下，容易发生酸败现象。但是由于进行了干燥和后熟，食品中的水分含量在 40% 左右，提高了保藏性，增加了风味，但烟熏风味不及温熏法。

2. 温熏法

温熏法是指在 30 ～ 50℃，原料经过适当腌渍（有时还可加调味料）后，的烟熏，用于培根、带骨火腿及通脊火腿。熏制时间视制品大小而定，如腌肉按肉块大小不同，熏制 5 ～ 10h，火腿则需 1 ～ 3d。熏材通常采用干燥的橡木、樱木。用这种方法可使产品风味好，质量损失较少，但由于温度条件有利于微生物的繁殖，如烟熏时间过长，有时会引起制品腐败。熏制后的产品还需进行水煮才能食用。

3. 热熏法

热熏法是指原料经过适当腌渍（有时还可加调味料）后进行烟熏，温度在 50 ～ 80℃，多为 60℃，熏制时间在不超过 5 ～ 6h。在该温度范围内蛋白质几乎全部凝固。产品表面硬化度较高，但内部仍含有较多水分，有较好的弹性。采用本法在短时间内即可形成较好的烟熏色泽，操作简便，节省劳力。但要注意烟熏过程不能升温过快，否则会有发色不均的现象。本法在我国灌肠制品加工中应用最多。

4. 焙熏法

焙熏法的温度为 90 ～ 120℃，是一种特殊的熏烤方法，包含蒸煮或烤熟的过程，应用于烤制品生产，常用于火腿、培根的生产。由于熏制温度较高，熏制的同时达到熟制的目的，制品不必进行热加工就可以直接食用，而且熏制的时间较短。但产品贮藏性较差，而且脂肪熔化较多，适合于瘦肉含量较高的制品。

（四）其他烟熏方法

1. 电熏法

电熏法是应用静电进行烟熏的一种方法。将制品吊起，间隔 5cm 排列，相互连上正负电极，在送烟同时通上 15 ～ 20kV 高压直流电或交流电，使自体（制品）作为电极进行电晕放电，烟的粒子由于放电作用而带电荷，急速地吸附在制品表面并向内部渗透。电熏法比通常烟熏法缩短 1/20 的时间，可延长贮藏期，由于制品内部甲醛含量较高，因此不易生霉。缺点是烟的附着不均匀，制品尖端吸附较多，成本较高。目前应用很少。

2. 液熏法

用液态烟熏制剂代替烟熏的方法称为液熏法，又称无烟熏法。目前在国外已广泛使用，代表烟熏技术的发展方向。

（1）烟熏液的制备。烟熏液是将木材干馏过程中产生的烟雾冷凝，再将冷凝液进一步精馏以除掉有害物质和树脂后制成的一种液态熏烟制剂。将产生的烟雾引入吸收塔的水中，熏烟不断产生并反复循环被水吸收，直到达到理想的浓度。经过一段时间后，溶液中有关成分相互反应、聚合，焦油沉淀，过滤除去溶液中不溶性的烃类物质后，液态烟熏剂就基本制成了。这种液熏剂主要含有熏烟中的蒸气相成分，包括酯、有机酸、醇和羰基化合物。

（2）烟熏液的应用。液熏法有四种方式，即直接添加法、喷淋浸泡法、肠衣着色法和喷雾法，均在煮制前进行。

第一，直接添加法。烟熏液作为一种食品添加剂，经水稀释后，通过注射、滚揉或其他方式直接添加到产品中，经调和、搅拌均匀即可。多用于如红肠、小肚、圆火腿、午餐肉等肉糜类肉制品中。这种方式主要偏重产品风味的形成，但不能促进产品色泽的形成。

第二，喷淋浸泡法。在产品表面喷淋烟熏液或者将产品直接放入烟熏液中浸渍一段时间，然后取出干燥。这种方法有利于产品表面色泽及风味的产生。烟熏液使用前要预先稀释。一般来讲，20 ～ 30 份的烟熏液用 60 ～ 80 份的水稀释。不同产品的稀释倍数在市售烟熏液的使用说明中均有标示。

烟熏色泽的形成与烟熏液的稀释浓度、喷淋和浸泡的时间、固色和干燥过程等有关。在浸渍时加入 0.5%左右的食盐可提高制品的风味。

烟熏液可循环使用，但应根据浸泡产品的频率和浸泡量及时补充以达到所需浓度。在生产去肠衣的产品时，常在稀释后的烟熏液中加入 5%左右的柠檬酸或醋，以便于形成外皮。

第三，肠衣着色法。在产品包装前利用烟熏液对肠衣或包装膜进行渗透着色或进行烟熏，煮制时由于产品紧挨着已被处理的肠衣，烟熏色泽就被自动吸附在产品表面，同时具有一定的烟熏味。这种方式是目前流行的一种新方法。

第四，喷雾法。将烟熏液雾化后送入烟熏炉对产品进行熏制，为了节省烟熏液常采用间歇喷雾形式。一般是产品先进行短时间的干燥，烟熏液被雾化后送入烟熏炉，使烟雾充满整个空间，间隔一段时间后再喷雾，根据需要重复 2 ～ 3 次，间隔时间为 5 ～ 10min，以保证整个熏制过程中均匀的烟雾浓度。也可将烟熏过程分两次进行，即在两次喷雾间干燥 15 ～ 30min，干燥过程中打开空气调节阀，干燥的气流有助于烟熏色泽的形成。

采用喷雾式烟熏法时色泽的变化主要与烟熏液的浓度、喷雾后烟雾停留的时间、中间干燥的时间、炉内的温度和湿度等参数有关。这种方法虽然要在烟熏室进行，但容易保持设备清洁，不会有焦油或其他残渣沉积。

（3）液熏法的优点。采用液熏法的优点主要包括：①产品被致癌物污染的机会大大减少，因为在烟熏液的制备过程中已除去微粒相；②不需要烟雾发生器，节省设备投资；③产品的重现性好，液熏剂的成分一般是稳定的；④效率高，短时间内可生产大量带有烟熏风味的制品；⑤无空气污染，符合环境保护要求；⑥烟熏液的使用十分方便、安全，不会发生火灾，故而可在植物茂密地区使用。

三、熏烟成分及其作用

熏烟是木材不完全燃烧产生的，是由水蒸气、其他气体、液体（树脂）和固体微粒组合而成的混合物。熏制的实质就是制品吸收木材分解产物的过程，因此木材的分解产物是烟熏作用的关键。

熏烟的成分很复杂，现已从木材发生的熏烟中分离出来 200 多种化合物，其中常见的化合物为酚类、醇类、羰基化合物、有机酸和烃类等。但这并不意味着烟熏肉中存在所有化合物，有实验证明，对熏制品起作用的主要是酚类和羰基化合物。

（一）酚类

熏烟中酚类有 20 多种，其中有愈创木酚、4- 甲基愈创木酚等。在烟熏中，酚类有四种作用：①抗氧化作用，高沸点的酚类比低沸点的酚类抗氧化作用强；②促进熏烟色泽的产生；③有利于熏烟风味的形成，和风味有关的酚类主要是愈创木酚、4- 甲基愈创木酚、2，6- 二甲氧基酚类等，单纯的酚类物质气味单调，与其他成分（羰基化合物、胺、吡咯等）共同作用使味道效果则好得多；④防腐作用，酚类具有较强的抑菌防腐作用。酚及其衍生物是由木质素裂解产生的，温度为 280 ~ 550℃时木质素分解旺盛，温度为400℃左右时分解最强烈。

（二）醇类

木材熏烟中醇的种类繁多，其中最常见和最简单的醇是甲醇（木醇），此外还有乙醇、丙烯醇、戊醇等，但它们常被氧化成相应的酸类。醇类的作用主要是作为挥发性物质的载体，其含量也较低。它的杀菌效果很弱，对风味、香气并不起主要作用。

（三）有机酸

熏烟中含有的有机酸为 1 ~ 10 个碳原子的简单有机酸。1 ~ 4 个碳原子的酸存在于蒸汽箱内，5 ~ 10 个碳原子的酸附着在熏烟内的微粒上。有机酸对熏烟制品的风味影响甚微，但可聚积在制品的表面，呈现微弱的防腐作用。酸有促使烟熏肉表面蛋白质凝固的作用，在生产去肠衣的肠制品时，将有助于肠衣剥除。

有机酸来自于木材中纤维素和半纤维素的分解。纤维素分解旺盛的温度为 240 ~ 400℃，分解最强烈的温度为 300℃左右。半纤维素分解旺盛的温度为 180 ~ 300℃，分解最强烈的温度为 250℃左右。

（四）羰基化合物

熏烟中存在着大量的羰基化合物，主要是酮类和醛类。它们同有机酸一样存在于蒸汽蒸馏组分中，也存在于熏烟的颗粒上。虽然绝大部分羰基化合物为非蒸汽蒸馏性的，但蒸汽蒸馏组分内有着非常典型的烟熏风味，而且还含有所有羰基化合物形成的色泽。因此羰基化合物可使熏制品形成特有的熏烟风味和棕褐色。

（五）烃类

从熏烟中能分离出许多环芳烃（PAH），其中有苯并蒽、苯并芘、二苯并蒽及4- 甲基芘。在这些化合物中有害成分以3，4- 苯并芘为代表，它污染最广，含量最多，致癌性最强。

3，4- 苯并芘对食品的污染极为普遍，尤其是熏烤类肉制品，而以煤炉和柴炉直接熏烤的肉制品含量最高。如何减少熏烟成分中3，4- 苯并芘的含量是熏烤类肉制品行业极其关注的问题。

（六）气体物质

熏烟中产生的气体物质，如 CO_2、CO、O_2、NO、N_2O、乙炔、乙烯、丙烯等，这些化合物对熏制的影响还不甚明了，大多数对熏制无关紧要。CO_2 和 CO 可被吸收到鲜肉的表面，产生一氧化碳肌红蛋白，而使产品产生亮红色；O_2 也可与肌红蛋白形成氧合肌红蛋白或高铁肌红蛋白，但还没有证据证明熏制过程会产生这些物质。气体成分中的 NO 可在熏制过程中形成亚硝胺，碱性条件有利于亚硝胺的形成。

四、烟熏的目的

（一）呈味作用

烟熏风味主要来自两方面：①烟气中的许多有机化合物附着在制品上，赋予制品特有的烟熏香味，如有机酸（蚁酸和醋酸）、醛、醇、酮、酚类等，特别是酚类中的愈创木酚和4- 甲基愈创木酚是最重要的风味物质；②烟熏的加热促进肉制品中蛋白质的分解，生成氨基酸、低分子肽类、脂肪酸等，使肉制品产生独特的风味。

（二）发色作用

烟熏可以使肉制品呈深红色、茶褐色或褐黑色等，色泽美观。颜色的产生源于三方面：①熏烟成分中的羰基化合物可以和肉蛋白质或其他含氮物中的游离氨基发生美拉德反应，使制品具有独特的茶褐色；②熏烟加热促进了硝酸盐还原菌增殖及蛋白质的热变性，游离出半胱氨酸，从而促进 NO 血素原形成稳定的颜色；③受热时有脂肪外渗起到润色作用。

（三）杀菌作用

烟熏的杀菌防腐作用主要是烟熏的热作用、烟熏的干燥作用和烟熏所产生的化学成分共同作用的结果。熏烟成分中，有机酸、醛和酚类杀菌作用较强。有机酸可与肉中的氨、胺等碱性物质中和，由于其本身的酸性而使肉酸性增强，从而抑制腐败菌的生长繁殖。醛类一般具有防腐性，特别是甲醛，不仅具有防腐性，而且还与蛋白质或氨基酸的游离氨基结合，使碱性减弱，酸性增强，进而增加防腐作用；酚类物质也具有弱的防腐性。

熏烟的杀菌作用较为明显的是在表层，经熏制后产品表面的微生物可减少至 1/10。大肠杆菌、变形杆菌、葡萄球菌对熏烟最敏感，3h 即死亡。只有霉菌及细菌芽孢对熏烟较稳定。

由烟熏产生的杀菌防腐作用是有限度的。未经腌制处理的生肉，如仅烟熏则易遭致迅速腐败。而通过烟熏前的腌制和烟熏中、烟熏后的脱水干燥则赋予熏制品良好的贮藏性能。

（四）抗氧化作用

熏烟中许多成分具有抗氧化作用。抗氧化作用最强的是酚类，其中以邻苯二酚和邻苯三酚及其衍生物作用尤为显著。试验表明，熏制品在 15℃条件下放置 30d，过氧化值无变化，而未经过烟熏的肉制品过氧化值增加 8 倍。

五、常见烟熏设备

（一）烟熏设备

1. 简易烟熏室

冷熏室内的熏灶采用混凝土或灰泥建造，烟熏室的顶部装设可调节温度、发烟、通风的百叶窗，为了安全防火起见，室内侧壁要用砖块水泥或石块制作。烟熏室的大小以 1.8m×2.7m 较为合适，如烟熏室过大，出入料不方便，工作效率也不高。上部有可以启闭的排气孔，下部设置通风口。温熏室宽 1.8m，深 2.7m（到顶部百叶窗上），高 3m 左右，操作方便。四壁用混凝土粉刷，外侧用铁皮覆盖，顶部装百叶窗，并设置直径 30 ~ 60cm 的烟囱，在烟囱尖端安装排气装置，烟囱上装设调节板以便调节排气量。

2. 强制通风式烟熏装置

熏室内空气用风机循环，产品的加热源是煤气或蒸汽。这种类型的烟熏炉，空气能均匀流动，还能良好地控制湿度，它不仅能正确地控制烟熏过程，而且能控制比烟熏更重要的熟制温度以及成品的干缩度。与自然空气循环烟熏炉相比，主要的优点包括：①烟熏室里温度均一，可防止熏制不均匀；②温、湿度可自动调节，便于大量生烟；③因热风带有一定的温度，不仅使产品中心温度上升快，而且可以阻止水分的蒸发，从而减少损耗；④香辛料等不会减少。正是由于这些优点，国外普遍采用这种设备。实际生产这种烟熏炉除可用于烟熏外，还经常被用于蒸煮。

3. 隧道式连续烟熏炉

隧道式连续烟熏炉每小时能熏制 1.5 ~ 5t 产品。产品的热处理、烟熏加热、热水处理、预冷却和快速冷却均在通道内连续不断进行。原料从一侧进，产品从另一侧出，这种设备的优点是效率极高。为便于观察与控制，通道内装闭路电视，全过程均可自动控制。不过，初期的投资大而且产量也限制其用途，不适于小批量、多品种的生产。

4. 全自动烟熏炉

全自动烟熏炉是目前最先进的肉制品烟熏设备。除具有干燥、烟熏、蒸煮的主要功能外，还具有自动喷淋、自动清洗的功能，适合于所有烟熏或不烟熏肉制品的干燥、烟熏和蒸煮工序。室外壁设有 PLC 电气控制板，用以控制烟熏浓度、烟熏速度、相对湿度、室温、物料中心温度及操作时间，并装有各种显示仪表。

全自动烟熏炉按照容量可分为一门一车、一门两车、两门四车等型号。也可以前后开门，前门供装生料使用，朝向灌肠车间，后门供冷却、包装使用，朝向冷却和包装间，这样生熟分开，有利于保证肉制品卫生。也有两门一车、两门两车、四门四车型。

（1）全自动熏烤炉的主要结构。全自动熏烤炉由冷水接头、排气电机、加热室、搅拌风机、加热器、空气导管、新风喷嘴、搅拌电机、绝缘体、锯末搅拌电机、送烟管、烟吹风机、炉门、排潮风机、锯末料斗、燃烧室等组成。

（2）全自动熏烤炉的工作原理。将肉制品挂在架子车上，推入炉内，关好炉门，按加工肉制品工艺程序要求，把时间和温度数据输入操作控制盘的计算器上，启动控制盘操作按钮，电脑就按编排好的程序开始工作。

炉内安装排管式加热器，通过强制热对流传热，使加热室内空气升温。各蒸汽管路阀门由蒸汽电磁按指令开、关。在生产过程中蒸汽压力保持在 294 ~ 392kPa，然后由搅拌风机把加热室中的热风输送到炉内，使热风透过产品之间缝隙进行热交换，使产品受热脱水，达到烘烤目的。

烘烤时间、温度达到要求后，电脑发出指令，蒸汽电磁阀打开挡板，向炉内释放蒸汽，进行热加工。此时炉内自动保持要求温度，搅拌风机同时转动，使蒸汽在炉内扩散均匀，保持恒温，提高传热效率，避免制品在蒸煮时出现生熟不均现象。

蒸煮工序结束后，电脑自动发出指令，烟雾发生器开始工作，向炉内输送烟，对制品进行烟熏。为保持炉内恒温，加热器同时工作，把经加热的空气吹入炉内。

烟雾发生器工作是独立操作。当锯末倒入料斗后，烟雾发生器电热管开始加热锯末、发烟，但不会出现明火燃烧。锯末在锥形料斗内的搅拌器转动下，均匀散落在加热器上，并覆盖整个加热器，发出的烟由吹风机吹入管道，并经炉壁上的水过滤器进入炉内，这样可把烟内杂物除去，以保证烟熏制品的质量和卫生标准。

烟熏结束后，炉内需要一个冷却过程。冷却水管安装的电磁阀在电脑控制下打开，使冷水经过管路喷嘴向产品喷雾冷却。同时排潮风机自动启动向炉内排入冷空气，使炉内在较短的时间内降温。

（二）烟雾发生器

1. 燃烧装置

利用燃烧法产生烟雾就是指将木屑倒在电热燃烧器上使其燃烧，再通过风机送烟的方法。此法将发烟和熏制分两处进行。烟的生成温度与直接烟熏法相同，需通过减少空气量和控制木屑的湿度进行调节，但有时仍无法控制在400℃以内。所产生的烟是靠送风机与空气一起送入烟熏室内的，所以烟熏室内的温度基本上由烟的温度和混入空气的温度所决定。这种方法是以空气的流动将烟尘附着在制品上，从发烟机到烟熏室的烟道越短，焦油成分附着越多。

2. 湿热分解装置

湿热分解法是将水蒸气和空气适当混合，加热到300 ~ 400℃后，使热量通过木屑产生热分解。因为烟和水蒸气是同时流动的，因此变成潮湿的高温烟。一般送入烟熏室内的烟温度约80℃，故在烟熏室内烟熏之前制品要进行冷却。冷却可使烟凝缩附着在制品上，因此也称凝缩法。

六、熏肉的加工技术

（一）沟帮子熏鸡的加工技术

“辽宁沟帮子熏鸡已有近百年的历史，风味独特。”[①] 沟帮子是辽宁省北镇县的一座集镇，以盛产熏鸡而闻名北方地区。沟帮子熏鸡具有外观油黄、暗红，肉质娇嫩，口感香滑，味香浓郁，不腻口，清爽紧韧，回味无穷的特点，很受北方人的欢迎。

1. 沟帮子熏鸡的参考配方

白条鸡 75kg，砂仁 15g，肉蔻 15g，丁香 30g，肉桂 40g，山柰 35g，白芷 30g，陈皮 50g，桂皮 45g，鲜姜 250g，花椒 30g，八角 40g，辣椒粉 10g，胡椒粉 10g，食盐 3kg，味精 0.13kg，磷酸盐 0.12kg。

2. 沟帮子熏鸡的工艺流程

沟帮子熏鸡的工艺流程包括：①选料；②宰杀；③排酸；④腌制；⑤整形；⑥卤制；⑦干燥；⑧熏烤；⑨无菌包装；⑩微波杀菌；⑪成品。

3. 沟帮子熏鸡的操作要点

（1）选料。选取来自于非疫区的一年生健康公鸡，体重 0.73 ~ 0.77kg。一年生公鸡肉嫩、味鲜，而母鸡由于脂肪太多，吃起来腻口，一般不宜选用。

（2）宰杀。刺杀放血，热烫去毛后的鸡体用酒精灯燎去小毛，腹部开膛，取出内脏，拉出气管及食管，用清水漂洗去尽血水后，送预冷间排酸。

（3）排酸。排酸温度要求在 2 ~ 4℃，排酸时间 6 ~ 12h，经排酸后的白条鸡肉质柔软，有弹性，多汁，制成的成品口味鲜美。

（4）腌制。采用干腌与湿腌相结合的方法，在鸡体的表面及内部均匀地擦上一层盐和磷酸盐的混合物，干腌 0.5h 后，放入饱和的盐溶液继续腌制 0.5h，捞出沥干备用。

（5）整形。用木棍将鸡腿骨折断，把鸡腿盘入鸡的腹腔，头部拉到左翅下，码放在蒸煮笼内。

（6）卤制配汤。将水和除腌制料以外的其他香辅料一起入蒸煮槽，煮至沸腾后，停止加热，盖上盖，闷 30min 备用。将蒸煮笼吊入蒸煮槽内，升温

① 曹宏伟．沟帮子熏鸡加工技术 [J]．农村新技术，2004（6）：40.

至 85℃，保持 45min，检验大腿中心，以断生为度，即可吊出蒸煮槽。

（7）干燥。采用烟熏炉干燥，干燥时间为 5 ～ 10min，温度 55℃，以产品表面干爽、不黏手为度。

（8）熏烤。采用烟熏炉熏制，木屑采用当年产、无霉变的果木屑，适量添加白糖，熏制温度 55℃，时间 10 ～ 18min，熏至皮色油黄、暗红色即可。而后在鸡体表面抹上一层芝麻油，使产品表面油亮。

（9）无菌包装。包装间采用臭氧、紫外线消毒，真空贴体袋包装。

（10）杀菌。采用隧道式连续微波杀菌或其他二次杀菌方式，杀菌时间 1 ～ 2min，中心温度控制在 75 ～ 85℃，杀菌后冷却至常温，即为成品。

（二）生熏腿的加工技术

生熏腿又称熏腿，是西式烟熏肉制品中的一种高档产品，用猪的整只后腿加工而成。成品外形呈琵琶状，表皮金黄色，外表肉色为咖啡色，内部淡红色，硬度适宜，有弹性，肉质略带轻度烟熏味，清香爽口。我国许多地方都有生产生熏腿。

1. 生熏腿的参考配方

猪后腿 10 只（质量 50 ～ 70kg），食盐 4.5 ～ 5.5g，亚硝酸钠 5 ～ 10g，白糖 250g。

2. 生熏腿的工艺流程

生熏腿的工艺流程包括：①原料选择与整形；②腌制；③浸洗；④修整；⑤熏制；⑥成品。

3. 生熏腿的操作要点

（1）原料选择与整形。选择健康的猪后腿肉，要求皮薄骨细，肌肉丰满。将选好的原料肉放入 0℃左右的冷库中冷却，使肉温降至 3 ～ 5℃，约需 10h。待肉质变硬后取出修割整形，这样腿坯不易变形，外形整齐美观。整形时，在跗关节处割去脚爪，除去周边不整齐部分，修去肉面上的筋膜、碎肉和杂物，使肉面平整、光滑。刮去肉皮面残毛，修整后的腿坯重 5 ～ 7kg，形似琵琶。

（2）腌制。采用盐水注射和干、湿腌配合进行腌制。先进行盐水注射，然后干腌，最后湿腌。

盐水注射需先配盐水。盐水配制方法：取食盐 6 ～ 7kg，白糖 0.5kg，亚硝酸钠 30 ～ 35g，清水 50kg，置于容器内，充分搅拌溶解均匀，即配成注射盐水。用盐水注射机把盐水强行注入肌肉，要分多部位、多点注射，尽可能使盐水在肌肉中分布均匀，盐水注射量约为肉重的 10%。注射盐水后的腿坯，应及时揉擦硝盐进行干腌。硝盐配制方法：取食盐和硝酸钠，按 100∶1 的比例混合均匀。将配好的硝盐均匀揉擦在肉面上，硝盐用量约为肉重的 2%。擦盐后将腿坯置于 2 ~ 4℃冷库中，腌制 24h 左右。最后将腿坯放入盐卤中浸泡。

盐卤配制方法：50kg 水中加盐约 9.5kg，硝酸钠 35g，充分溶解搅拌均匀即可。湿腌时，先把腿坯一层层排放在缸内或池内，底层的皮向下，最上面的皮向上。将配好的浸渍盐水倒入缸内，盐水的用量一般约为肉重的 1/3，以将肉浸没为原则。为防止腿坯上浮，可加压重物。浸渍时间约需 15d，中间要翻倒几次，以利腌制均匀。

（3）浸洗。取出腌制好的腿坯，放入 25℃左右的温水中浸泡。其目的是除去表层过多的盐分，以利提高产品质量，同时也使肉温上升，肉质软化，有利于清洗和修整。最后清洗并刮除表面杂物和油污。

（4）修整。腿坯洗好后，需修割周边不规则的部分，削平趾骨，使肉面平整光滑。在腿坯下端用刀戳一小孔，穿上棉绳，吊挂在晾架上晾挂 10h 左右，同时用干净的纱布擦干肉中流出的血水，晾干后便可进行烟熏。

（5）熏制。将修整后的腿坯挂入熏炉架上。选用无树脂的发烟材料，点燃后上盖碎木屑或稻壳，使之发烟。熏炉保持温度在 60 ~ 70℃，先高后低，整个烟熏时间为 8 ~ 10h。如生产无皮火腿，需在坯料表面盖一层纱布，以防木屑灰尘沾污成品。当手指按压坚实有弹性，表皮呈金黄色时出炉即为成品。

（三）北京熏猪肉的加工技术

北京熏猪肉是北京地区的风味特产，具有清香味美、风味独特、宜于冷食的特点，深受群众喜爱。

1. 北京熏猪肉的参考配方

猪肉 50kg，粗盐 3kg，白糖 200g，花椒 25g，八角 75g，桂皮 100g，小茴香 50g，鲜姜 150g，大葱 200g。

2. 北京熏猪肉的工艺流程

北京熏猪肉的工艺流程包括：①原料选择与整修；②煮制；③熏制；④成品。

3. 北京熏猪肉的操作要点

（1）原料选择与整修。选用经卫生检验合格后的皮薄肉厚的生猪肉，取其前后腿肉，剔除骨头，除净余毛，洗净血块、杂物等，切成 15cm 方的肉块，用清水泡 2h，捞出后沥干水，或入冷库中用食盐腌一夜。

（2）煮制。将肉块放入开水锅中煮 10min，捞出后用清水洗净。把老汤倒入锅内并加入除白糖外的所有辅料，大火煮沸，然后把肉块放入锅内烧煮，开锅后撇净汤油及脏沫子，每隔 20min 翻一次，约煮 1h。出锅前把汤油及沫子撇净，将肉捞到盘子里，沥干水分，再整齐地码放在熏屉内，以待熏制。

（3）熏制。熏制的方法有两种：①将锯末刨花放在熏炉内，熏 20min 左右即为成品；②将空铁锅坐在炉子上，用旺火将放入锅内底部的白糖加热至出烟，将熏屉放在铁锅内熏 10min 左右即可出屉码盘。

（四）培根的加工技术

培根是未经煮制的半成品，外皮油润，呈金黄色，皮质坚硬，瘦肉呈深棕色，切开后肉色鲜艳。其风味除带有适口的咸味之外，还具有浓郁的烟熏香味。它是西餐中使用广泛的肉制品，一般用作多种菜肴的调配原料，起提味配色作用，有时也可煎食。根据所用原料，培根可分为大培根、排培根和奶培根（脂肪培根）三种。虽然选料不同，但各种培根的加工方法基本相同。

1. 培根的参考配方

原料肉 100kg，食盐 8kg，硝酸钠 50g。

2. 培根的工艺流程

培根的工艺流程包括：①选料；②剔骨；③整形；④腌制；⑤漫泡；⑥再整形；⑦烟熏；⑧成品。

3. 培根的操作要点

（1）选料。培根对原料的要求较高，各种培根的选料，都需用瘦肉型的白毛猪。这种类型的猪有两个特点：①肌肉丰满，瘦肉多肥肉少，背部和腹部的脂肪较薄；②即使有些毛根仍留在皮内，由于毛根呈白色，经过烟熏，在半透明的肉皮上不会有黑点呈现出来，不影响产品的美观。因条件所限，以黑毛猪为原料时，亦须选择细皮白肉猪，否则影响产品质量。

大培根原料取自猪的白条肉中段，即前始于第 3 ～ 4 根胸肋骨，后止于荐椎骨的中间部分，割去乳脯，保留大排，带皮去骨。排培根原料取自猪的大排，有带皮、无皮两种，去硬骨。奶培根原料取自猪的方肉，即去掉大排的肋条肉，有带皮、无皮两种，去硬骨。

（2）剔骨。各种培根均须剔骨。剔骨是一项技术性较强的工序，剔骨操作的基本要求是保持肉皮完整，整块原料基本保持原形，做到骨上不带肉，肉中无碎骨。具体操作方法是右手持剔肉刀，左手按住肉块，根据骨头的部位，使刀尖的锋口对准骨的正中，然后缓缓移动刀尖，把硬肋骨表面上的一层薄膜剖开，到硬骨和软骨的交锋处停刀，随即用刀尖向左右两边挑开骨膜，使肋骨的端点脱离肉体而稍向上翘起，最后用力向斜上方扳去，肋骨就自然脱离肉体。用刀紧贴骨面将椎骨一同割下。

（3）整形。将去骨后的肉料，用刀修割，使其表面和四周整齐光滑称整形。整形决定产品的规格和形状。培根呈长方形，应注意每一条边是否呈直线，如有不整齐的边，需用刀修割成直线，务必使四周整齐、光滑。修去碎骨、碎油、筋膜、血块，刮尽皮上残毛，割去过高、过厚肉层。注意把大培根和排培根上面的腰肌用小刀割除，使成品培根不带腰肌。奶培根要割除横脯膜、乳脯肉。经整形后，每块长方形原料肉的重量，大培根要求 8 ~ 11kg，排培根要求 2.5 ~ 4.5kg，奶培根要求 2.5 ~ 5kg。

（4）腌制。腌制是培根加工的重要工序，它决定成品口味和质量。培根腌制一般分干腌和湿腌两个过程。

第一，腌制设备和温度。腌制设备主要是腌缸，国外采用水泥池和不锈钢池。腌制过程需要在 0 ~ 4℃的冷库中进行，目的在于防止微生物生长繁殖而引起肉料变质。

第二，腌料的配制。干腌腌料的配制是按配方标准分别称取食盐、硝酸钠，然后各取一半进行拌和。由于硝酸钠的量很少，为了搅拌均匀，须将硝酸钠溶于少量水中制成硝水，再加食盐拌和均匀即为腌料。“盐卤”的配制是把配方一半的食盐和硝酸钠倒入缸中，加入适量清水，用搅棒不断搅拌，水量加至盐卤浓度适宜时为止。

第三，腌制方法。

干腌是腌制的第一阶段，将配制好的干腌料敷于肉坯料表面，并轻轻搓擦，必须无遗漏地搓擦均匀，待盐粒与肉中水分结合开始溶化时，将坯料逐块抖落盐粒，装缸置冷库内腌制 20 ~ 24h。

湿腌是腌制的第二阶段，经过干腌的坯料随即进行湿腌。方法是在缸内先倒入少许盐卤，然后将坯料一层一层叠入缸内，每叠 2 ~ 3 层，加盐卤少许，直至装满。最后一层皮面朝上。用石块或其他重物压于肉上，加盐卤至淹没肉坯的顶层为止，所加盐卤总量和坯料重量之比为 1∶3。因干腌后的坯料中带有盐料，入缸后盐卤浓度会增高，如浓度超标，需用清水冲淡。在湿腌过程中，每隔 2 ～ 3d 翻缸一次，湿腌期一般为 6 ～ 7d。

第四，腌制成熟的掌握。用腌制成熟期来衡量坯料是否腌好是不准确的。因影响成熟期的因素很多，如发色剂的种类、操作方法、冷库温度、管理好坏等均对腌制成熟期有一定影响。所以，坯料是否腌好应以肉质的色泽变化为衡量标准。鉴别色泽的方法：可将坯料瘦肉割开观察肉色，如已呈鲜艳的玫瑰红色，手摸不粘，则表明腌制成熟。如瘦肉的内部仍是原来的暗红色，或者仅有局部的鲜红色，手摸有粘手之感，则表明没有腌制成熟。

（5）浸泡。各种培根出缸后都需用淡水浸泡洗涤，以清除污垢，同时可以降低咸度，避免烟熏干燥后表面出现白色盐花，影响成品外观。浸泡时间一般为 30min，如腌制后的坯料呈味过重，可适当延长浸泡时间。浸泡用水因气候而异，夏天用冷水，冬天用温水。浸泡后测定坯料咸度，可割取瘦肉一小块，用舌尝味，也可煮熟后尝味评定。

（6）再整形。坯料虽已经过整形，但经过上述工序后，外形稍有变动，因此需再次整形。把不呈直线的肉边修割整齐，刮去皮肤上的残毛和油污。然后在坯料靠近胸骨的一端距离边缘 2cm 处刺 3 个小孔（排培根刺 2 个小孔），穿上线绳，串挂于木棒或竹竿上，每杆 4 ～ 5 块肉坯，肉坯与肉坯之间保持一定距离，沥干水分，以待进入烘房熏制。

（7）烟熏。烟熏需在密闭的熏房内进行。熏房用砖砌成，有门无窗，地面铺砖或水泥，熏房顶部设有 2 ～ 3 个孔洞，以便于排出余烟。在墙脚和后门的底部也需有 1 ～ 2 个孔洞，以防熄灭室内烟火。

烟熏方法是根据熏房面积大小，先用木柴堆成若干堆，用火燃着，再覆盖锯木屑，徐徐生烟；也可直接用锯木屑分堆燃着。前者可提高熏房温度，使用较广泛。木柴或锯木屑分堆燃着后，将沥干水分的坯料移入熏房，这样可使产品少沾灰尘。熏房温度一般保持在 60 ～ 70℃，在烟熏过程中需适时移动坯料在熏房中的上下位置，以便烟熏均匀。烟熏一般需要 10h，待坯料肉皮呈金黄色时，表明烟熏完成，即为成品。

4. 培根的成品规格

（1）大培根。成品为金黄色，瘦肉割开后色泽鲜艳，每块重 7 ～ 10kg。

（2）奶培根。成品为金黄色，无硬骨，刀工整齐，不焦苦。带皮每块重 2 ～ 4.5kg；无皮每块重量不低于 1.5kg。成品率 82% 左右。

（3）排培根。成品金黄色，带皮无硬骨，刀工整齐，不焦苦。每块重 2 ～ 4kg，成品率 82% 左右。

第六章　灌制品加工技术

第一节　肠衣与灌肠的加工技术

一、肠衣的加工及选用技术

（一）天然肠衣的加工技术

“天然肠衣是灌肠类食品的主要包装材料，在我国国民经济中占有重要地位，也是国家出口创汇的重要组成部分。”[①]天然肠衣是用猪、牛、马、羊等动物的大肠、小肠、盲肠、食管和膀胱等消化系统或泌尿系统的脏器，经自然发酵或冲洗，去除黏膜后盐渍或干制而成。有些脏器，如胃、大肠等也可在新鲜时使用。天然肠衣可食用，弹性好，可以防止突然失水，具有安全性、水汽透过性、烟熏味渗入性、热收缩性和对肉馅的黏着性，还有良好的韧性和坚实性，是灌肠中传统的理想肠衣。

天然肠衣因加工方法不同，分干制和盐渍两类。干制肠衣的商品形式成捆成扎的；盐渍肠衣用橄榄形的桶装，以“把”为单位，每把根数固定。

天然肠衣的直径不尽相同，厚度也有区别，有的甚至弯曲不齐。对灌制品的规格和形状有一定影响，特别是对于定量包装产品受到一定的限制，同时它取自畜体，数量有限。天然肠衣由于加工关系，常有某些缺点。例如，猪肠衣经盐蚀后会部分失去韧性，无拉力，加工时灌肠不净，容易带有杂质和异味，与金属器具接触会产生黑斑等。此外，加工和保管过程中，容易遭到虫蛀，出现孔洞（沙眼）和异味、哈味、变黑等。

① 刘华．柔性肠衣制品自动化加工设备的设计研究［D］．福州：福州大学，2020：3.

1. 盐渍猪肠衣的加工技术

（1）取肠。猪宰后，先从大肠与小肠的连接处割断，随即一只手抓住小肠，另一只手抓住肠网油，轻轻地拉扯，使肠与油层分开，直到胃幽门处割下。

（2）捋肠。将小肠内的粪便尽量捋尽，然后灌水冲洗，此肠称为原肠。

（3）浸泡。从肠大头灌入少量清水，浸泡在清水木桶或缸内。一般夏天 2 ~ 6h，冬天 12 ~ 24h。冬天的水温过低，应用温水进行调节提高水温。要求浸泡的用水要清洁，不能含有矾、硝、碱等物质。将肠泡软，易于刮制，又不损害肠衣品质。

（4）刮肠。把浸泡好的肠放在平整光滑的木板（刮板）上，逐根刮制。刮制时，一手捏牢小肠，一手持刮刀，慢慢地刮，持刀须平稳，用力应均匀。既要刮净，又不损伤肠衣。

（5）盐腌。每把肠（91.5m）的用盐量为 0.7 ~ 0.9kg。要轻轻涂擦，到处擦到，力求均匀。一次腌足。腌好后的肠衣再打好结，放在竹筛上，盖上白布，沥干生水。夏天沥水 24h，冬天沥水 2d。沥干水后将多余盐抖下，无盐处再用盐补上。

（6）浸漂拆把。将半成品肠衣放入水中浸泡、折把、洗涤、反复换水。浸漂时间夏季不超过 2h，冬季可适当延长。漂至肠衣散开、无血色、洁白即可。

（7）灌水分路。将漂洗净的肠衣放在灌水台上灌水分路。肠衣灌水后，两手紧握肠衣，双手持肠距离 30 ~ 40cm，中间以肠自然弯曲成弓形，对准分路卡，测量肠衣口径的大小，满卡而不碰卡为本路肠衣。测量时要勤抄水，多上卡，不得偏斜测量。

（8）配码。将同一路的肠衣，在配码台上进行量码和搭配。在量码时先将短的理出，然后将长的倒在槽头，肠衣的节头合在一起，以两手拉着肠衣在量码尺上比量尺寸。量好的肠衣配成把。配把要求每把长 91.5m，节头不超过 18 节，每节不短于 1.37m。

（9）盐腌。每把肠衣用精盐（又称肠盐）1kg。腌时将肠衣的结拆散，然后均匀上盐，再重新打好把结，置于筛盘中，放置 2 ~ 3d，沥去水分。

（10）扎把。将肠衣从筛内取出，一根根理开，去其经衣，然后扎成大把。

（11）装桶包装。扎成把的肠衣，装在木制的“腰鼓形”的木桶内，桶内用塑料袋再衬白布袋，将肠衣在白布袋里由桶底逐层整齐地排列，每一层压实，撒上一层精盐。每桶 150 把，装足后注入清洁热盐卤。最后加盖密封，并注明肠衣种类、口径、把数、长度、生产日期等。

（12）贮藏。肠衣装在木桶内，木桶应横放贮藏，每周滚动一次，使桶内卤水活动，防止肠衣变质。贮藏的仓库须清洁卫生、通风。温度要求在0 ~ 10℃，相对湿度 85% ~ 90%。还要经常检查和防止漏卤等。

在行业中，将每把肠衣规格一致的称为“清路”或“清把”，将不同口径的缠为一把的称为“混路”或“混把”，将众多 1 ~ 2m 的肠衣缠为一把的称为“短把”。

2. 干制肠衣的加工技术

（1）泡肠。刮制前的原肠，冬天可用缸以清水泡 1d 以上（春夏秋泡 1d），但不要超过 3d，并要每天换水。

（2）刮制。将肠放在刮板上摆顺，以左手按住原肠，右手持刮刀由左向右均匀地刮动，刮去肠中的黏膜与肠皮。在刮制时，要用水冲、灌、漂，把色素排尽。遇有破眼，即在该部位割断，同时将弯头、披头割去。在冬季加工需用热水刮肠。

（3）食用碱处理。将翻转洗净的原肠，以 10 根为 1 套，放入缸或木盆里，每 70 ~ 80 根用 5% 食用碱碱溶液 2500mL，倒入缸或盆中，迅速用竹棒搅拌肠子便可洗去肠上油脂，如此漂洗 15 ~ 20min，就能使肠子洁净，色质变好。

（4）漂洗。将去脂后的肠子放入盛有清水的缸中浸漂（夏季 3h，冬季 24h），常换水，漂成白色。

（5）腌肠。腌肠可使肠子收缩，制成干肠衣后不会随意扩大。腌制方法就是将肠子放入缸中，加盐，9m 长用盐 0.75 ~ 1kg。腌渍 12 ~ 24h，夏天可缩短，冬天可稍长。

（6）水洗。用水把盐渍漂洗干净。

（7）吹气。洗净后的肠衣，用气枪吹气，检查有无漏洞。

（8）干燥。吹气后的肠衣，可挂在通风处晾干，或放在干燥室内（室温 29 ~ 35℃），让其快干。

（9）压平。将干燥后的肠衣一头用针刺孔，以便空气排出，然后均匀地喷上水，用压肠机将肠衣压扁，然后包扎成把，即可装箱待销。干制肠衣的保管过程中应注意一定要放在通风干燥场所，防止虫蛀。

3. 常用天然肠衣合格品的要求

（1）盐渍猪大肠合格品的要求：清洁，新鲜，去杂质，气味正常，毛圈完整，呈白色或乳白色。按长度分为 3 个规格：1 路，60mm 以上；2 路，50 ～ 60mm；3 路，45 ～ 50mm。

（2）盐渍羊小肠合格品的要求：肠壁坚韧，无痘疔，新鲜，无异味，呈白色或青白色、灰白色、青褐色。按长度分为 6 个规格：1 路，22mm 以上；2 路，20 ～ 22mm；3 路，18 ～ 20mm；4 路，16 ～ 18mm；5 路，14 ～ 16mm；6 路，12 ～ 14mm。

（3）盐渍牛小肠合格品的要求：新鲜，无痘疔、破洞，气味正常，呈粉白色或乳白色、灰白色。按长度分为 4 个规格：1 路，45mm 以上；2 路，40 ～ 45mm；3 路，35 ～ 40mm；4 路，30 ～ 35mm。

（4）盐渍牛大肠合格品要求：清洁，无破洞，气味正常，呈粉白色或乳白色、白色、灰白色、黄白色。按长度分为 4 个规格：1 路，55mm 以上；2 路，45 ～ 55mm；3 路，35 ～ 45mm；4 路，30 ～ 35mm。

（5）干腌猪膀胱合格品要求：清洁，无破洞，带有尿管，无臊味，呈黄白色或黄色、银白色。按折叠后的长度分为 5 个规格：1 路，35mm 以上；2 路，30 ～ 35mm；3 路，25 ～ 30mm；4 路，20 ～ 25mm；5 路，15 ～ 20mm。

4. 天然肠衣的贮存与准备

肠衣如果管理不善，就会变质，尤其在炎热的夏季，更应该特别注意。目前我国肠衣主要贮存在冷库、地下室、山洞、地窖仓库。在贮存中，仓库必须保持清洁、通风，温度控制在 0 ～ 10℃，相对湿度控制在 85% ～ 90%。肠衣桶应横倒在木架上，每周滚动 1 次，使桶内卤水活动，保证常以质量。

干制肠衣应以防虫蛀、鼠咬、受潮、发霉为主，仓库必须保持干燥、通风，温度最好控制在 20℃以下，相对湿度 50% ～ 60%，要专库专用，避免风吹、暴晒、雨淋，不要放在高温处，不要与有特殊气味的物品放在一起。

在使用肠衣前，应根据各种灌制品的规格，合理选用肠衣的品种和规格。一般以口径为标准，在同一批次生产中务求肠衣规格一致，大小、粗细相同，否则影响灌制品的外观、形状和质量。

干肠衣、盐渍肠衣均需在使用前用温水冲洗，特别是盐渍肠衣，需充分水冲至发白、无异味、无杂质为准，并检出有孔洞和规格不一的肠衣。干肠衣质干易破裂，浸泡后变成柔软状态方可使用，不必内外翻转冲洗。

凡使用牛大肠制成的直形灌肠，需将制品肠衣按成品规定长短剪断，并用线绳结扎其中一端，以便逐根灌制。灌制品经烘烤、煮制、烟熏后长度缩短10%～15%，因此每根肠衣长度需相应放长。用猪、牛、羊小肠灌制的产品，大多呈弯曲状，一般采用整根，用扭转方法分段，不必剪断。但所有灌制品为了保证外观整齐，都需在加工过程中把多余的结扎肠衣剪断。

（二）人造肠衣的加工技术

人造肠衣使用方便，易于灌制，可以做到商品规格化，装潢美观，对商品规格化和新工艺的采用具有一定意义。同时人造肠衣用作包装材料的薄膜一般具有透明、柔软、化学性质稳定、强度大、防潮、防火、耐腐蚀、耐油、耐热、耐寒、可热黏合、质量轻、耐污染、卫生、适应气温变化性强等特点，特别是塑料肠衣能够印刷标示图案等。如果某种单层薄膜性能达不到使用要求时，就需要有选择的把几种薄膜复合在一起。

用作肉制品包装的薄膜，应具有气密性好、防潮、热合性好、无味、无臭、无毒、耐热、耐蒸煮、防止紫外线透过、耐油、耐腐蚀、耐寒、适应机械操作等特性。如果选择的薄膜难以适应内容物的特点，就会引起变质腐烂，并会产生机械操作中诸如黏合不好、阻塞、起皱破裂、穿孔、发霉、虫害等现象。因此，人造肠衣因原料不同，可分为以下类型：

1. 纤维素肠衣

用天然纤维素如棉绒、木屑、亚麻和其他植物纤维制成，其大小、规格不同，又能经受高温快速加工，充填方便，抗裂性强，在湿润情况下也能进行熏烤。根据纤维素的加工技术不同，这种肠衣分为小直径纤维素肠衣、大直径纤维素肠衣和纤维状肠衣。纤维素肠衣不能食用，不能随肉馅收缩，在制成成品后要剥去。

（1）小直径纤维素肠衣。小直径纤维素肠衣主要应用在制作熏烤成串的无肠衣灌制品和小灌制品中。肠衣全长为2.13～4.86m，充填直径（折径）为1.5～5cm。长度太长不便套挂，操作麻烦费事。因此，制成后还需经过抽褶，把肠衣按一定长度进行压制（如1.5m的肠衣压缩到几厘米长）。这样不仅可以节省套挂时间，并可使充填机的速率加快到79～90m/min。

为了增大肠衣的柔韧性，充填时不破裂，套挂前必须用水把肠衣喷湿，经过充填结扎后的产制品就可挂在熏杆上进行熏烤。烟熏过的灌制品要用冷水喷淋，随后送到0～4℃的冷库中过夜，或急冷5～10min，或使用盐水冷却剂冷却干燥后去掉肠衣，再进行包装。纤维素肠衣中，还有一种经化学处理的肠衣，该肠衣在制成灌制品后很容易剥掉，所以又称易剥纤维素小肠衣。

（2）大直径纤维素肠衣。大直径纤维素肠衣按照肠衣类型又可分为普通肠衣、高收缩性肠衣和轻质肠衣。

第一，普通肠衣。应用比较广泛，可制成不同规格的灌制品，充填直径（折径）5 ~ 12cm，并且有透明、琥珀、淡黄色等色泽。这类肠衣使用前需浸泡在水中，基本上可当作腌肉和熏肉的包装来固定成型。该肠衣计较坚实，不宜在加工中破裂。

第二，高收缩性肠衣。这种肠衣适用范围也较广泛，在制作时经过特殊处理，因此收缩柔韧性很高，特别适合生产大型蒸煮肠和火腿，充填直径可达 7.6 ~ 20cm，成品外观比较好。

第三，轻质肠衣。肠衣很薄，透明、有色，充填直径有 8 ~ 24cm，适合包装火腿及面包式的肉制品，但不适合蒸煮。

使用这些肠衣时应注意：①浸泡，充填前将肠衣浸泡在冷水或 10 ~ 40℃的温水中 30min，对于油印标示的肠衣浸泡时间还要更长，以保证印色浸透清楚，用剩的肠衣脆裂后不能继续使用；②充填，使用大直径的纤维素肠衣和小直径的充填方法不同，因为每一根肠衣就是一根产品。因此，每充填一根都要用线结扎或铅丝打卡封口，并在风干时吊挂，充填后的灌制品如果不能立即进行蒸煮，可先浸泡在冷水中，这种肠衣不需要针刺排气；③冷却，经蒸煮后的灌制品一定要用冷水冷却，使灌制品内部温度降至 37℃以下，这样可防止产品移入冷却间前发生收缩，也有利于内容物的充分冷却，切忌将产品在空气中自然干燥。

（3）纤维状肠衣。纤维状肠衣是一种最为粗糙的肠衣，只适合生产烟熏产品，按其性质可分为以下类型：

第一，普通纤维状肠衣。具有透明、琥珀、淡黄、浅红等色泽，充填直径 5 ~ 20cm。生产时，为了排除肠内气泡，需人工扎孔。一些切割产品、带骨卷筒火腿、加拿大火腿等均使用这种肠衣。

第二，易剥皮肠衣。这种肠衣涂有特殊而又容易脱掉的涂料，灌制品脱掉皮后，不影响外观。该肠衣有红、棕、琥珀、黑等色泽。

第三，不透水肠衣。性能基本与普通肠衣相同，不同的是它的外面涂有聚偏二氯乙烯，以阻止水分和脂肪渗透，使用这种肠衣一般都是只蒸煮不烟熏的灌肠或面包肉肠。

第四，纤维状干肠衣。主要用于充填干香肠，干燥时肠衣黏附在香肠上，外观较好。

使用这些肠衣应注意：①贮存，要存放在阴凉、干燥的地方，特别要远离蒸汽管道，贮藏中要保持一定的温度和湿度，温度最好控制在 15 ~ 26℃，相对湿度对小型肠衣来说，不低于 65%；②浸泡，使用前要用 38 ~ 40℃的温水浸泡 30min 以上，一次不能浸泡太多，以免浪费，对于不透水肠衣和内涂聚偏二氯乙烯的肠衣，浸泡的时间不应低于 2h；③充填，这种肠衣有 10% 的收缩率，灌肠时要充填饱满，且灌肠嘴的直径要与肠衣折径相吻合；④热加工，除不透水肠衣和聚偏二氯乙烯肠衣外，所有肠衣都可以进行烟熏，不宜烟熏的肠衣只能进行蒸煮。

2. 胶原蛋白肠衣

胶原蛋白肠衣是一种由动物皮胶制成的肠衣，虽然比较厚，但有较好的物理性能，分为可食和不可食两种。

（1）可食胶原蛋白肠衣。这种肠衣适合生产鲜肉灌肠及其他小灌肠，目前市场上的台湾烤肠都是用这种肠衣生产的。其特点是肠衣本身可以吸收少量水分，比较软嫩，规格一致，有利于定重。

（2）不可食胶原蛋白肠衣。这种肠衣比较厚，大小规格不一，性状也不尽相同，主要用于生产干香肠。

（3）使用胶原蛋白肠衣注意事项。

第一，灌肠时，必须保持湿度在 40% ~ 50%，否则肠衣会因干燥而破裂，但湿度过大又会引起潮解而化为凝胶，并使产品软坠。灌肠时还要注意松饱适度，否则烘烤时容易造成破裂，蒸煮时会使肠衣软化。在灌肠时，还要用自来水浸泡，剩余肠衣晾干后，塑料袋包装即可。

第二，胶原蛋白肠衣应放在 10℃以下贮存活在肠衣箱中进行冷却，否则在温度、湿度适宜的情况下易发生霉变。

3. 塑料肠衣

塑料肠衣是用聚偏二氯乙烯（PVDC）和聚乙烯薄膜制成的。火腿肠使用的是 PVDC 薄膜的片材，需要的灌制时自动热合与打卡，这种肠衣采用四层共挤技术，薄膜具有一定的热收缩性，因此产品外观光洁，没有褶皱，它的耐高温性能决定了经常被用来生产高温肉制品，这种薄膜还具有一定的强度和高阻断性，水分、空气的透过率极低，有利于肉制品长期存放，还能在这种肠衣上印制、打印各种标示。

市场上常见的三明治火腿或盐水火腿常用的是三层共挤或五层共挤的热

收缩膜，它除了不耐高温（也有耐高温的产品）、是筒材以外，其他特性与PVDC无异。

4. 玻璃纸肠衣

玻璃纸又称透明纸，是一种纤维素薄膜，常用无色的，市场上的圆火腿常用玻璃纸肠衣。这种肠衣柔软而有伸缩性，由于它的纤维素晶体呈纵向平型排列，故纵向强度大，横向强度小。玻璃纸因塑化处理而含有甘油，因而吸水性大，在潮湿时发生皱纹，甚至相互黏结，遇热时因水分蒸发而使纸质发脆，特别是这种纸具有不透过油脂、干燥时不透过气体，在潮湿时蒸汽透过率高，因而灌肠后可以烟熏。玻璃纸肠衣可印制标示，可层合，强度高，性能优于天然肠衣，成本比天然肠衣低，在生产过程中，只要操作得当，几乎不出现破裂现象。

二、灌肠产品生产的加工技术

（一）原料绞制技术

绞肉是指用绞肉机将肉或脂肪切碎称，是将大块的原料肉切割、研磨和破碎为细小的颗粒（一般为2～10mm），便于在后道工序如斩拌、混合、乳化中，将各种不同的原料肉按配方的要求，准确均匀地搭配使用。绞肉机是加工各种香肠或乳化型火腿必备的设备。

工作前将绞肉刀安装在螺旋送料器的前端，将绞肉板紧贴绞刀，用压板螺母固定在机头部，电动机通过减速机带动螺旋输送机及绞刀一起旋转。原料肉在料斗中由于重力的作用落入螺旋供料器，螺旋轴的螺距后面比前面大（有的同时螺旋轴直径后面也比前面小），由于腔内容积的变化，随着螺旋轴的旋转，原料肉形成挤压力，把料斗内的原料肉推向孔板，被绞刀和孔板切断形成颗粒，通过孔板由紧固螺母的孔中排出，达到绞碎肉的目的。

1. 原料绞制技术操作要领

（1）在进行绞肉操作之前，要检查金属孔板和刀刃部是否吻合。检查方法是将刀刃放在金属板上，横向观察有无缝隙。如果吻合情况不好，刀刃部和金属孔板之间有缝，在绞肉过程，肌肉膜和结缔组织就会缠在刀刃上，妨碍肉的切断，破坏肉的组织细胞，削弱了添加脂肪的包含力，导致结着不良。如果每天都要使用绞肉机，则会由于磨损，使刀刃部和金属孔板的吻合度变差，因而最好在使用约 50h 后，进行一次研磨。研磨时，不仅要磨刀刃，同时还要磨金属孔板的表面。

（2）检查结束后，要进行绞肉机的清洗。从螺杆筒内取出螺杆，洗净金属孔板和刀具。

（3）安装时，先安装螺杆，装上刀具和金属孔板。在装刀具和孔板时，需按原料肉的种类、性质及制品的制造种类选择不同孔眼的孔板。

（4）孔板确定之后，即用固定螺帽固定。固定的松紧程度直接影响刀刃部和孔板产生摩擦。固定得过松，在刀刃部和孔板之间就会产生缝隙，肌膜和结缔组织就会缠在刀上，从而影响肉的绞碎。

（5）组装调整结束后，就可以开始绞肉了。这时应注意的问题是如何投肉。即使从投入口将肉用力下按，从孔板流出的肉量也不会增多，而且会因在螺杆筒内受到搅动，造成肉温上升。在绞肉期间，一旦肉温上升，就会对肉的结着性产生不良影响。因此应特别注意在绞肉之前将肉适当地切碎，同时控制好肉的温度。肉温应不高于 10℃。

（6）对绞肉机来说，绞脂肪比绞肉的负荷更大。因此，如果脂肪投入量与肉投入量相等，会出现旋转困难的情况。所以，在绞脂肪时，每次的投入量要少一些。绞肉机一旦绞不动，脂肪就会熔化，变成油脂，从而导致脂肪分离。最好温度要低，处于冻结状态。

（7）作业结束后，要清洗绞肉机。

2. 绞肉机操作注意事项

（1）绞肉机使用一段时间后，要将绞刀和孔板换新或修磨，否则影响切割效率，甚至使有些物料不是切碎后排出，而是挤压、磨碎后成浆状排出，影响产品质量；更严重的是由于摩擦产生的高温，可能使局部蛋白变性。

（2）绞肉刀与孔板的贴紧程度要适当，过紧时会增加动力消耗并加快刀、板的磨损；过松时，孔板与切刀产生相对运动，肌膜和结缔组织也会在刀上缠绕，会引起对物料的磨浆作用。

（3）肉块不可太大，也不可冻得太硬，温度太低，一般在 −3 ~ 0℃即将解冻时最为适宜。否则送料困难甚至堵塞。

（4）在向料斗投肉的过程中，注意一定要使用填料棒，绝对不要使用手。

（5）绞肉机进料斗内应经常保持原料满载，不能使绞肉机空转，否则会加剧孔板和切刀的磨损。

（6）绞肉机进料前，一般应注意剔净小骨头和软骨，以防板刀孔眼堵塞。

原料肉中不可混入异物，特别是金属。

（二）斩拌技术

在制作各种灌肠和午餐肉罐头时，常常要把原料肉斩碎。斩拌的目的是对原料肉进行细切，使原料肉馅乳化，产生黏着力，将原料肉馅与各种辅料进行搅拌混合，形成均匀的乳化物。斩拌剂是加工乳化型香肠最重要的设备之一。

斩拌过程中，盛肉的转盘以较低速旋转，不断向刀组送料，刀组以高速转动，原料一方面在转盘槽中做螺旋式运动，同时被切刀搅拌和切碎，并排掉肉糜中存在的空气，利用置于转盘槽中的切刀高速旋转产生劈裂作用，并附带挤压和研磨，将肉及铺料切碎并均匀混合，并提取盐溶蛋白，使物料得到乳化。

真空斩拌机就是在斩拌过程中，有抽真空的作用，避免空气打入肉糜中，防止脂肪氧化，保证产品风味；可释出更多的盐溶性蛋白，得到最佳的乳化效果；可减少产品中的细菌数，延长产品贮藏期，稳定肌红蛋白颜色，保护产品的最佳色泽，相应减少体积 8%左右。

1. 斩拌技术操作要领

（1）斩拌机的检查、清洗。在操作之前，要对斩拌机的刀具进行检查。如果刀刃部出现磨损，瞬间的升温会使盐溶蛋白变性，肉也不会产生黏着效果，不会提高保水性，还会破坏脂肪细胞，使乳化性能下降，导致油水分离。如果每天使用斩拌机，则最少每隔 10d 要磨一次刀。在装刀的时候，刀刃和转盘要留有 1 ~ 2mm 厚的间隙，并注意刀具一定要牢固地固定在旋转轴上。刀部检查结束后，还要将斩拌机清洗干净。可用先后用自来水、洗涤液和热水清洗，在清洗后，要在转盘中添加一些冰水，对斩拌机进行冷却处理。

（2）原辅料。斩拌前，一般绞好的瘦肉和脂肪都要按配方分开处理的。绞好的肉馅，要尽可能做到低温保存，按一定配方称量调味料和香辛料，混合均匀后备用。

（3）添加冰水。依据香肠的种类、原料肉的种类、肉的状态，水量的添加也不相同。水量根据配方而定，为了控制斩拌温度，一般需要加入一定量的冰，但不要直接使用整冰块，而要通过刨冰机（制冰机）将冰处理成冰屑后再使用。

（4）斩拌操作。先启动刀轴，使其低速转动，再开启转盘，也使其低速转动，此时将瘦肉放入斩拌机内，肉就不会集中于一处，而是全面铺开。由于畜种或者年龄不同，瘦肉硬度也不一样。因此要从最硬的肉开始，依次放入，这样可以提高肉的结着性。继而刀轴和转盘都旋转到中速的位置上，先加入溶解好的亚硝酸钠，转盘旋转 1 ~ 2 圈后，再加入溶解好的复合磷酸盐，然后加入食盐、砂糖、味精、维生素 C 等腌制剂，加入总冰水的 1/3，以利于斩拌。先加入亚硝，这是因为亚硝的用量很少，便于分布均匀。冰屑的作用就是保持操作中的低温状态。然后，两个速度都开到高速的位置上，斩拌 3 ~ 5 圈。将两个速度调到中速的位置，加入淀粉、蛋白质等其他增量材料和结着材料，斩拌的同时，加入 1/3 冰水，再启动高速斩拌，肉与这些添加材料均匀混合后，进一步加强了肉的黏着力。最后添加脂肪和调味料、香辛料、色素等，把剩余 1/3 的冰水全部加完。在添加脂肪时，要一点一点添加，使脂肪均匀分布。若大块添加，则很难混合均匀，时间花费也较多。这样，肌肉蛋白和植物蛋白就能把脂肪颗粒全部包裹，防止出油。在这期间，肉的温度会上升，有时甚至会影响产品质量，必须加以注意肉馅温度一般不能超过 12℃。

（5）斩拌结束后，将盖打开，清除盖内侧和刀刃部附着的肉。附着在这两处的肉，不可直接放入斩拌过的肉馅内，应该与下批肉一起再次斩拌，或者在斩拌中途停一次机，将清除下的肉加到正在斩拌的肉馅内继续斩拌。

（6）认真清洗斩拌机。然后用干布等将机器盖好。

2. 斩拌机操作注意事项

（1）开车前先检查剁盘内是否有杂物，同时检查刀刃与转盘间距，一般控制在 1 ~ 2mm 厚度的范围。

（2）检查刀刃是否锋利，并注意刀一定要牢固地固定在旋转轴上，紧固刀片螺母后用手扳动刀背旋转一周，查看剁刀与转盘是否有接触处。

（3）生产中若每天使用斩拌机，则至少每隔 10d 要磨一次剁刀。磨刀最好在专用的磨刀机上进行，并对磨刀石进行冷却，避免刀过热，否则会造成刀出现裂纹或折断。磨刀后，刀和刀头的压紧面必须清理干净，涂上动物油脂，安装刀前对刀轴进行清洗和润滑，安装的斩拌刀应该位置相对而且结构相同，质量一样（最大误差 5g）。斩拌机有 6 把刀时，由 3 个刀头组件组成，安装时组件 2，比组件 1 偏左 60°，组件 3 比组件 2 偏左 60°。任何不平衡都会导致刀负载加重，振动，甚至会导致机器不规则的运转，最后导致机器损坏。

（4）生产结束后，切断电源，搞好卫生，刷洗剁刀、护盖、转盘。

（三）灌肠技术

将经过斩拌、乳化或搅拌甚至滚揉腌制后的香肠肉馅或火腿（压缩火腿）的肉馅填充到动物肠衣或人造肠衣（包括人造蛋白肠衣、纤维素肠衣、塑料肠衣等）的过程，称为灌肠，充填机是加工香肠类产品及火腿类产品不可缺少的设备，也称作灌肠机。

目前规模化的生产基本都是采用全自动真空灌肠机，它是一种由料斗、肉泵（齿轮泵、叶片泵或双螺旋泵等）和真空系统所组成的连续式灌装机。使用最广泛的是叶片式自动定量灌肠机，它是由叶片泵充填、伺服电机驱动、触摸屏显示、微机控制的连续型全自动真空定量灌装机，一般都带有自动扭结、定量灌制、自动上肠衣等装置，还可与自动打卡机、自动挂肠机、自动罐头充填机等设备配套使用。该机应用范围很广，既可以灌制肉糜肠、乳化香肠、火腿等肠衣制品；又适用于天然肠衣、胶原蛋白肠衣、纤维肠衣等分份扭结。也可用于灌装各种瓶盒装产品。传递物料轻柔，而且灌装速度、扭结速度、扭结圈数、每份的重量均可调整。操作时由真空系统将泵壳内空气抽出，一方面有助于贮料斗内物料进入泵内；另一方面排除肉糜的残存空气，有利于成品质量，延长保质期。

1. 全自动叶片式灌装机结构原理

全自动叶片式灌装机由锥形料斗、灌制嘴、叶片转子、定子、出料口、吸空筒状网套、电机及抽真空传动系统、机械传动系统等组成，机座为不锈钢材料制成。物料由提升机倒入锥形料斗内，启动电机，物料靠自重和外压力以及泵形成的负压充入泵腔。由于转子偏心地安装在定子内腔中，且转子滑槽中的叶片随着转子旋转，并进行周期性的径向游动，当叶片转至到进料口的位置，两个叶片与定子、转子组成的容积最大，叶片带着物料一起旋转。然后容积逐渐变小而产生压力，到出馅口位置时容积最小，压力最大，在此压力作用下将物料通过灌肠嘴挤出泵体从而进行灌肠。这种灌肠机能够自动定量，供料量主要是由叶片间形成的空腔体积的变化所决定。

2. 全自动叶片式灌装机操作要点

（1）打开锥形料斗检查转子、定子内是否有异物，将定子、转子、叶片擦干净并安装转子。

（2）按所需口径选择好灌装嘴，冲刷干净后安装在出料口上。

（3）由提升机提升上料斗，把原料肉倒入锥形料斗内。

（4）启动真空泵开关，调整真空调整旋钮，检查真空度是否达到要求。

（5）将肠衣套在灌装嘴上，用腿靠开关启动叶片泵进行灌注。灌制速度凭实践经验和后续处理速度调整调速旋钮进行控制，定量灌制通过定量调整按钮来控制。在生产过程中，要控制好产品的饱满程度和物料质量。

（6）灌制过程中，要经常观察物料的数量情况，不得无料运转，以免叶片与定子腔摩擦造成损坏。

（7）生产结束后，切断电源。拆卸时先打开锥形料斗，后取出叶片、卸下转子，拆卸灌装嘴。

3. 灌肠生产注意事项

（1）灌肠要松饱适度。肠衣在灌肠嘴套好后，灌肠时要用手握住肠衣，必须掌握松饱适度。如果握的过松，在肉馅的冲力下，肠衣拉出速度过快，肠体不饱满，稀疏不实，会使产品产生大量气泡和空洞，经悬挂烘烤后，势必肉馅下垂，上部发瘪，粗细不均，影响外观；如果握得太紧，则速度变慢，肉馅灌入太多，会使肠衣破裂或在蒸煮时爆肠。所以，应随时与后续整理人员保持沟通。另外，整个灌肠的速度，要与后续整理、捆绑结扎、挂肠人员保持大体一致，相互配合，注意速度，不能推挤成堆。

（2）捆绑结扎灌肠时，要扎紧结牢，不能松散。除使用自动打卡机外，灌肠前往往需要在肠衣的一端预先用棉绳、铝卡或小肠本身打结，灌满肉馅后的制品，需要用棉绳在肠体的另一端系紧结牢，以便于悬挂。因捆绑结扎方法不同，大体可分为以下类型：

第一，直形单根灌制品。用牛大肠肠衣或单套管肠衣（如玻璃纸生产圆火腿）、人造纤维肠衣制成，呈直柱形，事先已经肠衣剪成单根，其一端已经用棉绳或铝卡结扎，并留出棉绳约20cm，双线结紧，作为悬挂使用。灌肠后结扎时，还应注意要充分排出空气，同时注意定量，还要考虑蒸煮损失，即灌肠时适当多灌，以保证单根质量。

第二，弯形连接式细灌肠。用猪、牛、羊的小肠或胶原蛋白肠衣灌制的产品，形状细小，弯曲不直，这一类产品是利用灌肠本身“扭转”方法来分根、分段的。充填时，用整根肠衣套在灌肠嘴上，向后拉紧，只剩另一头稍微露出灌肠嘴，然后启动开关，肉馅在肠衣内就自然地将整根肠衣灌满。将肠体在操作台上摆放平整，按规格要求长度，在一定距离处，用双手将肉馅挤向两端，并握住挤空处的肠衣，经中间一段肠体，悬空摇转几次，即自然分段。如果连续操作，最后将整根连接而又分段的肠体悬挂在烤肠杆上，以备烘烤。同时为了区别灌肠品种，可以使用不同的棉线，或采用不同的结扎方式。

第三，特粗灌制品。这类灌制品用牛盲肠、牛食道或纤维素大口径肠衣制成，由于容量大，重量大，煮制时容易涨破，悬挂时容易坠落，所以除在肠衣两端结扎棉绳外，还需要在中间每间隔 5 ~ 6cm 捆绑一道棉绳，并互相连接，用双线打结后挂在红肠杆上。

（3）膀胱灌制品的结扎方法。例如，松仁小肚灌装时握肚皮的手要松紧适当，一般不宜灌得太满，需留一定的空余量，每个不超过 1000g，以便封口和别钎，封口是小肚蒸煮前的最后定型。封口时要准确的掌握每个膀胱肉馅的饱满程度，便于克服灌制时的漏洞。每个膀胱灌制后，即用针线绳封口，一般缝 4 针。小肚定型后，把小肚放在操作台上，轻轻地用手揉一揉，放出空气，并检查是否漏气，然后煮制。

（四）真空包装技术

肉及肉制品营养丰富，除了少数发酵产品和干制品以外，肉及肉制品的水分含量很高（60% ~ 80%），有利于微生物的生长繁殖。因此，为了保证产品的安全性、实用性和可流通性，必须根据产品的不同特点，选择不同的包装形式进行包装。目前熟肉制品最常用的包装形式就是真空包装，也有用拉伸包装的，但拉伸包装也属于真空包装的范畴。

1. 真空包装的作用

对肉制品进行真空包装可以起到以下作用：

（1）防止变干，包装材料将水蒸气屏蔽，防止干燥，使肉制品表面保持柔软。

（2）防止氧化，抽真空时，氧气和空气一起排除，包装材料和大气屏蔽，使得没有氧气进入包装袋中，氧化被彻底防止。因油脂类食品中含有大量不饱和脂肪酸，受氧的作用而氧化，使食品变味、变质。此外，氧化还使维生素 A 和维生素 C 损失，食品色素中的不稳定物质受氧的作用，使颜色变暗。所以，除氧能有效地防止食品变质，保持其色、香、味及营养价值。

（3）防止微生物的增长，可防止微生物的二次污染及好氧性微生物的存活，以有利于防止食品变质。食品霉腐变质主要由微生物的活动造成，而大多数微生物（如霉菌和酵母菌）的生存是需要氧气的。

（4）防止肉香味的损失，包装材料能有效阻隔易挥发性的芳香物质的溢出，同时也防止不同产品之间的串味。

（5）避免冷冻损失，包装材料使产品与外界隔绝，因此可将冷冻时冰的形成和风干损失减少到最小的程度。

（6）使产品产生美感，便于产品的销售。

2. 真空包装机的注意事项

真空包装机操作时，要注意以下事项：

（1）包装前，先用清水将手、操作台、与肉制品直接接触的工具、工具冲洗干净，然后用75%的酒精擦拭，以免造成二次污染。

（2）肉制品装入包装袋时，不能附着在袋口内壁，特别是油脂，否则影响热合。一旦附着，要用干净的毛巾擦掉。

（3）在定量包装时，尽量减少切块和配称现象，装袋时，尽量将两个切面对贴在一起。

（4）包装袋放入真空室时，要注意袋口与热封条放置水平，也要保证袋口的平展，否则，热封后，出现皱褶，影响真空度和外观。

（5）不同产品、不同设备、不同包装材料，要求有不同的真空时间、热合时间和热合温度，生产前可以先做试验，然后固定数据，并在正常生产中要不断检查。

（6）真空包装后的产品，要轻拿轻放，严禁抛摔，以防包装袋四角和内容物刺破包装袋。

第二节　中西式灌肠的加工技术

一、中式灌制产品加工技术

中式灌肠是指以肉类为主要原料，经切丁或绞成肉粒，再配以辅料，灌入动物肠衣再晾晒或烘烤而成的肉制品。我国传统灌制品的种类很多，如南味香肠、南京小肚、松仁小肚、天津粉肠、哈尔滨红肠、上海红肠等，这些产品经过日晒或烘干使水分大部分除去，因此富于一定的贮藏性，又因大部分产品经过较长时间的晾挂成熟过程，具有浓郁鲜美的风味。

（一）广式香肠的加工技术

1. 广式香肠的参考配方

瘦肉 80kg，肥肉 20kg，猪小肠衣 300m，精盐 1.8kg，白糖 7.5kg，白酱油 5kg，白酒（50°）2kg，亚硝酸钠 0.01kg，抗坏血酸 0.01kg。

2. 广式香肠的操作要点

（1）原料选择。瘦肉以前腿肉为最好，肥膘用背部硬膘为好。加工其他肉制品切割下来的碎肉亦可作原料的一部分添加。

（2）绞制与切丁。瘦肉用装有筛孔为 0.4 ~ 1.0cm 的孔板的绞肉机绞碎，肥肉切成 0.6 ~ 1.0cm^3 大小。肥肉丁切好后用温水清洗一次，以除去浮油及杂质，捞起沥干水分待用，肥瘦肉要分别存放。

（3）拌馅与腌制。按配方，原料肉和辅料混合均匀。搅拌时可逐渐加入 20%左右的冷水，0 ~ 4℃，腌制 24h。要求精确称量，亚硝酸钠要用水溶化或与盐糖混合均匀加入，加料前，亚硝酸钠与维生素 C 不能混合一起。搅拌过程中，注意观察肉馅的状态，搅拌程度要适宜。

（4）灌制。将肠衣套在灌装管上，使肉馅均匀地灌入肠衣中，松紧程度。

（5）排气。用排气针排出肠体内部空气。

（6）结扎。按品种、规格要求每隔 10 ~ 20cm 用细线结扎一道。要求长短一致。

（7）漂洗。将湿肠用清水漂洗一次，除去表面污物。

（8）晾晒和烘烤。将悬挂好的香肠放在阴凉处晾晒 2 ~ 3d。在日晒过程中，有胀气处应针刺排气。或在烟熏炉 40 ~ 60℃，24h。

（9）剪结、包装。按规格要求进行称量真空包装。注意检查封口质量。

3. 广式香肠的质量标准

（1）感官标准。广式香肠感官标准见表 6-1①。

---

① 本节表格均引自袁玉超，胡二坤，申晓琳，等．肉制品加工技术 [M]. 北京：中国轻工业出版社，2015：188-189.

表 6-1　广式香肠感官标准

项目	标准
色泽	瘦肉呈红色、枣红色，脂肪呈乳白色，外表有光泽
香气	腊香味纯正浓郁，具有中式香肠（腊肠）固有的风味
滋味	滋味鲜美，咸甜适中
形态	外形完整，均匀，表面干爽呈现收缩后的自然皱纹

（2）理化指标。广式香肠理化指标见表 6-2。

表 6-2　广式香肠理化指标

项目	指标		
	特级	优级	普通级
氯化物含量 /（以以 NaCl 计）≤		8	
水分 /（g/100g）≤	25	30	38
蛋白质含量 /（g/100g）≥	22	18	14
脂肪含量 /（g/100g）≤	35	45	55
总糖（以葡萄糖计）/（g/100g）≤		22	
过氧化值（以脂肪计）/（g/100g）≤		按 GB2730—2015 规定执行	
亚硝酸盐（以 $NaNO_2$ 计）含量 /（mg/100kg）≤		按 GB2760—2014 规定执行	

（3）微生物指标。广式香肠微生物指标见表 6-3。

表 6-3　广式香肠微生物指标

项目	指标	
	出厂	销售
菌落总数 /（个 /g）≤	20000	50000
大肠菌群 /（个 /100g）≤	30	30
致病菌（指肠道致病菌和致病性球菌）	不得检出	不得检出

（二）香肚的加工技术

“香肚，又叫小肚，是用猪的膀胱做外衣，内装配好的肉馅，加工而成，具有香味，比一般的香肠为佳。”[①]

1. 香肚的参考配方

猪瘦肉 80kg，肥肉 20kg，250g 的肚皮 400 只，白糖 5.5kg，精盐 4 ~ 4.5kg，香料粉 25g（香料粉用花椒 100 份，大茴香 5 份，桂皮 5 份，焙炒成黄色，粉碎过筛而成）。

2. 香肚的工艺流程

香肚的工艺流程包括：①选料；②拌馅；③灌制；④晾晒；⑤贮藏。

3. 香肚的加工工艺

（1）浸泡肚皮。不论干制肚皮还是盐渍肚皮都要进行浸泡。一般要浸泡 3h 乃至几天不等。每万只膀胱用明矾末 0.375kg。先干搓，再放入清水中搓洗 2 ~ 3 次，里外层要翻洗，洗净后沥干备用。

（2）选料。选用新鲜猪肉，取前、后腿瘦肉，切成筷子粗细、长约 3.5cm 的细肉条，肥肉切成丁块。

（3）拌馅。先按比例将香料加入盐中拌匀，加入肉条和肥丁，混合后加糖，充分拌和，放置 15min 左右，待盐、糖充分溶解后即可灌制。

（4）灌制。根据膀胱大小，将肉馅称量灌入，大膀胱灌馅 250g，小膀胱灌馅 175g。灌完后针刺放气，然后用手握住膀胱上部，在案板上边揉边转，直至香肚肉料呈苹果状，再用麻绳扎紧。

（5）晾晒。将灌好的香肚，吊挂在阳光下晾晒，冬季晒 3 ~ 4d，春季晒 2 ~ 3d，晒至表皮干燥为止。然后转移到通风干燥室内晾挂，1 个月左右即为成品。

（6）贮藏。晾好的香肚，每 4 只为 1 扎，每 5 扎套 1 串，层层叠放在缸内，缸的中央留一钵口大小的圆洞，按百只香肚用麻油 0.5kg，从顶层香肚浇洒下去。以后每隔 2d 一次，用长柄勺子把底层香油舀起，复浇至顶层香肚上，使每只香肚的表面经常涂满香油，防止霉变和氧化，以保持浓香色艳。用这种方法可将香肚贮存半年之久。

① 李金兰．香肚的加工技术 [J]．专业户，2003（1）：33.

（三）上海大红肠的加工技术

上海大红肠起源于欧洲，诞生于十里洋场的上海，是上海比较畅销的一个低温肉灌肠产品。上海大红肠的外表鲜红，口味鲜香柔和，具有较浓的曲酒香味，风味独特，营养丰富。

1. 上海大红肠的参考配方

生猪肉（肥瘦比例 3∶7）100kg，食盐 2.5kg，大葱 1.2kg，鲜姜 500g，五香面 250g，花椒面 100g，味精 200g，曲酒 2kg，红曲米 300g，玉米淀粉 25kg，大豆分离蛋白 3kg，卡拉胶 500g，亚硝酸盐 10g，冰水 50kg，胭脂红 60g。

2. 上海大红肠的工艺流程

上海大红肠的工艺流程包括：①原料肉选择与解冻；②绞制；③搅拌；④乳化；⑤灌肠；⑥挂杆；⑦干燥；⑧蒸煮；⑨冷却；⑩包装；⑪贮存。

3. 上海大红肠的操作要点

（1）原料选择。选用兽医宰前宰后检疫合格的冻藏 2#、4#新鲜猪肉，肥膘以脊膘为好。1#肉和修整后的碎肉均可使用，但要控制好肥瘦比。原料肉要用流动空气解冻或水解冻。

（2）绞制。用绞肉机将肉绞制成 Φ8 ～ 12mm 的小肉块。大葱和鲜姜剁成碎末，红曲米磨成面。

（3）搅拌。将原辅材料（胭脂红除外）加入搅拌机，充分混合均匀。也可只加入原料和腌制剂及 20kg 的冰水，在 0 ～ 4℃条件下腌制 24h。然后加入其他辅料进行搅拌。

（4）乳化。利用斩拌机或乳化剂将搅拌（腌制）好的原料进行充分乳化。利用斩拌机乳化时，原辅材料可不经过搅拌机搅拌。

（5）灌肠。将 8#猪肠衣用自来水冲洗干净，利用灌肠机灌装，每间隔 45cm 为一根，两头各留 4cm 空隙，将两头合并系牢，形成圆圈状。

（6）冲洗。将红肠挂在挂杆上，用自来水将肠体附着的肉馅冲洗干净。

（7）干燥。在烟熏炉中，将红肠在 70℃条件下干燥 20min，以保证猪肠衣达到结实的程度，避免在蒸煮过程中，由于淀粉的糊化造成肠体破裂。

（8）煮制。将干燥后的红肠，用电动葫芦连带红肠车吊入蒸煮池中，蒸煮池预先加热到 85℃并加入胭脂红，搅拌均匀。红肠在 82℃条件下蒸煮

40min 吊出。

（9）冷却。将红肠车推入 0 ~ 4℃冷库，冷却 12h 以上，保证中心温度在 10℃以下。

（10）包装。装入塑料袋，或采取真空包装，打印生产日期，然后装箱。

（11）冷藏。冷藏或冻藏均可。

（四）哈尔滨红肠的加工技术

制作哈尔滨红肠原料易取，肉馅多为猪、牛肉，也可用兔肉或其他肉类；肠衣用猪、牛、羊肠均可。红肠制作过程也较简单，只要配料合适，其成品香辣糯嫩，面呈枣红，色泽鲜艳，肠皮完整，肠馅紧密，大小均匀，富有弹性，肉香浓郁，蒜香诱人，鲜美可口，与其他香肠相比，红肠显得不油腻而易嚼，带有异国风味，很受消费者欢迎。

哈尔滨红肠有自己的三大“法宝”：①蒜香袭人，和肉味搭配起来异常协调；②肥而不腻，红肠里面有许多肥肉丁，吃起来香却不觉得油腻，配上啤酒，味道极棒；③熏烤得当，这是红肠工艺中最具特色的，熏烤消耗部分油脂，使口感清爽，并在表皮留下迷人的烟熏气味。

1. 哈尔滨红肠的参考配方

猪瘦肉 76kg，肥肉丁 24kg，淀粉 6kg，精盐 5 ~ 6kg，味精 0.09kg，大蒜末 0.3kg，胡椒粉 0.09kg，亚硝酸钠 15g。肠衣用直径 3 ~ 4cm 猪肠衣，长 20cm。

2. 哈尔滨红肠的工艺流程

哈尔滨红肠的工艺流程包括：①原料肉选择和修整（低温腌制）；②绞肉或斩拌；③配料、制馅；④灌制或填充；⑤烘烤；⑥蒸煮；⑦烟熏；⑧质量检查；⑨贮藏。

3. 哈尔滨红肠的加工工艺

（1）原料肉的选择与修整。选择兽医卫生检验合格的可食动物瘦肉作原料，肥肉只能用猪的脂肪。瘦肉要除去骨、筋腱、肌膜、淋巴、血管、病变及损伤部位。

（2）腌制。将选好的肉切成一定大小的肉块，按比例添加配好的混合盐进行腌制。混合盐中通常盐占原料肉重的 2% ~ 3%，亚硝酸钠占 0.025% ~ 0.05%，抗坏血酸占 0.03% ~ 0.05%。腌制温度一般在 10℃以下，最好是 4℃左右，腌制 1 ~ 3d。

（3）绞肉或斩拌。腌制好的肉可用绞肉机绞碎或用作斩拌机斩拌。斩拌时肉吸水膨润，形成富有弹性的肉糜，因此斩拌时需加冰水。加入量为原料肉的 30% ~ 40%。斩拌时投料的顺序是：猪肉（先瘦后肥）→冰水→辅料等。斩拌时间不宜过长，一般以 10 ~ 20min 为宜。斩拌温度最高不宜超过 10℃。

（4）制馅。通常，在斩拌后会把所有辅料加入斩拌机内进行搅拌，直至均匀。

（5）灌制与填充。将斩拌好的肉馅，移入灌肠机内进行灌制和填充。灌制时必须掌握松紧均匀。过松易使空气渗入而变质；过紧则在煮制时可能发生破损。如不是真空连续灌肠机灌制，应及时针刺放气。灌好的湿肠按要求打结后，悬挂在烘烤架上，用清水冲去表面的油污，然后送入烘烤房进行烘烤。

（6）烘烤。烘烤温度 65 ~ 80℃，维持 1h 左右，使肠的中心温度达 55 ~ 65℃。烘好的灌肠表面干燥光滑，无油流，肠衣半透明，肉色红润。

（7）蒸煮。水煮优于汽蒸。水煮时，先将水加热到 90 ~ 95℃，把烘烤后的肠下锅，保持水温 78 ~ 80℃。当肉馅中心温度达到 70 ~ 72℃时为止。感官鉴定方法是用手轻捏肠体，挺直有弹性，肉馅切面平滑光泽者表示煮熟。反之则未熟。汽蒸煮时，肠中心温度达到 72 ~ 75℃时即可。例如，肠直径 70mm 时，则需要蒸煮 70min。

（8）烟熏。烟熏可促进肠表面干燥有光泽；形成特殊的烟熏色泽（茶褐色）；增强肠的韧性：使产品具有特殊的烟熏芳香味；提高防腐能力和耐贮藏性。一般用三用炉烟熏，温度控制在 30 ~ 50℃，时间 8 ~ 12h。

（9）贮藏。未包装的灌肠吊挂存放，贮存时间依种类和条件而定。湿肠含水量高，如在 8℃条件下，相对湿度 75% ~ 78%时可悬挂 3d。在 20℃条件下只能悬挂 1d。水分含量不超过 30%的灌肠，当温度在 12℃，相对湿度为 72%时，可悬挂存放 25 ~ 30d。

二、西式灌肠的加工技术

西式灌肠大多数都是低温肉制品，它是相对于高温而言的，是指采用较低的杀菌温度进行巴氏杀菌的肉制品，即将肉制品中心温度达到 68 ~ 72℃，保持 30min 即可。国内采取的中心温度较高，一方面国内添加淀粉多，糊化温度要求高；另一方面冷藏链不健全，增加贮藏性。理论上这种温度，致病菌已被杀死，达到了商业无菌，同时营养成分损失较少，因此是科学合理的加工方式。但通常肉制品为了达到一定的贮藏性，往往采用121℃的高温杀菌方法。

低温肉制品与高温肉制品相比，有着明显的优点，主要包括：①使蛋白质适度变性，有利于消化，且肉质鲜嫩可口；②非121℃杀菌，营养物质损失较少；③在加工过程中添加多种香料、辅料，可以使用多种原料肉，并且往往进行烟熏，香味良好，品种多变；④低温还有利于保水保油，口感脆、嫩，组织结构良好。因此低温肉制品是我国今后的发展方向。

（一）烤肠的加工技术

烤肠是一种采用低温条件下，通过把绞制后的原料肉、香辛料、辅料等搅拌、灌肠、低温烘烤的西式肉制品，它具有营养丰富，口味鲜美，适于工厂化、系列化批量生产，又具有携带、保管、食用方便等优点，已进入千家万户，成为我国肉制品加工行业颇具竞争力和发展前景广阔的产品。

1. 烤肠的参考配方

猪精肉80kg，肥膘20kg，冰水70kg，精盐3.2kg，白糖1.5kg，味精0.6kg，腌制剂1.7kg，亚硝酸钠0.01kg，高粱红0.015kg，猪肉香精0.4kg，姜粉0.12kg，胡椒粉0.1kg，大豆分离蛋白3kg，改性淀粉25kg。

2. 烤肠的工艺流程

烤肠的工艺流程包括：①原料肉选择；②分割及处理；③腌制；④滚揉；⑤灌装；⑥干燥；⑦蒸煮；⑧烟熏；⑨冷却；⑩真空包装；⑪二次杀菌；⑫冷却吹干；⑬贴标；⑭入库。

3. 烤肠的操作要点

（1）原料肉的选择。选择经动检合格的冻鲜2#或4#去骨猪分割肉为原料，要求感官指标及理化指标符合冻鲜肉加工标准。

（2）原料肉修整及处理。原料肉经自然解冻或水浸解冻至中心-1～1℃按其自然纹路修整，同时要剔除淤血、软骨、淋巴、大的筋膜及其他杂质，猪肉经清洗后用直径7mm孔板绞一遍，肥膘用3孔板绞一遍，搅拌机内与盐、亚硝酸盐、腌制剂混合均匀。

（3）腌制。将搅拌好的肉料转至料车中，压实后加盖在0～4℃条件下腌制18h。

（4）滚揉。腌好的肉及其他辅料一起加入滚揉机内连续真空滚揉2.5h，真空度为 0.08MPa，出料温度控制在 6 ~ 8℃为好，肉馅有光泽，无油块及结团现象，肉花散开分布均匀。

（5）灌制。猪肠衣 8 路灌制，质量依具体要求而定，一般在 315g 左右（成品 280g），灌装时肠体松紧适度，可用针打眼放气，挂杆摆架，肠体间不得粘连。然后用自来水冲洗烤肠表面油污和肉馅。

（6）干燥。干燥温度为 60℃时间 45min，肠衣紧贴肠馅，表面透出馅料的红色，肠衣干燥且透明，手摸有唰唰的声响。

（7）蒸煮。蒸煮温度 82 ~ 84℃，蒸煮 50min，肠体饱满有弹性，中心温度达到 72℃。

（8）烟熏。烟熏炉 70℃熏制 20min，肠表面呈褐色，有光泽。

（9）冷却。对于烟熏产品，一种冷却方法是在 0 ~ 4℃冷库冷却至中心温度 10℃以下，低温有利于抑制微生物的生长繁殖，但往往使外表有水珠冷凝，产生花斑；另一种是在车间自然冷却，虽不产生花斑，但容易造成微生物的生长繁殖。

（10）真空包装。按规格要求定量真空包装。包装前，要注意个人卫生，在消毒液中将手洗净，还要用 75％的酒精对工具、用具、操作台进行消毒。真空包装时，要调整好包装机的真空度、热合时间、热合温度，减小破袋率。

（11）二次杀菌。为了保证产品质量延长货架期，要求对包装后的产品进行二次杀菌，温度为 90℃，时间 10min。

（12）冷却吹干。经二次杀菌的产品要尽快将温度降至室温或更低，吹干袋表面水分。

（13）打印日期装箱入库。按要求打印生产日期，按规格装箱打件，入库保存。0 ~ 4℃可贮存 3 个月。

（二）台湾烤肠的加工技术

台湾烤肠运用现代西式肉制品加工技术生产具有中国传统风味的低温肉制品，是近年来我国低温肉制品中发展最快的香肠品种之一。主要使用天然肠衣和胶原肠衣，以猪肉为主要原料，原料肉经过绞切、腌制，添加辅料搅拌，再经灌肠、扎节、吊挂、干燥、蒸煮、冷却、急速冻结（−25℃以下）、真空包装，在冷冻状态下（−18℃以下）贮藏。食用前需要煎烤熟制品。近年来，由于速冻台湾烤香肠色鲜润泽，口感脆爽甜润，香甜美味，一直受到以儿童和女士为主要消费群体的广大消费者的喜爱。该产品在保存和流通过

程中保持在 −18℃以下，因而货架期长、易保存，安全卫生易于控制。可在商场、超市和人口流动的场所采用滚动烤肠机的现场烤制售卖，也可家中油煎食用，食用方法简易方便。

1. 台湾烤肠的参考配方

1# 肉 100kg（或猪肥膘 15kg、2# 肉 85kg），食盐 2.5kg，复合磷酸盐 750g，亚硝酸钠 10g，白砂糖 10kg，味精 650kg，异维生素 C−Na80g，卡拉胶 600g，分离大豆蛋白 0.5kg，猪肉香精精油 120g，香肠香料 500g，马铃薯淀粉 10kg，玉米变性淀粉 6kg，红曲红（100 色价）适量，冰水 50kg。

2. 台湾烤肠的工艺流程

台湾烤肠的工艺流程包括：①原料肉解冻；②绞切；③腌制；④搅拌；⑤灌肠；⑥扎节；⑦吊挂；⑧干燥；⑨蒸煮；⑩冷却；⑪速冻；⑫真空包装；⑬品检和包装；⑭卫检冷藏。

3. 台湾烤肠的操作要点

（1）原料肉的选择。选择来自非疫区的经兽医卫检合格的新鲜（冻）猪精肉和适量的猪肥膘作为原料肉。由于猪精肉的含脂率低，加入适量含脂率较高的猪肥膘可提高产品口感、香味和嫩度。

（2）切丁或绞肉。原料肉解冻后，可以采用切丁机切成肉丁，肉丁大小 6 ～ 10mm^3。也可采用绞肉机绞制。绞肉机网板以直径 8mm 为宜。在进行绞肉操作前，先要检查金属筛板和刀刃是否吻合，原料的解冻后温度为 −3 ～ 0℃，可分别对猪肉和肥膘进行绞制。

（3）腌制。将猪肉和肥膘按比例添加食盐、亚硝酸钠，复合磷酸盐和 20kg 冰水混合均匀，容器表面覆盖一层塑料薄膜防止冷凝水下落污染肉馅，放置 0 ～ 4℃低温库中存放腌制 12h 以上。

（4）搅拌。准确按配方称量所需辅料，先将腌制好的肉料倒入搅拌机里，搅拌 5 ～ 10min，充分提取肉中的盐溶蛋白，然后按先后秩序添加食盐、白糖，味精、香肠香料，白酒等辅料和适量的冰水，充分搅拌成黏稠的肉馅，最后加入玉米淀粉、马铃薯淀粉，剩余的冰水，充分搅拌均匀，搅拌至发黏、发亮。在整个搅拌过程中，肉馅的温度要始终控制在 10℃以下。

（5）灌肠。采用直径 26 ～ 28mm 天然猪羊肠衣或者折径在 20 ～ 24mm 胶原蛋白肠衣。一般单根质量 40g 用折径 20mm 蛋白肠为好，灌装长度 11cm 左右，单根质量 60g 用折径 24mm 蛋白肠为好，灌装长度 13cm 左右，同样重量的肠体大小与灌装质量有关，以采用自动扭结真空灌肠机为好。

（6）扎节、吊挂。扎节要均匀，牢固，肠体吊挂时要摆放均匀，肠体之间不要挤靠，保持一定的距离，确保干燥通风顺畅，香肠不发生靠白现象。

（7）干燥、蒸煮。将灌装好的香肠放入烟熏炉干燥、蒸煮，干燥温度70℃，干燥时间20min；干燥完毕即可蒸煮，蒸煮温度80 ~ 82℃，蒸煮时间25min。蒸煮结束后，排出蒸汽，出炉后在通风处冷却到室温。

（8）预冷（冷却）。产品温度接近室温时立即进入预冷室预冷，预冷温度要求0 ~ 4℃，冷却至香肠中心温度10℃以下。预冷室空气需用清洁的空气机强制冷却。

（9）真空包装。采用冷冻真空包装袋，分两层放入真空袋，每层25根，每袋50根，真空度0.08MPa以下，真空时间20s以上，封口平整结实。

（10）速冻。将真空包装后的台湾烤肠转入速冻库冷冻，库温 −25℃以下，时间24h，使台湾烤香肠中心温度迅速降至 −18℃以下出速冻库。

（11）品检和包装。对台湾烤香肠的数量、质量、形状、色泽、味道等指标进行检验，检验合格后，合格产品装箱。

（12）卫检冷藏。卫生指标要求：①细菌总数小于20000个/g；②大肠杆菌群，阴性；③无致病菌。合格产品在 −18℃以下的冷藏库冷藏，产品温度 −18℃以下，贮存期为6个月左右。

（三）维也纳香肠的加工技术

维也纳香肠，味道鲜美，风行全球。将小红肠夹在面包中就是著名的快餐食品，因其形状像夏天时狗吐出来的舌头，故得名热狗。

1. 维也纳香肠的参考配方

牛肉55kg，精盐3.50kg，淀粉5kg，猪精肉20kg，胡椒粉0.19kg，亚硝酸钠15g，猪乳脯肥肉25kg，玉果粉0.13kg。肠衣用18 ~ 20mm的羊小肠衣，每根长12 ~ 14cm。

2. 维也纳香肠的工艺流程

维也纳香肠的工艺流程包括：①原料肉修整；②绞碎斩拌；③配料；④灌制；⑤烘烤；⑥蒸煮；⑦熏烟或不熏烟；⑧冷却；⑨成品。烘烤温度70 ~ 80℃，时间45min；蒸煮温度90℃，时间10min。

3. 维也纳香肠的成品

维也纳香肠的外观色红有光泽，肉质呈粉红色，肉质细嫩有弹性，成品率为 115%～120%。

第三节　火腿与发酵香肠的加工技术

一、火腿肠的加工技术

（一）高温火腿肠的加工技术

高温火腿肠是以猪肉为主要原料，经解冻、绞制、腌制、斩拌、加入香料、大豆分离蛋白、卡拉胶、淀粉等，采用日本 KAP 自动充填机，灌入 PVDC 肠衣膜，经高压、高温杀菌制成的高温肉制品。

1. 火腿肠自动充填技术

KAP 是一种高自动化的灌装设备，它使用具有极强的阻挡性、不透氧气和水分的聚偏二氯乙烯树脂（PVDC）制成的薄膜，生产肉类灌肠。1956 年，用 KAP 机使用 PVDC 包制的鱼肉灌肠投放市场后，很快就成为一大热门商品，使食品行业进入了一个新的时代。1970 年在韩国也掀起了同样的商品热潮。1990 年以来，用 KAP 的生产猪肉火腿肠、牛肉火腿肠、鱼肉火腿肠、肌肉火腿肠、维也纳香肠等，作为常温保存的方便食品，在中国也掀起了生产火腿肠的高潮。

（1）KAP 工作原理。KAP 主要是由料斗、地面泵（输送辊轴）、送料直管、液压回料管、机上泵、灌肠管、成形板、焊接肠衣机构、薄膜供给辊轮、日期打印装置、挤开滚轴、结扎往复式工作台、自动监测装置、机械传动机构、机座、控制系统等组成。该机具有多种机械功能，即自动打印、定量充填、塑料肠衣自动焊接、充填后自动打卡结扎、剪切分段等功能。该机可在一定范围内随肠衣的宽度和长度的改变而改变充填量，有的机器可在每个产品上印刷上生产日期。该机只可使用塑料肠衣，既可灌装高黏度或糊状物，又可灌装液体状内容物。该机最大的优点是，生产的产品保质期长，生产效率高，自动化程度高，使塑料肠衣规格化。

（2）KAP 的生产操作。

第一，生产前的密封检查。操作前检查各连接部件（特别是管箍）安装是否严紧，避免物料在输送过程中空气混入或充填物外漏。

第二，灌装前的薄膜密封试验。薄膜装在主机上，依次通过制动器、导辊、成型板、灌肠管、薄膜输送辊。手拉薄膜，检查薄膜制动器和薄膜叠加宽度。薄膜制动器平衡块可根据薄膜规格、线速度调节，薄膜叠加的宽度由成形板调节。打开开关，启动薄膜送进旋钮，输送辊的速度可通过变速电机调节；启动热合旋钮，放下正电极碳棒，调节高频振荡器频率，使热合良好。

第三，结扎实验。把制动马达开关转到“安全手动”位置，用手盘车使往复工作台运转一周。待确认金属打卡模具不相碰撞时，把铝丝输送杆搬向右侧，在一次形成上插入铅线。再把沿线夹输送杆向左，用手转动，操作工作台使 U 形卡结扎，检查 U 形卡空结扎时有无异常现象，务必使卡扣高度、形状符合要求。

第四，生产运转。自动运转—启动地面泵旋钮—启动薄膜输送旋钮—启动密封旋钮—启动机上泵旋钮—启动结扎装置启动旋钮—进入运转状态。在生产过程中，务必不断检查并调整字迹的清晰程度、热合的牢固程度、卡扣的形状和牢固程度、产品的长度和重量等。

第五，运转停止。把结扎停止旋钮置于“OFF”位置，机器全部停止运转；若转动其他旋钮，部分部件停止运转。

第六，清洗及检查。主要包括：①生产结束后，清洗全部送料泵及配管、地面泵料斗、输送辊、不锈钢齿轮及机上轮、填充管等部件；②清扫薄膜、金属打卡模（适当加油）、薄膜输送辊，排除夹辊脏物更换垫块（每周一块），松开铝丝输送夹；③检查薄膜输送辊运转是否平稳，各弹簧出销滚子是否正常，每天检查金属打卡模是否相碰、打卡模螺丝是否松动、成型环是否正常；④充分紧固机上泵轴的紧固螺丝；⑤检查各部分油位，严格按油类加油，发现油质变性应及时更换。

2. 高温杀菌技术

杀菌是食品加工中一个十分重要的环节，食品杀菌的目的是杀死食品中所污染的致病菌、产毒菌、腐败菌，并破坏食物中的酶，使食品贮藏一定时间而不变质。此外，加热杀菌还具有一定的烹调作用，能增进风味，软化组织。在杀菌时，要求食品不致加热过度，又要求较好地保持食品的形态、色泽、风味和营养价值。

食品的杀菌不同于微生物学上的灭菌，微生物学上的灭菌是指绝对无菌，而食品的杀菌是杀灭食品中能引起疾病的致病菌和能够生长引起食品败坏的腐败菌，并不要求达到绝对无菌。因此，杀菌措施只要求达到充分保证产品在正常情况下得以完全保存，尽量减少热处理的作用，以免影响产品质量。这种杀菌称之为“商业无菌”。

在低温灌制品中，蒸煮、烘烤、烟熏都具有杀菌作用，就蒸煮而言，有的是采用全自动烟熏炉用汽蒸的方法，有的是采用蒸煮池水煮的方法，温度一般控制在 80 ~ 84℃，时间根据产品的规格而定；高温灌肠制品（火腿肠），以及软包装高温杀菌的猪蹄、酱牛肉、烧鸡等产品，都属于低酸性软包装罐头产品，都是以肉毒梭状芽孢杆菌作为杀菌的对象菌，要采用 121℃的杀菌，使其达到商业无菌。这种高温（高压）杀菌，虽然保质期得到有效延长，但营养成分损失较大，口感也变差。

杀菌后应立即冷却，如果冷却不够或拖延冷却时间会引起不良现象的发生：内容物的色泽、风味、组织、结构受到破坏；促进嗜热性微生物的生长；加速罐头腐蚀的反应。

肉类软包装罐头（包括其他铁听肉类罐头）经过高温高压杀菌，由于包装物内食品和气体的膨胀、水分的汽化等原因，包装物内会产生很大的压力；冷却开始时，包装袋外围温度降低，导致压力降低，但内容物的温度不会立即降低，使袋内维持相对的高压。包装袋内外压力差，往往导致包装袋的破裂（铁听罐头的胖听）现象。因此，在恒温结束、冷却尚未开始时，常用压缩空气提高杀菌锅内的压力，然后冷水冷却，这就是反压冷却技术。

操作时，要在杀菌完毕在降温降压前，关闭一切泄气旋塞，打开压缩空气阀，使杀菌锅内保持稍高于杀菌压力，关闭蒸汽阀，再缓慢地打开冷却水阀。当冷却水进锅时，必须继续补充压缩空气，维持锅内压力较杀菌压力高 0.21 ~ 0.28kg/cm^2。随着冷却水的注入，锅内压力逐步上升，这时应稍打开排气阀。当锅内冷却水快满时，根据不同产品维持一段反压时间，并继续打入冷却水至锅内水注满时，打开排水阀，适当调节冷却水阀和排水阀，继续保持一定的压力至产品冷却到 38 ~ 40℃时，关闭进水阀，排出锅内的冷却水，在压力表降至零度时，打开锅盖取出产品。

杀菌时提倡快速升温和快速降温，有利于食品的色香味形、营养价值。但有时受到条件的限制，如锅炉蒸汽压力不足、延长升温时间；冷却时易破损等，不允许过快。最好杀菌时在防止腐败的前提下尽量缩短杀菌时间，既能防止腐败，又能尽量保护品质。

火腿肠杀菌一般使用的是卧式高温杀菌锅，其容量一般比立式杀菌锅要大，需有杀菌小车，一般都是 4 个小车。这种杀菌锅也可以用来对铁听罐头的高温杀菌，但目前主要是用来对软包装罐头的高温杀菌（常见的是高温火腿肠、高温五香牛肉、高温猪蹄、铝箔包装的烧鸡等），可以用水杀，也可以用汽杀，不过用水杀的传热速度要比汽杀快得多。

现在很多工厂使用双层卧式杀菌锅，这种杀菌锅是根据卧式杀菌锅原理，优化管路设计，增加带循环水泵的热水循环系统，特别适用于软包装。实际下层的才是真正的高压杀菌锅，和一般的没有区别，上层只是贮热水罐，容量约是下层的 2/3。该杀菌锅可先在上层罐对灭菌用水提前加热，也可将下锅内杀菌用完后的过热水重新抽回上热水贮罐重复利用。双层卧式杀菌锅既节约了水资源和能源，而且又缩短了物料在杀菌工艺中升温受热时间，具有高效节能之特点。以高温火腿肠为例，使用双层卧式杀菌锅，采用水杀的方式，其操作规程如下：

（1）杀菌前对设备进行全面检查。

第一，压力表、温度计、安全阀、液位计均应正常完好。

第二，供蒸汽管道内压力应在 0.4MPa 以上，供水管内压力应在 0.25MPa 以上。

第三，冷热水泵电器，机械均应正常。

第四，杀菌锅盖密封圈应完好，严密，锅盖开闭灵活，销紧可靠。

第五，除液位计阀以外，所有阀均应关闭。

（2）热水锅充水、升温。

第一，开启热水锅冷水阀、冷水泵进水阀、热水锅泄汽阀、开动冷水泵。

第二，当水位升到热水锅液位计 3/4 左右时，停冷水泵，关闭热水锅过冷水阀，关闭热水锅泄汽阀。

第三，开启热水锅过蒸汽阀，使锅内冷水升温，开启时要缓慢，避免锅体振动。当温度升到 120℃时，关闭进汽阀，以备杀菌使用。需要注意的是，压力不能超过 0.11MPa，水位不得完全淹没液位计。

（3）杀菌。

第一，将装好的火腿肠用锅内小车均匀地装进杀菌锅，如果量不足时，应在 4 个小车上装同样多，尽可能使锅内产品在同一高度。

第二，关闭杀菌锅盖，锁紧并扣上安全扣。

第三，开启杀菌锅进压缩空气阀，锅内压力缓慢升高到 0.22 ~ 0.24MPa 时，关闭进汽阀。

第四，开启杀菌锅与热水锅的压力平衡阀。开启热水锅出水阀将热水放过杀菌锅，然后关闭此阀。检查水位能否淹没锅内制品，如水位不够时，可开启冷水泵，开杀菌锅进冷水阀向锅内补水，补足水后，关闭进冷水阀，即冷水泵。

第五，缓慢开启杀菌锅进蒸汽阀，开启热水泵的进水阀，开热水泵，开启杀菌锅进热水阀，使锅内水升温循环。当水温升到 121℃时，关闭进蒸汽阀，开始保温。保温时间根据产品规格确定。温度保持 121℃，在升温，保温（及降温）全过程中，通过控制进空气阀，泄气阀调节锅内压力，保持在 0.22 ~ 0.24MPa。保温 5min 后，停热水泵，以后每隔 2min 开动热水 1min，直到保温结束。保温过程中，锅内水位不应超过液位计最上端，热水泵的密封器部位应供冷却水。

第六，保温结束后，关闭蒸汽阀，关闭杀菌锅进热水阀，开启热水锅进热水阀，开热水泵，将杀菌内的热水泵入热水锅。当热水锅水位即将淹没液位计上端时，关闭热水锅进热水阀，停热水泵。

第七，杀菌锅内的余水可经过排水阀放出，应注意保持锅内压力 0.22 ~ 0.24MPa。

第八，开动冷水阀，开启杀菌锅上部进冷水阀，泵进冷水。当冷水全部淹没锅内产品时，关闭进冷水阀，停冷水泵。

第九，关闭杀菌锅与热水锅的压力平衡阀，开启杀菌锅放水阀，泄汽阀，当锅内水汽排空后，打开锅盖，推出产品，清理锅内，准备下一循环。

（4）注意事项。

第一，注意安全，如发现压力表、温度计、安全阀、液位计有异常时，应及时修理或更换。锅内压力不应超过 0.25MPa，温度不应超过 125℃。

第二，杀菌锅、热水锅内不允许充满水，必须留有膨胀空间。

第三，小心保护玻璃液位计，不能敲、碰。

第四，不能触摸裸露的管子，以免烫伤。

第五，非操作人员，不准随便摆弄阀门及电气开关等。

3. 高温火腿肠的生产技术

（1）高温火腿肠的参考配方。瘦肉 80kg，肥肉 20kg，乳化腌制剂 2kg，亚硝酸钠 10g，食盐 2.5kg，白糖 2kg，味精 0.25kg，花椒 0.3kg，桂皮 0.15kg，白胡椒 0.2kg，姜粉 0.2kg，肉蔻 0.15kg，大豆分离蛋白 2kg，玉米淀粉 12kg，卡拉胶 0.3kg，冰水 40kg，色素适量。

（2）高温火腿肠的操作要点。

第一，选料、解冻、绞制、腌制。均同其他灌肠，但生产规模较大的，也可不经过腌制。

第二，斩拌。不经腌制生产时，将瘦肉在低速下放入，然后添加腌制剂，启动中速斩拌，添加配方设定的 1/3 的冰水后高速斩 1 ~ 3min，在换为中速后加入所有的除淀粉外的所有辅料、脂肪，再加三分之一的冰水，重新启动高速斩拌 3min，再中速把淀粉和剩余水倒入斩拌机再高速斩 1 ~ 3min，最后加入色素（和香精），斩至成品料黏稠有光泽即可出料。出料温度不能超过 12℃，所以，要添加冰水并控制好斩拌时间和速度的关系。

第三，充填。采用 KAP 自动的灌肠机进行灌装，该机具有自动定量、自动热合、自动分节、自动结扎、自动打印等功能。灌装时，要根据不同的产品要求和 PVDC 薄膜的宽度，控制好产品质量和长度，还要保证肠体无油污、肉馅，字迹清晰，热合牢固，卡扣紧固，饱满坚挺，摆放整齐。

第四，杀菌。一般多采用卧式杀菌锅高温杀菌，并根据产品直径的不同采用不同的杀菌时间，比如薄膜折径 80mm，杀菌时间为 25min；折径 70mm，杀菌时间为 15min。利用 2.2 ~ 2.5atm 反压冷却到 40℃即可。

第五，冷却、包装。杀菌后在包装间用冷风吹干表面水分，并擦干水垢，贴上标签，装箱。

第六，贮藏。常温下可保存半年。

（二）西式火腿生产技术

西式火腿一般由猪肉加工而成，但在加工过程中因对原料肉的选择、处理、腌制及包装形式不同，西式火腿种类很多。Ham 原指猪的后腿，但在现代肉制品加工业中通常称为火腿。因为这种火腿与我国传统火腿（如金华火腿）的形状、加工工艺、风味有很大不同，习惯上称其为西式火腿。

西式火腿中除带骨火腿为半成品，在食用前需要熟制外，其他种类的均为可直接使用的熟制品。其产品色泽鲜艳、肉质细嫩、口味鲜美、出品率高且适合于大规模机械化生产，成品能完全标准化，因此近年来西式火腿成为肉类加工业中深受欢迎的产品。西式火腿生产中，一般猪前后腿可用于生产带骨火腿和去骨火腿，背腰肉可用于生产高档的里脊火腿，而肩部及其他部位肌肉因结缔组织及脂肪组织较多、色泽不匀，不宜制作高档火腿，但可用于生产成型火腿和肉糜火腿。

1. 带骨火腿的加工技术

带骨火腿一般是由整只的带骨猪后腿加工制成的，其加工方法比较复杂，加工时间长。一般是先把整只猪后腿用盐、胡椒粉、硝酸盐等干擦表面，然后浸入加有香料的盐水卤中盐渍数日，取出风干、烟熏，再悬挂一段时间，使其自熟，就可形成良好的风味。

世界上著名的带骨火腿有法国烟熏火腿、苏格兰整只火腿、德国陈制火腿、黑森林火腿、意大利火腿等。火腿在烹调中即可做主料也可作辅料，也可制作冷盘。带骨火腿从形状上分为长型火腿和短型火腿两种。带骨火腿由于生产周期较长，成品较大，且为生肉制品，生产不易机械化，因此产量及需求量较少。

（1）带骨火腿的工艺流程。主要包括：①选料；②整形；③去血；④腌制；⑤浸水；⑥干燥；⑦烟熏；⑧冷却；⑨包装；⑩成品。

（2）带骨火腿的操作要点。

第一，原料选择。长型火腿是自腰椎留 1 ~ 2 节将后大腿切下，并自小腿外切断。短型火腿则自趾骨中间并包括荐骨的一部分切开，并自小腿上端切断。

第二，整形。出去多余脂肪，修平切口使其整齐丰满。

第三，去血。动物宰杀后，在肌肉中残留的血液和淤血容易引起肉制品的腐败，放血不良时尤为严重，所以必须在腌制前去血。去血是指在盐腌之前先加适量食盐、硝酸盐，利用其渗透作用脱水以除去肌肉中的血水，改善风味和色泽，增加防腐性和肌肉的结着力。取肉量 3% ~ 5%的食盐与 0.2% ~ 0.3%的硝酸盐，混合均匀后涂布在肉的表面，堆叠在略倾斜的操作台上，上部加压，在 2 ~ 4℃条件下放置 1 ~ 3d，使其排除血水。

第四，腌制。腌制使食盐渗入肌肉，进一步提高肉的保藏性和保水性，并使香料等也渗入肉中，改善其风味和色泽。干腌、湿腌、盐水注射法都可以使用。

在采取干腌时，按原料肉的质量，一般用食盐3%～6%，硝酸钾0.2%～0.25%，亚硝酸钠0.03%，砂糖1%～3%，调味料为0.3%～1.0%。调味料常用的有月桂叶、胡椒等，盐糖的比例不仅影响成品风味，而且对质地、嫩度等均有影响。腌制时将腌制混合料分1～3次涂擦于肉上，堆于5℃左右的腌制间尽量压紧，但高度不应超过1m。每3～5d倒垛一次。腌制时间随肉块大小和腌制温度及配料比例不同而异。小型火腿5～7d；5kg以上较大火腿需20d左右；10kg以上需40d左右。大块肉最好分3次上盐，每5～7d一次，第一次涂盐量可略多。腌制温度较低、用盐量较少时可适当延长腌制时间。

采取湿腌时，腌制液的配比对风味、质地影响很大，特别是食盐和砂糖比例应随消费者嗜好不同而异。配制腌制液时先将香辛料袋和亚硝酸盐以外的辅料溶于水中并煮沸过滤，待冷却到常温后再加入亚硝酸盐以免分解。为提高保水性可加入3%～4%的磷酸盐，还可加入0.3%的抗坏血酸钠以改善色泽。有时为制作上等制品，在腌制时可适量加入葡萄酒、白兰地、威士忌等。腌制时，将洗干净的去血肉块堆叠于腌制槽中，将遇冷至2～3℃的腌制液约按肉重的1/2加入，使肉全部浸泡在腌制液中，盖上篦子，上压重物以防上浮。然后再腌制间（0～4℃）腌制，每千克肉腌制5d左右，如腌制时间长，需要5～7d翻检一次。

使用过的腌制液中含有大量的腌制剂和风味物质，但其中已溶有肉中的营养成分，且盐度较低，微生物易繁殖，在重复使用前须加热至90℃杀菌1h，冷却后除去上浮的蛋白质、脂肪等，滤去杂质，补足盐度。

无论干腌法还是湿腌法，所需腌制时间较长，盐水渗入大块肉的中心较为困难，常导致肉块中心与骨关节周围有细菌繁殖，造成中心酸败，湿腌时还会导致盐溶性蛋白的流失。因此可用盐水注射法（使用可注射带骨肉的注射机），滚揉腌制，缩短腌制时间。这种方法可控制注射率，保证产品质量的稳定性。大规模生产中，多采用盐水注射的方法生产。

第五，浸水。用干腌法或湿腌法研制的肉块，表面与内部食盐浓度不一致，需浸入10倍的5～10℃的清水中浸泡以调整盐度。浸泡时间随水温、盐度及肉块大小而异，一般每千克肉浸泡1～2h。若是流水则数十min即可。浸泡时间短，成品咸味重甚至有食盐结晶析出；浸泡时间过长，则成品质量下降，且容易腐败变质。盐水注射的方法，由于盐水的渗透、分布比较均匀，无需浸泡。

第六，干燥。经浸泡去盐后的原料，悬挂于烟熏室中，在30℃条件下保持 2 ~ 4h，使表面呈红褐色，且略有收缩时为宜。干燥的目的是使肉块表面形成多孔以利于烟熏。

第七，烟熏。烟熏能改善风味和色泽，防止腐败变质，带骨火腿一般用冷熏法，烟熏时温度保持 30 ~ 33℃，1 ~ 2d 至表面呈淡褐色时芳香味最好。烟熏过度，则色泽发暗，品质变差。

第八，冷却包装。烟熏结束后，产品自烟熏炉取出，冷却至室温，转入冷库冷却至中心温度 5℃左右，擦净表面后，用塑料薄膜或玻璃纸包装后即可入库。上等成品要求外观匀称、厚薄适度、表面光滑、切面色泽均匀、肉质纹路较细，具有特殊的芳香味。

2. 去骨火腿的加工技术

去骨火腿是用猪后大腿经过整形、腌制、去骨、包扎成型后，再经烟熏、水煮而成，具有方便、鲜嫩的特点，但保质期较短。在加工时，去骨一般是在浸水后进行。去骨后，以前常连皮制成圆筒形，现在多除去皮和较厚的脂肪，卷成圆柱状，故又称去骨卷火腿，也有置于方形容器中整形，因经水煮，又称去骨熟火腿。

（1）去骨火腿的工艺流程。主要包括：①选料；②整形；③去血；④腌制；⑤浸水；⑥去骨整形；⑦卷紧；⑧干燥；⑨烟熏；⑩水煮；⑪冷却。

（2）去骨火腿的操作要点。

第一，选料整形。与带骨火腿相同。

第二，去血。与带骨火腿相比，食盐用量稍减，砂糖用量稍增为宜。

第三，浸水。与去骨火腿相同。

第四，去骨整形。去除两个腰椎，拔出骨盘骨，将刀插入大腿骨上下两侧，割成隧道状，去除大腿骨及膝盖骨后，卷成圆筒形，修去多余瘦肉及脂肪。去骨时应尽量减少对肌肉组织的损伤。有时去骨在去血前进行，可缩短腌制时间，但肉的结着力较差。

第五，卷紧。用棉布将整形后的肉块卷紧，包裹成圆筒状后用绳扎紧。有时也用模具整形压紧。

第六，干燥、烟熏。30 ~ 35℃条件下干燥 12 ~ 24h，因水分蒸发，肉块收缩变硬，需再度卷紧后烟熏。烟熏温度为 30 ~ 35℃，时间因火腿大小而异，一般为 10 ~ 24h。

第七，水煮。水煮的目的是杀菌和熟化，赋予产品适宜的硬度和弹性，同时减缓浓烈的烟熏臭味。水煮以火腿中心温度达到 62 ～ 65℃保持 30min 为宜。若超过 75℃，则脂肪熔化，导致品质下降。一般大火腿煮 5 ～ 6h，小火腿煮 2 ～ 3h。

第八，冷却、包装、贮藏。水煮后略微整形，尽快冷却后除去包裹棉布，用塑料膜包装后在 0 ～ 1℃的低温下贮藏。

3. 盐水火腿的加工技术

盐水火腿属于成型火腿，是以食盐为主要原料，而加工中其他调味料用量甚少，是西式火腿的一种。猪的前后腿肉及肩部、腰部的肉除用于加工高档的带骨、去骨及里脊火腿外，还可添加其他部位的肉或者其他畜禽肉甚至鱼肉，经腌制（加入辅料）后，装入包装袋或容器中成型、水煮后则可制成成型火腿（又称压缩火腿）。其中，盐水火腿是指大块肉经过修整、盐水注射、滚揉腌制、充填，再经蒸煮、烟熏（或不烟熏）、冷却等工艺制成的熟肉制品。其选料精良、对生产工艺要求高，采用低温杀菌，产品保持了原料肉的鲜香味，组织细腻，色泽均匀，口感鲜嫩，深受消费者喜爱，已成为肉制品的主要品种之一。

（1）盐水火腿的加工原理。盐水火腿是以精瘦肉为原料，经机械嫩化和滚揉破坏肌肉组织的结构，经腌制提取盐溶性蛋白，装模成型后蒸煮而成。盐水火腿的最大特点是良好地成型性、切片性，适宜的弹性、鲜嫩的口感和很高的出品率。肉块、肉粒或肉糜加工后黏结为一体的黏结力来源两个方面：①经过腌制促使肌肉组织中的盐溶性蛋白溶出；②在加工过程中加入适量的添加剂，如卡拉胶、植物蛋白、淀粉及改性淀粉等。

经滚揉后肉中的盐溶蛋白质及其他辅料均匀地包裹在肉块、肉粒表面并充填于其空间，经加热变性后则将肉块、肉粒紧紧黏在一起，出产品具有良好的弹性和切片性。盐水火腿经机械嫩化及滚揉过程中的摔打、挤压、按摩作用，使肌纤维彼此之间变得疏松，再加之选料的精良和良好地保水性及低温蒸煮作用，保证了盐水火腿鲜嫩的特点。盐水火腿在注射率可达 20% ~ 60%甚至更高。肌肉中盐溶性蛋白的提出、复合磷酸盐的使用、pH 的改变以及肌纤维间的疏松状态都有利于提高盐水火腿的保水性，加上其他辅料的添加，因而提高了盐水火腿的出品率。因此，经过嫩化、滚揉、腌制等工艺处理，再加上适宜的添加剂，保证了盐水火腿的独特风格和高品质。

（2）盐水火腿的参考配方。猪精肉 100kg，复合磷酸盐 0.5kg，食盐

3kg，砂糖 1.5kg，亚硝酸钠 10g，味精 0.5kg，异维生素 C-Na100g，胡椒粉 180g，小茴香粉 120g，马铃薯淀粉 4kg，分离蛋白 1kg，卡拉胶 0.2kg，冰水 38kg（含料水）、红曲红（粉）7g。

（3）盐水火腿的工艺流程。主要包括：①原料；②解冻；③修整；④盐水注射；⑤嫩化；⑥滚揉腌制；⑦灌装；⑧蒸煮；⑨冷却；⑩包装；⑪入库。

（4）盐水火腿的操作要点。

第一，原料。原料是经过兽医宰前宰后检验来自非疫区的合格的 2#、4#冻藏猪肉。

第二，解冻。采用自然解冻法（也可采用水解冻），在 15 ~ 17℃的室温下，利用空气自然流通解冻，使解冻后肉的中心温度在 -2 ~ -1℃。禁止使用解冻不透或解冻过度的原料。

第三，修整。按照 2#、4#肉的自然纹路修去筋膜、骨膜、血管、淋巴结、淤血、碎骨等，剔除 PSE 肉，修去大块脂肪（如三角脂肪），允许保留较薄的脂肪层，必须将猪毛及其他异物挑出。分割成拳头大小的肉块，0.5 ~ 1kg。修整后的原料在修整间停留时间不得超过 1h。否则，需转移至腌制间（0 ~ 4℃的冷库）。

第四，盐水配制。准确称量腌制所用的盐量（广泛意义的“盐”，即食盐、亚硝磷酸盐或腌制剂、糖、味精等），并准备好所用的冰水。将冰水倒入搅拌机，开动搅拌机，先放入溶化的亚硝酸盐，再放入温水溶解而又冷却的磷酸盐，然后放入糖、盐、味精，然后放入蛋白、淀粉、卡拉胶、香料、色素等，最后放异维生素 C-Na。待盐、糖等全部溶化后，卸出，整个搅拌过程，要保持料温在 -1 ~ 1℃。

第五，盐水注射。按照产品要求的出品率进行注射，可注射两遍，剩余盐水倒入滚揉桶。

第六，嫩化。利用嫩化机尖锐的齿片刀、针、锥或带有尖刺的拼辊，对注射盐水后的大块肉，进行穿刺、切割、挤压，对肌肉组织进行一定程度的破坏，打开肌肉束腱，以破坏结缔组织的完整性；增加肉块表面积，从而加速盐水的扩散和渗透，也有利于产品的结构。

第七，滚揉腌制。将嫩化好的原料肉馅倒入滚揉机中，采用滚 30min、歇 30min 的作业方式，真空滚揉 10h。滚揉期间，料馅温度应保持在 6 ~ 8℃。

第八，灌装。用真空灌肠机将滚揉好的料馅装入复合收缩膜中，控制好产品的质量，灌制松紧程度，灌肠机真空度，U 形扣的牢固程度等。用自来水将产品两头及产品全身所附的料馅清洗干净，水温以不冻手为准，温度不能过高，以免造成质量降低。然后装模，压紧。

第九，蒸煮。将灌装好的盐水火腿整齐摆入笼盘中，放入 85℃的蒸煮池中，保持 82℃ 1h 后（根据产品质量，蒸煮时间不同。一般产品中心温度达到72℃，稳定 10min 即可），吊入冷却池，用循环水冷却 45min，送入冷库（即 0 ～ 4℃库），冷却至中心温度 10℃以下。

第十，包装。将盐水火腿脱模，表面水垢擦净，将日期打印清晰的标签贴端正，点好数量，装入纸箱，送交成品库。

第十一，成品贮存。成品库温度应控制在 0 ～ 4℃，保质期 90d。在贮存时要注意观察产品质量的变化，并在发货时要坚持先进先出的原则。

二、发酵香肠的生产技术

发酵香肠是指将绞碎的肉（通常是猪肉或牛肉）和脂肪同盐、糖、香辛料等（有时还要加微生物发酵剂）混合后灌进肠衣，经过微生物发酵和成熟干燥（或不经过成熟干燥）而制成的具有稳定的微生物特性的肉制品。发酵香肠是西方国家的一种传统肉制品，经过微生物发酵，蛋白质分解为氨基酸，大大提高了其消化吸收性，同时增加了人体必需的氨基酸、维生素等，营养性和保健性得到进一步增强，加上发酵香肠具有独特的风味，得到了迅速的发展。发酵香肠的最终产品通常在常温条件下贮存、运输，并且不经过熟制处理直接食用。

（一）发酵香肠的原辅料

发酵香肠的原辅料主要包括：①原料肉，一般常用的是猪肉、牛肉和羊肉，原料肉亦应当含有最低数量的初始细菌数；②脂肪，牛脂和羊脂由于气味强烈不适于做原料，色白坚实的猪背脂是生产发酵肠的最好原料；③碳水化合物，在发酵香肠的生产中经常添加碳水化合物，其主要目的是提供足够的微生物发酵物质，有利于乳酸菌的生长和乳酸的产生，其添加量一般为 0.4% ～ 0.8%；④发酵剂，用来生产发酵香肠的发酵剂主要包括乳酸菌、酵母菌和霉菌等。

（二）发酵香肠的工艺流程

发酵香肠的工艺流程包括：①绞肉；②制馅；③灌肠；④接种；⑤发酵；

⑥干燥和成熟；⑦包装。

（三）发酵香肠的质量控制点

1. 制馅

先将精肉和脂肪倒入斩拌机中，稍加混匀，然后将食盐、腌制剂、发酵剂和其他的辅料均匀的倒入斩拌机中斩拌混匀。生产上应用的乳酸菌发酵剂多为冻干菌，使用前将发酵剂放在室温下复活 18 ~ 24h，接种量一般为 10^6 ~ 10^7cfu/g。

2. 灌肠

利用天然肠衣灌制的发酵香肠具有较大的菌落并有助于酵母菌的生长，成熟更为均匀且风味较好。但在生产非霉菌发酵香肠时，利用天然肠衣则会易于发生由于霉菌和酵母菌所致的产品腐败。

3. 接种霉菌或酵母菌

生产中常用的霉菌是纳地青霉和产黄青霉，常用的酵母是汉逊氏德巴利酵母和法马塔假丝酵母。使用前，将酵母和霉菌的冻干菌用水制成发酵剂菌液，然后将香肠浸入菌液。

4. 发酵

干发酵香肠的发酵温度为 15 ~ 27℃，24 ~ 72h；涂抹型香肠的发酵温度为 22 ~ 30℃，48h；半干香肠的发酵温度为 30 ~ 37℃，14 ~ 72h。高温短时发酵时，相对湿度应控制在 98%，较低温度发酵时，相对湿度应低于香肠内部湿度 5% ~ 10。

5. 干燥和成熟

干燥温度在 37 ~ 66℃。干香肠的干燥温度较低，一般为 12 ~ 15℃，干燥时间主要取决于香肠的直径。许多类型的半干香肠和干香肠在干燥的同时进行烟熏。

（四）萨拉米香肠的加工技术

1. 萨拉米香肠的参考配方

牛肩肉 40kg，猪颊肉（修除腺体）40kg，猪修整碎肉 20kg，试验 3.5kg，白砂糖 1.5kg，硝酸盐 125g，白胡椒 19g，大蒜粉 16g。

2. 萨拉米香肠的工艺流程

萨拉米香肠的工艺流程包括：①原料肉；②整理；③绞肉；④拌料；⑤装盘；⑥一次发酵；⑦灌肠；⑧二次发酵、干燥；⑨产品。

3. 萨拉米香肠的操作要点

（1）牛肉通过 3mm 孔板绞碎，猪肉通过 6mm 孔板绞碎。

（2）在搅拌机内将所有配料搅拌均匀。

（3）将料馅放在深 20 ～ 22cm 的盘内，5 ～ 8℃贮藏 2 ～ 4d

（4）将料馅充填入纤维肠衣、猪直肠肠衣或者胶原蛋白肠衣内。

（5）将香肠在 5℃、相对湿度 60%条件下晾挂 9 ～ 11d。如使用发酵剂，发酵和干燥时间将大大缩短。

4. 萨拉米香肠的关键控制点

在干燥室内如果香肠发霉，应调整相对湿度，香肠上的霉菌可用带油的布擦掉，干燥室内应保持卫生。用动物肠衣灌制的香肠在干燥前期，应包在布袋内，干燥后期则去掉布袋，吊挂干燥。

（五）图林根香肠加工技术

1. 图林根香肠的参考配方

猪修整肉（75%瘦肉）55kg，牛肉 2.5kg，葡萄糖 1kg，碎黑胡椒 250g，发酵剂培养物 125g，整粒芥末籽 125g，亚硝酸钠 15g。

2. 图林根香肠的工艺流程

图林根香肠的工艺流程包括：①原料肉；②修整；③绞碎；④拌料；⑤灌肠；⑥熏制；⑦发酵；⑧产品。

3. 图林根香肠的操作要点

（1）原料肉通过绞肉机 6mm 孔板绞碎，并在搅拌机内将配料搅拌均匀，再用 3mm 孔板绞细。

（2）将肉馅充填入纤维素肠衣，热水淋浴 2min 左右。

（3）室温下吊挂 2h，移至烟熏炉内，在 43℃条件下烟熏 12h，再在 49℃条件下烟熏 4h。

（4）将香肠移至室温下晾挂 2h，再移至冷却室内。

（5）成品食盐含量为 3%，pH 为 4.8 ～ 5。

4. 图林根香肠的关键控制点

猪肉应是合格的修整碎肉，在烟熏期间，香肠的中心温度应达到 50℃，使用发酵剂可显著缩短发酵时间。

（六）热那亚香肠加工技术

1. 热那亚香肠的参考配方

猪肩部修整碎肉 40kg，标准猪修整碎肉 30kg，食盐 3.5kg，白砂糖 2kg，布戈尔尼葡萄酒 500g，磨碎的白胡椒 187g，整理白胡椒 62g，亚硝酸钠 31g，大蒜粉 16g。

2. 热那亚香肠的工艺流程

热那亚香肠的工艺流程包括：①原料肉；②修整；③绞碎；④拌料；⑤装盘发酵；⑥灌肠；⑦干燥；⑧发酵；⑨产品。

3. 热那亚香肠的操作要点

（1）将瘦肉通过绞肉机 3mm 孔板绞碎，肥猪肉通过 6mm 孔板绞碎，再与食盐、白糖、调味料、葡萄酒、亚硝酸钠搅拌均匀。

（2）将料馅放在 20 ~ 25cm 深的盘内，4 ~ 5℃放置 2 ~ 4d。如用发酵剂，放置时间可缩短至几小时。

（3）将料馅充填入纤维素肠衣或猪直肠衣内，或合适规格的胶原蛋白肠衣内。

（4）在温度 22℃、相对湿度 60%的干燥室内放置 2 ~ 4d，直到香肠变硬和表面变成红色。

（5）在温度 12℃、相对湿度 60%的干燥室内贮藏 90d，好的产品在干燥室内水分损失 24%最理想。

4. 热那亚香肠的关键控制点

优质的干香肠应有好的颜色，表面上没有酵母或酸败的气味，在肠中心和边缘水分分布均匀，表面皱褶小。干燥室内空气流速的控制很重要，最好每 h 更换 15 ~ 20 倍房间容积的空气量。产品经常翻动，使产品保持干燥。室内应保持黑暗，要用低弱度的灯，因为强烈的光线会使香肠表面产生污点。香肠捆成束易于翻动，堆在底下的香肠要翻到上面进行干燥。脂肪含量低和直径小的香肠比脂肪含量高和大直径的干燥得快。

（七）意大利式萨拉米香肠加工技术

1. 意大利式萨拉米香肠的参考配方

去骨牛肩肉 26kg，冻猪肩瘦肉修整碎肉 48kg，冷冻猪背脂修整碎肉 20kg，食盐 3.4kg，整粒胡椒 31g，亚硝酸钠 8g，鲜蒜（或相当的大蒜粉）63g，乳杆菌发酵剂适量，红葡萄酒 2.28L，整粒肉豆蔻 10 个，丁香 35g，肉桂 14g。

2. 意大利式萨拉米香肠的工艺流程

意大利式萨拉米香肠的工艺流程包括：①调味料；②煮制；③加辅料；④原料肉；⑤修整；⑥绞碎；⑦搅拌；⑧灌肠；⑨发酵；⑩干燥；⑪产品。

3. 意大利式萨拉米香肠操作要点

（1）将肉豆蔻和肉桂放在袋内，与酒一起在低于沸点温度下煮制 10 ~ 15min，过滤并冷却。

（2）冷却时把酒与腌制剂、胡椒和大蒜一起混合。

（3）牛肉通过 3mm 孔板、猪肉通过 12mm 的绞肉机孔板绞碎，并与配料一起绞均匀。

（4）料馅冲入猪肠衣，悬挂在贮存间 36h 干燥。

（5）肠衣晾干后，把香肠的小端用细绳结扎起来，每 12mm 长系一扣。

（6）香肠在 10℃干燥室内吊挂 9 ~ 10 周。

4. 意大利式萨拉米香肠关键控制点

原料肉的 pH 不能过低，否则成品感官色泽欠佳。添加发酵剂可保证香肠加工工艺和成品微生物的稳定性。发酵室相对湿度采用 92% 和 80% 交替进行，使香肠处于较佳干燥状态。

第七章　酱卤制品加工技术

第一节　酱卤制品的分类

酱卤制品是以鲜、冻畜禽肉为原料，加入调味料和香辛料，以水为加热介质煮制而成的熟肉类制品。“酱卤制品是我国古老传统肉类熟食品中的一种，具有我国传统风味，它营养丰富，皮红肉香、味浓、回味纯，风味独特，味道鲜美可口。是我国古老传统肉类熟食品中的一种，具有我国传统风味，它营养丰富，皮红肉香、味浓、回味纯，风味独特，味道鲜美可口。”①

近年来，随着对酱卤制品的传统加工技术的研究以及先进工艺设备的应用，一些酱卤制品的传统工艺得以改进，陆续有企业采用新的工艺加工传统的酱卤制品，因此出现了酱牛肉加工的新工艺。此外，对烧鸡的加工工艺也进行了不同程度的改进，形成了新式的烧鸡加工工艺，采用新工艺生产的产品也深受消费者欢迎。随着包装技术和食品加工技术的发展，酱卤制品也开始采用小包装，这种包装方式使得酱卤制品与传统的方便食品在食用的方便性上更接近了，同时也在一定程度上解决了酱卤制品防腐保鲜的问题。

由于各地消费习惯和加工过程中所用的原辅料及加工方法的不同，形成了许多具有地方特色的酱卤制品。这些酱卤制品从大的分类上可以分为酱制品类和卤制品类。

酱和卤的加工方法有许多相似之处，习惯上有时将两者并称为“酱卤”。其实，酱、卤在加工方法上还是有所差别的，主要表现在以下五点。

第一，选料不同。卤制品可以选用动物性原料，如牛肉、鸡、鸭、内脏等，也可以选用植物性原料，如豆腐干、冬笋等，而酱制品则主要选用动物性原料，

① 仵世清，杜利英．酱卤制品色泽的研究［J］．肉类工业，2008（11）：21.

具体地说主要选用动物的肉、内脏、骨头、头蹄、尾等。

第二，加工过程中对的汤汁的处理方式不同。卤制要保留卤汁，并且越是老卤卤出的东西味道越好，所以商品价值也越高；而酱制所用的酱汁则是现用现做，酱完原料要把酱汁收浓并浇在卤好的制品上。

第三，两种烹调方式制成的成品不同。对于酱制品而言，加工过程中采用的香辛料偏多，因此酱味浓，调料味重，酱香味浓，成品色泽较深；而卤制品，主要使用盐水，因此调味料和香辛料数量少，成品色泽较淡，主要突出的是原料原有的色、香、味。

第四，在调味料的选择上不同。酱制品主要用酱油，卤制品主要用盐；酱制品所用的酱汁，早期主要用豆酱、面酱等，现多改用酱油或加上糖色等，酱制成品色泽多呈酱红或红褐色，一般为现制现用，不留陈汁，制品往往通过酱汁在锅中的自然收稠裹覆或人为地涂抹，而使制品外表粘裹一层糊状物；因此，酱的烹调方法盛行于北方，而卤的烹调方法则盛行于南方，故有“南卤北酱”之说。

第五，在煮制方法上不同。卤制品通常将各种辅料煮成清汤后，将肉块下锅以旺火煮制；酱制品则和各种辅料一起下锅，大火烧开，文火收汤，最终使汤形成肉汁。

酱制品和卤制品从小的分类上，具体的又分为白煮肉类、酱卤肉类、糟肉类。另外酱卤制品根据加入调味料的种类和数量不同，还可分为很多品种，通常有五香或红烧制品、蜜汁制品、糖醋制品、糟制品、卤制品、白烧制品等。

白煮肉类是将原料肉经（或不经）腌制后，在水（或盐水）中煮制而成的熟肉类制品。白煮肉类可视为酱卤制品加工的一个特例，即其在加工过程中肉类未酱制或卤制；其主要特点是最大限度地保持了原料固有的色泽和风味，在食用时才调味。其代表品种有白斩鸡、白切肉、白切猪肚等。

酱卤肉类是在水中加入食盐或酱油等调味料和香辛料一起煮制而成的熟肉制品。有的酱卤肉类的原料在加工时，先用清水预煮，一般预煮 15 ~ 25min，然后用酱汁或卤汁煮制成熟，某些产品在酱制或卤制后，需再经烟熏等工序。酱卤肉类的主要特点是色泽鲜艳、味美、肉嫩，具有独特的风味。产品的色泽和风味主要取决于调味料和香辛料。其代表品种有道口烧鸡、德州扒鸡、苏州酱汁肉、糖醋排骨、蜜汁蹄膀等。

糟肉类则是用酒糟或陈年香糟代替酱制或卤制的一类产品。糟肉类是将原料经白煮后，再用香糟糟制的冷食熟肉类制品。其主要特点是保持了原料肉固有的色泽和曲酒香气。糟肉类有糟肉、糟鸡及糟鹅等。

五香或红烧制品是酱制品中最广泛的一大类，这类产品的特点是在加工中用较多量的酱油，所以叫红烧；在产品中加入八角、桂皮、丁香、花椒、小茴香等五种香料（或更多香料），故又称五香制品，如烧鸡、酱牛肉等。

蜜汁制品是在红烧的基础上使用红曲米作着色剂，产品为樱桃红色，颜色鲜艳，且在辅料中加入多量的糖分或添加适量的蜂蜜，产品色浓味甜。如苏州酱汁肉、蜜汁小排骨等。

糖醋制品是在加工中添加糖和醋的量较多，使产品具有酸甜的滋味。如糖醋排骨、糖醋里脊等。

第二节　酱卤制品的关键技术

酱卤制品加工工艺较简单，但随着食品机械设备的不断改良和食品生产加工技术的不断提高，该类产品的生产开始逐渐实现机械化。其生产工艺主要包括肉类原料的选择，原料肉必要的前处理，肉类原料的腌制、卤煮等工序。在这些工序中，原料肉的质量直接影响酱卤制品的产品质量，因此原料肉的选择至关重要。另外，卤煮工艺也较为关键，它是酱卤类肉制品生产的关键工序，特别是酱、卤加工过程中煮制火候的控制，也直接影响产品的口感。此外，卤煮工艺中的调味、调香和调色技术也影响产品的质量。

一、原料的质量

用于加工酱卤类制品的原料肉种类很多，不管采用哪种肉作为原料肉，首先要求原料肉没有受到细菌、农药、化学品等的污染。其次要选用国家规定的定点屠宰的原料肉，且有国家检验检疫合格证明。原料肉为鲜肉时，为了保证酱卤制品成品的质量，要选用经过低温排酸的肉品；原料肉为冷冻肉时，要严格控制原料肉的解冻条件，保证原料肉在解冻环节的卫生安全。再次为了保证原料肉的质量，在原料肉进行修整加工时也要保证与原料肉直接接触或间接接触的环境、器具、人员的卫生状况。此外，环境的温度也要求低温，修整后的肉卫生也要求达到加工的要求。

二、调味

酱卤制品主要突出调味料及肉的本身香气。我国各地酱卤制品产品在风味上大不相同，大体是南甜、北咸、东辣、西酸；同时北方地区酱卤制品用调味料、香料多，咸味重；南方地区酱卤制品相对调味料、香料少，咸味轻。调味时，要依据不同的要求和目的，选择适当的调料，生产风格各异的制品，以满足人们不同的消费和膳食习惯。

（一）调味的定义和作用

调味是加工酱卤制品的一个重要过程。调味料奠定了酱卤食品的滋味和香气，同时可增进色泽和外观。调味是要根据地区消费习惯、品种的不同加入不同种类和数量的调味料，加工成具有特定风味的产品。

在调味料使用上，卤制品主要使用盐水，所用调味料数量偏低，故产品色泽较淡，突出原料的原有色、香、味；而酱制品调味料的数量则偏高，故酱香味浓，调料味重。调味是在煮制过程中完成的，调味时要注意控制水量、盐浓度和调料用量，要有利于酱卤制品颜色和风味的形成。

通过调味还可以去除和矫正原料肉中的某些不良气味，起调香、助味和增色作用，以改善制品的色、香、味、形，同时通过调味能生产出不同品种花色的制品。

（二）调味的分类根据

加入调味料的时间大致可分为基本调味、定性调味、辅助调味。

基本调味：在加工原料整理之后，经过加盐、酱油或其他配料腌制，奠定产品的咸味。

定性调味：在原料下锅后进行加热煮制或红烧时，随同加入主要配料，如酱油、盐、酒、香料等，决定产品的口味。

辅助调味：加热煮制之后或即将出锅时加入糖、味精等以增进产品的色泽，鲜味。此外，为了着色还可以加入适量的色素（如红曲色素等）。

三、煮制

（一）煮制的概念

煮制是对原料肉用水、蒸汽、油炸等加热方式进行加工的过程。可以改变肉的感官性状，提高肉的风味和嫩度，杀灭微生物和酶，达到熟制的目的。

（二）煮制的作用

煮制对产品的色香味形及成品化学性质都有显著的影响。煮制使肉黏着、凝固，具有固定制品形态的作用，使制品可以切成片状；煮制时原料肉与配料的相互作用，可以起到改善产品的色、香、味的作用，同时煮制也可杀死微生物和寄生虫，提高制品的贮藏稳定性和保鲜效果。煮制时间的长短，要根据原料肉的形状、性质及成品规格要求来确定，一般体积大，质地老的原料，加热煮制时间较长，反之较短。

（三）煮制的方法

煮制必须严格控制温度和加热时间。卤制品通常将各种辅料煮成清汤后将肉块下锅以旺火煮制；酱制品则和各种辅料一起下锅，大火烧开，文火收汤，最终使汤形成肉汁。

在煮制过程中，会有部分营养成分随汤汁而流失。因此，煮制过程中汤汁的多少，与产品最终的质量和口感有密不可分的关系。

根据煮制时加入汤的数量多少，分宽汤和紧汤两种煮制方法：①宽汤煮制是将汤加至和肉的平面基本相平或淹没肉体，宽汤煮制方法适用于块大、肉厚的产品，如卤肉等；②紧汤煮制时加入的汤应低于肉的平面1/3 ~ 1/2，紧汤煮制方法适用于色深、味浓产品，如蜜汁肉、酱汁肉等。

根据酱卤制品煮制过程中调料的加入顺序的不同，把酱卤制品煮制工艺又分为清煮和红烧两种方式：①清煮又称白煮、白锅。其方法是将整理后的原料肉投入沸水中，不加任何调味料进行烧煮，同时撇除血沫、浮油、杂物等，然后把肉捞出，除去肉汤中杂质。清煮作为一种辅助性的煮制工序，其目的是消除原料肉中的某些不良气味。清煮后的肉汤称白汤，通常作为红烧时的汤汁基础再使用，但清煮下水（如肚、肠、肝等）的白汤除外；②红烧又称红锅、酱制，是制品加工的关键工序，起决定性的作用。其方法是将清煮后的肉料放入加有各种调味料的汤汁中进行烧煮，不仅使制品加热至熟，而且产生自身独特的风味。红烧的时间应随产品和肉质不同而异，一般为数小时。红烧后剩余汤汁叫红汤或老汤，应妥善保存，待以后继续使用。存放时应装入带盖的容器中，减少污染。长期不用时要定期烧沸或冷冻保藏，以防变质。红汤由于不断使用，其成分与性能必能已经发生变化，使用过程中要根据其变化情况酌情调整配料，以稳定产品质量。

工业化生产中使用的夹层锅，是利用蒸汽加热，加热程度可通过液面沸腾的状况或由温度指示来决定。

（四）煮制中肉的变化

肉在煮制过程中发生一系列的变化，主要有以下八个方面：

第一，肉的风味变化。生肉的香味是很弱的，通过加热后，不同种类的肉都会产生各自特有的风味。肉的风味形成与氨、硫化氢、胺类、羰基化合物、低级脂肪酸等有关，主要是水溶性成分。如氨基酸、肽和低分子碳水化合物等热反应生成物。对于不同种的肉类由于脂肪和脂溶性物质不同，在加热时形成的风味也不同，如羊肉的膻味是辛酸和壬酸形成引起的，加热时肉类中的各种游离脂肪酸均有不同程度的增加。

第二，肉色的变化。肉在加热过程中颜色的变化程度与加热方法、时间和温度高低密切相关，但以温度影响最大。高温长时间加热时所发生的完全褐变，除色素蛋白质的变化外，还有诸如焦糖化作用和羰氨反应等发生。

第三，蛋白质的变化。肉经过加热，肉中蛋白质发生变性和分解。首先是凝固作用，肌肉中蛋白质受热后开始凝固而变性，而成为不可溶性物质。其次是脱水作用。蛋白质在发生变性脱水的同时，伴随着多肽类化合物的缩合作用，使溶液黏度增加。结缔组织中胶原蛋白在水中加热则变性，水解成动物胶，使产品在冷却后出现胶冻状。

第四，脂肪的变化。加热使脂肪熔化流出。随着脂肪的熔化，释放出一些与脂肪相关联的挥发性化合物，这些物质给肉和汤增加了香气。脂肪在加热过程中有一部分发生水解，生成脂肪酸，因而使脂肪酸值有所增加，同时也有氧化作用发生，生成氧化物和过氧化物。水煮加热时，如肉量过多或剧烈沸腾，易形成脂肪的乳浊化，乳浊化的肉汤呈白色浑浊状态。

第五，浸出物的变化。在加热过程中从肉中分离出来的汁液含有大量的浸出物，它们易溶于水，易分解，并赋予煮熟肉的特征口味和增加香味。呈游离状态的谷氨酸和次黄嘌呤核苷酸会使肉具有特殊的香味。

第六，肉的外形及质量变化。肉开始加热时肌肉纤维收缩硬化，并失去黏性，后期由于蛋白质的水解、分解以及结缔组织中的胶原蛋白水解成动物胶，肉的硬度由硬变软，并由于水溶性水解产物的溶解，组织细胞相互集结和脱水等作用而使肉质粗松脆弱。加热后的由于肉中水分的析出而使其质量减轻。

第七，肉质的变化。煮制中，肌肉蛋白质发生热变性凝固，肉汁分离，体积缩小，肉质变硬。肉失去水分，质量减轻，颜色发生改变，肌肉发生收缩变形，结缔组织软化，组织变得柔软。随着温度升高，肉的保水性、pH 及可溶性蛋白质等发生相应变化：① 40 ~ 50℃，肉的保水性下降，硬度随温度上升而急剧增加；② 50℃，蛋白质开始凝固；③ 60 ~ 70℃，肉的热变性基本结束；④ 60℃，肉汁开始流出；⑤ 70℃，肉凝结收缩，色素蛋白变性，肉由红色变为灰白色；⑥ 80℃，结缔组织开始水解，胶原转变为可溶的胶原蛋白，肉质变软（盐水鸭、白切鸡）等；⑦ 80℃以上时，开始形成硫化氢，使肉的风味降低；⑧ 90℃，肌纤维强烈收缩，肉质变硬；⑨ 90℃以上，继续煮沸时，肌纤维断裂，肉被煮烂。

第八，其他成分的变化。加热会引起维生素破坏，其中的硫胺素加热破坏最严重。无机盐在加热过程中也有一定的损失，酶类受热活性会丧失。

（五）火候控制

火候控制是加工酱卤肉制品的重要环节。在煮制过程中，根据火焰的大小强弱和锅内汤汁情况，可分为旺火、中火和微火三种：①旺火（又称大火、急火、武火）火焰高强而稳定，锅内汤汁剧烈沸腾；②中火（又称温火、文火）火焰低弱而摇晃，一般锅中间部位汤汁沸腾，但不强烈；③微火（又称小火）火焰很弱而摇摆不定，勉强保持火焰不灭，锅内汤汁微沸或缓缓冒泡。

旺火煮制会使外层肌肉快速强烈收缩，难以使配料逐步渗入产品内部，不能使肉酥润、最终成品干硬无味、内外咸淡不均；旺火煮制还会出现煮制过程中汤清淡而无肉味；文火煮制时肌肉内外物质和能量交换容易，产品里外酥烂透味、肉汤白浊而香味厚重，但往往需要煮制较长的时间，最终产品不易成型，出品率较低。因此，火候的控制应根据品种和产品体积大小确定加热的时间、火力，并根据情况随时进行调整。

火候的控制包括火力和加热时间的控制。除个别品种外，各种产品加热时的火力一般都是先旺火后文火，即早期使用旺火，中后期使用中火和微火。通常旺火煮的时间比较短，文火煮的时间比较长。使用旺火的目的是使肌肉表层适当收缩，以保持产品的形状，以免后期长时间文火煮制时造成产品不成型或无法出锅；文火煮制则是为了使配料逐步渗入产品内部，达到内外咸淡均匀的目的，并使肉酥烂、入味。加热的时间和方法随品种而异。产品体积大时加热时间一般都比较长。反之，就可以短一些，但必须以产品煮熟为前提。

酱卤制品中的某些产品的加工工艺是加入砂糖后，往往再用旺火，其目的在于使砂糖熔化卤制内脏时，由于口味要求和原料鲜嫩的特点，在加热过程中，自始至终要用文火煮制。

（六）煮制料袋的制法和使用

酱卤制品加工过程中多采用料袋，料袋是用两层纱布制成的长方形布袋。可根据锅的大小，原料多少缝制大小不同的料袋。将各种香料装入袋中，用粗线绳将料袋口扎紧。最好在原料未入锅之前将锅中的酱汤打捞干净，将料袋投入锅中煮沸，使料在汤中均匀分散开后，再投入原料酱卤。

料袋中所装香料可使用 2 ～ 3 次，然后以新换旧，逐步淘汰，既可根据品种实际味道减少辅料，也可以降低成本。

四、调香

除了肉在加工过程中自己生成的香气成分以外，在肉类加工中还要进行调香，因为有时候肉自身带有异味，有时候肉的风味比较平淡。此外，每一地区都有自己的饮食文化。例如，在中国是大蒜、生姜、葱加上料酒、酱油、芝麻油；在澳大利亚则是柠檬、胡椒、番茄、薄荷。甚至即使在同一种文化下的亚文化群之间（如北京、四川、广东等地的饮食）人们的风味喜好都会有所不同。

调香的目的就是再现和强化食品的香气、协调风味，突出肉类食品的特征。调香包括两个方面：提香和赋香。提香（突出本香）就是去腥、提香，即去除原料的腥、臭等异味，发掘出肉类原料本身的香味。赋香，就是赋予产品各种风味。赋香是外因，提香是内因，调香应内外兼顾。

（一）提香

在肉制品的加工中，常采用添加香料和香精的方式进行调香，香精和香料都是调味品的主成成分，它们被用作增加风味、增强口感，但在实际使用过程中存在肉类产品闻着香，口感却不佳，而且还出现肉制品在加工和贮存期香气损失比较大，留香时间短的问题。为了避免上述问题，在肉制品加工过程中一般采用香精香料和天然香辛料同时使用来达到提香的目的。

提香包括两方面：①去除原料本身的腥、臭味道。原料肉是没有香味的，只有血腥味，如果不彻底去除或者遮盖的话，它会影响加工过程中香料的使用效果，或使得加工过程中出现腥臭味，直接影响最终产品的口感，因此加工过程中必须经过加热和正确使用香辛料才能去除腥臭；②避免配方中各种添加剂的异味对肉品的影响。肉品加工过程中使用的某些添加剂，如植物蛋白、淀粉以及各种胶体及磷酸盐等，这些辅料本身会有一些味道，因此其添加量要严格按照产品标准和肉品生产实际进行添加，同时添加时要充分考虑其对肉品口感的不良影响。通过去除原料的腥、臭味和添加剂的异味，才能在提香时突出肉类本身的香味。

（二）赋香

赋香就是赋予产品一种风味，赋香的原料主要有天然香辛料、香料、骨髓精膏等。

一般来说，酱卤制品的调香分为以下四个步骤：

第一，调头香。头香是指加香产品或天然原料在嗅辨过程中最先感受到的香气特征，指产品切开后，表现出来的香气是否纯正诱人，它是整体香气中的一个组成，其作用是香气轻快、新鲜、生动、飘逸。调头香是调香过程中的第一步，是在肉制品整体饱满、绵长的香气基础上的点睛之笔。头香也是吸引消费者的亮点，一个好的产品必须有天然、圆润、柔和的头香，才能使消费者有极强的购买欲。头香以柔香为好，以提升和强化闻香、增强消费者食欲、掩盖异味为主，通过这种香气能激发人们的食欲，但不可喧宾夺主，香气过分浓烈会破坏肉品整体香味。调头香时天然香辛料的添加量一般是原料量的 0.1% ~ 0.2%。

第二，调尾香。底香即通常所说的吃起来香的那类香味物质，体现产品香气浓郁后感饱满，给人一种自然醇厚肉香；尾香主要是最后残留的香气通常由挥发性较低的呈味物质组成，主要是氨基酸及多肽类，多使用膏类香精进行修饰。调尾香时膏类香精的添加量一般是原料量的 0.2% ~ 0.4%。

第三，调特征风味。特征风味就是产品的风味要有差异性、特殊性，体现调香的个性化、多样化设计，最终使得产品的香味整体协调统一，天然合一，适合不同消费者的口味。

第四，调口香和留香。口香是入口之后是否有肉的天然风味和香气，留香是产品咽下之后留下的余香。留香一般采用香精香料，也有采用香辛料的，不同的产品对留香的要求也不同，可根据产品类型进行适当的添加。具体到肉制品，留香要求香精香料的添加量一般是原料量的0.2%～0.4%。

（三）调香技巧

第一，适量使用香辛料，使香辛料发挥其在肉制品调香的重要作用。香辛料在肉制品中的作用有两方面：①去腥、掩盖肉源腥臊味；②提香、留香、增香和丰富加工肉制品风味。没有加香辛料的肉制品就没有象征性的肉源香气。因此，添加了适当香辛料的肉制品，其使用的肉类香精量可以相对少些，一般为原料量的0.15%～0.2%。

第二，肉制品内部挖潜。充分利用肉品加工中生成的游离氨基酸和多肽，部分氨基酸和多肽属于风味物质，对肉品的风味起到衍生作用；在加工过程中肉品中的营养成分在加热工艺中会相互作用发生美拉德反应，促进热反应产物生成，也会促进肉品风味的形成；充分利用原料油脂的特征风味以及油脂氧化降解反应物形成的风味。采用的原料肉鲜度好，饲养周期长、风味足时，肉香精使用量相应减少（0.15%～0.2%），反之用量较大（0.2%～0.3%）。中式肉制品加工工艺大多以炖、卤、烧、烤、熏及通过盐腌和栅栏技术产生肉香气和风味，肉香精使用量相应减少（0.15%～0.2%）。

第三，香和味的落差性设计。落差设计就是利用落差的特点，人为地在风味调整上使产品呈现同质落差（如咸味落差、甜味落差、鲜味落差和香气落差等）和异质落差（咸甜对比、香味对比等），从而产生味觉、嗅觉落差，呈现产品的不同风味特色。冬春两季由于天气寒冷，人的食欲旺盛和口重，调香宜浓和重（0.2%～0.3%），夏秋两季天气酷热，人的食欲减退，喜欢清淡，肉制品特别是旅游方便肉制品调香宜清香，突出天然和圆润感。

第四，风味强化处理。①通过定香剂、增香剂强化香味；②通过鲜味增强剂增强鲜味和滋味感。

酱卤制品香味的衍生则受到很多因素影响，包括基础香味、香辛料、老汤等。

（四）香辛料的使用

人类使用香辛料已经有很悠久的历史，香辛料与各种肉味的结合和统一而形成的风味，已被广泛的接受和认可，并成为评价肉制品风味的标准，甚至达到了如果不使用香辛料，就根本无法评价肉制品质量优劣的程度。

天然香辛料以其独特的滋味和气味在肉制品加工中起着重要作用。它不仅赋予肉制品独特的风味，同时还可以抑制和矫正肉制品的不良气味，增加引人食欲的香气，促进人体消化吸收，并且很多香辛料还具有抗菌防腐的功能，更重要的是，大多数香辛料无毒副作用，在肉制品中添加量没有严格的限制。

香辛料在肉制品中可按四种形式使用：①香辛料整体：香辛料不经任何加工，使用时一般放入水中与肉制品一起煮制，使呈味物质溶于水中被肉制品吸收，这是香辛料最传统、最原始的使用方法；②香辛料粉碎物：香辛料经干燥后根据不同要求粉碎成颗粒或粉状，使用时直接加入肉品中（如五香粉、十香粉、咖喱粉等）或与肉制品在汤中一起卤制（像粉碎成大颗粒状的香料用于酱卤产品），这种办法较整体香辛料利用率高，但粉状物直接加入肉馅中会有小黑颗粒存在；③香辛料提取物：将香辛料通过蒸馏、压榨、萃取浓缩等工艺即可制得精油，可直接加入到肉品中，尤其是注射类产品。因为一部分挥发性物质在提取时被去除，所以精油的香气不完整；④香辛料吸附型：使香辛料精油吸附在食盐、乳糖或葡萄糖等赋形剂上，如速溶五香粉等，优点是分散性好、易溶解，但香气成分露在表面、易氧化损失。

香辛料的使用上应该注意三点：①使用量问题。因为食用香料是通过口腔、鼻腔等多个器官接受刺激产生嗅感，所以人类对它比较敏感，如果使用过多，只会恶化产品的风味，出现苦味、药味等。在香辛料的搭配上，以香气为主的香辛料应占 5% ~ 10%，而香味俱备的香辛料应占 40% ~ 50%，以呈味为主的香辛料应占 40% ~ 50%；②同一条件下，同一香辛料的不同制品产生的风味会有较大的区别；③不同的原料、不同的目的所使用的香辛料不一样，见表 7-1 和表 7-2。

表 7-1 体现各种风味的香辛料

作用	香辛料名称
去腥臭	白芷、桂皮、良姜
芳香味	肉桂、月桂、丁香、肉豆蔻、众香子
香甜味	香叶、月桂、桂皮、茴香
辛辣味	大蒜、葱、洋葱、鲜姜、辣椒、胡椒、花椒
甘香味	百里香、甘草、茴香、葛缕子、枯茗

表 7-2　与几种肉类相适应的主要香辛料

肉类	主要香辛料
牛肉	胡椒、多香果、肉豆蔻、肉桂、洋葱、大蒜、芫荽、姜、小豆蔻、肉豆蔻衣
猪肉	胡椒、肉豆蔻、肉豆蔻衣、多香果、丁香、月桂、百里香、洋苏叶、香芹、洋葱、大蒜
羊肉	胡椒、肉豆蔻、肉豆蔻衣、肉桂、丁香、多香果、洋苏叶、月桂、姜、芫荽、甘牛至

五、调色

传统的酱卤制品一般不使用食品添加剂，但随着食品加工技术的进步和对食品添加剂认识的不断深入，根据加工需要，科学合理地选用食品添加剂，可使酱卤制品加工更加科学合理、品种更加多样化、色泽更诱人、品质更加优良。因此，通过选用合适的发色剂、天然色素等添加剂，赋予酱卤制品良好的色泽具有十分重要的意义。

按照酱卤制品的一般加工流程，可以把酱卤制品的调色分为腌制发色、上色和护色。

腌制发色一般适用于肌肉组织较多的畜禽肉，猪耳、蹄、鸡爪、翅尖等肌肉组织较少的畜禽附件类不适用。

根据我国对酱卤制品色泽的偏好，可通过油炸或添加少量天然食用色素，如红曲红、糖色、老抽、着色性香辛料等达到上色的目的。有些产品在酱卤前或后通过刷蜂蜜或饴糖水再油炸上色，还有部分产品通过熏烟法上色。通过上色，一般将产品调成金黄色、酱红色、酱黄色、褐色等，颜色要自然调和，也有保持本色的，如盐水鸭、白斩鸡、泡椒凤爪等。

散装酱卤制品放置时间长了颜色容易变黑，而包装产品又存在产品褪色的问题，因此必要时需要对产品进行护色。

第一，老汤用饴糖代替添加的白砂糖、添加少量的食用胶：在熬制老汤的过程中用饴糖代替白砂糖，相当于在产品表面多了一层防护膜，卤出的产品表面亮度及保湿效果较好，可以延缓无包装品种的表面风干及褐变。卤制过程中还要不断翻动，卤制好的产品要单层码放，以防色泽不均匀。

第二，采用助色剂：由于抗坏血酸、异抗坏血酸、烟酰胺等既可促进护色（护色助剂），且抗坏血酸和维生素 E 可阻止亚硝胺的生成，常与亚硝酸盐或硝酸铵并用，可使亚硝基肌红蛋白的稳定性提高，更有利于肉制品色泽的保持。

第三，避光包装。光线可加速氧化、造成包装的酱卤制品褪色。普通的真空包装，如 PET/CPP、PA/CPP 无法隔绝光线。采用含有铝箔层的包装材料（如 PET/Al/CPP 等）真空包装可以减缓光照造成的产品褪色问题。

第八章　其他肉制品加工技术

第一节　肉类罐头加工技术

一、肉类罐头概述

（一）肉类罐头的种类

肉类罐头是指以畜禽肉、鱼肉等为原料，调制后装入罐装容器或软包装，经排气、密封、杀菌、冷却等工艺加工而成的耐贮藏食品。根据原料肉的种类和加工、调味方法的不同，可将肉类罐头分为以下三类：

1. 禽肉类

禽肉类罐头按加工及调味方法不同，分成以下三个种类：

（1）白烧类禽罐头。白烧类禽罐头是将处理好的原料经切块、装罐，加少许盐（或香料或稀盐水）而制成的罐头产品，如白烧鸡等罐头。

（2）去骨类禽罐头。去骨类禽罐头是将处理好的原料经去骨、切块、预煮后，加入调味盐（精盐、胡椒粉、味精等）而制成的罐头产品，如去骨鸡、去骨鸭等罐头。

（3）调味类禽罐头。调味类禽罐头是将处理好的原料切块（或小切块），调味预煮（或油炸）后装罐，再加入汤汁、油等而制成的罐头产品。这类产品又可分为红烧、咖喱、油炸、陈皮、五香、酱汁、香菇等不同类别，如红烧鸡、咖喱鸭、炸子鸡、全鸡等罐头。

2. 水产类

水产类罐头按加工及调味方法不同，分成以下三个种类：

（1）油浸（熏制）类水产罐头。油浸（熏制）类水产罐头是将处理过的原料预煮（或熏制）后装罐，再加入精炼植物油而制成的罐头产品，如油浸鲭鱼、油浸烟熏鲤鱼等罐头。

（2）调味类水产罐头。调味类水产罐头是将处理好的原料盐渍脱水（或油炸）后装罐，加入调味料而制成的罐头产品。这类产品又可分为红烧、茄汁、葱烤、鲜炸、五香、豆豉、酱油等，如茄汁鲭鱼、葱烤鲫鱼、豆豉鲮鱼等罐头。

（3）清蒸类水产罐头。清蒸类水产罐头是将处理好的原料经预煮脱水（或在柠檬酸水中浸渍）后装罐，再加入精盐、味精而制成的罐头产品，如清蒸对虾、清蒸蟹、原汁贻贝等罐头。

3. 畜肉类

畜肉类罐头按加工及调味方法不同，分成以下六个种类：

（1）清蒸类罐头。清蒸类罐头是原料经初步加工后，不经烹调而直接装罐制成的罐头。它的特点是最大限度地保持各种肉类的特有风味，如原汁猪肉、清蒸牛肉等罐头。

（2）调味类罐头。调味类罐头是原料肉经过整理、预煮或油炸、烹调后装罐，加入调味汁液而制成的罐头。这类罐头按烹调方法及加入汁液的不同，可分为红烧、五香、豉汁、浓汁、咖喱、茄汁等类别。它的特点是具有原料和配料特有的风味和香味，色泽较一致，块形整齐，如红烧扣肉、咖喱牛肉、茄汁兔肉等罐头。调味类罐头是肉类罐头品种中数量最多的一种。

（3）腌制类罐头。腌制类罐头是将原料肉整理，用食盐、硝酸盐、白糖等辅料配制而成的混合盐进行腌制后，再经过加工制成的罐头。这类产品具有鲜艳的红色和较高的保水性，如午餐肉、咸牛肉猪肉火腿等罐头。

（4）烟熏类罐头。烟熏类罐头是指处理后的原料经腌制、烟熏后制成的罐头。这类罐头有鲜明的烟熏味，如西式火腿、烟熏肋条等罐头。

（5）香肠类罐头。香肠类罐头是指肉腌制后再加入各种辅料，经斩拌制成肉糜，然后装入肠衣，经烟熏、预煮再装罐制成的罐头。

（6）内脏类罐头。将猪、牛、羊的内脏及副产品，经处理调味或腌制后制成的罐头即为内脏类罐头，如猪舌、牛舌、猪肝酱、牛尾汤、卤猪杂等罐头。

（二）罐头容器的选用和处理

1. 软罐头

软罐头以复合塑料薄膜为包装材料装置食品，经灭菌、密封后能长期贮藏。复合塑料薄膜通常采用三种基材黏合在一起构成层状结构。外层是 12μm 左右的聚酯，起到加固及耐高温的作用；中层为 9μm 左右的铝箔，具有良好的避光、阻气、防水性能；内层为 70μm 左右的聚烯烃（改性聚乙烯或聚丙烯），符合食品卫生要求，并能热封。

软罐头通常具有以下五个特点：

（1）可采用高温杀菌，且时间短，内容物营养素很少受到破坏。包装软罐头的复合薄膜可以耐受 120℃以上高温，且传热快，杀菌后的冷却时间亦短，整个杀菌时间比刚性罐头缩短 1/2，大大减少了对内容物色、香、味、形的影响，尤其是营养成分损失程度也大大减少，因此保持了内容物原有的特色。

（2）可在常温下长久贮藏或流通，且保存性稳定的软罐头是密封包装的调温杀菌制品，故无须冷藏等特殊的保存条件，在常温条件下，普通仓库、货架即可安全地保存。软罐头包装材料化学性质稳定，其表面无金属离子，不会与内容物发生化学反应，金属罐则易产生溶锡、腐蚀和生锈等现象，在同等贮藏条件下，软罐头食品保存期比刚性罐头长。

（3）携带方便，开启简单、安全省时。软罐头食品体积小、柔软，便于携带，食用时只要从切口处撕开，不需要特殊的开罐工具，不像马口铁或碎玻璃那样锋利，容易伤人。

（4）节约能源，降低成本。软罐头食品加热食用，只要放在开水中烫煮 3 ~ 15min，可节约大量能源。

（5）软罐头容易受损、泄气，使内容物腐败变质。因软罐头包装窗口柔软，易受外压破损，使真空度降低，导致内容物腐败变质。

目前，复合塑料薄膜已大量投入食品生产，代替了一部分镀锡薄板或涂料铁容器，以后还将有更大的发展。

2. 玻璃瓶罐头

玻璃瓶罐头是采用玻璃瓶罐为容器进行装罐和包装的罐头。玻璃罐（瓶）是以玻璃作为材料制成，玻璃为石英砂（硅酸）和碱即中性硅酸盐熔化后在缓慢冷却中形成的非晶态固化无机物质。

玻璃罐通常具有三个优点：①玻璃罐的化学稳定性较好，和一般食品不发生反应，能保持食品原有风味，而且清洁卫生；②玻璃罐透明，便于消费者观察内装食品，以供选择；③由于玻璃罐可多次重复使用，所以较为经济。

玻璃罐的缺点导致七在罐头食品中的应用受到一定限制。例如，玻璃罐的机械性能很差，易破碎，耐冷、热变化的性能也差，温差超过 60℃时容易发生破裂，因此玻璃罐加热或冷却时温度变化必须缓慢、均匀地上升或下降，在冷却中比加热时更容易出现破裂问题；玻璃的导热性能差（玻璃的热导率为铁的 1/60，铜的 1/1000），比热容较大，0 ~ 100℃时为 0.722kJ/（kg·℃），为铁皮的 1.5 倍。因此，杀菌冷却后玻璃罐所装食品的质量比铁罐差；通常使用的加工规格，等容积的玻璃罐比铁罐重 4 ~ 4.5 倍，因而它所需的运输费用较大。

3. 听装罐头

听装罐头是采用金属罐为容器进行装罐和包装的罐头。金属罐中目前最常用的材料是镀锡薄钢板以及涂料铁等，其次是铝材以及镀铬薄钢板等。

（1）镀锡薄钢板。镀锡薄钢板是一种具有一定金属延展性、表面经过镀锡处理的低碳薄钢板。镀锡板是它的简称，俗称马口铁。现在用于制罐的镀锡板都是电镀锡板，即由电镀工艺镀以锡层的镀锡板。它与过去用热浸工艺镀锡的热浸镀锡板相比，具有镀锡均匀、耗锡量低、质量稳定、生产率高等优点。镀锡板由钢基、锡铁合金层、锡层、氧化膜和油膜等构成。

（2）涂料铁。用镀锡板罐装食品时，有些食品容易与镀锡板发生作用，引起镀锡板腐蚀，这种腐蚀主要是电化学腐蚀，其次是化学性腐蚀，在这种情况下，单凭镀锡板的镀锡层显然不能保护钢基，这就需要在镀锡板表面设法覆盖一层安全可靠的保护膜，使罐头内容物与罐壁的镀锡层隔绝开。还可以采取罐头内壁涂料的方法，即在镀锡板用于内壁的一面涂印防腐耐蚀涂料，并加以干燥成膜。对于铝制罐和镀铬板罐，为了提高耐蚀性，内壁均需要涂料。

（3）铝合金薄板。铝合金薄板为铝镁、铝锰等合金经铸造、热轧、冷轧、退火等工序制成的薄板，其优点是轻便、美观、不生锈。用于鱼类和肉类罐头，无硫化铁和硫化斑；用于啤酒罐头，无发浑和风味变化等现象。缺点是焊接困难，对酸和盐耐蚀性较差，所以需涂料后使用。

（4）镀铬薄板。镀铬薄板是表面镀铬和铬的氧化物的低碳薄钢板。镀铬板是 20 世纪 60 年代初为减少用锡而发展的一种镀锡板代用材料。镀铬板耐腐蚀性较差，焊接困难，现主要用于腐蚀性小的啤酒罐、饮料罐以及食品罐的底、盖等，接缝采用熔接法和黏合法接合，它不能使用焊锡法。镀铬板需要经内外涂料后使用，涂料后的镀铬板其涂膜附着力特别优良，宜用于制造底盖和冲拔罐，但它封口时封口线边缝容易生锈。

（5）焊料及助焊剂。目前使用的金属罐容器中，使用量最大的是镀锡板的三片接缝罐。三片罐身接缝必须经过焊接（或粘接），才能保证容器的密封。焊接工艺中现在基本上采用电阻焊。

（6）罐头密封胶。罐头密封胶固化成膜作为罐藏容器的密封填料，填充于罐底盖和罐身卷边接缝中间，经过卷边封口作业后，由于其胶膜和二重卷边的压紧作用将罐底盖和罐身紧密结合起来。它对于保证罐藏容器的密封性能，防止外界微生物和空气的侵入，使罐藏食品得以长期贮藏而不变质是很重要的。罐头密封胶除了能起密封作用外，必须适合罐头生产上一系列机械的、化学的和物理的工艺处理要求，同时还必须具备其他一系列特殊条件。

具体要求有：①要求无毒无害，胶膜不能含有对人体有害的物质；②要求不含有杂质，并应具有良好的可塑性，便于填满罐底盖与罐身卷边接缝间的孔隙，从而保证罐头的密封性能；③与板材结合应具有良好的附着力及耐磨性能；④胶膜应有良好的抗热、抗水、抗油及抗氧化等耐腐蚀性能。

作为罐藏容器的密封填料，除了某些玻璃罐的金属盖上使用塑料溶胶制品外，基本上均使用橡胶制品，其性能易于控制，使用方便。

二、肉类罐头加工

（一）原料选择与预处理

1. 原料选择

原料应选用符合卫生标准的鲜肉或冷冻肉。牛肉、羊肉、猪肉和家禽肉以及屠宰副产品等都可用于制造肉类罐头，如灌肠、腌肉、火腿等肉制品也可作为罐头食品的原料。肉类罐头对原料肉的好坏要求比较严格，且要求原料肉的质量较高，因为这直接影响着罐头质量的好坏，所以必须选择新鲜或冷冻肉，经兽医卫生检验合格方可作为罐头制品的原料。

2. 原料预处理

进入罐头厂的原料肉有两种，一种是鲜肉，另一种是冻肉。鲜肉要经过成熟处理方能加工使用，冷库运来的冻肉要经过解冻方能加工使用。解冻过程中除卫生条件保证良好外，其他条件也一定要严格控制。控制不当，肉汁大量流失，养分白白耗损，降低肉的持水性，影响产品质量。

畜肉原料的预处理包括洗涤、剔骨、去皮（或不去骨皮）、去淋巴及切除不宜加工的部分。原料在剔骨前应用清水洗涤，除尽表面污物，然后分段。例如，猪半胴体分为前、后腿及肋条三段；牛半胴体沿第13根肋骨处横截成前腿和后腿两段；羊肉一般不分段，通常为整片或整只剔骨。分段后的肉分别剔除脊椎骨、肋骨、腿骨及全部硬骨和软骨，剔骨时应注意肉的完整，避免碎肉及碎骨渣。若要留料，如排骨、圆蹄、扣肉等原料，则在剔骨前或以后按部位选取切下留存。去皮时刀面贴皮进刀，要求皮上不带肥肉，肉上不带皮，然后按原料规格及要求割除全部淋巴结、颈部刀口肉、奶脯部位泡肉、黑色素肉、粗组织膜、淤血等。整理后按工艺要求切块、切条或切片备用。

禽肉原料则先逐只将毛拔干净，然后切去头，颈可留7 ~ 9cm长，割除翅尖、两爪，除去内脏及肛门等。去骨家禽拆骨时，将整只家禽用小刀割断颈皮，然后将胸肉划开，拆开胸骨，割断腿骨筋，再将整块肉从颈沿背部往后拆下，注意不要把肉拆碎和防止骨头折断，最后拆去腿骨。

经预处理后，原料肉要达到卫生、营养及加工要求。卫生方面，要除净肉尸表面的污物，割除淋巴结；营养方面，不留硬骨、软骨、粗筋膜、精血管等；加工方面，要除去脖头肉，切除相当数量的肥膘。全部处理流程应紧密衔接，不允许原料堆叠。处理过程中，应尽量避免用水刷洗，要用干净的湿抹布揩拭，防止肉汁流失或肌肉吸收大量水分使纤维松软，失去持水性。

（二）原料的预煮和油炸

肉类罐头的原料经预处理后，按各产品加工要求，通常还需要进行预煮和油炸处理。预煮和油炸是调味类罐头加工的主要环节，其目的是使原料肉脱去一部分水分，蛋白质凝固，组织紧密，具有一定硬度；破坏原料中的酶类，使原料保持天然的色泽；排除原料组织中的空气，防止罐头在杀菌过程中发生爆裂现象；使原料组织软化，便于加工装罐；除去原料中腥、生味和特殊异味；经过预煮处理后，便于后道工序加工整理，同时可提高杀菌效果。此外，油炸能增进肉制品的风味和色泽。

1. 预煮

预煮前按肉制品的要求切成适当大小的块形，所需水量以淹没肉块为准，一般为肉重的 1.5 倍。预煮时一般将原料投入沸水中煮 20 ～ 60min，要求达到原料中心无血水为止，但根据原料肉的品种、嫩度及所需熟度不同，预煮时间应该进行适当调整。经预煮的原料，其蛋白质受热后逐渐凝固，肌浆中蛋白质发生不可逆的变化成为不溶性物质。随着蛋白质的凝固，亲水的胶体体系遭到破坏而失去持水能力，发生脱水作用。由于蛋白质的凝固，肌肉组织紧密变硬，便于切块。在预煮过程中，各种调味料渗入肌肉，赋予产品特殊的风味。

此外，预煮处理能杀灭原料肉中的部分微生物，有助于提高杀菌效果。为了减少肉中养分的流失，可在预煮过程中将原料分批投入沸水中，加快原料表面蛋白质的凝固，形成保护层，减少损失。适当缩短预煮时间也可避免养分的流失。预煮的汤汁可连续使用，并添加少量的调味品，制成味道鲜美、营养丰富的液体汤料或固体粉末汤料。

2. 油炸

原料肉预煮后，即可油炸。油炸方法一般采用开口锅放入植物油加热，然后根据锅的容量将原料分批放入锅内进行油炸，油炸温度为 160 ～ 180℃。油炸时间根据原料的组织密度、形状、肉块的大小、油温和成品质量要求等而有所不同，一般为 3 ～ 10min。大部分产品在油炸前都要求涂上稀糖色液，经油炸后，其表面呈金黄色或酱红色。经过油炸的产品脱水上色，产品风味增加，原料肉失重 28% ～ 38%，损失含氮物质约 2%，无机盐约 3%，吸收油脂 3% ～ 5%。

（三）装罐

原料肉经预煮和油炸后，要迅速装罐密封，根据产品的性质、形状和要求，装罐可分为人工装罐和机械装罐两种。人工装罐是做一长方形工作台，用耐腐蚀不锈钢板铺面。将消毒容器放在台面上，装毕物料再加注汤料或液汁，送入排气箱或真空封罐机密封。对于经不起机械摩擦，需要合理搭配和排列整齐的块、片状食品等，目前仍用人工装罐，其主要过程有装料、称量、压紧、加汤汁和调味料等，一般鱼、肉、禽块等用人工装罐。

人工装罐的优点是简单，有广泛适应性，并能选料装罐，适于小型罐头厂，但这种方法劳动生产率低，装量偏差较大，卫生条件差，而且生产过程的连续性较差。对于颗粒体、半固体和液体食品常采用机械装罐，如午餐肉、猪肉火腿等马口铁听装罐头。肉类制品的机械装罐适用于多种罐型，操作简便、分量均匀、易清洗，能保证食品卫生，劳动生产率高，并适于连续性生产。因此除必须采用人工装罐的部分产品外，应尽可能采用机械装罐。目前，装罐多用自动或半自动式装罐机，速度快，称量准确，节省人力，但小规模生产和某些特殊品种仍需用人工装罐。

为了使成品符合规格，需按肉类罐头的规格标准进行装罐，操作时应注意以下六个要点：

第一，应及时装罐。原料经预处理后，应迅速装罐，不应堆积过多，保留时间过长易受微生物污染，则出现腐败变质现象而不宜装罐，造成损失，或影响成品质量及其保存时间。

第二，装罐时需留有适当的顶隙。顶隙是指罐内食品表面或液面与罐盖间的空隙，一般为 4 ~ 8mm。留适当的顶隙可防止灭菌时内容物膨胀使罐头变形（假胖听），并可形成一定的真空度。午餐肉基本上不留顶隙。顶隙大小直接影响食品的装罐量、卷边密封性、铁罐变形情况、铁皮腐蚀情况等。顶隙过小，罐内压力增加，对卷边密封性会产生不利的影响，杀菌后冷却时使带有微生物的冷却水有隙可乘，同时还会造成铁罐永久性变形或凸盖，并因铁皮腐蚀时聚集氢气，极易出现氢胀罐（充满氢气的胀罐）；顶隙过大，罐内食品装量不足，而且顶隙内空气残留量增多，促进铁皮腐蚀或形成氧化圈，并引起表面层上食品变色、变质。此外，如罐内真空度较高，容易发生瘪罐。

第三，按规定的块数装入罐头内。质量可允许有超出，装罐质量允许的公差范围为± 3%。但每批罐头其净重平均值不应低于要求的净重。许多罐头食品除装入固态食品外，还需加入糖水、盐水或汤汁等。固形物含量一般是指固体食品在净重中所占的百分比，对于肉类罐头还包括溶化油或添加油在内。固形物含量一般为 45% ~ 65%，最常见的为 55% ~ 60%，有的高达 90%。不论人工或机械装罐，常需抽样并复称校样。

第四，装罐时应合理搭配。肉类制品因部位不同，质量也有差异。因此在装罐时，必须注意质量搭配，使每罐的色泽、成熟度、块形大小、个数基本一致，每罐的汤汁浓度及脂肪固形物和液体间的比值应保持一致。搭配合理不仅可改善成品品质，还可以提高原料利用率和降低成本。有些罐头食品装罐时有一定的式样或定型要求，如红烧扣肉和凤尾鱼罐头等，装罐时必须排列整齐。

第五，装罐时保持罐口清洁。装罐时不得有小片、碎块或油脂、糖液、盐液等留于罐口，否则会影响卷边的密封性。

第六，装罐完毕后要进行注液。注液就是将一定量的肉汤加入罐头中，目的是为增进风味，许多风味物质都存在于汤汁中；利于杀菌时的热传导，提高杀菌效率；排除罐内空气，降低罐内压力，防止内容物氧化变质。

（四）排气与封罐

1. 排气

排气是食品装罐后密封前将罐内顶隙间的、装罐时带入的和原料组织细胞内的空气尽可能从罐内排除的技术措施，从而使密封后罐头顶隙内形成部分真空。

（1）排气的作用。通过排气，可以排除肉类组织内及容器内的气体，防止杀菌时及贮藏期间内容物氧化，特别是维生素、色素以及与风味有关的微量成分氧化变质；防止或减轻罐头高温杀菌时由于气体膨胀而发生的变形或损坏；防止和抑制罐内残留的好气菌和霉菌的繁殖；防止或减轻贮藏过程中罐内壁的腐蚀；有利于对罐头质量的检查，若罐头排气不好造成胀罐，则无法与微生物腐败造成的胀罐相区分。

（2）排气的方法。排气方法的选择需根据原料的种类、性质、机械设备等来决定，主要采用加热排气和机械排气。

第一，加热排气法加热排气法是一种利用空气、水蒸气和食品中气体受热膨胀的原理，将罐内的空气排除掉的方法。①热装排气，将待装食品加热到沸点，迅速装入已洗净和杀菌的空罐中，趁热加盖密封，冷却后，罐内即形成一定的真空度；②连续加热排气，将经过预封的罐头，由输送装置送入排气箱内，其中有90 ~ 98℃的蒸汽加热装置，经3 ~ 15min后，从箱内送出，随后用封罐机密封。

第二，机械排气法。机械排气法是一种在真空环境中进行排气封罐的方法。在大规模生产罐头时一般都在真空封罐机中进行真空封罐。在封罐的同时由真空泵排除空气，抽真空与封罐同时在密闭状态下进行（抽真空采用水杯式真空泵，封罐后真空度为46.65 ~ 59.99kPa），因而不需要预封机和排气箱等设备。真空封罐机内罐头排气时间很短，所以它只能排除顶隙内的空气和罐头食品中的一部分气体。真空排气在生产肉、鱼类罐头，如午餐肉、油浸鱼、凤尾鱼等固态类食品罐头中得到了广泛的应用。该法与热力排气法相比，所用设备占地面积小，并能使加热困难的罐头食品形成较好的真空度。只要操作恰当，罐内内容物外溅比较少，故比较卫生。目前，我国大多数工厂采用此法。

2. 封罐

封罐就是排气后的罐头用封口机将罐头密封住，使其形成真空状态。封罐是食品长期贮存的重要手段之一，可以阻绝罐内外空气、水等流通，防止罐外部微生物渗入罐内，并且因杀灭了原存于罐内的腐败菌，所以能防止腐败变质而耐长期贮存。若密封不完全则所有调理、杀菌、包装等操作便没有意义。因此，密封是罐头食品制造过程中最为重要的基本作业之一。由于罐藏容器的种类不同，密封的方法也各不相同。

（1）马口铁罐的密封。马口铁罐的密封与空罐的封底原理、方法和技术要求基本相同。目前罐头厂常用的封罐机有半自动封罐机、真空封罐机和蒸汽喷射排气封罐机等。

（2）玻璃罐的密封。玻璃罐的密封是依靠马口铁皮和密封垫圈紧压在玻璃罐口而成。目前的密封方法有卷边密封法、旋转式密封法、掀压式密封法等。

（3）软罐头的密封。软罐头的密封必须使两层复合塑料薄膜边缘内层相互紧密结合或熔合在一起，达到完全密封的要求。一般采用真空包装机进行热熔密封

（五）杀菌

1. 杀菌的目的及意义

罐头杀菌的目的是杀死食品中所污染的致病菌、产毒菌、腐败菌，并破坏食物中的酶，使食品贮藏一定时间而不变质，保证罐头的安全性和食用价值；在杀菌的同时，又要求较好地保持食品的形态、色泽、风味和营养价值。罐头杀菌与医疗卫生、微生物学研究方面的“灭菌”的概念有一定区别，它并不要求达到“无菌”水平，但要求不允许有致病菌和产毒菌存在，罐内允许残留有微生物或芽孢，只是它们在罐内特殊环境中，在一定贮藏期内不会引起食品腐败变质。

2. 杀菌的方法

罐头杀菌的方法主要有常压杀菌、加压蒸汽杀菌和加压水杀菌三种。

（1）常压杀菌。常压杀菌即将罐头在常压下置于热水中杀菌，设备简单，便于操作，广为采用，适用于肉类高酸食品和果蔬产品的杀菌。

（2）加压蒸汽杀菌。加压蒸汽杀菌即将罐头置于密闭的杀菌器中，通入

一定压力的蒸汽，排除锅内空气及冷凝水后，使容器内温度升至100℃以上。适宜于肉类罐头的杀菌，高蛋白类罐头（pH为4.5 ~ 7）也可采用此法。

（3）加压水杀菌。加压水杀菌即将罐头置于水中加压杀菌。水在常压下沸点是100℃，而在加压下可达到100℃以上。当气压增至176kPa时，水的沸点升至121℃。根据罐头杀菌要求的温度，调节杀菌器内的气压，使水达到要求的杀菌温度。此法易于平衡罐内外压力，防止玻璃罐“跳盖”及容器爆裂，适于玻璃罐装和听装罐头杀菌。

肉类罐头属于低酸性食品，常采用加压蒸汽杀菌法，杀菌温度控制在112 ~ 121℃。杀菌过程可划分为升温、恒温、降温三个阶段，其中包括温度、时间、反压三个主要因素。不同罐头制品杀菌工艺条件不同，温度、时间和反压控制不一样。正确的杀菌工艺条件应恰好能将罐内细菌全部杀死和使酶钝化，保证贮藏安全，同时又能保证食品原有的品质不发生大的变化。

目前，我国大部分工厂均采用静置间歇的立式或卧式杀菌锅，罐头在锅内静止不动，始终固定在某一位置，通入一定压力的蒸汽，排除锅内空气及冷凝水后，使杀菌器内的温度升至112 ~ 121℃进行杀菌。为提高杀菌效果，现常采用旋转搅拌式灭菌器。此方法改变了过去罐头在灭菌器内静置的方式，加快罐内中心温度上升，杀菌温度提高到121 ~ 127℃，缩短了杀菌时间。

3. 杀菌工艺条件的确定

（1）时间、温度、压力的确定。罐头食品的杀菌工艺条件主要由温度、时间、反压三个主要因素组合而成。罐头食品杀菌操作过程中可以划分为升温、恒温和降温三个阶段。

升温阶段就是将杀菌锅温度提高到规定的杀菌温度，同时要求将杀菌锅内的空气充分排除。为了保证恒温杀菌时蒸汽压和温度充分一致，升温阶段不宜过短，否则就达不到充分排气的要求，杀菌锅内还会有气体存在。

恒温阶段就是保持杀菌锅温度稳定不变的阶段，此时要注意的是，杀菌锅温度升高到杀菌温度时并不意味着罐内食品温度也升到了杀菌温度。对流传热型食品的温度在此阶段内常能迅速上升，甚至于达到杀菌温度。

降温阶段就是停止蒸汽加热杀菌并用冷却介质冷却，同时也是杀菌锅放气降压阶段。就冷却速度来说，冷却越迅速越好，但是要防止罐头爆裂或变形。罐内温度下降缓慢，内压较高，外压突然降低常会出现爆罐现象，因此冷却时还需加压（即反压），如不加反压则放气速度就应减慢，务必使杀菌锅和罐内的压力差不致过大，为此，冷却就需要一定时间。

（2）罐头杀菌的 F 值及 F 值的计算方法。在研究杀菌条件时，应先研究杀菌的杀菌效率值或称杀菌强度，即 F 值。F 值是指在恒定的温度条件下（121℃或 100℃）杀灭一定数量的细菌营养体或芽孢所需要的时间（min）。

由于食品是微生物良好的培养基，不同食品污染的微生物种类、数量各不相同，而且各种微生物的抗热性亦不相同。因此，欲确切地制定某种罐头食品杀菌工艺条件（温度、时间），就需要分别对一定浓度的各种腐败菌，在恒定的标准温度下，将其全部杀灭的时间进行测定，这就是微生物的抗热性试验。但不可能也没有必要对所有种类的细菌进行耐热性试验。因此，在制定杀菌式时，总是选择各种罐头食品中最常见的、耐热性最强并具有代表性的腐败菌，或引起食品中毒的细菌作为对象。一般认为，如果热力杀菌足以消灭耐热性最强的腐败菌时，则耐热性较低的腐败菌是很难残留下来的。芽孢的耐热性比营养体强，若有芽孢菌存在时，则应以芽孢作为主要的杀菌对象。

第一，杀菌对象的选择罐头食品的酸度（或 pH）是选定杀菌对象菌的重要因素。一般来说，pH4.5 以上的低酸性罐头食品，首先应以肉毒杆菌为主要杀菌对象。目前在某些低酸性食品中，常出现耐热性更强的嗜热腐败菌或平酸菌，则应以该菌作为主要杀菌对象。在 pH 为 4.5 以下的酸性或高酸性食品中，以耐热性低的一般性细菌（如酵母）作为主要杀菌对象。

第二，F 值的计算罐头食品杀菌 F 值的计算，实际上包括安全杀菌 F 值的估算及实际杀菌条件下 F 值的计算两个内容。

安全杀菌 F 值的估算：通过对杀菌前罐内食品微生物的检验，查出该种罐头食品经常被污染的腐败菌的种类和数量，并切实地制定生产过程中的卫生要求，以控制污染的最低限量，然后选择抗热性最强的或对人体具有毒性的那种腐败菌，用计算方法估算出的 F 值，就称为安全杀菌 F 值。计算 F 值的代表菌，国外一般采用肉毒杆菌和 PA3679 脂肪芽孢杆菌（平酸菌），其中以肉毒杆菌最常用。

安全杀菌 F 值的大小取决于所选择的对象菌的抗热性 F 值及生产实际过程中的卫生情况这两个条件。如果已知某种罐头食品杀菌时所选对象菌的 D 值，即在所指定的温度条件下（如 121℃、100℃等），杀死 90%原有微生物芽孢或营养体细菌所需的时间（min），则安全杀菌 F 值可由下式计算求得：

$$F_{安} = D_T(lg\,a - lg\,b) \qquad (8-1)$$

式中：$F_{安}$——在恒定的加热致死温度（121℃或100℃）下，杀灭一定量对象菌所需要的时间，min；

D_T——在恒定的加热致死温度下，每杀灭90%对象菌所需要的时间，min；

a——杀菌前对象菌的细菌（或芽孢）总数；

b——杀菌后对象菌的细菌（或芽孢）总数。

因此，只要将$F_{安}$的数值合理地分配到实际杀菌过程的升温、恒温、降温三个阶段中去，这样制定的杀菌式就能确保杀菌时的质量。

第三，罐头中心温度测定方法要计算罐头实际杀菌F值，必须首先测出罐头的中心温度。

罐头中心温度测定仪的原理：罐头中心温度测定仪是根据热电池的电动现象，由两根不同的金属导线接成两个金属接头，一个放在高温处，另一个放在低温处，构成封闭电路由于两个接头在高低不同的温度下，因而产生电动势，晶体管放大测其电动势大小，而后再换算成温度。罐头中心温度测定仪的表面刻度均已换算成温度的读数，所以读出的数值就是温度的读数。

罐头中心温度测定的方法：①先用开孔器在密封后要测罐头中心温度的罐盖中心打一孔，将热电偶插座螺母拧入罐盖的孔中，并用手拧紧，把热电偶套管插入压紧螺母，使热电偶套管固定在罐头中；②将装上热电偶的几个实罐分别放在杀菌锅内不同位置上的几个测定点，测定各个罐头在杀菌过程中的罐头中心温度的变化情况，并将各个罐头每隔3min测量一次的中心温度记录下来。

4. 影响罐头加热杀菌的主要因素

（1）容器的种类和大小。容器的种类和大小不同，容器的热导率、罐壁厚度就不同，因而对热的传热性也不同。就传热性而言，软罐头 > 铁罐 > 玻璃罐。容器大小对传热度和加热杀菌时间也有影响，容器增大，加热杀菌时间也将增加。

（2）罐内食品的状态。如为液体食品，则可以进行对流传导，传热速度随液体浓度增加而减慢。因为浓度增加，流动减慢，对流传热速度也减慢。一般固体或高黏度食品在罐内处于不流动状态，以传导方式加热，所以速度较缓慢。

（3）食品杀菌前的初温。传导性罐头食品加热时初温的影响极为显著，从达到杀菌温度的时间来看，初温高的就比初温低的罐头所需的时间要短。如两瓶玉米罐头，同在 121℃温度中加热，将它们加热到 115.6℃，初温为 21.1℃的罐头需要的加热时间为 80min，而初温为 71.1℃则需 40min，为前者之半。

（4）杀菌设备的形式。罐头食品在回转式设备内杀菌，是处于不断旋转状态中，因而其传热速度比在静置式杀菌设备内迅速，也比较均匀。

（六）冷却

罐头经高温高压杀菌处理，罐内食品仍保持很高的温度，所以为了消除多余的加热作用，避免食品过烂和维生素的损失及制品色、香、味的恶化，应该立即进行冷却。杀菌后冷却速度越快，对于食品的质量影响越小，但要保持容器在这种温度变化中不受到物理破坏。

由于罐头杀菌后罐内食品和气体的膨胀、水分汽化等原因，罐内会产生很大的压力，因而罐头在杀菌过程中，有时会发生罐头变形、突角、瘪罐等现象。特别是一些大而扁的罐形，更易产生这种现象。罐头冷却不当，则会导致食品维生素损失，色、香、味变差，组织结构也会受到影响，同时还会使得嗜热性细菌生长繁殖，加速罐头容器腐蚀。在掌握冷却速度和压力时，必须考虑到食品的性质、容器的大小、形状、温度等因素，防止在迅速降温时可能发生的爆罐或变形现象。冷却速度不能过快，一般用热水或温水分段冷却（每次温差不超过 25℃），最后用冷水冷却。

冷却的方法，按冷却时的位置，可分为锅内冷却和锅外冷却；按冷媒介质，可分为水冷却和空气冷却。空气冷却速度极其缓慢，除特殊情况外很少应用。水冷却法是肉类罐头生产中使用最普遍的方法，又分为喷水冷却和浸水冷却。其中，浸水冷却是将杀菌后的罐头迅速放入经氯处理的流动冷却水中冷却。除杀菌过程中采用空气加压或水浴加压防止外，杀菌后的降压和降温过程中，采用反压降温冷却，是十分重要的措施。

对于玻璃罐或扁平体积大的罐，宜采用反压冷却，可防止容器变形或跳盖爆破，特别是玻璃罐。反压冷却操作，杀菌完毕在降温降压前，首先关闭一切泄气旋塞，打开压缩空气阀，使杀菌锅内压力稍高于杀菌压力，关闭蒸气阀，再缓慢地打开冷却水阀。当冷却水进锅时，必须继续补充压缩空气，维持锅内压力较杀菌压力高 0.21 ～ 0.28kg/cm²。随着冷却水的注入，锅内压力逐步上升，这时应稍打开排气阀。当锅内冷却水快满时，根据不同产品维持一段反压时间，并继续打入冷却水至锅内水注满时，打开排水阀，适当调节冷却水阀和排水阀继续保持一定的压力至罐头冷却到 38 ～ 40℃时，即可认为完成冷却工序，关闭进水阀，排出锅内的冷却水，在压力表降至零度时，打开锅盖取出罐头。玻璃罐在温度急剧变化时容易发生破损，应逐步冷却。

对于金属罐装肉罐头，一般冷却至 38 ～ 40℃为宜。此时罐内压力已降到正常值，罐内尚存一部分余热，这时利用罐体散发的余热将罐外附着的少量水分自然蒸发掉，可防止生锈。如果冷却至很低的温度，则罐面附着的水分不易蒸发；会导致生锈而影响质量。冷却必须充分，如未冷却立即入库，会导致产品色泽变深，影响风味。

（七）检验与贮藏

1. 检验

罐头在杀菌冷却后，必须经过成品检查，衡量其各种指标是否符合标准，是否符合商品要求，以便确定成品的质量和等级。主要的检查项目包括外观检查、保温检查、敲音检查、真空度测定和开罐检查五项。

（1）外观检查。外观检查的重点是检查外形有无机械损伤、裂缝、漏气、锈蚀等情况，双重卷边缝状态，看其是否紧密结合。双重卷边缝是否有漏气的微孔，用肉眼是看不见的，可用温水进行检查，一般是将罐头放在 80℃的温水中浸 1 ～ 2min，观察水中有无气泡上升。罐底盖状态的检查是观察视其是否向内凹入，正常罐头内有一定真空度，因此罐底盖应该是向内凹入的。

（2）保温检查。罐头食品如因杀菌不充分或其他原因而有微生物残存时，一遇到适宜的温度，就会生长繁殖而使罐头食品变质。除某些耐高温细菌不产生气体外，大多数腐败菌都会产生气体而使罐头膨胀。根据这个原理，用保温贮藏方法给微生物创造生长繁殖的最适温度，放置一定时间，观察罐头底盖是否膨胀，以鉴别罐头质量是否可靠，杀菌是否充分，这种方法称为罐头的保温检查，是一种比较简便可靠的罐头成品检查方法。但某些高酸性食品，如果保证正确的操作工艺，保证充分的杀菌，就可以不进行保温检查。在生产条件好、生产较稳定的情况下，可以进行抽样保温检查。肉类及水产类罐头全部采用（37±2）℃保温 7 昼夜的检查法，要求保温室内上下四周的温度均匀一致。如果罐头冷却至 40℃左右即进入保温室，则保温时间可缩短至 5 昼夜。保温后进行仔细检查。由于腐败菌能产生气体而使罐头膨胀，因此凡是膨胀的罐头都已经变质腐败。

（3）敲音检查。敲音检查也称打检，将保温后的罐头或贮藏后的罐头排列成行，用打检棒轻击罐头底盖，根据所发出音响及打检棒振动的感触来断定内容物的充实程度以及罐头品质的优劣。

第一，打检结果分级及判断标准。①优良罐：音响清亮，坚实而均一者；②不良罐：音低而浊，轻浮而不结实，若有初期膨罐时，则有轻微振动；③轻量罐：音响清亮如空罐声，虽然真空度高，但上部间隙增大或装量不足，不属良品；④过量罐：音响结实饱满，无清亮音，是内容物装填过量，无上部间隙，真空度为零。

第二，混浊音罐头产生的原因。①排气不充分，罐头真空度低；②密封不完全，卷边缝、罐身缝等处有微孔，罐外空气进入罐内，造成真空度下降；③由于加热杀菌不充分，残存在罐内的细菌生长繁殖产生气体，造成混浊声音；④气温与气压变化导致罐内真空度下降，声音混浊。气温升高时罐内真空度下降，气压降低时真空度也会下降。

敲音检查和实践经验有很大关系，因此应配备专门训练过的敲音检查员。

（4）真空度测定。罐头真空度是罐头质量的重要物理指标之一，正常罐头的真空度一般为（2.71 ~ 5.08）$\times 10^4$Pa，大型罐可适当低些。真空度测定使用罐头专用之真空表；测定方法因容器的种类而不同。

马口铁罐真空度的测定一般采用真空表直接测定。在真空表下端装有一针尖，针尖后部有橡皮胶垫密封。测定时，用右手夹持真空表，将针尖对准罐盖中央，用力压下，使针尖插入罐内，读出真空表读数，即为罐头真空度。马口铁盖的玻璃罐亦可用此法测定。对于圆筒罐或竖角罐，真空表应选择在罐盖或罐底之嵌凸圈隆起部插入，椭圆罐及平角罐则选在罐身之长径部位插入罐内，测读指针所示数字即为真空度。

（5）开罐检查。需要了解罐内状态的变化则须通过开罐检查，开罐检查的主要项目有内容物重量和质量检查、感官评定、罐内壁检查等。

第一，重量和质量检查。肉禽及水产类罐头需将罐头置于 80 ~ 100℃热水中加热 5 ~ 15min，使内容物熔化，取出开罐，将内容物平倾于已知质量的金属丝筛上，筛搁在直径较大的漏斗上，下接一量筒，用以收集液汁。静置 2 ~ 5min，使液汁流完。将空罐用温水洗净，擦干后称重，然后将筛与固体物一并称重，分别计算：①内容量：罐内固形物重及液汁重的总重；②固形量：内容量减去液汁量；③液汁量：内容物中液汁部分总量。

第二，感官评定。感官评定包括组织与形态、色泽、嗅感和味觉等项目的检查。

组织与形态检查。肉禽、水产类罐头需置于 80 ～ 85℃温水中加热至汤汁熔化，然后倒入白瓷盘，观察其形态、结构，然后用玻璃棒轻轻拨动，检查其组织是否完整、块形大小和数量，是否有崩裂溃坏或混杂肉屑碎片、外来尘沙、皮屑、毛发、虫体及动物之排泄物；鉴定产品的组织形态与产品标签上所标示品名和种类是否一致。

色泽检查。肉类罐头可将收集之汤汁注入量筒中，静置 3min 后观察其色泽和澄清程度。

嗅觉和味觉检查。以嗅觉和味觉评定产品气味与滋味，检查罐头是否有烹调（如五香、红烧、油炸等）和辅助材料应有的滋味，有无油味和异臭味，肉质软硬是否适中。开罐后立即嗅其气味是否有异味，然后将液汁与内容物移入器皿中，取少量内容物在口中咀嚼，用舌头试尝其风味以辨别优劣。

评价产品质量标准：优良，具新鲜富有、固有之优良风味；适当，具固有风味，但新鲜程度较差；尚可，风味较淡泊，尚不失去原来风味，但有轻微不良情形或调味失当者；不良，风味丧失或具浓厚其他之异味或含有焦臭、油脂臭、污臭、胶臭、腐败分解臭、氨臭、酸败味、发酵味、苦味、金属臭（罐臭），以及其他任何外来不良气味或变味者。

第三，罐内壁检查。开罐后将内壁洗净，观察罐身及底盖表面镀锡层是否有因酸或其他原因造成的侵蚀脱落和露铁现象；观察涂料层有无腐蚀、变色、脱落；有无铁锈斑点和超过规定的硫化铁斑现象；罐内有无锡珠和流胶现象。

目前我国规定肉类罐头要进行保温检查，在保温终了，全部罐头进行一次检查。检查罐头密封结构状况、罐头底盖状态；用打检棒敲击声音判断质量；最后将正常罐与不良罐分开进行下一步处理。

2. 贮藏

检查合格的罐头，为防止生锈，应擦干水分，然后装箱贮藏。罐头贮藏仓库应干燥、排水良好，仓库内必须有足够的灯光，以便于检查；通常最适温度为 0 ～ 10℃，要防止罐头受热受冻，并避免温度骤然升降。

温度超过 32℃时，食品中的维生素会受到破坏。同时，如果贮藏温度过高，达到适合微生物繁殖的温度时，罐内残留的细菌芽孢就会发育繁殖，使食品变质，甚至发生腐败膨胀；贮藏温度低于 0℃时，易发生冻结，影响食品组织结构并使之变味。即使冻结物被融解后，也不能恢复其原有的色、香、味和组织状态。贮藏间内应该保持良好通风，相对湿度控制在 75%左右，并避免与吸湿的或易腐败的物质放在一起，防止罐头生锈。

罐头经封罐后，表面常附着油脂或其他汁液，虽经洗涤，但杀菌之后也仍然有少量油脂和带有腐蚀性的汁液。一般在杀菌冷却之后立即用洗罐机清洗，然后擦干罐头表面的水渍。罐头经保温贮藏后必须用干毛巾或干布擦去粘在罐头表面的污物，涂上一层防锈油，以防水分附着于罐头表面，以及避免罐头接触空气，达到防锈目的。

第二节　发酵肉制品加工技术

一、发酵肉制品概述

发酵肉制品是在自然或人工控制的条件下，借助微生物的发酵作用，“发酵肉制品营养丰富、风味独特”①，具有较长保存期的肉制品。在特定微生物发酵的作用下，肉制品中的糖被转化为各种酸或醇，pH 降低，从而抑制病原微生物和腐败微生物的生长，保证产品的安全性，延长保藏期。同时，微生物在发酵过程中产生脂酶、蛋白酶及氧化氢酶，可将肉中的蛋白质分解成易被人体吸收的多肽和氨基酸，提高产品的营养价值；肉中的脂肪酸变为短链的挥发性脂肪酸和酶类物质，使产品具有特有的香味和色泽。

发酵肉制品在美国、意大利、德国等国家已经成为一种传统的发酵食品，在欧洲尤其在地中海地区，它的生产历史可以追溯到大约 2000 年前，并且早在几百年前就已经开始对发酵肉制品生产工艺进行研究，尤其是近几十年变得尤为活跃。发酵肉制品的加工工艺考究，风味独特，色香浓郁，多采用微生物定向接种发酵。在我国，发酵肉制品的生产也有着相当长的历史，如中外驰名的金华火腿、宣威火腿、中式香肠以及民间传统发酵型肉制品，都以

① 田文广，张俊杰，石亚萍，等．发酵肉制品的研究进展［J］．肉类工业，2022（2）：57.

其良好的风味质量而深受中外消费者青睐。但其生产工艺多采用自然发酵的方法，经过不同程度的发酵、干燥而成，微生物种类复杂，产品质量不易控制且生产规模受限。因此，在西式发酵肉制品的基础上，结合我国传统发酵的加工技术，利用微生物定向接种发酵出中式风味的发酵肉制品，成为新的技术领域，发展前景广阔。

二、发酵肉制品的种类

发酵肉制品主要有发酵香肠和发酵火腿两大类。其中，发酵香肠是发酵肉制品中产量最大的一类产品，也是发酵肉制品的代表。发酵香肠具有稳定的微生物特性和典型的发酵香味。发酵火腿以金华火腿、宣威火腿为代表，主产于中国南方，具有较强的发酵风味，成品具有更低的 A_w。值，可在常温下稳定保藏，基本属于传统式自然发酵。另外，从广义上看，我国传统的腌腊肉制品也属发酵肉制品，如广东、四川、湖南等地的腊肉，浙江、四川、上海等地的咸肉，湘西侗族地区的酸肉等。

以上这些制品的分类常以原料形态（是否绞碎）、酸性（pH 值）强弱、发酵方法（有无接种微生物或添加碳水化合物）、脱水程度、表面有无霉菌生长以及产品生产地进行命名。常见的分类方法主要有以下三种：

第一，根据产地分类。根据产地分类、命名的方法是最传统也是最常用的方法，如欧洲干香肠、萨拉米香肠、黎巴嫩大香肠、哈尔滨红肠等。

第二，根据脱水程度分类。根据脱水程度可以分为半干发酵香肠和干发酵香肠。其中，半干发酵香肠的含水量为 40% ~ 45%，产品有黎巴嫩大香肠、图林根香肠等；干发酵香肠的含水量通常为 25% ~ 40%，产品有意大利香肠、匈牙利香肠等。

第三，根据发酵程度分类。根据成品发酵程度可分为低酸发酵肉制品和高酸发酵肉制品。发酵肉制品的品质主要受成品发酵程度的影响，因此这种分类方法能够很好地反应出发酵肉制品的品质。低酸度发酵肉制品的 $pH \geqslant 5.5$，主要通过低温发酵和干燥以及一定盐浓度来抑制杂菌；高酸发酵肉制品的 $pH < 5.5$，主要用能够发酵碳水化合物而产酸的发酵剂接种或用发酵肉制品成品接种。

三、发酵剂

发酵剂是发酵肉制品生产的关键辅料。发酵肉制品传统加工工艺中所需的发酵微生物来源自身的微生物以及周围环境和生产设备污染混进来的“野生”微生物，靠原料内的微生物区系中乳酸菌与杂菌的竞争作用，使乳酸菌逐步占据优势，最后成为主要菌群，以此发酵肉制品。传统工艺生产出来的发酵肉制品，其质量受周围环境因素的影响很大，每批产品质量可能会因环境的略微改变而产生很大差别，产品质量不易控制。因此，在现代加工工艺中，都采用人工接种培养发酵的方法。

（一）发酵剂的选择

作为肉制品发酵剂的菌种应具备七个特点：①对盐溶液有一定的耐受力，能够在 6％的盐溶液中正常生长；②对亚硝酸盐有一定的耐受力，在浓度为 80 ～ 100mg/L 的亚硝酸盐溶液中生长良好；③能在 26.7 ～ 43℃的温度范围内生长，最适生长温度为 30 ～ 37℃；④在 57 ～ 60℃的温度范围内无活性；⑤一般为同型发酵，分解葡萄糖的时候只产生乳酸；⑥发酵时不会使产品产生异味；⑦非致病菌，对人身体无害。

（二）发酵剂的种类

在发酵香肠生产中，常用的发酵剂微生物主要有细菌、霉菌和酵母菌。它们在发酵肉制品加工中发挥着各自不同的作用。

1. 细菌

（1）乳酸菌乳。酸菌能够将碳水化合物分解成乳酸，降低 pH 及亚硝酸盐的残留量。减少亚硝胺的形成，抑制病原微生物的生长以及毒素的产生，从而提高产品的营养价值，促进发酵风味的形成等。

（2）微球菌和葡萄球菌。微球菌和葡萄球菌在发酵中的主要作用是将硝酸盐还原为亚硝酸盐，产生过氧化氢酶，从而使肉料发色并分解过氧化物，改善产品色泽，延缓酸败。另外，通过分解脂肪和蛋白质，使产品的风味有所改善。

2. 霉菌

霉菌发酵剂可接种于肠体表面，并在肠体外密集生长，赋予产品特有的外观，使香肠阻氧避光、抗酸败。另外，霉菌发酵会分解脂肪和蛋白质，从而有利于产品形成特有的“霉菌香味”。用于肉制品的霉菌必须经过筛选，选择不会产生霉菌毒素的安全菌种。目前，常用的两种不产毒素的霉菌是产黄青霉和纳地青霉。

3. 酵母菌

酵母菌发酵剂适用于加工干发酵香肠，常用汉逊氏德巴利酵母菌和法马塔假丝酵母菌。酵母菌生长时可逐渐耗尽肠馅空间中残存的氧，抑制酸败，有利于肉馅发色的稳定性，能够分解脂肪和蛋白质，形成过氧化氢酶，使产品具有酵母香味。同时，酵母菌分解碳水化合物所产生的醇，与乳酸菌作用产生的酸反应生成酯，可改善产品风味，使其具有酯香味并延缓酸败。

四、发酵香肠加工

（一）工艺流程

原辅料的选择与处理→搅拌→接种→灌肠→（接种霉菌或酵母菌）→发酵→干燥和成熟→包装。

（二）工艺操作要点

1. 原辅料的选择与处理

（1）原料肉。原料肉中瘦肉含量为 50% ~ 70%，一般选用健康无病的猪肉或牛肉。将瘦肉剔骨去筋后绞碎冷藏。精瘦肉的温度应当控制在 −4 ~ 0℃范围内。生长期较长的动物的肉适合加工高品质的干发酵香肠。脂肪应选择不饱和脂肪酸含量低、熔点高的脂肪，以利于延长产品的保存期。牛脂和羊脂因气味大，所以不适合用作发酵香肠的原料，通常以猪背脂肪为佳。为降低猪脂中的过氧化物含量，宰后猪脂肪要立即快速冷冻，且避免长期冻藏。脂肪最好处于 −8℃的冷冻状态下，根据产品类型将其切割成一定大小的脂肪颗粒。

（2）碳水化合物。因宰后的鲜肉 pH 不可能大幅度下降，为了保证其获得足够低的 pH，需要在发酵香肠中添加一定量的碳水化合物。工艺上一般选用葡萄糖和低聚糖混合物，用量为 0.4% ~ 0.8%，发酵后 pH 为 4.8 ~ 5。在生产半干发酵香肠时，碳水化合物添加量一般比较大，可达 2%，产品最终的 pH 为 4.5 左右，口味偏酸。

（3）腌制剂。发酵香肠生产中采用的腌制剂主要包括氯化钠、硝酸钠或亚硝酸钠、抗坏血酸等。氯化钠的添加量一般为 2.4% ~ 3%。亚硝酸盐可直接加入，通常添加量不高于 150mg/kg。在发酵香肠的传统工艺和生产干发酵香肠的工艺中，通常添加硝酸盐，添加量为 200 ~ 600mg/kg，有时可能会添加更多。抗坏血酸主要作为发色助剂，根据不同工艺情况适量添加。

（4）发酵剂。生产上用的细菌、霉菌和酵母菌发酵剂多为冻干菌，使用之前要将发酵剂进行充分的活化培养。通常接种量为 10% ~ 30%。

（5）酸化剂。葡萄糖酸 δ- 内酯是最常用的酸化剂，添加量为 0.5%左右，常用于生产半干发酵香肠。酸化剂可保证产品在发酵初期的 pH 值迅速下降，对于不添加发酵剂的发酵香肠来说，酸化剂对保证产品的安全性非常重要。

（6）香辛料及其他胡椒粒或胡椒粉。作为发酵香肠工艺中的主要香辛料，经常被添加在各种类型的发酵香肠中，其用量一般为 0.2% ~ 0.3%。其他香辛料种类以及用量要根据产品类型和消费者的口味而定。发酵香肠中可添加大豆分离蛋白，大豆分离蛋白具有较强的吸水性，含量在 2%以下不会给产品带来不良影响。

2. 搅拌

将处理好的瘦肉和脂肪稍加混匀。然后根据产品配方将食盐、碳水化合物、酸化剂及其他辅料均匀添加并搅拌。最后加入溶解后的硝酸盐或亚硝酸盐，充分混匀。

如工艺中采用细菌发酵剂发酵，可在搅拌时直接加入已活化好的细菌发酵剂。

3. 灌制

将搅拌好的肉馅用灌肠机灌入肠衣，灌制时要求填充均匀，松紧适度。这个过程中肠馅温度最好维持在 0 ~ 1℃。使用真空灌肠机可以有效避免气泡的混入，同时减少肉馅中氧的含量，有利于产品最终的色泽和风味。

肠衣可选择天然肠衣或人造肠衣（如胶原肠衣、纤维素肠衣等）。选择肠衣时，必须选择允许水分通透，并在干燥过程中随肠馅的收缩而收缩的优质肠衣。肠衣的类型对霉菌、酵母菌发酵香肠的品质有重要影响。采用天然肠衣灌制出来的发酵香肠，具有较大的菌落，并且有助于霉菌、酵母菌的生长，成熟更加均匀，风味较好。涂抹型发酵香肠通常选用直径小于 35mm 的肠衣；切片型发酵香肠一般选用直径为 65 ~ 90mm 的肠衣；接种霉菌或酵母菌的发酵香肠通常选用直径为 30 ～ 40mm 的肠衣。

如工艺中采用霉菌或酵母菌发酵剂发酵，可将已活化好的霉菌或酵母菌配制成发酵剂菌液，喷涂在已灌制好的香肠表面，或将灌制好的香肠浸泡在发酵剂菌液中。配制接种菌液时应注意保证全程无杂菌操作，避免发酵剂菌液污染。

4. 发酵

发酵温度根据产品类型会有所不同。通常发酵温度为 25 ～ 40℃。发酵温度的提升，有利于乳酸的形成，提高乳酸生成速率，迅速降低产品 pH，缩短发酵时间。虽然较高的发酵温度有利于产酸，但也会造成一些致病菌生长的危险。同时，较高的发酵温度会造成发酵中后期产酸过多，酸度增加，产品品质难以控制。因此，适宜的发酵温度不仅要有利于乳酸菌的生长，还要有利于对其生长的控制。通常，干发酵香肠的发酵温度为 15 ～ 27℃，发酵时间为 24 ～ 72h；半干香肠的发酵温度为 30 ～ 37℃，发酵时间为 14 ～ 72h；涂抹型香肠的发酵温度为 22 ～ 33℃，发酵时间最长不超过 48h。

发酵过程中，对相对湿度的控制，有利于预防产品在干燥过程中表面酵母菌、霉菌过度生长和香肠外层形成硬壳。

由于产品类型的不同，不同产品发酵后的酸化程度也有差异。通常半干香肠的酸化程度较高，成品 pH 低于 5；干发酵香肠酸化程度则相对较低，成品 pH 一般在 5 ～ 5.5 之间。另外，采用真空包装的发酵香肠以及大直径的发酵香肠，由于内部缺氧，所以产酸量比较大。

5. 干燥、成熟

产品的干燥程度对产品的理化性质、食用品质和贮藏的稳定性起着至关重要的作用。

在干燥过程中，通过控制香肠表面的水分蒸发速度来平衡其内部水分向表面扩散的速度。

半干发酵香肠干燥损失少于其湿重的 20%，干燥温度通常在 37 ～ 66℃之间。随着干燥温度的升高，干燥的时间也相应缩短。可直接采用高温干燥，也可以采用逐渐降低湿度分段完成。干发酵香肠的干燥温度较低，通常在 12 ～ 15℃，干燥时间相对较长，主要取决于香肠的直径，商业上一般采用逐渐降低湿度分段干燥。

根据不同产品类型的工艺要求，有时会在干燥的同时进行烟熏处理。通过干燥以及熏烟中的酚类、低级酸等物质在肠体表面的沉积和渗透，抑制霉菌的生长，同时增加特殊的烟熏风味，提高适口性。

发酵香肠在干燥过程中，其内部发生了许多复杂的化学变化，这些变化称为发酵香肠的成熟。但发酵香肠的成熟不仅仅局限于干燥过程中，在某些情况下，成熟可持续到产品消费为止，使其形成特有的风味。

6. 包装

发酵香肠的包装通常采用真空包装。真空包装时采用气密性、阻隔性优良的包装材料及严格的密封技术和要求，将包装内部的空气抽出，达到真空除氧、防潮、防尘的目的。因此，真空包装可以有效避免发酵香肠中的脂肪发生氧化，保证产品的颜色，便于运输和贮藏。唯一不足的是，真空包装会使发酵香肠内部的水分向表面扩散，当包装被打开后，会加速肠体表面霉菌和酵母菌的生长。

第三节　油炸速冻制品加工技术

油炸速冻制品是以畜禽肉为主要原料，添加适量的调味料或辅料，采用植物油炸制并经速冻工艺加工而成的肉制品。油炸速冻制品实质上是一种方便肉制品，有一定的保质期，其包装内容物预先经过了不同程度和方式的调理，食用非常方便，并且具有附加值高、营养均衡、包装精美和小容量化的特点，深受消费者喜爱，现已成为国内城市人群和发达国家的主要消费肉制品之一。

目前，油炸速冻肉制品已越来越多地渗入中国大众的家庭消费，市场发展潜力巨大。伴随着冷藏链、冰箱、微波炉的普及，此类肉制品不仅满足了消费者的饮食需求，而且大大缩短了消费者的备餐时间。目前市场上常见的油炸速冻肉制品有鸡柳、肉串、肉丸、鱼丸、肉块、肉排等。

随着人们生活水平和肉食消费观念的提高以及冷链的不断完善，方便肉制品的消费量逐步增加，成为当今世界上发展速度最快的食品类别之一。在美、日、欧等发达国家和地区，方便肉制品不仅是快餐业、饭店和企业及高校食堂的重要原料，而且已经成为大众家庭消费不可缺少的部分。由于市场需求量大，加工企业重视产品加工技术研发，已经形成规模化发展趋势。

一、油炸的基本原理

油炸作为食品熟制和干制的一种加工工艺由来已久，是最古老的烹调方法之一。油炸肉制品是指经过加工调味或挂糊后的肉（包括生原料、半成品、熟制品）或只经腌制的生原料，以食用油为加热介质，经过高温炸制或浇淋而制成的熟肉类制品。油炸肉制品具有香、嫩、酥、松、脆、色泽金黄等特点，在世界许多国家已成为流行的方便食品。在食品加工中，油炸工艺应用十分普遍，现在油炸食品加工已形成设备配套的工业化连续生产。

油炸可以杀灭食品的微生物，延长食品的货架期，同时，可改善食品风味，提高食品营养价值，赋予食品特有的金黄色泽。

（一）油炸的作用

油脂作为传热介质，具有升温快，流动性好，油温高（可达230℃左右）等特点。油炸时热传递主要以传导方式进行，其次是对流作用。油炸制品加工时，将食物置于一定温度的热油中，油可以提供快速而均匀的传导热，食物表面温度迅速升高，水分汽化，表面出现一层干燥层，形成硬壳；随后，水分气化层向食物内部迁移，当食物表面温度升至热油的温度时，食物内部的温度慢慢趋向100℃，同时表面发生焦糖化反应及蛋白质变性，其他物质分解，产生独特的油炸香味。油炸传热的速率取决于油温与食物内部之间的温度差和食物的热导率。在油炸熟制过程中，食物表面干燥层具有多孔结构特点，其孔隙的大小不等。油炸过程中水和水蒸气首先从这些大孔隙中析出。由于油炸时食物表面硬化成壳，使其食物内部水蒸气蒸发受阻，形成一定的蒸汽压，水蒸气穿透作用增强，致使食物快速熟化，因此油炸肉制品具有外脆里嫩的特点。

油在高温作用下会分解出刺激性的丙烯烃，同时还含有少量挥发性的芳香物质，它们的分子和原料自身香味分子伴随在一起，迅速散逸，并且随着温度的升高，分子活动更加剧烈，时间愈长，散逸的香味也愈浓郁。因此，油炸香味的扩散程度比一般的煮制过程要大。

对于含水分较高的原料肉，油炸时选择较高的温度，有利于迅速形成干燥层，使水分的迁移和热量的传递受到限制，保持产品质地鲜嫩，食品内部的营养成分保存较好，风味物质和添加剂的保存也较好。同时，原料表面的焦糖化作用会使制品上色。

油炸肉制品具有较长的保存期，细菌在肉制品中繁殖的程度，主要由油炸食品内部的最终水分决定，即取决于油炸的温度、时间和物料的大小、厚度等，由此决定了产品的保存性。

（二）肉在炸制过程中的变化

炸制时肉在不同温度情况下的变化见表 8-1。

表 8-1　油温及肉类变化情况

炸制温度 /℃	变化情况
100	表面水分蒸发强烈，蛋白质凝结，体积缩小
105 ~ 130	表面形成硬膜层，脂质、蛋白质降解形成的芳香物质及美拉德反应，产生油炸香味
135 ~ 145	表面呈深金黄色，并焦糖化，有轻微烟雾形成
150 ~ 160	有大量烟雾产生，食品质量指标劣化，游离脂肪酸增加，产生丙烯醛，有不良气味
180 以上	游离脂肪酸超过 1.0%，食品表面开始炭化

（三）炸制用油及油炸控制

炸制用油在使用前应进行质量卫生检验，要求熔点低、过氧化物值低、不饱和脂肪酸含量低的新鲜的植物油，我国目前炸制用油主要是菜籽油、棕榈油、豆油和葵花籽油。油炸技术的关键是控制油温和油炸时间。油炸的有效温度可在 100 ~ 230℃。油温的掌握，最好是自动控温，一般手工生产通常根据经验来判断，见表 8-2。油炸时应根据成品的质量要求和原料的性质、切块的大小、下锅数量的多少来确定合适的油温和油炸时间。

表 8-2　不同温度下油面情况及原料入油反应简表

温度 /℃	一般油面情况	原料入油时的反应
70 ~ 100	油面平静，无青烟，无响声	原料周围出现少量气泡
110 ~ 170	微有青烟，油从四周向中间翻动，搅动时微有响声	原料周围出现大量气泡，无爆炸声
180 ~ 220	有青烟，油面较平静，搅动时有响声	原料周围出现大量气泡，并带有轻微的爆炸声
230 以上	油面冒青烟	油面翻滚并有剧烈的爆炸响声

油炸时，游离脂肪酸含量升高，说明有分解作用发生。为了减少油炸时油脂的分解作用，可以在炸制油中添加抗氧化剂，以延长炸制油的使用时间。常用的抗氧化剂主要有天然维生素 E、没食子酸丙酯（PG）、二丁基羟基甲苯（BHT）、丁基羟基茴香醚（BHA）和没食子酸十二酯等。

为了有效地使用炸制油，可以在油中加入硅酮化合物，以减少起泡的产生。添加金属蛋白盐，在高温 200℃油炸，间断式加热 24h，抗氧化效果与高温后油质的黏度相一致。炸制油中加入金属螯合物，可延长使用时间及油炸制品的货架期。

延长炸制油的寿命，除掌握适当油炸条件和添加抗氧化物外，最重要的因素是油脂更换率和清除积聚的油炸物碎渣。油脂更换率，即新鲜油每日加入油炸锅内的比例，新鲜油加入应为 15% ~ 20%。碎渣的存在加速了油的变质，并使制品附上黑色斑点，因此炸制油应每天过滤一次。

二、油炸技术

（一）传统油炸技术

在我国，食品加工厂长期以来对肉制品的油炸大多采用燃煤或油的锅灶，少数采用钢板焊接的自制平底油炸锅。这些油炸装置一般都配备了相应的滤油装置，对用过的油进行过滤。

间歇式油炸锅是普遍使用的一种油炸设备，此类设备的油温可以进行准确控制。油炸过滤机可以利用真空抽吸原理，使高温炸油通过助滤剂和过滤纸，有效地滤除油中的悬浮微粒杂质，抑制酸价和过氧化值升高，延长油的使用期限及产品的保质期，明显改善产品外观、颜色，既提高油炸肉制品的质量，又降低了成本。为延长油的使用寿命，电热元件表面温度不宜超过 265℃，其功率不宜超过 $4W/cm^2$。

在这类设备中油全部处于高温状态，很快氧化变质，黏度升高，颜色变成黑褐色，不能食用。积存在锅底的肉制品残渣，随着油使用时间的延长而增多，使油变得污浊。残渣附于油炸肉制品的表面，使产品表面质量下降，严重影响着消费者健康。高温下长时间使用的油，会产生不饱和脂肪酸的过氧化物，直接妨碍机体对油脂和蛋白质的吸收，降低了产品的营养价值。

（二）水油混合式深层油炸技术

为了克服传统油炸技术的缺点，设计了水油混合式深层油炸技术。此技术是将油和水同时加入一敞口设备中，相对密度小的油占据容器的上半部，相对密度大的水则占据容器的下半部，在油层中部水平放置加热器（如电热管）加热。

采用此技术油炸肉制品时，加热器对炸制肉制品的油层加热升温；而油水界面处设置的水平冷却器以及强制循环风机对下层的冷却，使下层温度控制在 55℃以下。炸制肉制品产生的食物残渣从高温炸制油层落下，积存于底部温度不高的水层中，在一定程度上缓解了传统油炸技术带来的问题；同时，沉入下部的食品残渣可以过滤除去，且下层油温比上层油温低，因而油的氧化程度也可得到缓解。残渣中含的油经过水分离后返回油层，从而所耗的油量几乎等于被肉制品吸收的油量，补充的油量也近于肉制品吸收的油量，节油效果十分显著；在炸制过程中，油始终保持新鲜状况，所炸出的肉制品不但色、香、味俱佳，而且外形美观。因此，水油混合式油炸技术具有限位控制、分区控温、自动过滤、自我洁净的优点。

在炸制肉制品时，将滤网置于加热器上。在油炸锅内先加入水至油位显示仪规定的位置，再加入炸用油至油面高出加热器上方 60mm 的位置。由电气控制系统自动控制加热器，使其上方油层温度保持在 180 ～ 230℃，并通过温度数字显示系统准确显示其最高温度。炸制过程中产生的肉制品残渣从滤网漏下，经水油界面进入冷却水中，积存于锅底，定期由排污间排出。炸制过程中产生的油烟通过脱排装置排出。当油水分界面温度超过 55℃时，由电气控制系统自动控制冷却装置，将大量热量带走，使油水分界面的温度能自动控制在 55℃以下，并通过数字显示系统显示出来。油炸的技术性较强，掌握好油温是油炸技术的一个重要方面。原料下锅时的油温，应根据火候、加工原料的性质和数量来加以确定。一般掌握在 150℃左右较为合适。

油水混合式油炸机依靠合理的结构设计，巧妙地利用了油水不相溶、油水密度差、液（气）温密度差、重力等基本原理，解决了传统油炸设备无法解决的问题。

（三）高压油炸技术

高压油炸是使油釜内压力高于常压的油炸方法。在高压条件下，炸油的沸点升高，进而提高了油炸温度，缩短油炸时间，解决了常压油炸因时间长而影响食品品质的问题。此法起源于美式肯德基家乡鸡的制作和加工，常用于块形较大的原料。通常采用美式压力炸锅，此设备目前通过吸取国外先进技术已实现国产化，整体采用不锈钢材料，自动定时，自动控压排气，可燃气或电力加热。

高压油炸技术具有能源消耗低、无污染、效率高、使用方便、经久耐用等优点；可炸鸡、鸭、猪排骨、羊肉等各种肉类，炸制过程时间短，炸制品外酥里嫩、色泽鲜明。相反，常压下油炸的时间较长，炸制的食品易外焦内生。

（四）真空低温油炸技术

真空低温油炸技术是一种具有良好发展前景的现代高新技术，是通过降低真空低温油炸锅内的气压，降低油的沸点，实现低温油炸的目的；通常在100℃左右的温油中脱水，将油炸和脱水作用有机地结合在一起。肉品处于负压状态，在这种相对缺氧的条件下进行加工，可以减轻甚至避免氧化作用（如脂肪酸败、酶促褐变和其他氧化变质等）所带来的危害；以油作为传热媒介，肉品内部的水分（自由水和部分结合水）会急剧蒸发而喷出，使组织形成疏松多孔的结构，产品酥脆可口，作为汤料极易复水。但是，肉品内部水分还受束缚力、电解质、组织质构、热阻状况、真空度变化等因素的影响，实际水分蒸发情况要复杂得多，具体生产时还应与灭酶所需的温度条件综合起来考虑。

采用真空低温油炸技术，可加工出优质的肉类油炸食品。真空低温油炸技术的主要特点有以下四点：

第一，营养成分损失少。一般常压油炸油温在160℃以上，有的高达230℃以上，这样高的温度对食品中的一些营养成分具有一定的破坏作用。但真空油炸的油温只有100℃左右，因此食品中内外层营养成分损失较小，食品中的有效成分得到了较好的保留，特别适宜于含热敏性营养成分的食品油炸。

第二，保色、保香。真空油炸温度大大降低，而且油炸锅内的氧气浓度也大幅度降低。油炸食品不易褪色、变色、褐变，可以保持原料本身的颜色。原料中的呈味成分大多数为水溶性，在油脂中不溶出，并且随着原料的脱水，这些呈味成分进一步得到浓缩，因此可以很好地保存原料本身具有的香味。所以，真空油炸能较好保持食品原有的色泽和风味。

第三，具有膨化作用、产品复水性好。在减压状态下，食品组织细胞间隙中的水分急剧汽化膨胀，体积增大，水蒸气从孔隙中逸出，对食品具有良好的膨松效果。因此，真空油炸具有脱水速度快，干燥时间短，且产品具有良好的复水性。如果在油炸前进行冷冻处理，效果更佳。

第四，油耗少，降低油脂劣变速度。真空油炸的油温较低，且缺乏氧气，油脂与氧接触少。因此，油炸用油不易氧化，其聚合分解等劣化反应速度较慢，减少了油脂的变质，降低了油耗。采用常压油炸其产品的含油率高达40%～50%，但如果采用真空油炸，其产品含油率则在20%以下，故产品保藏性较好。

（五）连续油炸技术及配套设备

采用该技术油炸食品时，投料是连续的，物料投入油炸机后随网带在炸油中运动，然后从出口处输出成品。由于采用该技术所加工的产品具有一致的油炸温度和时间，所以产品具有恒定的外观、风味、组织和保质期，能进行批量生产，同时具有较好的油过滤效果，能减少油炸异味和游离脂肪酸的含量。

1. 涂液机

对产品的涂液（裹浆或上浆或挂糊）可以明显改善产品的风味和外观。根据不同的工艺，有的产品先涂液再涂粉，有的则是先涂粉再涂液。涂液机是一种专为鸡块、肉饼、鱼片等需要裹浆后再油炸的食品设计的设备，其可使产品表面涂裹面糊，具有某些优良的质感。食品在通过该机后能够被均匀地裹浆。涂液的作用主要有：保持原料的鲜味和水分，使肉制品香酥、鲜脆、嫩滑；保持原料形状，增加产品美感；保持和增加肉制品的营养价值。

根据使用的面糊黏性的不同，可将涂液机分为两种：一种是适用于面糊黏性较小的喷洒型，另一种是适用于面糊黏性较大的潜行型在实际工作中要根据具体情况，选用不同类型的涂液机。

涂液机主要适用于黏性较大的面糊，是潜行型类型。在结构上采用上压网和传送网分别固定在不同构架上，这样清洗方便，便于整机清洗。上下网带间隙可调，具有独立的输出网带可供选择，它是通过在浆池内将面糊均匀裹涂在鸡肉、牛肉、猪肉、鱼虾等产品上。

涂液机的特点是浆液输送泵可以输送黏度高的浆液；调整方便可靠；具有可靠的安全防护装置；可以和成型机、上面包屑机、油炸机等对接使用，从而实现连续生产；食品能够被均匀地裹浆；机器选用无级调速减速机，可大大提高工作效率。

涂液机的功能是先将原料整形，再将整形后的原料均匀地涂裹调配好的浆料后自动输出。涂液机的合理设计是生产方便调理食品的必备条件。

2. 连续油炸机

连续油炸设备主要有传统连续油炸机和水滤式连续油炸机。下面以传统连续油炸机为例，介绍油炸机的结构与特点。

（1）传统连续油炸机的结构。传统连续油炸机是方便食品生产线中油炸工艺应用的主要机型，也是机械化大中型食品加工厂不可缺少的油炸设备，可用于油炸肉饼、米饼、薯饼、各种混合饼、鱼丸、肉丸等饼、块、丸类食品。

传统连续油炸机由双网带无级变速输送系统、主油槽箱与辅助油箱组成的外循环过滤系统、PID 油温自控仪、XSM 转数线速仪表以及绳索提升装置等组成。

（2）传统连续油炸机的特点。

第一，传统连续油炸机根据油炸物料的需求可采用色拉油、花生油、菜籽油和棕榈油等，用于炸肉饼、米饼、薯饼、各种混合饼、薯条、薯片、鱼丸和肉丸等。

第二，传统连续油炸机采用体外过滤循环油路的装置，使油在主油槽内均匀循环的流动中被加热器加热，从而使油的温度均匀稳定上升。此外，循环流动的油在经过辅助油箱的双层（粗细）过滤网时，清除油中的大小颗粒残渣，保证了油的清洁，从而使油炸的物料随时保持清洁。

第三，传统连续油炸机的结构精练合理，功能先进。采用双网带无级变速调节，既保证油炸物不同的油炸时间，又保证了油炸物在油层下 2 ~ 3cm 处平稳加热输送；采用龙门架及提升机构，可以将罩盖方便地升降，便于对食品进行油炸加工。

3. 涂粉机

涂粉机是油炸制品加工过程中的预处理设备，其作用是将成型产品（肉饼、鸡柳等）均匀地裹上一层面粉或面包屑，从而对油炸制品起保护作用，并可改善产品的味道和形状，是油炸制品加工过程中不可缺少的设备。

（1）工作原理。涂粉机在结构上主要是由传动系统、振动装置、可调装置、输送装置等组成。产品被输送带送到粉床上，料斗中的面粉通过振动带以需要的厚度均匀地撒在产品上，其中面粉团可通过振动带自动去除，产品上的粉料通过输送带的振动控制粉量，通过可调压力滚轮来促进黏着，在出口端，未黏着的粉料则被风刀吹掉。产品在通过传送网带时被均匀地裹涂上一层混合粉，以适应下一道工序的要求。涂粉机同时可以同上浆机、上面包屑机连接，组成不同产品的生产线。

（2）特点。①撒粉和裹涂均匀可靠，附着性好；②操作、调整方便可靠；③强力风机及振动器可以去除多余粉料；④传送带可以倾斜，清除方便；⑤仅靠每次的反转即可去掉多余的粉。

三、油炸对食品的影响

油炸对食品的影响主要包含三个方面：①油炸对食品感官品质的影响；②油炸对食品营养成分和营养价值的影响；③油炸对食品安全性的影响。

第一，油炸对食品感官品质的影响。油炸的主要目的是改善食品的色泽和风味。在油炸过程中，食品发生美拉德反应和部分成分的降解，使食品呈现金黄或棕黄色，并产生明显的炸制芳香风味。在油炸过程中，食物表面水分迅速受热蒸发，表面干燥形成一层硬壳。当持续高温油炸时，常产生挥发性的羰基化合物和羟基酸等，这些物质会产生不良气味，甚至出现焦糊味，导致油炸食品品质低劣，商品价值下降。

第二，油炸对食品营养价值的影响。油炸对食品营养价值的影响与油炸工艺条件有关。油炸温度高，食品表面形成干燥层，这层硬壳阻止了热量向食品内部传递和水蒸气外逸，因此肉制品内部营养成分保存较好，各种成分损失较少。油炸可以在一定程度上增加炸制品的脂肪含量，增加的幅度取决于原料本身的脂肪含量。脂肪含量的增加有利于肉制品中脂溶性成分，如不饱和脂肪酸和脂溶性维生素的输送。水分在油炸前后有大幅度的降低，蛋白质的绝对数量几乎没有变化。油炸前后鱼、牛肉的成分见表 8-3。

表 8-3 油炸前后鱼、牛肉的成分（单位：g/100g）

食品	样品	样品质量	水分	蛋白质	脂肪
鳕鱼	油炸前	100	79.46	18.09	1.03
	油炸后	71.11	46.98	18.46	4.08

续表

食品	样品	样品质量	水分	蛋白质	脂肪
牛肉	油炸前	100	75.57	21.54	2.04
	油炸后	65.21	39.95	20.00	4.48

注：以100g样品为基准。

在油炸食品时，食物中的脂溶性维生素在油中的氧化会导致营养价值的降低，甚至丧失，视黄醇、类胡萝卜素、生育酚的变化会导致风味和颜色的变化。维生素C的氧化保护了油脂的氧化，即它起到了油脂抗氧化剂的作用。

蛋白质消化率是指在消化道内被吸收的蛋白质占摄入蛋白质的百分数，是反映食物蛋白质在消化道内被分解和吸收的程度的一项指标，是评价食品蛋白质营养价值的重要指标之一。通常，蛋白质消化率越高，被人体吸收利用的可能性越大，营养价值也越高。油炸对蛋白质消化率的影响程度与产品组成和肉品种类有关。油炸对蛋白质利用率的影响较小，如猪肉和箭鱼经油炸后其生理效价和净蛋白质利用率几乎没有变化。但如果添加辅料后进行油炸，蛋白质的可消化性稍有降低，见表8-4。

表8-4　肉类油炸前后的蛋白质消化率

食品	牛肉	猪肉	箭鱼	鱼丸	肉丸
油炸前	0.93	0.92	0.92	0.92	0.90
油炸后	0.93	0.92	0.91	0.89	0.80

第三，油炸对食品安全性的影响。在一般的食品加工中，加热温度高，且加热时间较短，对食品安全的影响不大。但是，在油炸过程中若加热温度高，油脂反复利用，会致使油脂在高温条件下发生热聚合反应，可能形成有害的多环芳烃类物质。

在油炸过程中，油的某些分解和聚合产物对人体有毒害作用，如油炸中产生的环状单聚体、二聚体及多聚体，会导致人体麻痹，产生肿瘤，引发癌症。因此油炸用油不宜长时间反复使用，否则将影响食品安全性，危害人体健康。

油炸肉制品呈酥松多孔结构且含油量较高，极易吸潮，易氧化酸败，进而影响产品品质。为了减缓脂肪氧化的速率，延长产品的保质期，肉制品在油炸后往往要经过速冻处理。

四、速冻的原理

（一）速冻的概念

尽管目前世界上速冻食品尚无统一、确定的概念，但行业内一般认为速冻食品应具备五个要素：①冻结要在 −30 ～ −18℃进行，并在 20min 内完成冻结；②速冻后食品的中心温度要达到 −18℃以下；③速冻食品内水分形成无数针状小冰晶，其直径应小于 100μm；④冰晶分布与原料中液态水的分布相近，不损伤细胞组织；⑤当食品解冻时，冰晶融化的水分能迅速被细胞吸收而不产生汁液流失。

显然满足上述条件的速冻食品能最大限度地保持天然食品原有的新鲜度、色泽风味和营养成分，是目前国际上公认的最佳食品贮藏技术。也就是说，在冻结过程中必须保证使食品所发生的物理变化（体积、导热性、比热容、干耗变化等）、化学变化（蛋白质变性、色素变化等）、细胞组织变化以及生物生理变化等达到最大可逆性。

（二）速冻的原理

食品冻结就是运用现代冻结技术，在尽可能短的时间内，将食品温度降低到它的冻结点以下预期的冻藏温度，使它所含的全部或大部分水分，随着食品内部热量的外散形成冰晶体，以减少生命活动和生化反应所必需的液态水分，抑制微生物活动，高度减缓食品的生化变化，从而保证食品在冻藏过程中的稳定性。食品的冻结方法有缓冻与速冻两种。缓冻就是将物料放在绝热的低温室内（−18 ～ −4℃，常用温度为 −29 ～ −23℃），并在静态的空气中进行冻结的方法。速冻是将预处理的食品放在 −40 ～ −30℃的装置中，利用低温和空气高速流动，促使物料快速散热，在 30min 内通过最大冰晶生成带，使食品中心温度从 −1℃降到 −5℃，其所形成的冰晶直径小于 100μm。速冻后的食品中心温度必须达到 −18℃以下。

食品中的水分大致可以分为位于细胞内的结合水和细胞间隙的游离水。在冻结初期，细胞间隙的水先冻结成冰，细胞内的水因冻结点低仍然保持液态，在蒸汽压差的推动下，细胞内的水分会投过细胞膜扩散到细胞间隙中。大多数食品在温度降到 −1℃开始冻结，并在 −4 ～ −1℃大部分水成为冰晶，因此

将 −4 ~ −1℃称为最大冰晶区。如果采用慢速冻结，将会使大部分水分冻结与细胞间隙内，形成巨大的冰晶体；如果采用快速冻结，由于冰晶形成的速度大于水分的扩散速度，食品细胞内的结合水和细胞间隙的游离水就同时冻结成无数微小的粒径在 100μm 以内的冰晶体，均匀分布在细胞内和细胞间隙中，与天然食品中液态水的分布极为相似，在解冻时就不会损伤细胞组织。

与缓冻相比，速冻具有明显的优势，主要表现在三点：①速冻产生的冰晶体颗粒微小，对细胞的机械损伤较小；②降温迅速，微生物生长和酶的活力受到抑制，及时阻止了冻结时食品分解；③迅速冻结时，浓缩的溶质和食品组织、胶体以及各种成分相互接触的时间显著缩短，细胞内溶质浓缩的危害性随之减弱。

（三）速冻方法与速冻装置

1. 直接接触冻结法

直接接触式冻结装置是以被冻食品（包装或不包装）直接与制冷剂或载冷剂（冻结剂）接触，接触的方法有喷淋法和浸渍法。具有无需制冷循环系统、冻结速度快，产品质量好等优点。载冷剂常用的有盐水、丙二醇、丙三醇等水溶液。超低温制冷剂冻结装置采用液态氮、液态二氧化碳或液态氟利昂等冻结剂。

2. 间接接触冻结法

间接接触式冻结装置是利用蒸发器的外表面与被冻食品直接接触进行热量交换。优点是热效率高，冻结时间短结构紧凑，占地面积小，安装方便，使用的金属材料较少等。

3. 空气冻结法

在冻结过程中，冷空气以自然对流或强制对流的方式与食品换热。虽然所需冻结时间较长，但由于空气资源丰富、无毒副作用，因而仍是目前应用最广泛的一种冻结方法。主要类型有鼓风型、流态化型、隧道型、螺旋型等。目前，冷冻食品常用的是隧道式连续冻结装置、流态化单体连续冻结装置、螺旋式连续冻结装置。

（1）隧道式连续冻结装置。该装置是目前最多使用的一种以冷空气强制循环的冻结装置。将产品放入一个长形的、四周具有隔热装置中由输送带携载通过隧道，冷风由鼓风机吹入隧道穿流于产品之间，冷气进入的方向与产品前行方向逆流，传送带速度可根据食品类型进行调节。隧道式连续冻结装置具有构造简单、造价低、能连续生产、冻结速度较快等优点，适用于分割肉、鱼、冰淇淋、面食类等形态较小的食品冻结。

（2）流态化单体连续冻结装置。将玉米等颗粒食品放在网带床面上，冷风自下向上形成气流，使食品呈悬浮状态，随传送带移动，冻结速度很快，仅需数 min 时间的冻结装置，适用于玉米、豌豆、扁豆、水果、虾仁等粒状、片状、丁状的单体冻结。

（3）螺旋式连续冻结装置。食品经输送带进入旋转桶状冻结区，由下盘旋而上，冷风则由上向下竖向流动，与食品逆向对流换热。螺旋式连续冻结装置具有生产连续化、立体结构紧凑、占地面积小、速冻速率快等优点，是大中规模速冻食品企业广泛选用的冻结装置，但设备投资较大，适用于肉禽、饺子、水产、熟制点心等各类食品。

五、速冻肉制品的加工

（一）工艺流程

原料肉及配料选择与处理→成型→加热→冷却→冻结→包装→金属或异物探测→入库。

（二）操作要点

1. 原料肉及配料选择与前处理

（1）原料肉及配料的品质。对于水产品、畜产品等原材料，在购入时要逐一进行检查，检查有无混入异物、变色、变味等异常情况。进行原料肉的鲜度、有无异常肉、寄生虫害等的检查，还要进行细菌检查和必要的调理试验。各种肉类等冷冻原料保存在 −18℃以下的冷冻库，蔬菜类在 0 ~ 5℃的冷藏库，面包粉、淀粉、小麦粉、调味料等应在常温 10 ~ 18℃。

（2）原料肉及配料前处理。根据原料特性和加工需要，原料前处理含解冻、清洗、修整切分、糊化、软化、预煮、预烤、调味、调色、成型以及装填等许多环节，物料一般暴露于空气中，污染可能性极大，必须严格做好卫生管理工作，才能保证产品的品质。

（3）原料肉及配料混合。将原料肉及配料等根据配方准确称量，然后按顺序投入到混合机内混合均匀；混合时间应在 2 ~ 5min，同时肉温控制在 5℃

以下。

2. 成型

对于不同的产品，成型的要求不同。肉丸、汉堡包等是一次成型，而水饺、烧卖是采用皮和馅分别成型后再由皮来包裹成型。夹心制品一般由共挤成型装置来完成。有些制品还需要进行裹涂处理，如撒粉、上浆、挂糊或面包屑等。

3. 加热

加热包括蒸煮、烘烤、油炸等操作，不但会影响产品的味道、口感、外观等重要品质，同时对速冻肉制品的卫生保证与品质保鲜管理也是至关重要的。从卫生管理角度看，加热的品温越高越好，但加热过度会使脂肪和肉汁流出、出品率下降、风味变劣等。

加热的原则是以肉制品的中心温度能杀死病原菌为关键控制点。一般要求产品的中心温度达到 70 ～ 80℃。例如，为了避免牛肉饼受到 *E.coli* O157：H7 污染，美国农业部规定，加热的中心温度需达到 76.6℃以上才能确保食用安全性。

速冻肉制品有多种配料，各调配料占主产品的比率虽然不高，但各调配料的充分加热亦不可缺少，当一种配料的微生物含量过高时，往往会使整个产品不符合卫生标准。

4. 冷却

加热后迅速冷却可以避免产品在高温下时间过长，品质劣变，还可以避免自然冷却的时间过长，产品再遭污染，微生物菌数再增加。

根据 FDA 水产品 HACCP 法规草案建议，食物应 2h 内由 60℃降至 20℃，再于另一个 4h 内降至 4.4℃。冷却有两种方法：冰水冷却、冷风冷却。

5. 冻结

现在的冻结方式多为速冻。在对速冻肉制品进行品质设计时，一定要充分考虑到满足消费者对食品的质地、风味等感官品质的要求。制品要经过速冻机快速冻结。食品的冻结时间必须根据其种类、形状而定，要采用合适的冻结条件。

速冻的关键主要是控制好温度、湿度等条件，在尽可能短的时间内通过最大冰晶生成带，使形成的冰晶小而多，最大限度地保持肉制品原有的新鲜度、风味和营养成分。

6. 包装

（1）真空袋包装。真空袋包装的优点是对个体较为厚重的肉制品（比如猪蹄或大丸子等），这种紧密包装会给消费者感官产生一定的价值感。真空自动包装设备容易操作，外观效果好，调理方便。另外一种方式是采用全自动的新型设备，分别由设备将上部薄膜和下部薄膜加以组合包装。充填的内容物首先被放置在有下部薄膜的机器上，然后与上部薄膜进行第一次三面封口，然后进行抽真空，紧接着再进行第二次封口、切断的连续操作。在国外，这种设备效益很高，在大规模生产汉堡包等多种肉制品中均已经使用了这种包装方式。包装材料主体采用软质类型，大多用成型性好无伸展性的尼龙 /PE，上部薄膜采用对光电管标志灵敏、适合印刷的聚酯 /PE 复合材料。

（2）纸盒包装。纸盒包装形式除保持膨胀外观外，还具有外观效果好、容易处理、方便调理等特点。冷冻肉制品的纸盒包装分为上部装载和内部装载两种方式。

（3）铝箔包装。铝箔作为包装材料具有耐热、耐寒、良好的阻隔性等优点，能够防止肉制品吸收外部的不良滋生物。这种材料热传导性好，适合作为解冻后再加热的容器。

（4）微波炉用包装物。随着微波炉的普及，适合于微波炉加热的塑料盒被广泛使用，这种材料在微波炉和烤箱中都可使用。由美国开发出来的压合容器，用长纤维的原纸和聚酯挤压成型，一般能够耐受 200 ~ 300℃的高温。日本的专用微波炉加热的包装材料使用的是聚酯纸、聚丙烯和耐热的聚酯等。

7. 贮运及销售

依照货架期的不同要求，冷藏产品一般在 0 ~ 3℃保存，速冻产品在 −20 ~ −18℃保存。考虑到微生物特性的多变和大批量产品灭菌难以保证绝对一致的效果，故对冷藏的巴氏杀菌产品，其货架期有严格控制，一般是几天或十几天。

在 −18℃以下，为数极少的微生物即使保存生活力也不可能生长繁殖，因此冻结保存的巴氏杀菌调理食品具有更高的卫生安全性，因而货架期明显延长。冷藏、冷冻中最为重要的是控制温度的恒定。

（三）速冻肉制品食用前的烹制

合理的解冻、适宜的烹调是保证速冻肉制品质量的关键因素。速冻肉制品一经解冻，应立即加工烹制。微波炉是目前较好的速冻制品解冻烹制设备，它可以使制品的内外受热一致，解冻迅速，烹制方便，并保持制品原形。实验证明，微波炉与常规炉烹调方法比较，其营养素的损失并无显著差别。

第九章　肉制品质量检测技术实践研究

第一节　肉品科学研究中的拉曼光谱技术

拉曼光谱技术是一门基于拉曼散射效应而发展起来的光谱分析技术，可提供分子的振动或转动信息。拉曼光谱技术同化学分析技术和其他光谱技术相比，具有快速原位无损伤检测，样品不需处理，使用样品量少等特点。随着拉曼光谱技术的发展，其已被广泛应用到石油化工、生物医药、考古艺术和法医鉴定等领域。基于拉曼光谱技术的诸多优点，其在肉品中也得到了应用。“拉曼光谱技术作为新颖的光谱检测技术在物质理化结构分析方面得到了广泛应用。该技术能实现对肉的快速、无损检测，是肉品成分分析的技术之一，并且其光谱对水等极性物质极其不敏感，因此在肉品研究中具有良好的应用前景。”①

一、拉曼光谱技术原理

（一）拉曼光谱技术的主要特点

就分析测试而言，拉曼光谱和红外光谱相配合使用可以更加全面地研究分子的振动状态，提供更多的分子结构方面的信息，但它们的发生机制是不一样的。拉曼光谱是分子对激发光的散射，而红外光谱则是分子对红外光的吸收，但两者均是研究分子振动的重要手段，同属分子光谱。一般来讲，分子的非对称性振动和极性基团的振动，都会引起分子偶极距的变化，因而这

① 陈倩，李沛军，孔保华．拉曼光谱技术在肉品科学研究中的应用［J］．食品科学，2012，33（15）：307

类振动是红外活性的；而分子对称性振动和非极性基团振动，会使分子变形，极化率随之变化，具有拉曼活性。因此，同原子的非极性键的振动，如C—C、S—S、N—N键等，对称性骨架振动，均可从拉曼光谱中获得丰富的信息。而不同原子的极性键，如C＝O、C—H、N—H和O—H等，在红外光谱上有反映。相反，分子对称骨架振动在红外光谱上几乎看不到。可见，拉曼光谱和红外光谱是相互补充的。

随着测定分析技术和仪器设备的日益完善，拉曼光谱的应用范围越来越广泛。其操作简便、样品无须预处理和可在水溶液环境下测定等优势会更加明显，灵敏度不断提高，应用价值也会更加重要。由于拉曼光谱是光的散射现象，所以对待测样品的透明度和状态并无特殊要求。因为水的拉曼散射较弱，所以拉曼光谱法适用于测试水溶液体样品。如果激发光是单色光，拉曼光谱可以用玻璃作光学材料。现代拉曼光谱仪所用的激发光源一般为单色性极好的激光，这样可以较大地增强拉曼效应。拉曼光谱具有以下特点：

第一，快速、无损、无污染，谱峰特征性强。采用多通道检测器大幅提高了拉曼光谱的测量速度，使实时检测成为可能。拉曼分析通常是非破坏性的，并且不要求做样品预处理，无须样品制备、不破坏样品、不产生污染。拉曼谱峰丰富而尖锐，重叠谱带较少，适合于数据库搜索、差异分析及定量研究，使其在食品、农产品及材料、化工、高分子、医药、环保等领域得到了广泛应用。拉曼散射的强度通常与散射物质的浓度呈线性的关系，这为样品的定量分析提供了有效手段。

第二，测量方式灵活。对于待测样品的形态没有特定的要求，无论是固体、液体、气体，都能进行测量。由于待测样品无须预处理，而且拉曼激光可透过容器、薄膜照射样品产生信号，能实现非侵入式检查。激光聚焦部位通常在毫米级别，因此只需少量样品就能测量。通过显微拉曼技术可将激光进一步聚焦，来研究更小面积的样品。

第三，水溶液分析、低浓度检测。水的红外吸收峰较强，因此红外光谱不适用于水溶液的分析。水分子化学键的不对称性，使其在拉曼光谱中的信号极其微弱。因此，拉曼光谱是研究水溶液的理想工具。拉曼光谱技术灵敏度高，有着很低的检测限，一般可达10^3g/L。运用CCD技术[①]，结合拉曼光谱的高灵敏特性，采用共振表面增强拉曼光谱技术，可获得超高灵敏度的检

① CCD是一种光电转换技术，可以将光线转换成电信号。

测限，可达 μg/L、pg 或 fmol，检测下限直逼单分子。

第四，不受单色光源频率的限制。拉曼光谱的频移不受单色光源频率的限制，因此单色光源的频率可以根据样品而有所选择，而近红外光谱的光源不能随意调换。拉曼散射光可以在紫外和可见光波段进行测量，由于紫外光和可见光能量很强，因此在此波段进行测量比红外光波段更容易且效果更好。

第五，稳定的系统结构、可远距离在线分析。利用拉曼激光光纤技术开发的便携式拉曼光谱仪，采用无动件设计方式，具有良好的稳定性与可靠性。拉曼光谱仪使用方便，维护工作量少。借助长达数百米、信号传输率高的石英光纤，可使激光器、检测器等核心器件远离测量样品，使拉曼分析技术适用于恶劣工况与危险环境。

（二）拉曼光谱技术的检测机理

分析拉曼光谱的目标是探测有关样品的某些信息。这些要探测的信息主要包括元素、成分、分子取向、结晶状态及应力和应变状态。它们隐含在拉曼光谱各拉曼峰的高度、宽度、面积、位置（频移）和形状中。分析内容通常有三部分：确定拉曼光谱中含有待测信息的部分光谱；将有用的拉曼信号从光谱的其他部分（噪声）中分离出来；确立将拉曼信号与样品信息相联系的数学关系（或化学计量关系）。

1. 定量分析

应用拉曼光谱技术做定量分析的基础是测得的分析物拉曼峰强度与分析物浓度间有线性比例关系。分析物的拉曼峰面积（或峰强度）与分析物浓度间的关系曲线是直线，这种曲线被称为标定曲线。通常对标定曲线应用最小二乘方程拟合以建立数学预测模型，据此从拉曼峰面积（或峰强度）预测得到分析物浓度。

影响拉曼峰面积或峰强度的原因不只有分析物浓度还有其他因素。例如，样品的透明程度和插入收集光系统的薄膜。所以，几乎所有拉曼定量分析在建立标定曲线之前都使用某种类型的内标，以修正这些因素对拉曼峰面积或高度的影响。当分析物浓度变化时，样品中所有成分的浓度也发生变化。这种情况下，可使用样品所有成分的总和作为内标。内标法和外标法的概念容易混淆，所谓内标法是指在样品中不加入任何其他基准物，只以样品溶剂中某些稳定的波峰作为标准进行的测定。而外标法则是指在样品中加入一定的基准物，以基准物的特征峰作为标准进行的测定。外标法一般用于校正纵坐标的测定误差，也就是用于分析仪器的校准，而横坐标的误差，一般仅为波数的十分之几，因此在内标法中是将样品的波峰与参考波峰的比值作为校正依据的，这就是内标法和外标法的主要功能。它们的应用范围不同，必须正确加以运用。

分析物拉曼峰有时会与其他拉曼峰相重叠，其所测定的分析物拉曼峰面积就可能包含了其他峰面积的全部或一部分。如果分析物浓度变化时，其他拉曼峰的形状和面积不发生变化，那么它们对分析物拉曼峰面积的贡献是不变的。最终的标定曲线就仍然呈线性，分析物浓度的测定可照常进行。若其他峰的面积或高度发生变化，它们对分析物峰面积的贡献就不是常量，标定曲线就失去了其标定功能。

有几种方法可减除其他拉曼峰对所测分析物拉曼峰面积的影响。峰高度测量对部分峰重叠的敏感性比峰面积测量要小。若分析物峰形状不随浓度变化而变化，其峰面积就正比于峰高度，这样峰高度相对于被分析物浓度的标定曲线是线性的，可用于分析待测物浓度。虽然峰高度标定对峰重叠引起的偏差比较不敏感，但其精确度较低，这是因为对峰高度所测量的光子数比峰面积要少得多。拉曼光谱的数学调匀可使峰高测定含有更多的光子。在最好的调匀情况下，调匀峰的高度测量能基本上等效于峰面积的测量。

多元材料的性质通常由组成成分的联合影响决定。这类材料的拉曼光谱可能包含有这些性质的信息，但是只对个别峰的测量是不够的，即使这个峰在光谱中是独立的，不与其他峰有任何交叠。为了测定某些感兴趣的性质，综合考虑一些峰的峰面积、形状或频移是需要的。

2. 定性分析

对于同一物质，若用不同频率的入射光照射，所产生的拉曼散射频率也不同，但是其拉曼位移始终是一个确定值，这就是拉曼光谱表征物质结构和定性鉴定的主要依据。定性分析可以用人工测定，也可用光谱数据库搜索测定。用拉曼光谱进行样品鉴别的人工测定如同进行侦查工作，必须将从拉曼光谱得到的某些线索与样品的其他资料相联系。拉曼峰位置表明某种基团的存在，相对峰高表明样品中不同基团的相对数量，基团峰位置的偏移则可能来源于近旁基团的影响或某种类型的异构化。红外吸收光谱常用来与拉曼光谱相对比，一旦对样品鉴别有了确定的设想，通常分析人员会找到这种材料或类似材料的确切拉曼光谱，以便做进一步证实。

拉曼光谱的人工定性分析是很费时间的工作，通常要求分析人员有丰富的经验和技巧。自动进行定性分析的方法目前已得到普遍应用，这就是光谱数据库搜索。一种被称为搜索引擎的计算机程序能自动将未知材料的拉曼光谱与大量已知样品的拉曼光谱（光谱数据库）相比对。计算机会指出一个或几个已知样品，其拉曼光谱与待测样品光谱最接近，这个或几个样品就可能与待测样品是相同的材料，而且能给出一个数字（符合指数）以定量表明光谱的相符程度。当然，这种光谱数据库搜索软件程序，可以基于样品的待测组分拉曼特征进行自行编制。

（三）拉曼光谱技术的主要应用

第一，无机物与金属络合物的研究。由于无机物对称性较强，不具有红外活性，在红外谱段中没有吸收，因此无法用红外吸收光谱来研究，而使用拉曼光谱则十分方便。在金属络合物中，金属与配位体键的振动常具有拉曼活性，可用拉曼光谱研究其结构、组成和稳定性。

第二，有机物结构的分析。对于有机物结构分析，拉曼光谱法与红外光谱法各有优势。高度对称的振动是拉曼活性的，具有很强的拉曼特征谱带，高度非对称的振动是红外活性的，具有很强的红外吸收谱带。一般有机物分子的振动介于高度非对称性与对称性之间，因此在拉曼光谱和红外吸收光谱上都有所表现，将两者相结合更加有助于有机物结构的分析。另外，拉曼光谱的振动叠加效应小，谱带清晰，易于判断谱带的归属，且拉曼光谱可通过测量散射平面与入射光传播方向间的退偏度确定分子的对称性。

第三，高聚物的分析。近年来，高聚物的拉曼光谱分析技术发展很快，已经成为拉曼光谱应用中一个重要的研究领域。利用拉曼光谱可以研究高聚物的构型、构象及聚合物的立体规整性、结晶度和取向度。

第四，生物大分子的研究。拉曼光谱分析法应用于生物学研究领域，与其他物理手段相比具有众多优点，如信息量大、可直接对含水的活体进行研究，可对复杂分子和生物体系某一部分进行选择性的研究，利用时间分辨拉曼技术可以研究极短的生物反应动力学过程，利用显微拉曼光谱成像技术可对同一样品的不同组分或者同一组分的基元进行研究等。

第五，医学检测。由于拉曼光谱分析技术具有几乎无须样品制备、能用于多种样品形态的优点，因此非常适合用于活体的医学检测。拉曼光谱分析技术可用于癌症、心血管疾病、结石、骨科及眼科等各科疾病的诊断。

第六，危险物探测。采用拉曼增强技术后，拉曼光谱分析灵敏度获得了巨大的提升，可用于爆炸物、毒气等危险物的快速探测，已成为应对袭击的有效手段，受到各国反恐部门及科研人员的极大重视。

第七，半导体分析。微电子工业中所用的半导体多属于金刚石类或者闪锌矿类，其拉曼光谱较为简单，最简单的应用就是半导体材料的鉴别。合金半导体的拉曼峰位与其组成的成分比有关，可利用拉曼光谱研究其成分。对于结晶半导体，晶体缺陷、晶粒大小及无定形结构都会使拉曼谱峰发生变化，可利用这点检测半导体的结晶度和晶粒大小。拉曼光谱技术还可用于获取半导体薄膜与衬基间界面或者界相的结构、监测衬基上薄膜厚度及厚度均匀性、检测半导体材料的局部温度及测定其应力或应变等。

第八，食用农产品分析。拉曼光谱技术应用到食品检测中，可以直接测定样品的化学结构及衍生结构，有效甄别样品主要成分的化学结构信息。相比传统的化学分析法、色谱法、生物体检测法等，具有操作简便、样品无损等优点。随着科学技术的日新月异以及各类学科包括拉曼光谱学、激光技术等的发展，拉曼光谱技术逐渐发展成熟，高新的实用分析技术不断涌现。拉曼光谱技术因其自身操作简便的特殊性，以及灵敏度高等特点，近年来已经成为鉴定食物中某些特定物质的存在及其含量的首选方法之一。

（四）拉曼光谱技术的发展趋势

拉曼光谱作为一种特殊的检测手段，正逐渐向高精度、便携式方向发展，它在农产品质量安全检测方面具有极强的应用潜力和实用价值，但目前大多数拉曼光谱设备仍不完善，需要进一步改进和优化。

第一，农产品样品产生的荧光现象对拉曼光谱造成很强的背景干扰，荧光背景往往比拉曼信号强几个数量级，影响光谱分析。为了降低或扣除荧光背景的干扰，通常采取的措施有选择合适的激发波长、对样品进行预处理、光谱曲线拟合、滤波去噪等。

第二，激光照射时间过长导致样品灼烧、变性等，可以使用耐高温的测样附件和适当降低样品照射时间来避免热效应的产生。

第三，对于不同农产品的质量安全检测，其精确的拉曼图谱资料非常缺乏，急需建立可靠的拉曼标准谱图数据库。

第四，拉曼光谱检测指标和检测方式单一，多以实验室研究为主。在实际应用中，光束无法穿透非透明的包装薄膜；易受农产品温度、检测部位及环境等因素影响。在多指标实时、动态在线检测和具体补偿算法等方面需要深入研究。

第五，我国对拉曼仪器硬件和软件的设计经验不足。拉曼光谱检测设备依赖进口，制约着低成本、高精度、便携式拉曼光谱仪的推广应用。利用拉曼光谱设备进行农产品质量安全检测目前尚处于研究阶段及初期应用阶段，今后要吸取国外拉曼光谱仪的设计经验，立足国内技术和资源，开发出实用性强、价格低廉的便携式拉曼光谱仪，已投入实际生产应用中。

（五）拉曼光谱技术的基本类型

随着光学仪器的发展、激光技术和纳米技术的成熟，拉曼光谱产生了多种不同的分析技术，其目的是获取特定的拉曼信息、提高检测灵敏度和空间分辨率等。近年来，激光共振拉曼光谱（Resonance Raman Spectroscpy，RRS）、傅里叶变换拉曼光谱（Fourier Transform Raman Spectroscopy，FT-Raman）、表面增强拉曼光谱（Surface Enhanced Raman Spectroscopy，SERS）、空间偏移拉曼光谱（Spatially Offset Raman Spectroscopy，SORS）和共聚焦显微拉曼光谱（Confocal Micrographic Raman Spectroscopy，CMRS）等技术被广泛应用于各个领域。

1. 激光共振拉曼光谱技术

20 世纪 70 年代，激光技术的发展推动了拉曼光谱技术的发展和应用，与早期的汞弧灯源相比，激光具有更好的单色性、方向性，且强度很大，成为拉曼光谱最理想的光源，因此绝大部分的拉曼光谱仪的光源采用的是激光器。共振拉曼光谱是基于共振拉曼效应发展起来的一种激光拉曼技术。共振拉曼效应是由于激发光频率落在散射分子某一电子吸收带之内而产生的，由于电子吸收带往往比较宽，因此按激发光频率与电子吸收带的相对位置分为预共振拉曼效应、严格共振拉曼效应和过共振拉曼效应。当激发光频率进入吸收带内，但未落在吸收线半宽度内时，称之为预共振拉曼效应。当激发光频率落在物质某一电子吸收带的半宽度内时，产生的拉曼效应，称之为严格共振拉曼效应。同理，超过了电子吸收带的半宽度，并达到了电子吸收带的另一边时，称之为过共振拉曼效应。当激发光的频率与待测分析物分子的某个电子吸收峰接近或重合时，这一分子的某个或几个特征拉曼谱带强度可达到正常拉曼谱带的 10^4 ~ 10^6 倍，有些物质的普通拉曼光谱中倍频或组频强度约为基频的 1%，而在共振拉曼光谱图中，同一分子各种拉曼线强度增加不同，其中倍频与组频的强度显著增加，倍频可以达到几乎接近基频的强度，故可以在光谱图中呈现更丰富的光谱特征信息，从而克服了常规拉曼灵敏度低的缺点，并具有所需样品浓度低、反映结构的信息量大等优点。

共振拉曼光谱技术结合不同的处理可以应用于气体、液体和固体样品的检测。对于气体状态的拉曼介质，在低气压下，直至一个大气压为止，通常都是存放于硬玻璃或石英玻璃容器中，窗口的形状多为圆柱形或矩形，容积大小为 1 ~ 1000mL。对于液体样品，选择合适的焦距为 4 ~ 10cm，再将激光束聚焦入拉曼池即可。对于固体样品，无须采样配件直接将激光光源入射到样品即可。

相对于普通拉曼光谱技术，激光共振拉曼光谱对光源提出了更高的要求：①光源的波长可调，为了选择任意的激发频率，至少在可见和近紫外光谱区（200 ~ 800nm）可调谐；②为了保证激发源谱线的单色性，光源的谱线宽度要尽可能窄；③激发光源要具有一定的强度和高度的会聚性，减少样品对散射光的吸收损耗；④光谱分析器包括单色器和接收器具有高的灵敏度和分辨率。目前，满足上述条件的可调谐激光器的成本比较昂贵，相关的激光技术有待于进一步发展。

2. 傅里叶变换拉曼光谱技术

1986 年，在技术上实现了傅里叶变换拉曼光谱（FT-Raman），从此，傅里叶变换拉曼光谱技术在生物、化学和医学等领域的非破坏性结构分析方面占据重大地位。FT-Raman 采用傅里叶变换干涉仪采集信号，拉曼散射光经干涉仪进入探测器，获得干涉图，通过傅里叶变换得到拉曼光谱。典型的傅里叶变换拉曼光谱仪的基本光路如图 9-1 所示[①]，主要由激光光源、样品室、迈克尔逊干涉仪（简称迈氏干涉仪）、特殊滤光器与检测器组成。激光器采用 Nd-YAG 钇铝石榴石激光器，其激发光波长为 1.064μm。样品室中带有小孔的抛物面会聚镜能收集更多的拉曼散射信号。

干涉仪主要包括分束器、定镜和动镜，其中分束器是一种半反射半透射膜片，它能使大约一半的光束通过，而将另一半光束反射回去。动镜可以在水平方向移动。特殊滤光器主要用于将锐利散射光滤掉，常采用 1 ~ 3 个介电干涉滤光器组合而成。检测器通常为液氮冷却的锗二极管或铟镓砷探头，

① 本节图片均引自彭彦昆．食用农产品品质拉曼光谱无损快速检测技术 [M]. 北京：科学出版社，2019：14-22.

该检测器对近红外响应较好。

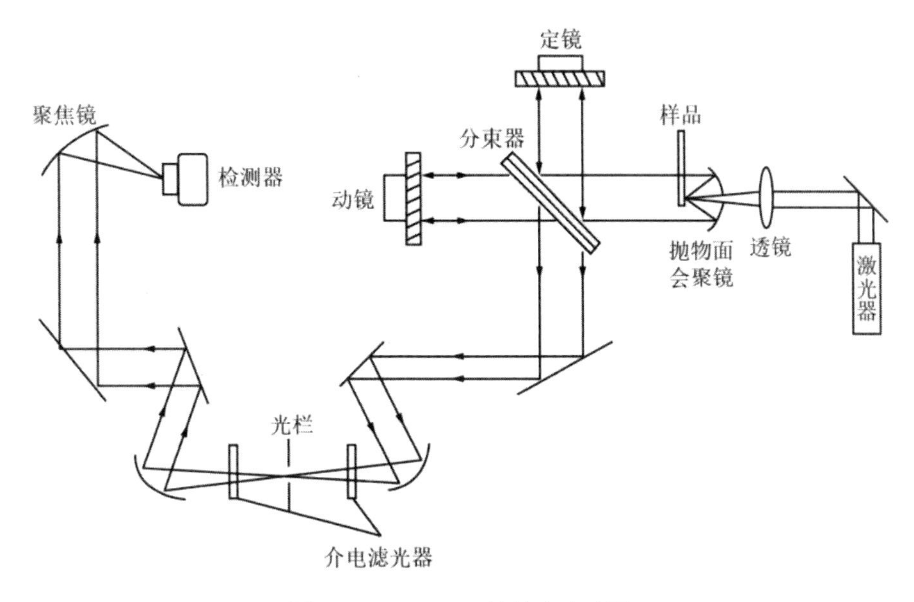

图 9-1　FT-Raman 的基本光路图

从整个光路可以看到，激发光经聚焦后，穿过抛物面镜中心的小孔到达样品位置，被试样散射后，整个 180° 内背散射的信号由抛物面镜聚焦后进入迈氏干涉仪。经干涉仪调制后的信号通过特殊滤光器，除去瑞利散射信号，只让拉曼散射信号聚焦到检测器。检测到的拉曼散射信号经前置放大，A/D 转换，傅里叶变换后，以常见拉曼光谱形式呈现。

傅里叶拉曼光谱采用近红外激光（1046nm）作为激发光源，一方面，因为荧光现象是拉曼光谱最大的干扰因素，而荧光大都集中在可见光谱区域，因此采用 1064nm 的近红外激发光源可有效地消除荧光背景；另一方面，1064nm 的近红外激发光源的能量低，产生的热效应小，可测试 90% 的化合物，从而进行拉曼光谱分析。傅里叶变换拉曼光谱技术中迈氏干涉仪采用激光频率为基准，使得 FT-Raman 的光谱频率精度大大提高；迈氏干涉仪的动静距离决定傅里叶变换拉曼光谱仪的分辨率，增加动镜移动距离可以提高 FT-Raman 光谱的分辨率。另外，因为近红外线在光导光纤中具有较好的传递性能，所以傅里叶变换拉曼光谱技术在遥控测量中有非常好的应用前景。同时，FT-Raman 光谱技术也存在一些问题：①因光学过滤器的限制，在低波数区的测量性能不如色散型拉曼光谱技术；②因为水在近红外光谱区有吸收，因此 FT-Raman 光谱技术在测量水溶液时会受到一定的影响。

3. 显微拉曼光谱技术

共聚焦显微拉曼技术是将拉曼光谱分析技术与显微分析技术结合起来的一种新型应用技术图。显微拉曼可将入射激光通过显微镜聚集到样品上，从而可以在不受周围物质干扰的情况下，精确获得所测试样品的微米量级区的相关化学成分、晶体结构、分子相互作用及分子取向等各方面的拉曼光谱信息。共聚焦显微拉曼光谱系统中的光源、样品和探测器三点共轭聚焦，可以减少散射杂光，并将拉曼散射增强至 10^4 ~ 10^6 倍，削弱了杂散光信号对目标信号的干扰，提高了空间分辨率和灵敏度。

仅添加显微镜只能提高横向（*XY*）空间分辨率，并不能提供纵轴方向（*Z*）的空间分辨能力。只有共焦光路才能提供纵向（*Z*）的空间分辨能力，目前使用的真共焦设计采用在光路上安装可以调节的共焦针孔阑，其纵向分辨率能达微米量级。

显微拉曼光谱仪的空间分辨率主要由两个因素确定：一是激光波长，二是所使用的显微物镜的数值孔径。根据光学定律，衍射极限下使用光学显微镜能达到的空间分辨率 *R* 可以表示为：

$$R=0.16\lambda/NA \tag{9-1}$$

式中：λ——激发激光波长；

NA——显微物镜的数值孔径。

由式（9-1）可知，较短的激光波长能够提供较高的空间分辨率，数值孔径较大的物镜能够提供较高的空间分辨率。但上式是基于标准的光学显微镜的，在显微拉曼光谱仪中实际的光学过程要复杂，如激光光子与拉曼光子的散射，以及它们与样品表面的相互作用都会导致空间分辨率下降。式（9-1）提到的空间分辨率 *R* 是指横向（*XY*）的空间分辨率，纵向（*Z*）空间分辨率更为复杂，与显微拉曼光谱仪的共焦设计有关。

共聚焦显微拉曼光谱技术因具有高倍光学显微镜，与其他常规拉曼技术相比具有微观、原位、多相态、稳定性好、空间分辨率高等独特的优势，还可实现逐点扫描，从而获得高分辨率的三维图像。目前，共聚焦显微拉曼光谱技术已经在环境污染、文物的鉴定和修复、肿瘤检测、产品结构的原位和无损检测、公安法学等方面得到了广泛的应用。

4. 表面增强拉曼光谱技术

拉曼散射效应是个非常弱的过程，一般能接收到的散射信号的强度仅约为入射光强的 10^{-10}，导致检测灵敏度很低。再加上荧光背景的干扰等，增加了拉曼光谱技术在分析痕量物质时的难度。而表面增强拉曼光谱技术相比于拉曼光谱具有更高的分辨率和灵敏度，它能够使待测分子信息增强几百万倍甚至更大数量级，因此表面增强拉曼光谱技术成为拉曼光谱研究的热点。

1974 年，在吡啶吸附的粗糙表面的银电极上发现吡啶的拉曼信号增强了 10^6 数量级，为表面增强拉曼散射的提出奠定了实验基础。表面增强拉曼光谱被定义为，当分子吸附在金、银和铜等金属或金属氧化物等纳米胶体、纳米粒子表面上时，物质的拉曼信号峰会得到增强的现象。拉曼光谱的强度主要取决于入射电场的强度及极化率的变化，这两个方面的提高也就是表面增强拉曼的两种基本机理——电磁场增强和化学增强。

$$I_{\text{SERS}} \propto \left[\left|\vec{E}(\omega_0)\right|^2 \left|\vec{E}(\omega_{\text{S}})\right|^2\right] \quad \Sigma_{\rho,\sigma}\left|\left(\alpha_{\rho,\sigma}\right)_{fi}\right|^2 \tag{9-2}$$

式中：$E(\omega_0)$ 和 $E(\omega_{\text{S}})$——分别为频率 ω_0 的表面局域光电场强度和频率 ω_{S} 的表面局域散射光电场强度；

ρ 和 σ——分别为分子所处位置的激发光的电场方向和拉曼散射光的电场方向；

$\left(\alpha_{\rho,\sigma}\right)_{fi}$——某始态 $|t>$ 经中间态 $|r>$ 到终态 $|f>$ 的极化率张量，可以表示为：

$$\left(\alpha_{\rho,\sigma}\right)_{fi} = \frac{1}{\hbar}\sum_{r\neq if}\left\{\frac{<f|\mu_\rho|r><r|\mu_\sigma|i>}{\omega_{ri}-\omega_0-i\Gamma_r} + \frac{<f|\mu_\sigma|r><r|\mu_\rho|i}{\omega_{rf}+\omega_0+i\Gamma_r}\right\} \tag{9-3}$$

式中：i、r 和 f——分别表示光子的始态、中间态和终态；

ω_{ri} 和 ω_{rf}——分别表示光子从始态到中间态的频率和从中间态到终态的频率；

h——能量；

$<f|\mu_\rho|r>$ 和 $<r|\mu_\rho|i$——分别为中间态 $|r>$ 到终态 $|f>$ 的入射光跃迁算符和始态 $|i>$ 到中间态 $|r>$ 的入射光跃迁算符；

$<f|\mu_\sigma|r>$和$<r|\mu_\sigma|i>$——分别为中间态$|r>$到终态$|f>$的散射光跃迁算符和始态$|i>$到中间态$|r>$的散射光跃迁算符；

Γ_r——中间态 r 的阻尼常数。

式（9-3）前半部分表明，入射与散射光的局域电场强度越大，拉曼信号强度也越大，这来自物理增强机理的贡献，通常归因于电磁场增强（Electro-magnetic Mechanism，EM）机理。式（9-3）后半部分表明，体系极化率$(\alpha_{\rho,\sigma})_{fi}$越大，则相应拉曼信号的强度也越大，这是 SERS 化学增强（Chemical Enhancement，CE）机理的贡献。它是由于分子和表面之间的化学作用，增大了体系的极化率。

极化率的变化主要来自金属表面吸附的分子与金属的化学键效应和电荷转移效应。化学键效应主要来自金属表面吸附的分子与金属表面本身的相互作用（复合、成键），增强因子的贡献可达 10^3，电荷转移效应在吸附分子与金属之间发生电子激发时产生，增强因子的贡献为 10 ~ 10^4。入射电场强度的增强主要来自局域等离子体共振的激发，这一机理是表面增强拉曼效应的主要增强因素，它主要可以通过设计 SERS 基底相应的结构来调谐和操纵增强能力，电磁增强是由在基底上纳米结构（随机或有序）的局域表面等离子体共振介导的。增强因子的贡献可以达到 10^8 或者更高。

5. 拉曼光谱成像技术

普通拉曼光谱技术扫描样品一次仅能得到样品上单一点的拉曼光谱信息，不能覆盖大面积的样品表面，很难获得样品的空间信息。拉曼光谱成像技术是一种“图谱合一”技术，通过光谱仪采集样品的拉曼光谱图像，该图像同时包含了待测物的图像信息及拉曼光谱信息。拉曼光谱成像技术基于样品的拉曼光谱生成详细的化学图像，在图像的每一个像元上，都对应采集了一条完整的拉曼光谱，再把这些光谱集成在一起从而产生一幅反映样品的成分和结构的伪彩色图像。根据拉曼光谱峰强生成成分浓度和分布图像；根据拉曼峰位生成样品材料的分子结构、相机材料的应力图像；根据拉曼峰宽生成样品材料的结晶度和相的图像。

光谱成像技术可通过点扫描和线扫描方式获得 3-D 超立方体多维数据集（x，y，2），如图 9-2 所示。在点扫描方法中，通过移动样品或者检测器，沿两个空间维度（x 和 y）扫描单个点，获取样品中的每个像素的光谱，拉曼图像数据通过逐个像素点（或像素组合）累积而成。线扫描方法是点扫描方法的扩展，该方法同时获取一行空间信息及对应于该行中每个点的光谱信息代替每次扫描 1 个点，一次信息采集可获得一个空间维度（y）和一个光谱维度（2）的 2-D 图像（y，λ）。随着在运动方向（x）上进行线扫描，逐渐获得完整的超立方体多维数据集。点扫描和线扫描方法都是空间扫描方法。拉曼光谱成像技术是将拉曼光谱和光谱成像高精度融合的一种技术，兼有两者优势，在获得待测物拉曼光谱的同时也可实现被测物质的可视化，因此该技术在食用农产品，特别是非均质样品的品质安全检测领域越来越被广泛地应用。

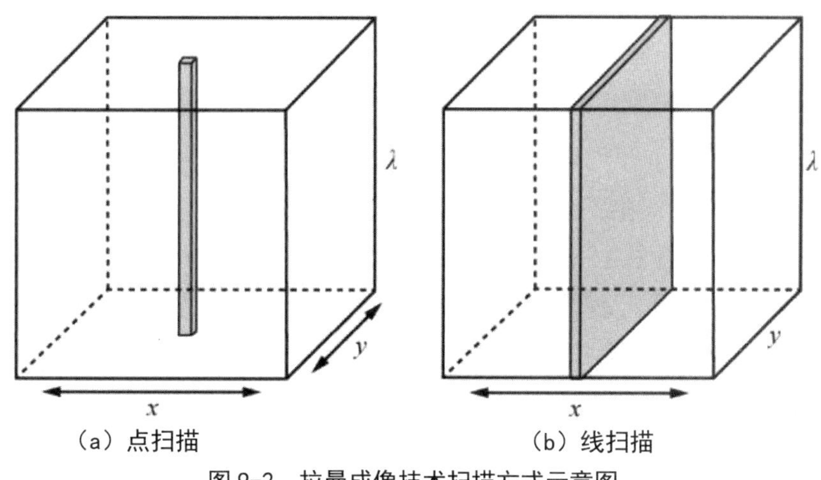

图 9-2　拉曼成像技术扫描方式示意图

（六）拉曼光谱技术的硬件系统

根据获得光谱方式不同，拉曼光谱仪可以分为色散型和傅里叶型，色散型拉曼光谱仪主要由激光光源、样品室、双单色仪、检测器由计算机控制和数据采集系统组成；傅里叶拉曼光谱仪则由激光光源、样品室、迈克尔逊干涉仪、检测器及计算机控制和数据采集系统组成。总体上均由激光光源、样品装置、滤光器、分光器、探测器和计算机处理系统组成。

1. 光源

拉曼分析系统最早使用的光源是太阳光和汞灯。在激光器出现后，由于其具有输出功率大、单色性和相干性能好、几乎是线偏振等优点，迅速成为最常用的拉曼散射光的激发光源。在选择激发光波长时，应考虑四条原则：①拉曼散射效应强度与激发光频率的四次方成正比（与波长的四次方成反比），因此激发光频率越大（波长越小），激发效果越明显。②激发光波长是否接近样品分子的共振吸收带，越接近分子的最大吸收峰处的波长，越容易产生共振拉曼效应，拉曼信号越强。③频率较高的激发光源，往往会产生较强的荧光干扰背景。若使用紫外激发时，所产生的荧光与拉曼信号频段相隔较远，因此不会有荧光干扰；用近红外波长激发，荧光信号弱，因此荧光干扰也较小。④能量较高的激发光源可能会导致样品受损，如紫外激发能量高，容易使样品受到损伤；而近红外激发热效应大，容易使样品受热分解。

2. 光谱仪

傅里叶变换拉曼光谱仪中最主要的部件是迈克尔逊干涉仪，通过测量它所产生的光干涉图，再对干涉图进行傅里叶积分变换来获得拉曼光谱信号。色散型光谱仪中最重要的部件是单色仪，单色仪采用光栅结构对入射光进行色散分光。

拉曼光谱仪的主要作用是阻挡瑞利及其他一些杂散光进入探测器并将拉曼散射光分散成各个频率入射到探测器上，从而获得较为理想的拉曼光谱图。傅里叶变换拉曼（FT-Raman）光谱仪绝大部分采用1064nm半导体激光器作为激发光源，一方面减少了激光诱导产生的荧光信号；另一方面更易于和FT-IR红外光谱仪联用，具有较高的光谱分辨率和波数精度。但因存在体积较大、测量时间长、对颜色较深的样品会产生较大的测量噪声等缺点限制了FT-Raman光谱仪的在线应用。色散型拉曼光谱仪一般采用532nm或785nm半导体激光器作为激发光源，其输出功率大且光源稳定。随着单色仪逐步被双单色仪和三单色仪取代，瑞利及其他杂散光得到进一步的减少，提高了检测精度。另外，色散型拉曼光谱仪采用的CCD检测器具有更低的暗噪声和更高的量子效率。因此，与FT-Raman光谱仪相比，色散型拉曼光谱仪具有更好的灵敏度和更低的检测下限；同时色散型拉曼采用光栅色散方式使得数据获取效率远远高于FT拉曼。

3. 检测器

早期的拉曼分析系统中常使用光电二极管（PD）和光电倍增管（PMT）作为检测器来获取拉曼光谱图。自20世纪80年代后期，电荷耦合元件（CCD）和半导体阵列检测器开始被应用于拉曼光谱系统。CCD阵列检测器结合了光电二极管和光电倍增的优势，同时具有光谱响应范围宽、分辨率高、功耗低和尺寸小等优点。CCD阵列检测器根据光子进入的位置分为前照式CCD与背照式 CCD，后者具有更高的量子效率，并常采用多级制冷方式使 CCD 阵列检测器在 −20 ~ −70℃工作来进一步减小噪声的影响。傅里叶变换拉曼光谱常采用高灵敏度的铟镓砷（InGaAs）检测器或锗（Ge）检测器，前者可以在室温下工作，后者需要液氮制冷。

图 9-3 为作者研究团队组建的拉曼光谱成像系统，硬件包括遮光罩、激光线光源、二维平移台、样品、分光器、镜头、高通滤光片、拉曼光谱仪、CCD 相机、计算机、激光发射滤光片、XYZ 三维平移台、高精度旋转安装座。该系统采用 785nm 线激光作为拉曼激励源。将激光投射到分光器上，分光器将激光反射到样品表面上，并从样品中发射散射拉曼信号。拉曼光谱仪从样品表面的扫描线接收拉曼信号，然后投射到 CCD 相机上，从而创建具有空间（水平轴）和光谱（垂直轴）信息的二维拉曼图像。当平移台上的样品水平移动时，将得到整个样品的拉曼图谱信息。根据该图谱信息可以分析判断样品中所含成分的分布信息。目前该系统已用于粉状食品中有害添加物、动物源产品中兽药残留等快速无损检测方面的研究。

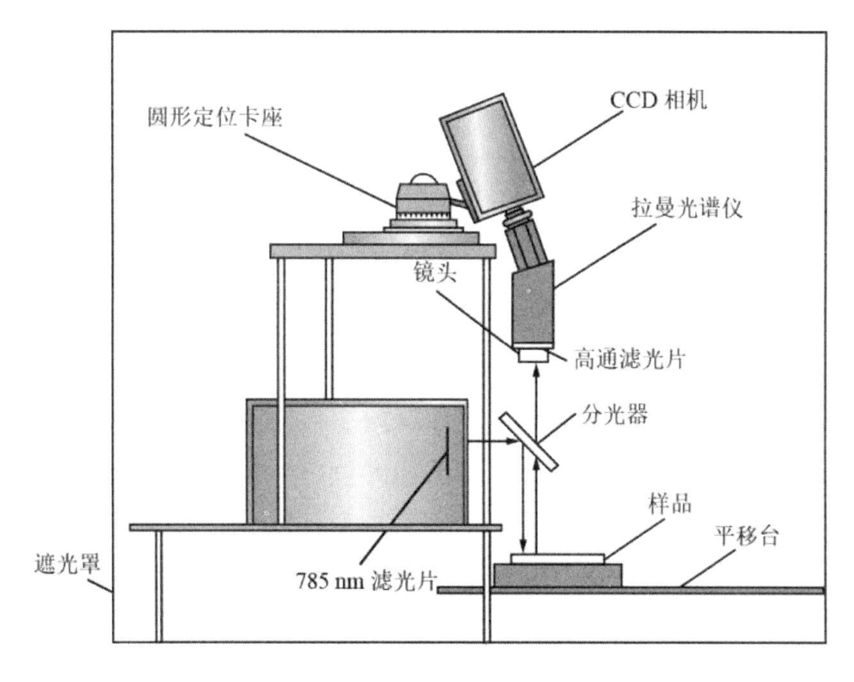

图 9-3 拉曼光谱成像系统

二、拉曼光谱技术在肉品成分分析中的应用

从肉的化学组成上分析，主要有蛋白质、脂肪、水分、浸出物、维生素和矿物质6种。其中，蛋白质和脂肪对肉的品质影响较显著，如肌肉蛋白对肉品的质地和保水性有直接影响，肌肉内脂肪的含量会影响肉的风味和嫩度。

（一）对肉中蛋白质的检测

蛋白质对肌肉食品的组织特性及功能特性有着重要的贡献，决定着终产品的品质。蛋白质的功能特性（溶解性、凝胶性和持水性等）和组织特性与其高级结构有关，主要包括二级结构（α- 螺旋、β- 折叠和无规则卷曲等）、三级结构（二级结构的空间作用）和四级结构（亚基间的相互作用）。这些结构通过不同类型的相互作用来维持氢键、疏水相互作用、静电力以及范德华力等。

1. 蛋白质拉曼光谱谱带的指认

拉曼谱带可以提供蛋白质化学基团变化的信息，利用这些信息可以预测溶液、固体、凝胶或结晶状态的蛋白质二级结构和微环境。酰胺Ⅰ和酰胺Ⅲ的骨架振动模式和氨基酸侧链（胱氨酸和半胱氨酸的S—S和S—H伸缩振动）以及C—C伸缩振动等模式反映了二级结构的变化；酪氨酸、色氨酸双峰以及苯丙氨酸等芳香族氨基酸残基的振动可以反映微环境的变化。在肌肉食品体系中，蛋白质这些结构的变化可为研究其腐败变质的机理提供信息，进而改善其处理、加工和储藏条件。

2. 肌肉中蛋白质的检测

基于拉曼光谱可以进行无损原位检测的特点，可将其直接应用到未经处理的肉样上，直接研究食品体系中天然蛋白质的相互作用以及构象改变。通过利用拉曼光谱技术对冻藏期间的鱼肉蛋白结构进行原位检测表明，新鲜鳕鱼肉与在 −10℃和 −30℃条件下冻藏10个月后的拉曼光谱存在差异，在 −10℃条件下蛋白结构变化更显著。比较新鲜的和冻藏的鱼肉酰胺Ⅰ谱带（1650 ~ 1680cm^{-1}）发现，冷冻的鱼肉拉曼光谱波峰向高波数方向移动，推测这与α- 螺旋结构含量的减少有关，同时伴随着酰胺Ⅲ谱带（1240 ~ 1225cm^{-1}）强度的增加，说明β- 折叠构象含量增加，759cm^{-1}强度的减弱，说明包埋的色氨酸残基暴露了。通过研究也发现了在同样的冻藏温度（−10℃和 −30℃）下鳕鱼肌肉蛋白质的结构变化，图谱结果显示，酰胺Ⅰ

和酰胺Ⅲ在 $940cm^{-1}$ 处谱带发生了变化以及色氨酸谱带（$759cm^{-1}$）强度减弱，这些现象也说明了 α- 螺旋向 β- 折叠构象的转化。

3. 凝胶特性的分析

由于凝胶对肌肉食品的品质起着关键性的作用，所以研究其在加工和储存过程中，因外界环境的改变而引起的变化是很必要的。以下是拉曼光谱技术在肌肉蛋白质凝胶和肉糜凝胶特性测定中的应用。

（1）蛋白质凝胶特性的分析。肌肉蛋白质凝胶是决定肉品品质的关键因素，对产品的质构、组织结构、保水性和与食品中其他成分的交互作用有重要作用，因此许多研究将肌肉蛋白质从肌肉中分离出来并制备成凝胶，利用拉曼光谱技术研究分离出的蛋白质的凝胶特性。通过研究温度对猪肉肌原纤维蛋白凝胶特性的影响，并确定了凝胶结构变化与功能特性间的关系，可知，随着温度的升高 α- 螺旋含量降低，伴随着 β- 折叠含量的显著增加，同时二硫键构象发生变化，疏水相互作用也参与其中，这些变化对形成较硬而具有不可逆性的凝胶有很大的贡献，并且确定了 50 ～ 60℃是猪肉肌原纤维蛋白热诱导凝胶的关键区域。此外，通过采用拉曼光谱研究了微生物转谷酰胺酶对猪肉肌原纤维蛋白凝胶结构的变化，添加转谷酰胺酶后的凝胶光谱图表明，α- 螺旋含量减少，伴随着 β- 折叠、β- 转角和无规则卷曲含量的增加，这些变化会形成强而不可逆的热诱导凝胶。

猪血是屠宰厂中的主要副产物，其中血浆蛋白因其良好的凝胶特性而受到重视。借助拉曼光谱分析技术研究了存在于血浆中的三种主要蛋白质（纤维蛋白原、白蛋白和球蛋白）热诱导凝胶过程中的相互作用，通过图谱可知，在凝胶过程中纤维蛋白原和白蛋白发生了相互作用，造成纤维蛋白原二硫键构象变化、疏水基团包埋以及 β- 折叠构象含量减少等变化；同时发现，纤维蛋白原可以减少热诱导凝胶过程中 α- 螺旋含量减少程度；白蛋白与球蛋白间的相互作用使得二硫键增多、疏水残基暴露，并且当混合物中球蛋白含量居多时，其构象受白蛋白的影响，尽管其他结构特性会有所改变，但热力学性质不受影响。

（2）肉糜凝胶特性的分析。随着肉糜制品的发展，对肉糜凝胶特性的研究也逐渐多了起来。通过采用拉曼光谱技术研究了鱼肉和猪肉两种不同肉糜经不同温度处理后其热诱导凝胶的构象及分子间相互作用的变化。通过光谱图指认为二硫键的谱带（500 ～ $550cm^{-1}$）、酪氨酸双峰比值的变化，对应二级结构酰胺Ⅰ和酰胺Ⅲ谱带的变化，以及脂肪族氨基酸 C—H 振动等变化说明随着温度的升高，疏水交互作用先升高后降低。对于鱼肉而言，二硫键的形成主要是在 70 ～ 80℃范围内，而猪肉是在 50 ～ 60℃范围内；对于鱼肉而言 4 ～ 40℃诱导可以形成大量的非二硫共价交联，而猪肉不能形成。此外，通过研究鱼肉由肉糜变成溶胶再到凝胶的过程中蛋白质结构的变化可知，其变化主要表现在酰胺Ⅰ和酰胺Ⅲ中 α- 螺旋、β- 折叠构象变化、酪氨酸双峰比值改变以及脂肪族氨基酸 C—H 波峰的移动等方面，这些变化对形成黏而有弹性的凝胶有贡献。

膳食纤维具有很强的吸水能力或与水结合的能力，可以赋予肉制品很好的质构特性，并且具有预防心血管疾病和癌症等疾病的作用。通过向鱼糜中添加小麦膳食纤维（WDF），研究其对鱼糜凝胶的影响。结果图谱中 C—H 峰波向高波数方向移动，并且伴随着峰强度的降低，这些表明 WDF 发生了水合作用，因为在鱼糜形成凝胶过程中，WDF 结合了凝胶中的水。由于 WDF 的水合作用，纤维既获得了蛋白凝胶中的水分，使蛋白质形成了 β- 折叠以及疏水相互作用，又作了脱水剂。经 WDF 和加热协同作用，易于形成 β- 转角，这对形成非特异性聚集有贡献。另外，膳食纤维使得溶胶状态的蛋白三级结构发生了变化，特别是疏水侧链的微环境的变化，使其暴露在溶液中的量增多，同时 C—H 强度的减弱也表明了蛋白质和纤维素间发生了疏水相互作用。这些结果对添加纤维素的重组鱼糜制品的研究具有一定的意义。

4. 从肌肉中分离出的蛋白质的检测

目前，拉曼光谱技术已经应用到了分离出的肌原纤维蛋白和基质蛋白结构的测定中，这些蛋白对肌肉的组织和功能特性有着重要的贡献，但是特别易受加工处理以及贮藏条件的影响。肌肉中的肌原纤维蛋白主要包括肌球蛋白、肌动蛋白、肌原蛋白和原肌球蛋白等。其中肌球蛋白占主导，它是一种非对称蛋白，由头部和一部分尾部构成的重酶解肌球蛋白和尾部的轻酶解肌球蛋白两部分构成。通过采用拉曼光谱技术确定并研究了从兔肉中分离出的肌球蛋白结构。酰胺Ⅲ区域（$1265cm^{-1}$ 和 $1304cm^{-1}$）中 α- 螺旋构象的谱带对应肌球蛋白的尾部结构，$1244cm^{2}$ 处被认为是 β- 折叠和无规则卷曲结构的谱带以及 $1265cm^{2}$ 处的肩峰谱带对应肌球蛋白的头部结构。从鳕鱼中提取了肌动球蛋白，研究其在添加抗冻保护剂后结构的变化。拉曼光谱结果表明，添加抗冻保护剂后进行冻藏的肌动球蛋白，其酰胺Ⅰ、酰胺Ⅲ以及 C—C 伸缩振动有变化，表明了其二级结构发生了变化。这些结果为利用拉曼技术研究肌原纤维蛋白的构象提供了信息。胶原蛋白是结缔组织中主要的蛋白，含有大量的甘氨酸、脯氨酸和羟脯氨酸，它的结构对肌肉的质构特性有影响。分别从新鲜的和解冻后的鳕鱼结缔组织中提取胶原蛋白，研究冻藏条件、甲醛以及鱼油对胶原蛋白的影响。结果表明，冻结的胶原蛋白在添加甲醛或者鱼油后贮藏在 −10℃条件下，酰胺 I 区域（$1660cm^{-1}$）强度的增加表明了其二级结构发生了变化。

（二）对肉中脂肪的检测

脂肪是影响肌肉食品品质的重要因素，它不仅是风味物质的前体，也是引起氧化变质的主要成分。肉的氧化变质取决于脂肪酸的不饱和程度，具有高不饱和度脂肪酸的肉制品容易发生脂肪氧化，形成腐败味。因此控制不饱和脂肪酸的含量可以有效地避免在储藏和加工过程中肉品的氧化问题。经研究指出，腌肉制品对原材料的要求很严格，需要控制原材料的碘值，否则会引起产品的酸败。因此，要对脂肪含量以及脂肪酸组成进行研究。

在拉曼光谱中，脂肪结构的变化主要通过一些谱带来反映：C—H 伸缩振动、C ═ O 伸缩振动、$—CH_2$ 剪切振动以及 C—C 伸缩振动等。脂肪的氧化以及脂肪同其他成分（如蛋白质）作用等都会引起结构的变化。另外，还可以通过 $1660cm^{-1}$ 处的 C ═ C 伸缩谱带与 $1750cm^{-1}$ 处的 C ═ O 伸缩谱带或者 $1445cm^{-1}$ 处的—CH，剪切振动谱带的比值来定量分析脂肪的不饱和度。

三、拉曼光谱技术在肉品品质评价中的应用

肉在加工、贮藏过程中，其主要成分蛋白质和脂肪等大分子都会发生变化，伴随着其功能性和组织特性的变化，进而影响其风味、色泽、质地和保水性等品质方面的变化，通过拉曼光谱图可以定性分析肉品中这些成分的分子结构和各种基团之间的关系，进而检测肉品的品质，此外，还可以根据拉曼光谱峰强度与被测物质浓度成正比的关系进行半定量分析。

（一）肉的保水性评价

保水性是肌肉受外力作用下其保持原有水分与添加水分的能力，它对肉的品质有很大的影响，是肉质评定时的重要指标之一。保水力的高低可直接影响到肉的风味、颜色、质地和嫩度等。与传统测定保水性的方法相比，

拉曼光谱技术虽不能准确地测定出肉的保水性，但是能够快速分析推测出保水性。

通过利用拉曼光谱 PLSR 建模方法预测新鲜猪肉的滴水损失发现，具有良好的相关性（r=0.95 ~ 0.98）。拉曼图谱表明，保水性与位于 876 ~ 951cm^{-1} 和 3071 ~ 3128cm^{-1} 附近的谱带有关。此外，关于冻藏对鱼肉保水性的影响也有报道，研究不同冻藏温度（−10℃和 −30℃）条件下的狗鳕鱼（hake）肉微观结构的变化与水的拉曼谱带（3100 ~ 3500cm^{-1} 和 50 ~ 600cm^{-1}）特征，通过研究这些变化来确定其保水性。结果表明，160cm^{-1} 处谱带增强与肌肉蛋白质的构象转化有关，与肌肉中的水分子结构也有关。利用拉曼光谱技术测定肉品的保水性从而实现屠宰当天鲜肉的分级，具有广阔的应用前景。研究结果显示，拉曼光谱对宰后早期肉的保水性具有较好的相关性。

（二）肉中脂肪氧化的测定

拉曼光谱技术在肉品脂肪检测方面的应用较少，研究多集中在脂肪酸组成问题上，并通过建立数学模型来进行定量分析。利用拉曼光谱技术快速分析并定量检测了猪肉脂肪组织中的和处理后融化状态的脂肪中的饱和、单不饱和、多不饱和脂肪酸以及碘值。其采用了多种建模方法进行了定量分析和辨别。另外，拉曼技术有望用于猪肉胴体的在线检测，在 60s 内完成脂肪酸不饱和度的检测。随后通过研究检测猪肉脂肪组织碘值的拉曼仪的长期稳定性。结果表明，可在同一台仪器上完成 3 年后测量的光谱的模式转化。此外，利用拉曼光谱技术还可以研究经冻干和冻藏后的肉中脂质的结构。利用傅里叶拉曼光谱定量分析了马鲛鱼和大西洋马鲛这两种鱼的脂质。从冻干和贮藏 12 周的马鲛鱼和大西洋马鲛中提取油，图谱中认为 CH_2 伸缩和 C=0 伸缩的谱带强度均有显著减少。3011cm^{-1} 和 2960 ~ 2850cm^{-1} 处的谱带强度增加证明了上述结果，这就表明了脂质结构发生了变化，涉及了 CH 基团和疏水相互作用的变化。与马鲛鱼相比，大西洋马鲛脂质结构变化更明显，这可能是因为其二十碳五烯酸 EPA 含量较高。另外，大西洋马鲛中多不饱和脂肪酸含量较高也使得其更容易发生氧化。脂质的氧化会影响鱼肉肌原纤维蛋白的溶解性和提取性，这是由于分子间发生交联作用以及疏水相互作用使得蛋白质二级结构发生了变化。

（三）肉色成分分析

肉色是肉质评定的重要指标之一。肉色主要取决于肉中肌红蛋白（Mb）和血红蛋白（Hb）两大色素蛋白的含量及化学状态。在放血充分的条件下，肌红蛋白的比例可达到 80% ~ 90%，是构成肉色的主要因素。肌红蛋白是由一条珠蛋白多肽链和一个血红素辅基结合而成的复合蛋白质，它的呈色作用源于其分子内的亚铁血红素。肌红蛋白与血红蛋白的主要差别是前者只结合一分子的血色素，而血红蛋白结合四分子的血红素。肌红蛋白在可见区 420nm 波长处有一个很强的吸收带，以及在 500 ~ 600nm 区域有弱的 Q 带吸收，因此是共振拉曼光谱研究的一种很好的目标分子。因此，可利用拉曼光谱技术研究肌肉中这些色素蛋白的结构变化，为提高肉品的色泽品质提供信息。

1. 肌红蛋白及其衍生物的测定

腌肉制品因其特殊的风味与色泽深受消费者喜爱，其特征性的粉红色是腌制剂亚硝酸盐与肌红蛋白作用生成的 NOMb 所致。利用纳秒瞬态拉曼光谱技术研究小分子配体 NO 与肌红蛋白 Mb 结合的动力学过程，通过考察 NOMb 光解后产物脱氧肌红蛋白与反应物 NOMb 的特征振动峰的强度比值随激光激发功率的变化，阐述了利用纳秒瞬态拉曼光谱技术研究 NOMb 体系中 NO 与脱氧肌红蛋白结合过程的可行性。可见拉曼光谱技术为研究 NOMb 的形成过程以及检测提供了新途径。

腌肉色素 NOMb 加热后珠蛋白变性，随后与血红素分离，由鲜肉的 NOMb 变成了蒸煮腌肉的亚硝酰血红素化合物，对这种化合物的结构一直存在争议。通过比较煮制后腌肉色素（CCMP）氧化前后拉曼光谱的变化，研究了它的结构和氧化特性。CCMP 提取物经自然光和过氧化氢氧化后，鉴定其结构是五位配位 - 亚硝酰血红素化合物。图谱的变化表明在自然光氧化过程中—NO 基团并没有从 Fe 卟啉环分子中解离出来，但是其共振共轭结构发生了变化。

随着高压处理技术在肉制品中的广泛应用，其作用后的肉品品质也得到了相应的研究。通过采用共振拉曼光谱技术研究了经 600 ~ 700MPa 高压处理后猪肉中的肌红蛋白结构的变化。结果表明，无损伤未加压处理的肉组织光谱图呈现出 Fe^{2+} 去氧肌红蛋白的共振拉曼光谱，但是经过加压处理后形成了六位配位的 Fe^{2+} 低自旋态的新的 Mb 种类，指认这种蛋白质是双组氨酸复合物，这种结构上的变化与血红素电子跃迁的改变有关，这样会影响肉色；相反，提取并经过压力和非加压处理的猪肉的 Mb，其水溶液的共振拉曼光谱图中氧合肌红蛋白的特征峰增加，这是由于溶液中有能结合 O_2 的蛋白质存在，经加压处理后提取的肌红蛋白水溶液，氧合形式部分转化为高铁形式，表明了高压使血红素发生氧化。因此，结构的变化不仅引起了颜色的变化而且可能诱发不希望发生的氧化副反应，涉及更进一步肉成分的变化。他们提出在氧合肌红蛋白 / 去氧合肌红蛋白比值很小之前进行加压处理，可以很大程度上避免以上现象。通过利用拉曼光谱技术研究了 600MPa 高压处理后的大马哈鱼的肌红蛋白和血红蛋白结构的变化，高压处理后 Met–Mb 和 Met–Hb 发生了氧化还原反应。

2. 血红蛋白及其衍生物的测定

亚硝酸盐也会与血红蛋白反应生成亚硝基血红蛋白，它可以代替亚硝酸盐作为肉品的着色剂。采用显微拉曼光谱技术研究了 $NaNO_2$ 与氧合血红蛋白在水溶液中的相互作用，监测到不同浓度的 $NaNO_2$ 对不同浓度的 HbO_2 的反应，血红蛋白分子的结构发生了改变且其浓度降低，表现在 HbO_2 特征峰 570cm^{-1} 与水合高铁血红蛋白特征峰 495cm^{-1} 强度的比值 1570/1494，以及铁离子低自旋态与高自旋态特征峰强度比值 I_{1586}/I_{1555} 均减少，对 Hb 氧化态敏感的特征峰向低波数方向移动，对卟啉环中心孔径大小敏感的峰向高波数方向移动。该研究为氧合血红蛋白和水合高铁血红蛋白的结构分析与反应机理提供了有效参考。

目前，拉曼光谱技术主要是应用到各种色素蛋白的结构鉴定与分析方面，并没有实现对肉色的直接检测，如果在进行肉质的感官特征评定时，拉曼光谱技术与其他技术结合，则在一定程度上可能提高在线检测效率和实际的经济效益。

3. 肌肉嫩度与多汁性评价

肉的嫩度是重要的食用品质之一，它是指肉在食用时口感的老嫩，反映了肉的质地。通过拉曼光谱技术对煮制后的牛肉进行原位检测，研究其蛋白结构的变化，建立了嫩度和多汁性与拉曼光谱数据之间的联系，结果表明其具有良好的相关性。牛肉的酰胺Ⅰ（1669cm^{-1}）和酰胺Ⅲ（1235cm^{-1}）两处谱带强度增加与 β- 折叠含量的增加有关；1445cm^{-1} 处谱带对微环境和疏水相互作用很敏感，该处谱带强度的增加表明牛肉疏水相互作用力增强。以上结果表明了蛋白质中 α- 螺旋和 β- 折叠的比值以及蛋白质环境的疏水性等对煮制牛肉的感官和质构特性有重要影响。同时发现，反映疏水相互作用的 1460 ~ 1483cm^{-1}（—CH_2 和—CH，弯曲振动）区域谱带与多汁性密切相关。

拉曼光谱技术在肉品领域中的应用虽然起步较晚，但是凭借着其无须样品前处理、快速、操作简便、无损伤等优点，在肉品成分分析中取得了一定进展。在食品分析检测研究中，由于激光光源照射样品时，有机分子吸收光子转化为荧光分子产生的荧光效应，进而影响对拉曼光谱分析，因此对荧光背景扣除技术的研究可拓宽拉曼光谱技术的应用范围。另外，拉曼光谱仪器仍以精密度高、价格昂贵的实验仪器为主，难以适应肉类行业的发展，因此今后的研究重点在于研发低成本、可与其他分离、检测设备联用的在线检测设备，应用于实际的生产中，以期提高在线检测肉品品质的效率。先进的物理化学技术在拉曼光谱以及分子生物等学科方面的应用、拉曼光谱软硬件技术的提高以及图谱数据库的建立和完善，必将推动拉曼光谱技术在肉品科学研究中的应用。

第二节　红肉质量特性无损检测中的高光谱成像技术

一、高光谱成像技术原理

高光谱是高光谱分辨率的简称，高光谱成像技术是在纳米级的光谱分辨率上，在紫外到近红外（200 ~ 2252nm）光谱覆盖范围内，以几十至数百个波长同时对物体连续成像，实现物体的空间信息、光谱信息、光强度信息的同步获得。高光谱成像系统主要是利用光谱的反射特征，不同样品因其所含的化学成分和组成结构不同，其在特定波长点处对光的吸收度、分散度和反射比等也会有所不同，且各化学成分在特定波长处因其官能团独特属性具有不同的吸收值，因此通过对所获得的高光谱图像中提取的光谱数据进行分析，可实现食品中化学成分的定量分析和食品品质的定性检测。“高光谱成像技术能够在连续空间内同时获得待测样品外观特性和内部成分的光谱及图像信息，所以这种快速、无损检测技术在红肉的质量特性检测方面得到了一定的应用。”①

高光谱成像系统的主要检测步骤为样本的准备，高光谱图像的采集，光谱曲线分析，光谱数据建模分析，以及对所测指标进行预测。根据其成像方式的不同，可分为滤波片式和推扫式两种类型。滤波片式采集的高光谱图像数据量小，数据处理简单，但是信息不够全面，不利于特征波长选取，所以本章重点介绍推扫式高光谱成像。根据被测参数的不同可选择不同波长覆盖范围的光谱仪，CCD 相机的光谱范围要与光谱仪相匹配，光源要求稳定和均匀。推扫式高光谱成像系统基本原理是通过移动光谱仪或被测样品，对检测样品连续扫描 N 次，得到该检测样品 N 条扫描线处的高光谱图像，将在扫描线处采集到的高光谱图像最终表达为三维立方体图像。该图像既包含了每一有效波长下的图像，同时又可表达每一检测位置的光谱，因此利用高光谱立方体图像中的光谱信息，结合数学建模和光谱解析方法，可以预测和评估红肉的内部和外部质量特性参数，实现多参数实时在线检测。

二、高光谱成像技术在红肉品质中的应用

（一）安全品质的测定

1. 微生物特性的测定

红肉中的腐败可能导致营养物质的分解和代谢物的形成，微生物含量过多的红肉会危害人类健康，因此控制微生物生长以确保提供给市场的红肉的安全性尤为重要。然而，现有的检测细菌腐败的传统方法，如平板计数法、ATP 激发放光法和电现象测量法，对于被细菌污染的红肉不能达到快速、准确、无损的检测。高光谱成像技术能满足所有这些要求，并且它在预测红肉微生物特性方面已在许多研究工作中广泛应用。

利用高光谱反射成像技术评估冷冻猪肉表面的菌落总数，并采用多元线性回归和偏最小二乘回归两种方法分别建立预测模型，得到相关系数分别为 0.886 和 0.863 的满意结果。除了上面提到的高光谱反射成像技术，常用的还有高光谱散射技术，其可作为检测微生物腐败的潜在方法，因为散射波长的变化能够表明微生物的腐败变化。经研究在 4℃冷链条件下，冷却猪肉在

① 李媛媛，赵钜阳，齐鹏辉，等．高光谱成像技术在红肉质量特性无损检测中的应用［J］．食品工业，2016，37（1）：264

1 ~ 14d 贮藏期间，表面菌落总数与 400 ~ 1100nm 光谱范围内相应高光谱图像的关系，提出了一种基于高光谱成像技术的冷却猪肉表面菌落总数的快速无损检测方法，并采用多元线性回归和偏最小二乘回归两种统计分析方法分别建立预测模型，均得到较好的预测结果，其预测结果相关系数分别为 0.886 和 0.863。此外，高光谱散射技术也被用于检测牛肉的菌落总数。将高光谱成像技术运用于红肉细菌总数无损检测的研究中，预测牛肉表面微生物腐败程度，根据洛伦兹分布函数选择特征波长，然后结合真实细菌总数的对数值建立多元线性回归预测模型，结果表明决定系数为 0.96，预测标准误差为 0.30。虽然偏最小二乘回归模型或多元线性回归模型具有一定的发展前景，但是其不能够解决非线性回归问题，因此一些研究人员利用人工神经网络以及支持向量机等非线性建模方法建立模型。通过选取 480nm、525nm、650nm、720nm 和 765nm 五个最佳特征光谱波长，采用支持向量机的方法，对猪肉细菌总数进行预测，得到的相关系数为 0.87，这一结果优于多元线性回归方法。为了进一步预测上述模型的准确性，试图在基于支持向量机方法基础上再结合偏最小二乘回归方法建立模型检测猪肉细菌的菌落总数。选择八个最佳波长（477nm、509nm、540nm、552nm、560nm、609nm、720nm 和 772nm）与在特定波长处相对应的反射光谱数据结合使用来构造菌落总数预测模型，最终的模型显示决定系数为 0.9236，预测标准误差为 0.3279。上述一系列研究结果表明，利用高光谱技术可以较好地定量分析冷却猪肉表面的菌落总数，应用该技术对冷却猪肉品质安全进行快速无损评价是可行的。

2. 新鲜度的测定（挥发性盐基氮）

肉品在腐败分解过程中，由于受其自身性状和环境因素影响，其代谢分解产物极其复杂，分解产物的种类和数量也不尽相同。与感官变化一致的挥发性盐基氮能比较有规律地反映肉品鲜度变化，这是评定肉品新鲜度变化的客观指标。长期以来，在肉类食品检测领域，主要靠视觉直观地鉴别，或者利用化学方法对肉类食品进行检测，对于肉类的新鲜度判断缺乏科学性和时效性。利用光学仪器可以准确测定肉类食品表面的光学特性，从而为肉类的新鲜度判别提供客观的依据。通过建立利用高光谱成像技术对生鲜猪肉的挥发性盐基氮含量进行快速无损伤检测的方法，利用 400 ~ 1100nm 光谱范围的高光谱成像技术获取猪肉表面的高光谱图像信息，通过洛伦兹函数对其表面的扩散信息进行拟合，结合偏最小二乘回归和多元线性回归两种方法，分别建立预测猪肉挥发性盐基氮含量的预测模型。利用洛伦兹三参数组合结合多元线性回归方法建立预测猪肉挥发性盐基氮含量的模型效果优于偏最小二乘回归模型，预测相关系数达到0.90，标准差为4.67。

利用光谱技术检测肉类颜色和新鲜度的方法是可行的，但，单一的指标很难全面反映肉品新鲜度。若由多项指标综合评定，将几种检测技术有机融合，充分利用多元信息，可以提高检测精度和可靠性。

（二）化学成分的测定

红肉主要由水、蛋白质、脂肪、氨基酸和脂肪酸等组成，其化学成分是影响红肉品质的内在原因。通过不同化学成分之间的系列反应，红肉的滋味、颜色和嫩度可能会发生变化，从而导致不良的外观，这不仅影响消费者的购买欲望，而且还会给肉类行业带来经济损失。例如，水分是红肉中的主要成分，水分含量不仅影响红肉质量特性和保质期，而且由于它们通常是按质量出售，所以水分的消耗也会影响销售者的经济利益。此外，红肉中的蛋白质具有高的生物学特性，在测定风味和色泽方面也起着重要的作用。然而现有用于检测红肉主要成分的方法多数具有破坏性，耗时，因此肉类工业急需一种快速和自动的无损检测方法来实现对这些化学成分的分析。

在过去的近些年中，高光谱成像技术作为新型无损检测方法已经被用于预测猪肉、牛肉和羊肉的水分，脂肪和蛋白质的含量，并且这些研究取得了相当满意的结果。利用近红外高光谱成像技术对块状猪肉和肉糜的化学成分进行了无损检测，通过主成分分析选取960nm、1074nm、1124nm、1147nm、1207nm和1341nm作为特征波长，在特征波长下建立肉糜中蛋白质、水分和脂肪的偏最小二乘回归模型，结果表明其决定系数分别为0.88、0.91、0.93，预测标准误差分别为0.40、0.60、0.62，该肉糜模型可很好地应用于完整红肉化学成分的预测。通过使用近红外范围在1000 ~ 2300nm的高光谱成像系统评估了生牛肉切片脂肪和脂肪酸的含量。根据高光谱系统得到的光谱信息，运用偏最小二乘回归模型预测脂肪和脂肪酸含量，结果表明总脂肪、总饱和脂肪酸和总不饱和脂肪酸含量的决定系数为0.90、0.87、0.89，预测标准误差为4.81%、1.69%、3.41%。羊肉是另一种重要的红肉，但是高光谱成像技术在预测羊肉化学成分方面应用较少。通过采用高光谱成像技术（900 ~ 1700nm）检测羊肉蛋白质、脂肪、水分含量。在研究中，得到3种不同肉样的126个光谱图像信息，选取与脂肪和水分相关性最大的六个特征波长（960nm、1057nm、1131nm、1211nm、1308nm 和 1394nm），另外选取六个特征波长（1008nm、1211nm、1315nm、1445nm、1562nm 和 1649nm）用于蛋白质的预测。基于选出的特征波长建立偏最小二乘回归模型，结果表明水分、脂肪、蛋白质含量的决定系数为 0.84、0.87 和 0.82，预测标准误差为 0.57%、0.35%、0.47%，上述研究结果验证了高光谱成像技术应用于红肉化学成分评定的可行性。

（三）加工品质的测定

1. pH 测定

pH 是一个化学的概念，它是指在水溶液中的氢离子的浓度，刚屠宰后肉的 pH 为 6 ～ 7，约经 1h 后开始下降，正常红肉的 pH 在尸僵期变化很大，尸僵时达到 5.4 ～ 5.6，pH 通过影响红肉的持水性和颜色进而对其贮藏和质量特性有很大影响。传统上，肌肉切开后直接插入 pH 计对 pH 进行测量，目前高光谱成像系统可以在不破坏红肉的情况下对 pH 进行测定。通过使用高光谱成像技术预测猪肉的 pH，标准正态变量变换和多元散射校正光谱预处理方法用来消除频谱变化的影响。提取出有用的光谱信息后，使用偏最小二乘回归方法建立预测模型。最终的结果表明，pH 能很好地利用高光谱成像技术进行测定，决定系数为 0.87。另外，采用高光谱成像技术对羔羊肉的 pH 进行预测，应用偏最小二乘回归法建立最终模型，评估标准偏差与内部交叉验证均方差的比值，通常此值大于 2 表示预测合理，大于 3 意味着优良的预测精度，足够用于分析。在这项研究中，该值为 1.76，这意味着该模型的精度较低，因此未来需要更多的研究提高高光谱技术在红肉 pH 中的预测精度。

2. 保水性测定

肉的保水性也称系水力或系水性，是指当肌肉受外力作用时，如加压、切碎、加热、冷冻、解冻以及腌制等加工和贮藏条件下保持其原有水分和添加水分的能力。红肉中含有约 75% 的水分，其在屠宰、贮藏和加工的过程中，很容易失去。传统测量方法准确性高，但是测量时需要破坏样本，检测效率低，检测后的样本卫生安全条件无法保证，对实验人员素质要求高，无法满足现代生产企业对在线快速准确检测的需求，新型非接触式的无损检测方法高光谱成像技术已被应用于解决这些困难。应用高光谱成像系统对新鲜牛肉的保水性进行无损检测。主成分分析被用来选取六个重要的特征波长（940nm、

997nm、1144nm、1214nm、1342nm 和 1443nm），用偏最小二乘回归方法建立预测模型，该模型给出了一个合理的精确度来预测滴水损失，决定系数为 0.87，预测标准误差为 0.28%。

3. 感官品质测定

（1）色泽。肉中色泽的测定的常用方法是使用色差仪测量肉表面的 *L*★（亮度值）、*a*★（红度值）、*b*★（黄度值），然而，如果样品色泽不均匀，色差仪将不能测量整个表面的颜色，如果所测量区域过大，可能会由于肌内脂肪和结缔组织含量差异导致不可靠的结果产生。通过利用高光谱成像技术通过同时提取空间和光谱信息来预测 *L*★ 值。基于单一的相关分析，以下 6 个波长（434nm、494nm、561nm、637nm、669nm 和 703nm）选定为最佳波长。随后，建立两个基于模糊神经网络的预测模型，分别采用两种带图像的亮度指数（R 和 R’）作为输入。结果表明，模型 2（R’作为输入）比模型 1（R 作为输入）执行得更好，具有较高的决定系数值，为 0。86。利用高光谱散射技术预测牛肉的颜色参数（*L*★、*a*★、*b*★），在 400 ~ 1100nm 波段范围内获取牛肉样本的高光谱散射图像，用洛伦兹分布函数拟合各个波长处的散射曲线，获取散射曲线的参数。用逐步回归法选择特征波长处对应的洛伦兹参数，建立多元线性回归模型，用全交叉验证法验证模型的预测效果。试验结果显示，多元线性模型对颜色的 *L*★、*a*★ 和 *b*★ 的预测相关系数分别达到 0.92、0.90 和 0.88。由此可知，高光谱散射技术可用于颜色参数的检测，并具有开发相应多光谱系统的潜力。

（2）嫩度。评价牛肉嫩度的最直接的方法是品尝法，客观的方法是用仪器测量牛肉剪切力值，使用带有 Wamer-Bratzler 剪切附件的质构仪，以一定的速度沿着与肌肉纤维垂直的方向，剪切牛肉样本，测量剪切过程中的最大剪切力，即为该样本的嫩度值。然而，这种测量方法需要测量熟肉，破坏肉样本，测量时间长，不适合商业化鲜肉嫩度的测量，现有研究结果表明高光谱成像技术在肉制品嫩度检测方面有很大的潜力。通过采用高光谱成像技术检测牛肉的嫩度，对牛肉嫩度进行分级，嫩牛肉分级准确率为 83.13%，较粗糙牛肉分级准确率为 90.19%，总的分级准确率为 87.10%，研究表明该技术在畜产品检测领域具有广泛的应用前景。利用高光谱成像系统来预测牛肉的嫩度，在研究中，共扫描 61 块牛排，获取的成像光谱包括 120 个窄波段，光谱分辨率为 4.54nm。用 Warner-Bratzler 剪切力值表征牛肉的标准嫩度，采用改进的洛伦兹函数来拟合牛肉的成像光谱。用逐步回归建立 Warner-Bratzler 剪切力值和洛伦兹函数参数（如曲线的峰高、半峰宽）之间的关系，实现对牛肉嫩度的预测，模型相关系数为 0.67，结果表明结合高光谱成像技术和散射特性的方法有望成为检测牛肉嫩度的快速方法。

（3）大理石样纹理。大理石样纹理，也称肌间脂肪，指的是脂肪沉积到肌肉纤维之间，形成明显的红、白相间，状似大理石花纹的肉，一般大理石花纹越多越丰富，表明红肉越嫩，品质越好，价格也越高。大多数红肉制造商通过肉眼观察然后和样板比对来进行大理石样纹理的等级评定，这种方法人为因素影响特别大，存在一定的主观性。近年来，一些研究者已将高光谱成像技术应用于大理石样纹理的等级评定中，并得到了良好的结果。通过利用光谱为 400 ~ 1000nm 的高光谱系统检测猪肉大理石花纹进而对猪肉品质进行分级，采用主成分分析将原始的成像光谱分别压缩到 5、10、20 个主成分，然后用人工神经网络进行分类，能够准确辨别肉的类型，同时自动确定了大理石花纹等级。通过对现有的标准大理石花纹进行扫描，应用共生矩阵生成大理石花纹得分指数，成功对 40 个样品（除得分 10.0 的样品外）进行大理石纹评分，40 个样品的大理石花纹分级范围在 3.0 ~ 5.0。除了猪肉，牛肉的大理石样纹理也可应用 400 ~ 1100nm 高光谱成像技术进行分级评估。利用高光谱成像技术评估牛肉大理石花纹的等级，确定 530nm 为特征波长，运用多元线性回归模型和正则判定函数模型对大理石花纹分级和等级预测，其中多元线性回归模型对大理石花纹等级的评定决定系数为 0.92，预测标准差为 0.45，分级准确率为 84.8%，正则判定函数模型对大理石花纹等级判定准确率为 78.8%，证实了高光谱成像技术可应用于红肉大理石花纹分级和等级评定。

第三节　肉品品质评价中的近红外光谱检测技术

一、近红外光谱分析技术原理

近红外光谱（Near In frared，NIR）的波长范围为 780 ~ 2526nm，它主要反映的是含氢元素的化学基团（如 C—H、O—H、S—H、N—H 等）分子振动的倍频与合频的吸收信息，因此光谱分析几乎覆盖所有的有机化合物和混合物。近红外光谱分析技术的理论基础是朗伯－比尔吸收定律，主要描述了不同基团的光谱会有不同的吸收峰强度和位置，待测样品组成成分或者结构不同会导致光谱特征的变化，这种独特的表现特性奠定了近红外光谱分析的基础。近红外光谱分析是将光谱测量技术、计算机技术、化学计量学技术与基础测试技术相结合，是将近红外光谱所反映的样品基团、组成或物态信息与用标准或认可的参比方法测得的组成或性质数据采用化学计量学技术建立校正模型，然后通过对未知样品光谱的测定和建立的校正模型来快速预测其组成或性质的一种分析方法。与常规化学分析技术不同的是，近红外光谱技术需要通过建立校正模型（训练模型）来对未知样品进行定性或定量分析，因此是一种间接分析技术。

与传统分析技术相比，近红外光谱分析方法的优势在于：近红外光谱反映了样品组成成分和结构等信息，可分析物质的组成成分、浓度等信息。近红外光谱分析技术不需要对待测样品进行预处理，能在短时间内同时测定出样品的多种组成成分的信息，可实现快速、无损检测；避免了对环境造成污染；近红外光谱属于电磁波谱的中间区域，辐射能量低，不会对人体健康造成威胁。

进入 21 世纪，近红外光谱分析技术成为最有应用前景的分析技术之一，国内外的多个领域内，将该技术作为行业产品质量评定的标准技术，广泛替代常规化学分析方法。

（一）近红外光谱分析的技术背景

近红外光谱分析技术综合运用了计算机技术、光谱技术和化学计量学等多个学科的研究成果。近红外光谱表征了物质分子结构信息，可用来分析物品的化合物及其混合物的成分或品质，具有快速、无损的特点。其效果逐渐得到普遍接受和认可。

近红外光是介于可见光（VIS）和中红外光（MIR）之间的电磁波，按美国试验和材料检测协会定义是指波长在 780 ~ 2526nm（12821 ~ 3959cm^{-1}）范围内的电磁波，是人们最早认识的非可见光区域。近红外光谱区可划分为近红外短波（780 ~ 1100nm）和近红外长波（1100 ~ 2526nm）两个区域。

有机物以及部分无机物分子中化学键结合的含氢基团 X—H（X ═ C、N、O、S）运动（振动、伸缩、弯曲等）的倍频和合频吸收形成了近红外光谱。这些基团具有固定的振动频率，当分子受到红外线照射时，被激发产生共振。

分子振动的非谐振性使分子振动从基态向高能级跃迁时产生近红外光谱，近红外光谱具有较强的穿透能力，通过测量物质吸收的近红外光的能量大小，可以得到近红外光谱，它能反映被测物质的特征。不同物质在近红外光谱区域的吸收光谱是不同的，这些不同物质成分的吸收特征也会不同，这些吸收特征包含了物质有机化合物的组成和分子结构，因此近红外光谱可作为表达信息的载体。然而，近红外光谱的特征严重重叠，官能团的吸收峰叠加在一起，形成宽峰，吸收系数低，导致有用分析信息被湮没，难以直接使用近红外光谱进行物质分析。因此，必须采用化学计量学手段与计算机技术相结合的手段从光谱中提取信息。

近红外光谱分析技术与常规化学分析技术不同，它是通过建立校正模型实现对未知样本的定性或定量分析的一种间接分析技术。综合运用化学计量学方法、计算机技术，结合标准的参比方法测得的数据，建立反映样品基团、组成成分或浓度等信息的校正模型，然后把未知样品测定的光谱输入已建立的校正模型，快速预测未知样品组成成分或浓度。通过选择合适的化学计量学方法、模式识别方法可以提取样本的近红外吸收光谱特征，分离有用信息，提高模型的预测精度。

（二）近红外光谱分析的基本流程

1. 校正过程

（1）准备样品并获得其光谱图，样本应该具有代表性，且数量上能满足模型回归要求。

（2）获得参考数据，采用标准分析方法或常规测试方法测定样品中所关心的组成或性质数据。

（3）光谱进行预处理和特征提取，降低各种因素对光谱的干扰，降低光谱间的重叠性及相关性。

（4）建立校正模型，通过化学计量学方法，将测量的光谱数据及其参考数据进行关联，寻找样品光谱和其参考数据之间的内在规律。

2. 预测过程

（1）获取未知待测样品的近红外光谱图。

（2）根据获取的待测样本的光谱和校正模型适用性判据，确定建立的校正模型是否适合对待测样本进行测定。

（3）若适合，则将测定的未知样本的光谱数据输入校正模型计算待测质量参数；否则，只能提供参考性数据。

（三）近红外光谱分析的重要意义

由于近红外光谱分析技术在物质成分及浓度分析中的优势，在众多领域得到广泛应用。近红外光谱主要是反映含氢基团等化学键的信息，可覆盖几乎所有的有机化合物和混合物。由于近红外光谱具有较强的穿透能力，可检测样品的液体（透明、不透明）、固体、粉末、纤维等多种物态。检测方式简单，在几分钟内，对被测样品完成一次近红外光谱扫描，即可完成对多项未知参数的测量。样品测量时不需要进行预处理，检测中不会破坏样品，不会对环境造成污染，不消耗分析材料，分析重现性好。因此，近红外光谱分析技术是具有经济、快速无损、绿色的现代分析技术。

正是由于近红外光谱分析技术具有一系列独特的优点，20 世纪 70 年代，在农业应用领域进入了成熟期，主要应用于农产品成分快速定量检测，逐步在纺织业、化工业、制药业、造纸业、环境保护、生命科学、制药、医学临床、食品、冶金、烟草、纺织、化妆品、质量监督工业现场分析、在线质量监控等应用领域进入实际应用阶段，尤其是在农产品品质检测中得到了较为广泛的应用。近年来，由于频发的农产品及食品安全问题，迫切需要快速便捷的检测手段。另外，近红外光谱分析技术引入了越来越多的新技术，如深度学习理论、机器学习算法、新化学计量学方法等，使其越来越具有生命力，应用更为方便、快速和准确。

（四）近红外光谱分析的技术发展

近红外光最早是于 1800 年通过实验发现的光谱区域，也是历史上最先发现的非可见光。

第一个时期是 1800—1950 年。19 世纪末，在近红外短波区域首次记录了有机化合物的近红外光谱；20 世纪初，人们采用摄谱的方法首次获得了有机化合物的近红外光谱；1928 年测得第一张高分辨率的近红外图，同时解释了有关基团的近红外光谱特征，揭开了近红外光谱作为分析技术的第一页。当时的技术水平比较落后，缺乏可靠的仪器基础，实验条件不够完善。此外，物质在近红外谱区的倍频和合频吸收信号弱，谱带重叠，解析复杂，科研人员无法充分提取近红外光谱里的信息，因此不能进行深一步的研究。20 世纪

50 年代以前，近红外光谱已经“沉睡”了近一个半世纪，因为只有为数不多的几个实验室中存在近红外光谱的研究，且没有得到实际的应用。

第二个时期是从 20 世纪 50 年代初—60 年代初期。50 年代中期研制出能准确得到近红外光谱的仪器，一些公司也相继开发了商业化的仪器，促使近红外光谱技术和仪器有了一定程度的发展。50 年代中后期，将近红外光谱分析技术用来分析麦子的性质，这是近红外光谱分析技术首次运用于农产品检测。近红外光谱分析技术在测定农副产品（包括谷物、水果、蔬菜、肉、蛋、奶、饲料等）的品质（如水分、油脂、蛋白含量等）方面得到了一定程度的应用，但是该项技术得到的应用有限，这是因为待测样品的背景、实验条件、基体等发生变化，这种变化会反映在光谱中，受限于光谱仪性能和传统的信息提取技术的限制，难以有效提取待测样品中的信息，又由于近红外光谱吸收较中红外光谱弱，且谱带重叠多，所以测量结果存在较大误差。

第三个时期是从 20 世纪 60 年代末—80 年代中期。近红外光谱分析技术的发展受到了中红外光谱分析技术的挑战，遭遇了发展瓶颈，那段时期处于停滞的状态，是近红外光谱技术发展的缓慢时期。存在普遍适用性低的问题。这段时期，近红外光谱分析专用仪器仅在农产品和食品品质分析上得到了各国农业部门的推广，使得近红外光谱分析的研究和应用得以维持和延续，但除了在农副产品领域的传统应用之外，在其他领域发展缓慢。

第四个时期是 20 世纪 80 年代末以后。随着近红外光谱仪器制造技术及化学计量学的发展，谱峰重叠、信息提取、方法适用性等问题得到解决，使人们重新认识了近红外光谱的价值，并使以弱信号和多元信息处理为基本特征的近红外光谱分析获得了坚实的技术支持。科研人员开始在各领域陆续开展对近红外光谱分析技术的研究，近红外光谱分析技术迅速得到推广。在该时期，随着近红外光谱仪器数字化程度的不断提高和化学计量学方法的持续优化，以及计算机软硬件技术的日益成熟，并配备有功能强大的化学计量学分析软件，形成了现代近红外光谱分析技术。近红外光谱的在线分析得到了很好的应用，并取得良好的社会和经济效益，这都得益于近红外光在常规光纤中的良好的传输特性。因此，近红外光谱技术也进入一个快速发展的新时期。尤其是近年来，近红外光谱分析技术在仪器、软件和应用上发展迅猛，以其高效、快速的特点受到越来越多的关注。尤其是在工业的检测领域中的应用也全面展开，越来越多的研究机构和人员从事近红外光谱，相关的研究及应用文献几乎呈指数级增长，近红外光谱分析技术成为发展最快、最引人注目的一门独立的分析技术。

我国的近红外光谱分析及其研究工作起步较晚一些，20 世纪 70 年代，最早开始此项技术研究的单位是中国农业大学，从 1978 年开始关注该技术在农业中的应用发展，并于 1983 年展开了近红外漫反射光谱对农产品分析的研究工作。在化学计量学方法的基础上，研究了相应的近红外光谱数据分析处理模型。到了 90 年代，近红外光谱分析技术开始在农业、制药、石化、聚合物、烟草等领域得到大量应用，并在仪器的研制、软件开发、基础研究和应用等方面取得了较为理想的成果。但目前国内仍是没有成熟的能够提供整套近红外光谱分析技术（近红外光谱分析仪器、化学计量学软件、应用模型）的公司，研究工作主要是依靠国外大型分析仪器生产商的进口仪器。由于我国经济的快速持续发展，我国生产、科研、教学领域和市场对产品的检测与控制要求愈发迫切，近红外光谱分析技术在分析界的发展犹如阪上走丸。随着国产近红外光谱仪的研制和生产，近红外光谱分析技术在国内会得到更加广泛的认可，会在越来越多的领域得到应用。

（五）近红外光谱分析的技术特点

由于谱区负载信息的不同，近红外光谱分析与紫外、可见光谱分析和红外光谱分析等常规光谱分析相比，在分析谱区、方法、仪器、应用等方面具有独特的特点。近红外光谱的工作谱区的信息量丰富，同时对样品有较强的透过能力。近红外光谱分析能在几秒钟内对被测样品完成一次光谱的采集测量，瞬间即可依靠数学模型完成其多项性能指标的测定，并且分析过程具有不产生污染、不破坏样品、不消耗其他材料、成本低、分析重现性好等优点；可以实现快速、绿色、廉价的分析，具有“多、快、好、省”的特点。尤其是在复杂物、天然物的无损分析、微损分析、在线分析、原位分析、瞬间分析等领域具有常规分析无法比拟的优点。

1. 近红外光谱分析谱区的特点

近红外光谱区波长介于中红外光与可见光之间，同时具备中红外谱区能分析分子官能团信息与可见谱区使用方便的优点。分子振动涵盖了有机物含氢基团二倍频至五倍频以及合频信息，故可以实现与含氢基团有关的样品物质结构、性质的分析，可以同时分析物质的多种物理、化学、生物性质。在中红外光谱区含氢基团的基频吸收峰相近、重叠、干扰，但在近红外光谱区，倍频与合频吸收峰相差大，更利于含氢化合物或混合物的定量分析，尤其是分析复杂天然物。

近红外谱区的光散射效应大，且穿透深度大，可以透入固体样品内部，取得样品内部的信息，可以适用直接漫反射技术。样品可以是任何形状，如农产品、药品等可直接检测，可以对样品内部的每一成分、结构测量。这种测量无须对样品进行预处理，可以进行无损检测分析，适合对液体进行测量。物质对近红外谱区吸收的能力相对于紫外谱区、中红外谱区低几个数量级，倍频或合频吸收系数很小，由于吸收系数小，样品池光程通常是 1 ~ 100mm。从总体上来看，水分子在近红外光谱区的吸收比中红外光谱区弱，但是在近红外区的某些特定波长附近会形成部分特征性强的吸收峰，而在这些特定的波长附近其他分子的吸收相对较弱，这些使用近红外光谱分析技术分析水分子的结构、测定物质中的水分含量，以及研究含水溶液的特性极为方便。虽然近红外光谱区的吸收系数小，会降低样品中的某些微量成分的检出限，但也减少了微量组分对于被鉴定成分的干扰。

2. 近红外光谱分析方法的特点

常规光谱分析一般要求样品通过前处理，调整组分和浓度后再进行分析。仪器测试结果只是给出样品对某一波长的吸光度，吸光度和待测量（如浓度）间的关系，是简单的线性关系；常规光谱分析只要仪器给出准确的吸光度，即可由用户自行建立的个性化工作曲线（属于各台仪器特定分析方法的）得到待测量。

近红外光谱分析是在复杂、重叠、变动的背景下提取弱信息，复杂样品近红外光谱和待测量间的关系是复杂的间接关系；近红外光谱分析必须借助化学计量学方法用光谱波长点和待测量进行多元关联，建立光谱与待测量间关系的数学模型，依靠数学模型由光谱计算样品的待测量。近红外光谱分析技术属于应用数学模型的间接分析，是二级的分析技术；一般不适合做实验室高精度、高稳定性分析；近红外光谱分析也不适合做微量分析。

3. 近红外光谱分析仪器的特点

要整合精密、稳定的硬件和软件、数学模型，同时需要资源、分析方法与分析经验等条件的有机结合才能实现近红外光谱分析。近红外光可以通过光纤进行远距离传输，实现远距离测量，也可以通过将测量探头或流通池直接安装到生产装置的管线实现在线测量，甚至可以实现环境苛刻以及危险的地方的现场测量。一台在线近红外光谱仪可以外接多路（2 ~ 10 路）光纤回路，实现同时对生产装置的多个测量点的物料在线测量。在线测量数据可直接输送到分布式控制系统（Distributed Control System，DCS）或先进控制系统，为生产的优化及时提供油品的质量参数。与其他在线测量仪表提供的参数（如压力、流量和温度等变量）相比，在线近红外分析提供的数据（如组成或性质）是直接质量参数，对生产的优化能提供更准确和有益的参考信息。此外，在近红外光谱区高透过率的光导纤维已经商品化，可利用其进行非接触分析或光纤分析，适于远距离操作和在线监测。

4. 近红外光谱分析应用的特点

近红外光谱分析技术对于实时的质量监控与大量样品分析是十分经济且快速的，在以农业为主的各个领域中得到了广泛的应用，在应用过程中的主要特点如下：

（1）分析速度快。必须由计算机对近红外光谱的信息进行数据处理及统计分析，一般一个样品取得光谱数据后（光谱的测量过程一般可以在1min内完成，多通道仪器可以在1s内完成），可以迅速测定出样品的定性或定量分析结果，整个过程可以在不到2min内完成，并且通过样品的1张光谱可以计算出样品的各种组成或性质数据。

（2）分析效率高。同时对样品的多个组成或性质进行测定可以通过一次光谱的测量和已建立的相应的校正模型来实现。在工业分析中，可实现由单项目操作向车间化多指标同时分析的飞跃，这一点对多指标监控的生产过程分析非常重要，在不增加分析人员的情况下，可以保证分析频次和分析质量，从而保证生产装置的平稳运行。

（3）分析成本低。近红外光谱仪的光学材料为一般的石英或玻璃，样品大都不需要预处理，分析处理时，不需要消耗耗材，投资、测试费及操作费比常用的标准或参考方法都要低，仪器的高度自动化同时降低了对操作者的要求。

（4）重复性、重现性好。人为因素对测试结果的影响很小，这是由于光谱测量的稳定性的优点，而与标准化学方法相比，近红外光谱分析方法由于具有光谱稳定等特点，可以多次重复。

（5）无损测量。近红外光具有较强的穿透性能，无论样品处于液态、固态等都可以无损通过，这种无损穿透不破坏样品本身，根据样品物态和透光能力的强弱可选用透射或漫反射测谱方式。光谱测量过程中不消耗样品，因此从外观到内在都不会对样品产生影响。由于这一特点，在活体分析和医药临床领域，这一技术的应用正越来越广泛。

（6）便于实时在线分析。近红外光谱的扫描速度快。电荷耦合近红外光谱仪器一次扫描需 20ms；傅里叶变换仪扫描一次需要 1s 左右；所以利用近红外光谱分析技术获取光谱速度很快，这为实时在线分析提供了基础。同时，近红外光谱分析模型也支持快速获取分析结果，当分析模型建立后，分析的速度一般以秒为单位；现代通信技术可以使近红外分析仪器远离现场，从而实现实时、在线分析。

（7）不适合低检出限分析。近红外光谱分析模型的好坏对检测结果的影响很大，理想的最优的模型分析结果应该逼近标准方法。如果待测样本的含量的数量级是毫克，则红外光谱分析是有难度的，近红外光谱分析的检出限一般低于 10^{-4}，对于农药残留、水中抗生素含量分析等领域，目前还不能检测，有待突破。

近红外光谱分析技术存在的一些技术难点是由近红外区域的光谱特征、待测样品的复杂程度、样品本身的变化等共同决定的，虽然目前国内外近红外光谱分析技术的研究领域非常广泛，相关的研究论文和报道也比较多，但是能够成功地解决实际测量中的技术难题，实现良好应用的案例并不多，对于复杂的测量情况尤其如此。目前，这些关键的基础问题尚未得到彻底解决，严重阻碍着近红外光谱分析技术的进一步应用和发展。

5. 近红外光谱分析技术的特点

（1）近红外光谱分析的复杂性。随着现代分析仪器的飞速发展，加上与分析化学这门化学测量学科的有机结合，人们能够容易地获取各种研究对象的大量的分析数据，并用于相关物质体系的定性与定量的分析研究。计算机科学技术与化学计量学方法的发展，使得人们对信息获取与处理的工具及手段得到了极大丰富和提高，从而使海量数据的分析与处理成为可能。然而，采用这种方式获取的数据具有很高的空间复杂程度，其中还往往包含了大量的背景噪声、仪器误差、人为误差，以及非待测成分的信息等干扰因素。在数据挖掘中，如果样本量远小于样本光谱数据的维数，则可能会发生能够直接导致识别率降低的维数灾难问题。在机器学习中，如果无关信息过多，而学习样本又不是很充足，则容易发生导致学习器泛化能力和学习速度降低的过拟合现象。因此，如何高效地处理这些数据，选用何种方式提取相关化学信息，就成为解决复杂分析问题中面临的一个重要挑战。

此外，近红外光谱主要是分子倍频和合频的吸收，不仅反映物质的化学组成和含量，还包含由被测物的温度、表面纹理、密度以及内部成分分布不均匀等因素引起的光谱响应，存在光谱信息重叠、谱带复杂、吸收强度低的问题，包含大量的噪声、样品背景等冗余信息，影响模型的精度和稳定性，这些信息很难在预处理中全部消除，而且都会包含在光谱中，那么这些数据都会参与建模，使模型复杂度增加、冗余增加、精度降低。因此，如何从复杂、冗余的近红外光谱中提取微弱的感兴趣的化学成分变化信息、提高测量精度，是近红外光谱分析中的难点。

（2）近红外光谱分析的不稳定性与变动性。近红外光谱分析具有不需要前处理和非破坏性测定样品的特点，但是也会产生以下问题：由于样品未经预处理，所以测量的结果会受到样品的状态、测定的方式以及测定的条件的共同影响，特别是在近红外漫反射光谱分析时，样品散射系数 *S* 会影响吸光度 A，在漫反射测量过程中，近红外光谱测定的稳定性以及定量分析的结果会受到所有影响散射系数 S 的因素的影响，这造成了近红外漫反射检测的不稳定性与变动性。

漫反射光谱的不稳定性主要是由于获取的近红外光谱的失真，主要分为两类：系统误差（光谱的平移、线性误差等）与随机误差（噪声、散射误差等）。同一样品在不同时间下测定的图谱有明显差别，甚至表现的差别比不同样品在同一条件下测定的差别还要大。近红外反射光谱测定的不稳定性主要是测定条件的统计性随机波动造成的，可以称为统计波动性。

近红外光谱的变动性是由于测量条件，如温度、仪器、样品状态等外界因素很容易影响近红外光谱，这会产生以系统误差为主的光谱不确定性。例如，影响近红外吸收峰位置的因素有很多：氢键的影响会使吸收峰向长波长方向移动、温度升高会使吸收峰向短波长方向移动等。另外，近红外光谱还会受到其他干扰信息的影响，如散射、漫反射等现象都会引起光谱变化，近红外光谱解析也更加复杂化。因此，近红外光谱分析技术需要减少外界干扰因素对测量精度的影响，排除测量条件变化造成的测量误差，提高校正模型的稳健性。

为了降低近红外图谱测定不稳定对分析的影响，在硬件方面，可以运用旋转的样品池、大面积移动式样品池以及积分球等特殊的样品池进行测量，以减少样品的统计波动性对测量的影响；在软件技术方面，还可以通过一些校正系统误差的信息处理技术（如矢量归一化、多元散射校正以及导数光谱等），以校正样品光谱的失真，在建立规范的测试过程中，减少光谱的不稳定性。

（3）近红外光谱分析的学科交叉性。需要化学计量学方法与检测技术、分析仪器等专业知识的紧密结合才能实现近红外光谱分析技术的应用，然而目前理论研究与实际测量应用严重脱节，由于多学科交叉研究不足，很难攻克一些相关的技术难点。目前缺乏单纯的数学方法与物理分析的有机结合，因此测量结果的误差分析和测量条件、建模方法的设计与优化均缺乏物理依据和理论指导，从而对近红外光谱分析能力的提高缺乏针对性和有效性。建立测量精度与仪器精度，建模方法之间的定量关系是需要解决的具体问题，这不仅为光谱方法可达到的测量精度提供了估计手段和判据，同时也得出了实现预期测量精度的必要硬件要求，还为近红外光谱分析技术的设计、实现和测量精度分析提供参考，提出了诸如光程长的选择方法的近红外光谱的最佳测量条件，通过分析其选择原理，来有效提高测量精度。因为红外光谱分析技术属于黑匣子分析技术，同时化学计量学模型比较复杂、抽象、物理意义不明确，所以需要对数学模型中重要的参数，如主成分的意义进行分析，以便明确影响系统构成的主要因素和系统特征，可以判断近红外光谱测量过程是否受到外界干扰因素的影响，这都为测量结果的误差分析和测量方法、测量条件的优化提供了物理依据。

研究者的水平在很大程度上影响着近红外光谱分析技术的应用，需要研究者掌握良好的专业背景知识，近红外光谱分析技术的设计与实现会受到对测量对象的物理、化学性质等知识的掌握程度的直接影响。近红外光谱分析技术与实际的专业测量知识很好地结合是至关重要的。

（六）近红外光谱分析的技术应用

近红外光谱的诸多优点决定了它有广阔的应用领域，在诸多行业中都能发挥极其重要的作用。从应用性质来看，定性分析和定量分析是近红外光谱分析的两种主要用途。

1. 近红外光谱定性分析的应用

在定性分析中，近红外光谱采用了模式识别与聚类等一些算法，其用途主要是鉴定。在模式识别运算时，需要有一组样品集来用于计算机“学习”，然后通过运算，可以算出学习样品在数学空间内的范围，对未知样品运算后，若也在此范围内，则该样品属于学习样品集类型，反之则否定。在进行聚类运算时，不需学习样品集，它是通过待分析样品的光谱特征，根据光谱近似程度进行分类的。

近红外光谱定性分析的主要用途是物质的定性判别，也就是通过比较未知样品与已知参考样品集的光谱来确定未知物的归属的问题。定性分析方法的主要步骤：①选择有代表性的样品，测量参考样品光谱集，采用标准或认可的参考方法确定样品归属；②对光谱校正及预处理，提取特征光谱；③建立和评价定性判别分析模型；④分析未知样品并对模型进行维护。近红外光谱定性分析的常用方法有：线性判别分析（LDA）、人工神经网络、偏最小二乘法、支持向量机（SVM）、簇类独立软模式分析（SIMCA）等。

目前，近红外光谱定性分析主要应用于茶叶、烟叶、谷物、药材等农作物的种类、产地、真伪、品质等级的定性分类。此外，还包括石油化工领域的原油鉴别及医疗领域的疾病诊断等。用近红外光谱技术代替传统的基于感官鉴别和电子鼻、电子舌等分类技术，能得到更加快速、准确、可靠的分类结果。

2. 近红外光谱定量分析的应用

定量分析也需要知道参考样品的组成或性质的数据，运用合适的化学计量学方法建立校正模型，定量分析是通过将未知样品的光谱图与建立的校正模型进行比较来实现的，其实这是一种间接分析。定量分析方法采用如下步骤：①选择有代表性的样品，测量参考样品光谱集，并且采用标准或认可的参考方法测定所关心的组分或性质数据；②测量光谱和基础数据；③用化学计量学方法建立校正模型，分析未知样品的组分或性质。但是近红外光谱分析必须采用多元信息处理技术，这是由近红外光谱的复杂性和分析对象的多元性决定的，主成分回归、偏最小二乘法、逐步回归分析、多元线性回归、人工神经网络等是近红外光谱定量分析的常用方法。在常用的用于近红外光谱分析定量的化学计量学模型中，偏最小二乘法是较为理想的方法。

目前，近红外光谱定量分析主要应用于有机物的各种组分含量的定量分析。例如，茶叶中茶多酚、总儿茶素、总氨基酸、茶红素、茶黄素及咖啡因等组分的含量分析；烟叶中水分、总植物碱、总糖、蛋白质、还原糖、尼古丁、总氮、氯、磷、硫和钾等组分的含量分析；谷物中水分、蛋白质、脂肪、灰分、淀粉、氨基酸等化学组成，以及硬度、颗粒度、沉淀值和生活力等物理参数的定量分析等。用近红外光谱技术代替传统的基于化学实验、液相色谱法等分析方法，能保证测试样品的完整性，避免使用有毒、有污染的化学试剂，使分析过程更加安全、绿色、快速、无损。

二、近红外光谱检测技术在肉品品质评价中的应用

（一）近红外光谱技术对肉类化学成分的检测

目前，近红外光谱技术对肉类化学成分的检测，主要集中在对肉类的粗蛋白、肌内脂肪、湿/干物质、灰分、总能量、肌红蛋白和胶原蛋白的检测上。

1. 肉类粗蛋白和肌内脂肪含量的检测

NIRS 对于牛肉、羊肉、家禽肉和猪肉香肠的主要化学成分的检测方面具有较高的效率；虽然存在一定的误差，但是检测和误差系数分别在 0.87 ~ 0.99 和 2.56 ~ 28.46。NIRS 对肉类粗蛋白和肌内脂肪含量的检测精度受样品处理条件的影响，特别是在缺少同类均质肉样的情况下会影响化学成分的评检测精确度。有研究者利用切碎的样品与完整组织肉样进行了对比，发现对于化学成分的检测来说，前者的检测精度要明显高于后者，导致这种情况的原因可能是切碎的肉样均质性更高。且在结缔组织中，肌肉纤维或者肌原纤维本身具有一定的光学性质，这会通过一系列内部反射导致光谱的吸收率发生变化，影响检测结果。也就是说肉样的切割程度越大，检测精度越高。但是，很多时候 NIRS 在工业生产上涉及对完整肉样的检测。为了增加检测精度，增加扫描次数或者使用较大的取样范围也是一种可行的方法。

2. 肉类湿/干物质、灰分和总能量的检测

对于肉类湿/干物质、灰分和总能量的检测，认为 NIRS 对冷冻干燥肉样的检测效果要好于新鲜肉样的，这是由于前者在外观上更加均匀，且缺少水分对检测结果的影响，同时温度对冷冻干燥样品的影响也不大。所以冷冻干燥处理能够避免 NIRS 光谱在局部的吸收率较高，而正是由于较高的水分含量，局部光谱的高吸收率会对检测产生不利影响，对肉样中湿/干物质的分析可能会受到湿度变化的影响，这种变化会导致样品在处理阶段湿物质含量的变化。

用 NIRS 对肉品灰分含量检测之所以失败，是因为 NIRS 不会与单独的矿物质或者无机物发生交互的作用，但是矿物质却可以跟有机成分通过有机酸、螯合物或者形成盐产生作用来改善 NIRS 的检测。虽然冷冻干燥处理的肉样检测结果较好，但是冷冻干燥需要的时间长、花费大，并且还不能进行

实时的在线检测，这几个因素影响了它在工业中应用中的推广。

3. 肉类总能量、肌红蛋白和胶原蛋白的检测

近年来，有研究用 NIRS 进行肉中总能量（GE）、肌红蛋白和胶原蛋白含量检测发现，在一定条件下，NIRS 对以上性质的研究结果比较符合检测需求。这项技术在检测牛肉中总能量准确性较好，这是因为肌内脂肪和 GE 之间具有很高的相关性，然而并不能使用 NIRS 技术检测肌红蛋白的含量。由于不同的肌红蛋白组成形式（氧合肌红蛋白、去氧肌红蛋白和正铁肌红蛋白）都会引起颜色的变化（亮红色、紫色和棕色），且颜色的改变来源于可见光谱的吸收，所以加入可见光的检测数据可能使得肌红蛋白的检测更加精确。但是，在牛肉产品中，由于胶原蛋白的 NIRS 光谱跟肌原纤维蛋白的没有很大的区别，而肌原纤维蛋白在肌肉中的含量要比胶原蛋白的高出 10 倍，并且胶原蛋白含量在不同肉样中的变化并不大，所以 NIRS 对胶原蛋白含量的检测能力较低。

总的来说，对于肉和肉产品的化学成分来说，NIRS 是一种比较好的分析方法。特别是在要求同时对不同肉样的化学成分进行检测时，NIRS 可以当作一种可供选择的方法。同时还要注意的是，完整且正确的 NIRS 检测需要在特定需求的基础上，谨慎选择参照方法才能精确完成检测。

（二）近红外光谱技术对肉类物理特性的检测

NIRS 对肉类物理特性的检测主要包括 pH、色差（$L^\star$ 值、$a^\star$ 值、$b^\star$ 值）、持水能力和剪切力的检测。

1. 近红外光谱技术对肉类 pH 的检测

利用 NIRS 对不同种类的肉如牛肉、羔羊、猪肉和家禽肉的 pH 进行检测，并不能得到关联性较大的实验结果。因为对切割后的肉样进行扫描，由于不太了解肌肉组织的结构特征，所以检测的精确度不是很高。对于猪肉和家禽肉来说，如果肉样的 pH 变化范围较小（5.2 ~ 5.8），那么样品进行 NIRS 时的检测精度则会受到不利的影响。然而酸度计对肉品的检测在常规操作下精度较小，还比较缓慢，而 NIRS 在相关条件下的检测精度都在 0.1 个 pH 单元之内，所以 NIRS 可以应用到 pH 的检测中去。但是值得注意的是，为了提高 NIRS 对 pH 的检测精度，不仅需要较为宽泛的 pH 参照值，还需要重复性较好的实验方法和比较完整的肉样组织。

2. 近红外光谱技术对肉类颜色的检测

肉的颜色（$L^\star$ 值、$a^\star$ 值、$b^\star$ 值）是消费者在购买产品时最重要的评价指标之一。肉的颜色可以通过色差计测得，$L^\star$ 值、$a^\star$ 值和 $b^\star$ 值分别跟 C—H 二次光波和 C—H 联合组以及 C—H 初始光波有关系，这些波长跟肌肉内脂肪在 C—H 组的吸光度有关。因此，由于 $L^\star$ 值、$a^\star$ 值和 $b^\star$ 值跟肌肉内脂肪含量有关，它们的值可以通过 NIRS 进行检测，随后的很多研究都表明使用 NIRS 来检测色差值具有精确、快速及非破坏性的特点，通过近红外光谱也成功检测出了 $L^\star$ 值、$a^\star$ 值、$b^\star$ 值。同时还通过对不同处理的样品进行比较，评估了 NIRS 对 $L^\star$ 值的检测精度。由于 $a^\star$ 值的大小不仅跟肉的水分含量相关，还跟肌红蛋白和相关因子的浓度有关；因此肉的变色比率可以通过检测可见光区域的反射差值来分析。经研究表明，同时使用 NIRS 和可见光谱能够精确检测出 $a^\star$ 值。综上所述，不均匀的肌肉颜色、大小不一的肉样或者间隔时间的不同都会降低 NIRS 检测的精确度，所以在检测过程中要特别注意。

3. 近红外光谱技术对肉类 Warner-Bratzler 剪切力的检测

Warner-Bratzler 剪切力（WBSF）跟肉样的化学成分有很大的联系，有研究者结合 SI-PLS 统计方法成功地用 NIRS 检测出了猪肉中挥发性氮的含量和 WBSF。通过研究还发现在 IMF（1300 ~ 1400nm）中，吸光度的光谱数据跟 C—H 相对分子质量密切相关。尽管，对牛肉、猪肉和家禽肉进行的 NIRS 检测结果却差强人意；但是所有这些研究结果都表明 R2 和 RPD 值都低于 0.74 和 1.18。通过研究发现，在家禽肉类中用 NIRS 检测 WBSF 却获得了不错的效果，这可能是因为他们对肉样的扫描是在完整形态而不是在匀质化形态下进行的，所以对肉样进行大面积的扫描可以降低取样误差，同时还提高了 NIRS 对肉样嫩度检测的精度。因此虽然 NIRS 在评估肉品工艺参数上具有一定的局限性，但是通过提高 NIRS 对物理特性的检测精度，还是可以使 NIRS 对 WBSF 的检测能力得到提升的。

4. 近红外光谱技术对肉类持水能力的检测

对于肉类的持水性来说，NIRS 并不能直接检测肉的持水能力，但是它却跟一些化学成分如蛋白质、肌内脂肪和水分有一定的联系。例如，在肉的保存期间，pH 会降低，从而导致蛋白质和水之间产生静电排斥作用，这就会给肉样带来封闭的结构及较强的持水能力。对于持水能力来说，NIRS 的在线检测具有较大的优势，但是其检测能力受到相关的检测方法的限制。针对这些研究结果来看，不规则的肉样外形、流失率较高的肉样以及温度的变化可能会影响 NIRS 检测，为了提高 NIRS 的检测精度，提高持水性检测的可重复性，使用更加细致的检测方法是很必要的。

（三）近红外光谱技术对肉的质量等级分类

NIRS 技术在质量体系基础上对肉和肉产品的分类方面具有重要的作用。在大部分研究中，对样品进行分级的正确率在 80% ~ 100%。通过 NIRS 对公牛肉进行检测后成功地对牛肉的质量进行了分级。与此相关，在持水性能上对猪肉品质进行了分级，而通过 NIRS 对干燥腌制火腿的化学成分、盐分和游离氨基酸含量进行检测，实验结果表明 NIRS 完全可以代替化学方法来控制干制火腿的质量。NIRS 还可以通过纹理 / 颜色对火腿的品质进行分级，而肉样的物化性质（如湿度、肌内脂肪、不饱和脂肪酸、纹理和其他特性）则可以用来解释不同种类肉样（牛肉、袋鼠肉、羔羊肉、猪肉和鸡肉）之间的质量差异。此外，牛肉样品还可以在肥瘦状态、饲养条件或者性别基础上，通过检测其化学成分或者物理性质之间的差异对肉品质量进行分级。

必须强调的是，对于肉产品的检测来说，NIRS 还可以应用到对掺假肉产品的检查当中。例如，通过 NIRS 技术检测出了牛肉汉堡的掺假行为。这是由于不掺假的牛肉汉堡和掺了其他原料（羊肉、猪肉、脱脂奶粉或者面粉）的汉堡在化学成分（主要是水分和脂肪含量）、保水性能和乳液稳定性上不同，而 NIRS 可以检测出这些因素之间的细小差异。

近年来，NIRS 检测的配套工具的发展增加了 NIRS 技术在肉类工艺中的应用范围。通过研究第一次报道了工厂在肉品切割机的出口处放置一个可以拆分的 NIRS 工具，用于检测小块牛肉样品中脂肪、水分和蛋白质的含量。此后，NIRS 技术在肉类工业中得到了广泛的发展和应用，并且随着市场中肉品供应和需求之间矛盾的出现这项技术的应用得到了巨大的发展。就在装备有探测头的切割机上，成功检测出了传送带上小块牛肉的脂肪含量。随后装备有二极管矩阵探头的 NIRS 器械，已经被用来同时检测 60 组粗切割牛肉样品的内部成分。由于二极管矩阵的应用，NIRS 能够在几毫秒的时间内扫描所有波长的样品，因此就使得其在工业化条件下对每块肉样的表面进行大范围的检测成为可能。此外，使用纤维导管在保持动物肉样完整性的基础上，对其化学成分、物理性质和感官特性进行了评估。近年来，甚至还有一些研究人员使用 NIRS 对基因改造食品进行了鉴定，并且取得了一定的成果。在肉品的生产和加工过程中，尽管环境温度和湿度在不断变化之中，但是配套工具的加入仍然能够显著提高 NIRS 对加工过程中产品的检测精度，这也从侧面说明了 NIRS 是一种比较适合在工业条件下对大量产品的品质进行检测的方法。

第十章　肉制品质量安全控制技术探究

肉制品的品种繁多，风味、色泽、外形、结构各不相同，每一款产品的加工生产过程都是一个综合复杂的系统工程，生产过程中每一个环节、每一个细节都会影响到最终的产品质量。怎样在生产过程中很好地把控要点，制造出优质的产品，是每一个肉制品生产管理人员都会遇到和思考的问题。

第一节　肉制品生产过程中的质量控制

一、肉制品加工生产质量的决定因素

（一）产品配方

合理的配方是肉制品成功的基本保障，具体体现在以下方面：

首先，产品配方中的各项辅料添加比例要合理，配方设计要考虑地域和消费习惯的因素，北方的口味偏重，南方的口味偏甜。

其次，各项添加剂要符合国家标准要求，制作出来产品的蛋白质、淀粉、水分等各项理化、卫生指标要符合相应的国家标准要求。

最后，作为产品配方的设计者要有丰富的生产实践经验，能够对做出的产品有充分的预见性，原辅材料搭配合理适当。

（二）原辅料质量

良好的原辅料质量是肉制品成功的前提和保障。

第一，原料是基础。原料肉的选择至关重要，根据产品的定位选择合适

的原料肉及比例，要充分考虑原料肉的新鲜程度、水分含量、卫生程度以及肥瘦程度等因素。原料肉必须经兽医卫生检验合格，符合肉制品加工卫生要求，不新鲜的肉和腐败的肉禁止使用。

第二，辅料是保障。除了原料肉，选择高性价比的辅料也很关键，特别是对最终产品起决定性作用的磷酸盐、卡拉胶和香辛料等，如果磷酸盐选择不好，原料肉中的盐溶性蛋白提取不充分，会直接影响到产品的保水、脆度及弹性。卡拉胶是和肉蛋白结合最好的一种胶体，保水性、弹性、脆度、透明度及溶解性都不一样，如何根据产品需要选择合适的卡拉胶，也会影响到最终产品的质量。香辛料直接决定到产品的风味和类型。所以辅料的选择和使用非常重要，只有选择高性价比的辅料，才能生产出多种各具特色、物美价廉的肉制品。

优良肉制品加工质量的控制是一个繁杂的系统工程，要求生产企业团队了解过程关键因素，管理明确清晰，彼此配合到位。产品质量的好坏、稳定与否，是一个企业团队综合能力与素质的最终表现，也是一个企业的核心竞争力。

二、肉制品加工产品质量的影响因素

（一）设备

良好的设备是肉制品加工过程质量控制的关键因素之一，只有注重合理的利用，才能发挥出设备最佳的性能。

第一，绞肉机。注意孔板和绞刀之间的缝隙，经常检查，定期打磨，保证绞出的肉有颗粒感，不能有肉糜，根据不同产品的要求合理选择孔板大小。

第二，斩拌机。首先，斩拌机的转速是关键因素，只有足够的转速，才能够在短时间内迅速有效的提取盐溶性蛋白，增强产品的口感和脆度。其次，要注意刀片与料盘之间的间隙、刀片锋利程度、刀片的数量等，这些因素都会影响到最终产品的质量。

第三，搅拌机。搅拌的转速与力度、是否能抽真空都会影响肉馅的质量。

第四，滚揉机。机器抽真空的情况是否良好、滚揉机的转速、设定时间与肉颗粒的大小搭配是否合理、容量的匹配等都是关键因素。

第五，灌装机。真空度是否合适、灌装管和肠衣是否匹配、扭结松紧度、产品灌装饱满度等因素都会影响到产品的质量。

第六，烟熏炉。烟熏炉的显示温度是否和实际温度有误差，需要定期检查，烟熏发烟量是否充足等，都是需要管理的要点。

第七，蒸煮锅。需要关注升温时间是否过长、显示温度和实际温度是否有误差、蒸煮锅中水是否存在杂质等。用于肉制品加工的设备还有很多，设备在使用后要定期保养核查，并做好相关记录，提早发现问题。

（二）温度

温度的管理贯穿整个肉制品加工的过程，同时也是最容易被车间生产人员忽视的关键因素，如环境温度、原料肉的温度、冰水温度、肉馅温度、灌装温度、热加工温度、包装温度、二次杀菌温度及产品储运温度等，每一个环节的温度管理不好，都会影响到最终产品的质量。所以肉制品加工过程中的温度管理，是产品质量保障的基础。

原料解冻温度：＜ 5℃，中心带冰。

腌制间温度：0 ～ 4℃。

前期加工温度：绞肉、注射、斩拌、灌装等，滚揉、搅拌肉馅要保持在 4℃左右，斩拌温度控制在 10℃以下。

后期蒸煮温度：干燥、烟熏、蒸煮、二次杀菌，根据不同的产品要求设定相应的温度，严格执行。

每一个环节的温度数据都不容忽视，管理人员及主机手要配备温度计，对环境、产品温度测量，记录并核对温度。

（三）时间

产品从解冻到入库销售，整个工序时间应该做到合理安排、紧凑。在达到产品最佳效果条件下，合理地安排解冻、滚揉、腌制、热加工等时间，并按照标准要求准确的执行。

（四）卫生

卫生的好坏直接影响到产品的质量与最终保质期，严格控制产品的初始菌的数量，使初始菌的数量降低到最低，杜绝各个工序的污染，才能保证最终产品的细菌数量降低到安全范围以内，保证产品的营养和保质期。

第一，环境卫生。地面及时清理并消毒、墙壁定期擦洗和消毒、空气定期进行臭氧消毒。

第二，设备卫生。机器、台案、刀具等使用前后和过程中要进行定期消毒。

第三，人员卫生。工作服、靴、帽要规范、干净卫生，口罩佩戴要规范，工作人员的手要定期消毒。

第四，包材卫生。做好卫生管控，防止产品二次污染加强卫生管理，彻底执行卫生管理制度，能从管理的根本上解决问题。

（五）员工素质

所有要素的正确执行都离不开训练有素的员工，所以员工素质是工艺执行的第一要素，首先要制定流程化产品工艺标准，并组织人员培训学习，掌握肉制品加工的操作技能，从根本上认识到关键岗位工序的重要性，才能生产出来优秀的受欢迎的质量稳定的产品。

第二节　肉制品质量安全保障体系的构建

一、肉制品质量安全保障体系的方案设计

（一）肉制品质量安全保障体系方案的设计思路

肉制品质量安全保障体系以 HACCP 体系基本原理为依据，对肉制品供应链内可能会发生的所有危害，包括各种过程和所用设施有关的危害进行识别和评价，明确哪些危害需要在组织内控制，哪些危害需要由供应链的其他组织控制或由最终消费者控制；对保障这一体系的有效实施的相关措施进行分析研究；通过整个肉制品供应链上对食品安全问题进行统一管理，供应链上各组织的一致努力，把食品危害降到最低，确保肉制品供应链的安全。

（二）肉制品质量安全保障体系方案的设计目标

对肉制品生产和监管应该是全方位的，包括养殖、屠宰、加工、运输、销售等环节，这就需要建立一个科学、高效、可控的肉制品质量安全保障体系，由这个体系来规范各个环节的质量安全生产控制手段和监管措施。我国肉制品质量安全保障体系由生产和监管两个方面构成，主要由肉制品质量安全生产过程控制 HACCP 体系、肉制品质量安全法律体系、肉制品质量安全

标准体系、肉制品质量安全可追溯体系、肉制品质量安全市场准入管理体系、肉制品质量安全诚信体系以及肉制品质量安全教育体系等构成。

（三）肉制品质量安全保障体系方案的设计原则

1. 责任主体限定原则

企业作为食品生产经营的当事人，对食品安全应负主要责任。企业应根据有关食品安全法律法规的要求来生产和经营食品，确保其生产、销售的食品质量安全；政府的职责是制定相关食品安全法律法规和标准，监管食品加工企业生产经营活动是否符合法律法规的要求、食品质量是否安全，通过行政执法和检验检测，最大限度地减少食品安全风险。

2. 全程控制和可追溯原则

食品安全监管强调从农田到餐桌的整个过程的有效控制，监管环节包括种植或养殖、收获或屠宰、生产加工、运输、贮藏和销售等；监管对象包括肥料、农药、饲料、原辅材料、包装材料、生产设施及设备、检验检疫、运输工具、贮存条件等，通过全程控制，对可能会给食品安全构成潜在危害的风险预先加以防范；通过在食品供应链上对食品信息进行采取，建立信息化追溯管理系统，保障食品质量安全。

3. 预防为主原则

HACCP 体系的作用在于有效预防和控制可能影响食品安全的潜在隐患，它通过对食品生产加工的全过程进行危害分析，分析出影响食品安全所有因素，确定关键质量控制点，并对每个关键质量控制点制定相应的质量控制措施，在控制过程中一旦出现偏差，马上采取相应的纠偏措施消除隐患。采用 HACCP 体系，既能全面监控整个生产过程，使食品供应链各个环节都在统一的规范制约下运行，又能突出质量控制的重点，降低生产经营成本，提高产品质量和经济效益，为食品安全提供可靠保障。HACCP 系统还对食品链的各环节的相关方都有明确的要求，易于分清食品质量安全事故责任，提高相关部门的工作效率。

4. 信息公开透明原则

在食品安全制度建设和食品安全管理方面，应强调信息的公开性和透明度，通过定期发布食品抽检信息、有害食品添加物信息、不合格食品的召回信息等，使消费者及时了解食品安全的真实情况，增强自我保护能力。

5. 全员参与原则

食品安全不仅涉及生产企业和监管部门，更与每个人的身体健康和生命安全息息相关，自然而然受到社会各界的高度关注。只有全社会都重视食品安全，自觉参与和监督食品安全，不断提高食品安全知识和意识，食品质量安全将会迎刃而解。

二、肉制品质量安全保障体系的总体框架

以肉制品的供应链（养殖、屠宰、生产加工、运输和销售等环节）质量安全为研究对象，分别从肉制品质量安全 HACCP 控制体系和肉制品质量安全监管体系两个方面进行质量控制和质量监管。肉制品质量安全 HACCP 控制体系主要是研究肉制品供应链上的每一环节对应的企业和监管对该环节的所有过程进行危害分析，确立关键质量控制点，进而实施相关的质量控制措施，从质量控制方面保障肉制品质量安全；肉制品质量安全监管体系是通过研究建立肉制品可追溯管理信息系统体系，实施肉制品供应链各环节市场准入制度，建立肉制品企业诚信管理系统，健全、完善、贯彻肉制品质量安全法律法规具体措施，改革、完善、推广、制定相关肉制品标准的具体措施，通过教育、宣传、培训、监督等方式提高消费者的食品安全意识等措施，从监督管理方面保障肉制品质量安全。因此，由一个肉制品供应链、两大控制和监管体系、多种措施构建了我国肉制品质量安全保障体系框架图。

第三节 肉制品质量安全监管体系构建

对肉制品质量安全保障应是全方位的，不仅仅是要靠落实企业食品质量安全主体责任，建立健全质量管理体系，严格实施 HACCP 体系；更要依靠各级政府部门加大监管力度，完善食品安全法律法规，健全各项监管措施。肉制品质量安全保障体系由生产和监管两大体系构成，生产体系主要包括质量管理体系、HACCP 体系等构成，监管体系主要包括肉制品质量安全可追溯体系、肉制品质量安全市场准入管理体系、肉制品质量安全法律体系、肉制品质量安全标准体系、肉制品质量安全教育体系以及肉制品质量安全诚信体系等，这两个体系是相辅相成，缺一不可，只有这两个体系共同发挥作用，

肉制品质量安全才能得到保障。

一、肉制品质量安全标准体系

（一）肉制品质量安全标准体系的构建意义

肉制品标准体系是肉制品质量安全保障体系的基础，是实现肉制品质量安全生产加工规范化管理的基本要求。完善的肉制品标准体系应包括有关肉制品的基础标准、生产技术规范标准、产地环境条件、屠宰、加工以及储运标准、残留物限量标准以及检测方法标准等。

（二）肉制品质量安全标准体系的建立目标

健全和完善肉制品标准体系是当前的肉制品标准化最紧迫的任务。在加强统一管理并充分发挥各相关部门作用的基础上，尽快完善和优化肉制品标准体系；通过积极地采用国际标准和国外先进标准，加大与国际接轨的力度；加快标准的制修订步伐，迅速提高我国肉制品标准的整体水平。力争形成重点突出，强制性标准与推荐性标准定位准确，国家标准、行业标准相互协调，产品标准、检验方法标准、管理标准、生产技术标准相配套，与国际食品标准体系基本衔接的肉制品标准体系。标准化法律法规是完善肉制品标准体系建立的前提和基础，对政府部门标准化职责进行明确分工，建立高效、协调的标准化管理体制和运行机制。

（三）肉制品质量安全标准体系的实施策略

1. 改革肉制品质量安全标准管理体制

目前，肉制品出现的诸多问题，很大程度上跟肉制品质量安全标准管理体制的不合理有关。肉制品标准存在由中华人民共和国农业农村部、中华人民共和国国家卫生健康委员会、国家市场监督管理总局等多部门制定与管理，因此存在标准相互矛盾、交叉重复、更新滞后等现象。因此必须改革，进行合理分工。改革的方案如下：

（1）在食品安全委员会下设食品标准协调小组，对各部门制定、修订的肉制品标准进行协调、统一。

（2）由中华人民共和国农业农村部、中华人民共和国国家卫生健康委员会、国家市场监督管理总局等部门共同组建食品安全标准委员会，专门负责食品安全标准的起草、制定、更新、备案、废除等工作，积极跟踪国际先进标准发展的趋势，保持与国际标准化委员会的沟通与协调。

2. 完善肉制品质量安全标准体系

（1）完善肉制品安全限量标准。肉制品中有害物质的残留直接影响到人体的健康，评估和完善肉制品中的有害物安全限量是提高肉制品安全性的重要环节。重要的食品安全限量标准主要包括农药残留限量标准、兽药残留限量标准、添加剂限量标准、污染物限量标准、有害微生物与生物毒素限量标准五大类。

（2）完善肉制品检疫检验方法标准。肉制品检疫检验方法标准是肉制品质量安全检测和管理监督的重要手段。目前，我国对于一些公认的重要食源性危害，在检测方法标准方面，尚存空白或不完善，不仅不能满足肉制品质量安全控制的需要，而且还缺乏有效、精确的应对技术手段，如“瘦肉精”、农药兽药残留、激素等痕量分析技术水平，二英及其类似物的超痕量检测技术水平。

（3）大力推广的肉制品质量安全生产控制标准。在养殖产品生产中应用“良好兽医规范”、肉制品生产加工中应用“良好生产规范”“良好卫生规范”和“危害分析和关键控制点”等先进的生产控制和管理技术，对于提高肉制品企业素质和产品安全质量十分有效。

（4）制定肉制品市场流通安全标准。肉制品从包装、标签标识、储藏、运输、到销售都是肉制品的市场流通重要环节。因此，肉制品市场流通安全标准是肉制品质量安全标准体系中不可或缺的重要部分。

3. 开展肉制品质量安全标准国际研究

应基于科学、基于风险分析、基于国际标准、基于非歧视等原则，加强我国肉制品质量安全标准的基础研究和风险评估等科学方法的应用研究，以提高我国肉制品标准的科学性、合理性、有效性。积极跟踪和参与国际标准的制定，西方发达国家基本上垄断了国际标准的修订工作，由于我国相当一部分肉制品标准和有害物残留量标准低于国际标准，使得我国在肉制品质量安全和肉制品贸易中常常遇到贸易壁垒和歧视。因此，在制定和修订我国肉制品质量安全标准时，应积极采用国际标准和国外先进标准。同时，应积极争取机会，参与国际标准的制定和合作。

4. 加强肉制品标准的推广与宣传

目前，我国肉制品标准主要由科研机构提出立项并进行制定，由政府部门发布，而肉制品生产者、经营者、消费者基本不参与标准立项和制定，这就导致某些肉制品标准与实际生产、经营脱节，不相适应。因此，难以推广和使用，难以满足生产和贸易的实际需要。所以，在制定肉制品标准时，应当肉制品的生产者、经营者和消费者都参与其中，建立肉制品标准的立项、制定、实施、监督和反馈的机制，使肉制品标准更加合理、更加适用。对肉制品标准和生产技术规程的示范、培训，有利于肉制品标准的推广，有利于生产经营者的积极参与。

二、肉制品质量安全诚信体系

（一）肉制品质量安全诚信体系的构建意义

诚实守信是市场经济的规则，肉制品质量安全诚信体系建设已成为维护肉制品质量安全的重要条件。肉制品安全关系国计民生，维护肉制品安全是肉制品企业的社会责任，遵纪守法、诚实守信、勇于承担社会责任是肉制品企业诚信的标志，建立肉制品企业诚信管理体系是保障肉制品质量安全、促进肉制品行业健康发展的治本之策。

（二）肉制品质量安全诚信体系的优化思路

政府应协调肉制品供应链各监管部门，统一组建肉制品企业诚信管理系统，促进部门间诚信信息资源共建共享，实现对相关环节企业的诚信信息进行采集、归纳汇总、评价分级、诚信度定期发布等功能。

（三）肉制品质量安全诚信体系的实施策略

第一，完善肉制品质量安全诚信制度。按照《食品工业企业诚信管理体系建立及实施通用要求》和《食品工业企业诚信评价准则》，编写肉制品行业诚信体系建立及实施指南及诚信评价实施细则；研究制定诚信信息征集与使用管理办法，明确信息征集项目、渠道、方式，规范信息的使用。

第二，扩大肉制品企业诚信信息采集的渠道。监管部门可以通过对肉制品企业的生产、质量、经营等方面进行巡查回访，也可以通过新闻媒体对生产销售非法肉制品事件的曝光，通过消费者的投诉，通过抽样检验等，记录企业遵纪守法的行为，收集企业不良信息。

第三，制定肉制品企业诚信评价标准。对肉制品企业的诚信行为应有一个严格衡量的标准方法，不能含糊不清、模棱两可。对肉制品企业的诚信度评价应以年度为周期，以百分制为考核指标：优（100 ~ 80 分）、良（80 ~ 60 分）、一般（60 ~ 40 分）、差（40 ~ 20 分）、很差（20 ~ 0 分）为五个等级，根据不同的不良行为扣不同的分值，直至扣完；根据年度分值汇总评出每家肉制品企业的诚信度级别，供监管部门和消费者参考。

第四，制定肉制品企业诚信奖惩措施。政府应对肉制品企业制定诚信奖惩措施，给予遵纪守法、诚信度在良以上的肉制品企业资金奖励和表彰宣传，同时给企业在扩建、融资等方面给予财政、土地等政策支持；对于违法经营、诚信度在差以下的企业要给予严惩，甚至予以取缔，及时向社会公布。消费者也应自觉购买诚信度好的企业生产的肉制品，避免购买诚信度差的产品。

三、肉制品质量安全教育体系

（一）肉制品质量安全教育体系的构建意义

从历年发生的养殖过程添加“瘦肉精”、屠宰病生畜禽、生产使用非法添加物、销售过期肉制品、食品中毒等的肉制品质量安全事件来看，都存在相关法律法规普及不到位，缺乏相关肉制品安全宣传和教育等现象。在重视肉制品质量安全的同时，应加大对肉制品安全知识的普及，提高消费者的肉制品安全意识，这样就会使肉制品安全问题顺其自然地得到有效解决。因此，建立肉制品质量安全教育体系具有重要而深远的意义。

（二）肉制品质量安全教育体系的实施策略

1. 加大对肉制品生产者、经营者的道德观与法治教育

从近年发生的多起生产、经营有毒有害肉制品的事件中，可以看出少数肉制品生产者和经营者毫无人性和良知，他们为了获得更大的利益不择手段，损人利己。对这样的人，除了给予法律的严惩外，还应实行强制性的法制教育。对从事肉制品相关方应每年定期进行食品安全法律法规、食品安全管理和生产等内容培训和教育，对培训不合格的取消其生产经营执业资格。

2. 加大消费者肉制品质量安全知识的宣传与培训

消费者是肉制品的最终食用者，也是肉制品质量安全的最大受害者。因此，提高消费者的肉制品质量安全知识和意识，正确指导消费者科学安全烹制和食用肉制品的方法，是避免肉制品质量安全发生的最好途径。可以通过媒体、网络、教育讲座等方式使消费者自觉学习肉制品安全知识，自觉加强肉制品质量安全的意识，进行理性消费，正确的购买、储藏及食用，避免由于消费不当引起的食品安全危害。同时，提高对肉制品品质的鉴别能力和保护自己的合法权益的能力，对有损害人身健康安全的肉制品，应勇于和敢于向监管部门进行投诉，不给存在问题肉制品生存空间。

3. 充分发挥新闻媒体的监督与宣传作用

近年来，肉制品质量安全事件几乎都是由新闻媒体曝光的，消费者也是通过媒体对肉制品生产加工的非法行为的报道，了解和认识到肉制品质量安全的危害性和学习的必要性。在建立肉制品质量安全教育体系过程中，要充分发挥新闻媒体的作用，广泛宣传国家有关肉制品安全的一系列法律法规，宣传肉制品相关的质量标准要求和识假方法，大力宣传使用违禁药品和滥用添加剂的危害，及时披露不合格产品和违法企业的信息，正确引导消费者科学安全饮食习惯。

4. 建立肉制品安全教育机制

为了维护消费者的身体健康和国家的长治久安，应从战略的高度建立全社会共同参与的肉制品安全教育体系，在义务教育、成人教育、大专院校的教育过程中普及肉制品安全知识。只有肉制品安全意识深入人心，肉制品安全责任重于泰山的理念刻骨铭心，那么肉制品质量安全事件就会销声匿迹，迎刃而解。

四、肉制品质量安全可追溯体系

可追溯性是风险管理的关键，尤其是对非预期效应的监控和标识管理特别有效。可追溯系统作为一种食品质量安全风险控制管理手段，越来越受到的关注。

（一）肉制品质量安全可追溯体系的优化思路

政府应集成肉制品供应链上所有相关方生产管理和监管网络系统，组建统一的肉制品质量安全追溯管理信息系统，对肉制品包括畜禽的来源、饲养、免疫、屠宰、加工、储运及流通等环节信息建立电子档案，对监管部门的风险预警信息、抽检信息、不合格召回信息等进行采集和发布，接受消费者投诉，实现生产企业、监管部门、消费者之间信息互联互通。当发生肉制品不安全问题时，我们通过信息可追溯到造成肉制品不安全因素出在哪个环节，有利于快速改进工作和追究责任，实现肉制品质量安全全过程可追溯控制。

（二）肉制品质量安全可追溯体系的实施策略

1. 构建肉制品质量安全追溯管理信息系统

肉制品质量安全追溯管理信息系统应由养殖管理系统、屠宰管理系统、肉制品加工管理系统、肉制品运输管理系统、肉制品销售管理系统五个子系统组成，给不同环节的企业设立用户名和密码，用户可通过输入自己的用户名和密码进行入相应的子系统，进行信息输入和索取。肉制品质量安全追溯管理信息系统应具有信息查询功能、信息采集功能、信息发布功能、畜禽识别编码功能。

信息查询功能：输入产品的编码就能查到该产品的当前和以前详细信息。如：在超市购买一袋肉制品，输入该产品的编码后，可以查到该产品销售超市名称、超市地址、进超市时间、销售时间、加工厂家、加工产地、生产时间、屠宰厂名、屠宰地址、宰杀时间、养殖场名、养殖地址、出生时间、出栏时间、检疫情况等信息。

信息采集功能：每一环节的用户进入相应子系统后，可将该环节的肉制品有关信息输入到系统的数据库中。如：屠宰企业对购买的畜禽的编码、验收情况、宰杀时间、检验情况等信息输入系统。

信息发布功能：对不合格产品、非法添加物预警、抽查结果等信息发布。

畜禽识别编码功能：对企业提出畜禽编码申请，能根据畜禽的信息自动生成编码号。

2. 建立畜禽识别编码标准

政府建立统一管理的畜禽识别编码标准，对每头畜禽编码都是唯一的，是畜禽的“身份证”，通用于养殖到销售各环节。畜禽的编码号应有统一具体的位数，由不同数字或字母组成，不同的数字或字母对应畜禽的出生地、出生时间、性别、品种、区别码等信息，具有唯一性，对畜禽的编码要统一管理。畜禽识别编码应由养殖企业向肉制品质量安全追溯管理信息系统提出申请，系统根据企业申请的信息自动生成畜禽编码号。

3. 采集肉制品可追溯信息采集

（1）养殖环节信息。养殖企业还给每头畜禽建立电子档案。应包括：给畜禽识别编码；采集信息：畜禽的品种、出生时间、出生地点、体重、养殖地、饲养员、用饲料情况、接种疫苗情况、治病用药情况、出栏检验情况、出栏体重、无害化处理的照片及监控录像等信息。养殖管理员对以上信息采集及时上传到肉制品质量安全追溯管理信息系统的养殖管理子系统的数据库中。

（2）屠宰环节信息采集。屠宰企业应对验收合格的待宰畜禽建立电子档案，应采集：畜禽的识别编码、验收情况、宰杀时间、宰杀过程、宰后检验、无害化处理等信息。屠宰管理员应及时把采集的信息上传到肉制品质量安全追溯管理信息系统的屠宰管理子系统的数据库中。

（3）肉制品加工环节信息采集。肉制品加工企业应对产品建立电子档案，应采集：畜禽的识别编码、畜禽肉的验收情况、原料肉及辅料使用情况、产品名称、生产批号、生产日期、出厂检验情况、无害化处理情况等信息。质量管理员应及时把采集的信息上传到肉制品质量安全追溯管理信息系统的肉制品加工管理子系统的数据库中。

（4）肉制品运输环节信息采集。肉制品运输部门对运输的肉制品建立电子档案，应采集：畜禽的识别编码、肉制品名称、规格型号、数量、生产厂名及地址、供货商及地址、销售商及地址、联系方式、运输车辆、运输人员、运输路线、运输条件、运输时间等信息。管理员及时把采集的信息上传到肉制品质量安全追溯管理信息系统的肉制品运输管理子系统的数据库中。

（5）肉制品销售环节信息采集。商场、超市应对销售的肉制品建立电子档案，应采集：畜禽的识别编码、验收情况、产品名称、规格型号、数量、生产厂名及产地、联系方式、存放条件、销售时间等信息。销售管理员及时把采集的信息上传到肉制品质量安全追溯管理信息系统的肉制品销售管理子系统的数据库中。

4. 大力开发和推广信息采集追溯技术

FRID 是无线射频辨识技术，具有高安全性、高准确性、高灵活性、可扩展性、抗恶劣环境等诸多优点，可以通过互联网来实现管理跟踪，其核心就是解决数据采集和数据的共享。对肉制品质量安全推广 FRID 技术的难点在于成本高，我国应针对 FRID 技术研究开发适合国情的信息采集追溯技术，对高风险食品进行强制性推广可追溯技术，并对其进行示范和培训。

五、肉制品质量安全法律法规体系

（一）肉制品质量安全法律法规体系的构建意义

健全的肉制品质量安全法律法规体系是实现肉制品安全管理的根本保障。所以，必须用行政和法律手段约束和制裁那些丧心病狂的违法犯罪者。

目前，我国已初步建立了肉制品质量安全管理的法律法规体系，该体系主要由法律、行政法规、部门规章和地方性法规规章等四个层次构成。但从目前肉制品质量安全管理的现状来看，我国肉制品质量安全管理的法律法规体系仍然存在一些问题，突出的表现在：现有法律法规体系缺乏完整性，可操作性差；法律法规之间存在矛盾和冲突；违法的处罚较轻；执法力度有待加强等。

（二）肉制品质量安全法律法规体系的实施策略

首先，认真贯彻执行现有肉制品质量安全法律法规。《食品安全法》明确了生产经营者为食品安全第一责任人，同时也明确了各级政府和监管部门的责任。《食品安全法》同时又兼顾了《动物防疫法》和《农产品质量安全法》的衔接，为进一步建立和完善肉制品质量安全生产法律体系打下了基础。饲养环节要认真贯彻执行《动物防疫法》《饲料和饲料添加剂管理条例》《种畜禽管理条例》和《兽药管理条例》以及一系列相关的技术规程、管理办法和重大动物疫病的预警方案，生猪屠宰加工环节严格执行《生猪屠宰管理条例》，肉制品生产加工和销售环节应严格执行《食品安全法》。

其次，全和完善肉制品质量安全法律法规。我国肉制品质量安全法律法规存在分散、重复、可操作性差等问题。在《食品安全法》统一指导下，及时地对现有的部门法规进行修订、合并、更新，以解决和协调部门法律法规之间的矛盾和冲突，以便肉制品安全管理部门能够依法行政，减少部门之间在职权上的重叠和交叉，提高管理效率。根据“从农田到餐桌”的全过程管理思想，分析在产业链各环节质量安全控制上的法律“空白”，制定和完善肉制品法律法规体系。《饲料和饲料添加剂管理条例》《农药管理条例》出台时间较长，已严重滞后，建议立法部门加快对其进行修订；抓紧出台《畜禽养殖标准化管理办法》《动物检疫管理办法》等规章，开展依法养殖生产；应对畜禽养殖企业实行“养殖许可证”制度，这样才能真正体现肉制品安全生产从源头抓起。我国的已制定了《生猪屠宰管理条例》，使生猪屠宰管理有法可依，对牛、羊、鸡、鸭等畜禽屠宰的规定还是空白。因此，要加紧制定统一的《畜禽屠宰管理条例》。目前储运和销售环节缺少针对肉制品特性而制定的肉制品储运的法律法规；因此，亟待国家出台肉制品储运、销售的法律法规或管理办法。

最后，加强肉制品质量安全法律法规的执法力度，提出违法成本。健全的法律法规体系必须有严格的执法保障。从肉制品质量安全管理的现状看，还存在只查不罚、查多罚少、以罚代刑等现象。因此，相关肉制品监管部门要认真履行法律赋予的神圣使命，对违法现象一定要做到有法可依、违法必究、执法必严；对违法犯罪分子要毫不手软，对其要绳之以法，使其倾家荡产、永不再犯。对于失职渎职的监管部门要予以问责和加以严惩。

六、肉制品质量安全市场准入管理体系

市场准入一般是指货物、劳务与资本进入市场的程度的许可。对于产品的市场准入，一般的理解是市场的主体（产品的生产者与销售者）和客体（产品）进入市场的程度的许可。肉制品质量安全市场准入制度就是，为保证肉制品的质量安全，具备规定条件的生产者才允许进行生产经营活动、具备规定条件的肉制品才允许生产销售的监管制度。

（一）肉制品质量安全市场准入管理体系的实施策略

1. 实施肉制品供应链市场准入制度

对畜禽养殖、屠宰、运输参照肉制加工品制定市场准入制度，制订相应的许可审查通则和细则。对厂区环境、厂区布局、加工设施和设备、人员素质、管理制度、检验能力等方面进行要求，对符合条件的企业允许市场准入。

2. 提高肉制品市场准入门槛

当前，肉制品生产许可市场准入制度规定生产企业只要满足生产必备条件，就给予许可，许多作坊式管理的肉制品加工点也堂而皇之取得了生产许可证。这种许可没有对生产条件量和质的规定，是最基本的要求，已不能适

应现阶段对肉制品质量安全的要求。市场准入制度从2002年实施至今已有数十年，肉制品生产工艺、生产规模、产业布局、质量安全等方面得到很大的提升。因此，提高准入门槛是与时俱进、顺势而为，也是顺应肉制品市场良性竞争和提高肉制品质量安全的迫切需要。适时应取消个体工商企业（户）的市场准入资格，个体工商企业（户）基本都是作坊式管理，生产规模小，卫生条件差，制定的质量管理制度和出厂检验形同虚设；应对市场准入的企业的生产能力、厂区面积、设备性能和台数、生产工艺、人员资质和数量、出厂检验能力、质量管理体系等进行具体的明确和严格的要求。

3. 加大证后监管力度

一些肉制品企业为了市场准入，临时租借生产设备、化验设备和耗材、检验人员，抄袭别的获证企业的质量管理制度，购买名牌产品代替自己的产品进行发证检验，通过各种不正当的手段在许可审查中蒙混过关；还有些肉制品企业虽然生产条件达到了许可的要求。但是，在取得生产许可证后，不严格落实许可的要求，不履行质量安全管理制度，不做出厂检验。对这样的企业应该加强证后管理，对弄虚作假的企业应吊销生产许可证，对不严格落实市场准入要求的应给予处罚，使市场准入制度真正得到贯彻落实，不走形式。

（二）肉制品质量安全市场准入管理体系的控制流程

政府应对肉制品供应链各环节实施市场准入管理体系控制。对每一环节制定相应的市场准入条件和要求；对想取得市场准入资质的企业根据自身情况向有关部门提出申请；政府部门根据企业的申请，安排对企业的设施、设备、工具、人员、管理制度等方面进行核查，符合条件的发放许可证，不符合条件的勒令整改，条件完善后再次申请；对取得许可证的企业，政府部门应加强日常监管的力度，使企业严格按准入要求进行生产经营。

参考文献

[1] 张学全 . 肉制品加工技术 [M]. 北京：中国科学技术出版社，2013.

[2] 顾文佳，葛宇，薛峰 . 食用干制肉皮产品质量现状分析与标准化建议 [J]. 质量与标准化，2013（5）：43–45.

[3] 马晓燕，南庆贤，孙宝忠，等 . 干制牛肉火腿微生物研究进展 [J]. 肉类研究，2004（1）：34–35，13.

[4] 俞学锋 . 酵母抽提物在肉制品中的应用 [J]. 食品科技，2003（z1）：281–282.

[5] 周光宏，罗欣，徐幸莲，等 . 中国肉制品分类 [J]. 肉类研究，2008（10）：3–5.

[6] 李邦玉，张翼芸，张丽 . 肉松表征及花生肉松的加工工艺研究 [J]. 食品研究与开发，2020，41（18）：141–146.

[7] 李龄佳，郑雪君 . 新型肉松加工工艺的研究 [J]. 科学与财富，2016，8（2）：529，528.

[8] 兰冬梅，许平，林晓岚，等 . 肉松品质指标及其加工工艺的研究进展 [J]. 农产品加工（上半月），2015（4）：69–71.

[9] 顾千辉，徐宝才，李聪 . 茶香夹心肉脯的加工工艺 [J]. 肉类工业，2017（9）：10–12.

[10] 胡胜杰，程佳佳，康壮丽，等 . 烘干温度和时间对猪肉肉脯品质的影响 [J]. 肉类工业，2018（6）：36–39.

[11] 陈倩，李沛军，孔保华 . 拉曼光谱技术在肉品科学研究中的应用 [J]. 食品科学，2012，33（15）：307.

[12] 李媛媛，赵钜阳，齐鹏辉，等 . 高光谱成像技术在红肉质量特性无损检测中的应用 [J]. 食品工业，2016，37（1）：264.

[13] 王新怡，杨鸿博，张一敏，等 . 肉类品质快速无损分析技术的研究进展 [J]. 食品与发酵工业，2021，47（11）：279-286.

[14] 李可，闫路辉，赵颖颖，等 . 拉曼光谱技术在肉品加工与品质控制中的研究进展 [J]. 食品科学，2019，40（23）：298-304.

[15] 张晶晶，刘贵珊，任迎春，等 . 基于高光谱成像技术的滩羊肉新鲜度快速检测研究 [J]. 光谱学与光谱分析，2019，39（6）：1909-1914.

[16] 徐霞，成芳，应义斌 . 近红外光谱技术在肉品检测中的应用和研究进展 [J]. 光谱学与光谱分析，2009，29（7）：1876-1880.

[17] 赵钜阳，王萌，石长波 . 近红外光谱法检测中式滑炒猪肉的水分含量 [J]. 中国调味品，2018，43（7）：131-135，142.

[18] 丽萍 . 酱卤制品在煮制过程中发生的肉质变化 [J]. 杭州食品科技，2005（4）：20-21.

[19] 田文广，张俊杰，石亚萍，等 . 发酵肉制品的研究进展 [J]. 肉类工业，2022（2）：54-57.

[20] 彭彦昆 . 食用农产品品质拉曼光谱无损快速检测技术 [M]. 北京：科学出版社，2019.

[21] 袁玉超，胡二坤，申晓琳，等 . 肉制品加工技术 [M]. 北京：中国轻工业出版社，2015.

[22] 张恬静，李洪军 . 烤肉加工与香气分析研究进展 [J]. 食品工业科技，2009，30（4）：330-331+326.

[23] 曹宏伟 . 沟帮子熏鸡加工技术 [J]. 农村新技术，2004（6）：40.

[24] 刘华 . 柔性肠衣制品自动化加工设备的设计研究 [D]. 福州：福州大学，2020：3.

[25] 李金兰 . 香肚的加工技术 [J]. 专业户，2003（1）：33.

[26] 刘登勇，王逍，吴金城，等 . 肉制品烟熏风味物质研究进展 [J]. 肉类研究，2018，32（10）：53-60.

[27] 郭杨，腾安国，王稳航 . 烟熏对肉制品风味及安全性影响研究进展 [J]. 肉类研究，2018，32（12）：62-67.

[28] 任倩，张诗琪，雷激 . 低温猪肉火腿肠加工工艺 [J]. 食品与发酵工业，2019，45（2）：166-173.

[29] 胡瑛 . 复合动植物灌肠的加工技术 [J]. 肉类研究，2003（1）：27-28.

[30] 仵世清，杜利英 . 酱卤制品色泽的研究 [J]. 肉类工业，2008（11）：

20–21.

[31] 乔学彬，王林 . 酱卤制品在加工中存在的安全问题及对策研究 [J]. 食品安全导刊，2019（19）：66–67.

[32] 刘爽，付春旭，刘学军 . 银杏叶提取物对酱卤制品护色的研究 [J]. 当代生态农业，2012（1）：113–117.